◎ 何峰　等编著

# 微晶玻璃制备与应用

Preparation and Applications of Glass-Ceramics

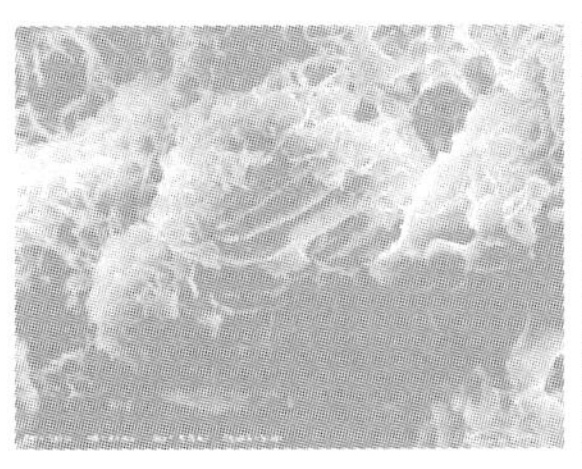
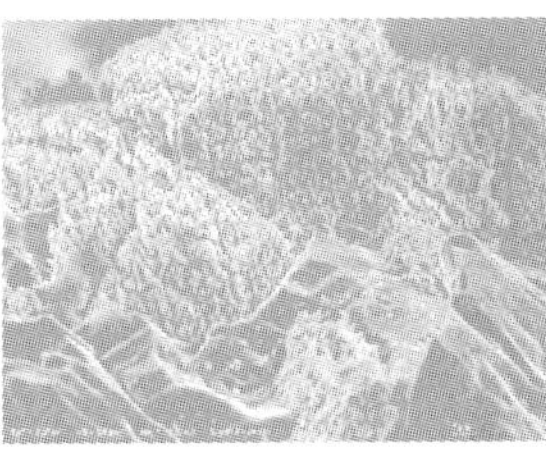

化学工业出版社

·北京·

微晶玻璃作为一种结构特殊的新型无机非金属材料，其应用领域越来越广，但是目前系统论述微晶玻璃的书籍很少，特别是系统研究利用尾矿、矿渣为主要原料制备微晶玻璃的书籍就更显缺乏。

本书根据作者二十多年的教学和科研实践，依据国内外在该领域的研究成果与动态，充分论述了微晶玻璃的理论知识、制备原理、生产工艺、质量控制，对微晶玻璃的组成、结构、性能及其应用做了深入、系统的阐述，本书内容全面，深入浅出，理论联系实际，全面反映了该领域国内外研究的新成果，具有很强的实用性。

本书可供从事微晶玻璃材料研究的科研人员参考，可作为高等院校相关专业的教学参考书，也可供矿业企业、冶金企业的管理与技术人员研读，选择相应的产品进行产业转型与升级。

**图书在版编目（CIP）数据**

微晶玻璃制备与应用/何峰等编著. —北京：化学工业出版社，2017.9

ISBN 978-7-122-30289-2

Ⅰ.①微… Ⅱ.①何… Ⅲ.①微晶玻璃-制备 Ⅳ.①TQ171.73

中国版本图书馆CIP数据核字（2017）第174258号

责任编辑：王　婧　杨　菁　　　文字编辑：王　琪

责任校对：宋　玮　　　装帧设计：韩　飞

出版发行：化学工业出版社（北京市东城区青年湖南街13号　邮政编码100011）

印　　装：中煤（北京）印务有限公司

787mm×1092mm　1/16　印张16¾　字数394千字　2017年11月北京第1版第1次印刷

购书咨询：010-64518888（传真：010-64519686）　售后服务：010-64518899

网　　址：http://www.cip.com.cn

凡购买本书，如有缺损质量问题，本社销售中心负责调换。

定　　价：98.00元

# 前言

微晶玻璃是通过对基础玻璃有目标地受控晶化而制备出的一类同时包含玻璃相与微晶相的固体复合材料。 微晶玻璃材料问世以来，就得到了国内外广大科学技术人员的持续关注，研究内容与手段日益丰富。 通过几十年的不懈努力，使其在基础玻璃系统、材料品种、研究方法、制备方法、应用领域等方面都取得了巨大的扩展与提升。 微晶玻璃作为一种性能优越的新型无机非金属，随着其工业化的迅速发展，它的应用领域涉及也更加广泛。 近年来，其应用领域主要包括建筑装饰、市政建设、军事国防、航空航天、光学器件、电子工业、日用及化学工程等方面。 微晶玻璃的原料来源广泛、制备手段丰富、产品的结构与性能变化莫测，自出现以来，就一直成为无机非金属材料中研究的热点，对微晶玻璃的研究可谓是方兴未艾。

目前系统论述微晶玻璃的书籍较少，特别是系统介绍研究利用尾矿、矿渣制备微晶玻璃的书籍就更显缺乏。 为了使广大科研人员、生产技术人员、生产经营管理人员和大专院校的师生等使用者，都能充分了解玻璃与微晶玻璃的组成、结构、性能、制备原理、生产工艺、工业化生产、质量控制、应用技术等内容，在大量查阅国内外文献资料的基础上，编者根据自己二十多年的教学、科学研究和产业化实践，编写了这本书。 本书内容全面，深入浅出，理论联系实际，充分论述了玻璃与微晶玻璃的理论知识，详细介绍了微晶玻璃领域的新工艺、新技术、新产品与新发展，全面反映了该领域国内外研究的新成果，具有很强的实用性。

全书共分 7 章，第 1 章对晶体与玻璃态进行了论述，第 2 章、第 3 章分别对玻璃的结构及性质、玻璃的相变与析晶进行了论述，第 4 章、第 5 章分别对微晶玻璃制备工艺过程、尾矿与矿渣微晶玻璃体系进行了深入、系统的论述，第 6 章、第 7 章分别对尾矿微晶玻璃、矿渣微晶玻璃进行了论述。

本书第 1 章由何峰、杨虎编著，第 2 章由何峰编著，第 3 章由何峰、刘小青编著，第 4 章由何峰、谢峻林编著，第 5～7 章由何峰、梅书霞、杨虎编著。 全书由何峰、谢峻林统稿。

虽然我们有多年从事微晶玻璃材料方面教学、科研与产业化方面的理论与实践成果，在本书的撰写中，引用了大量的相关书籍与文献，但由于时间与水平有限，书中不妥及疏漏之处在所难免，敬请读者及同行不吝指正。 对被引用的相关书籍与文献的作者在此一并表示真挚的感谢。

**编著者**

**2017 年 5 月**

# 目录

## 第 6 章 尾矿微晶玻璃 170

# 第 1 章

# 晶体与玻璃态

自然界的固态物质一般可以被分为晶体和非晶体，两者在质点的空间结构上具有非常大的区别。构成晶体的原子（或离子或分子）具有一定的空间结构（即晶格），晶体具有一定的晶体形状和固定熔点，并不具有各向同性。而玻璃态就是一种非晶体，非晶体是固体除晶体以外的具有特殊结构的固体。它没有一定的晶体形状和固定熔点，具有各向同性。它们随着温度的升高逐渐变软，最后才熔化，是具有转变特性的一类物质，变软后可成形、加工成各种形状。玻璃态不是物质的一个状态，它是固态物质的一种特殊结构形式。几乎所有物质均能以晶体形态存在，而玻璃却只是某些物质在特定条件下才能形成的状态。玻璃态物质经过一定条件的热处理，即核化和晶化两个过程后，可以转变为晶体。

晶体的形成是一种复杂的物理化学反应，属于相变范畴。现有的研究表明，在晶体形成中大多数相变过程是一级相变。它要求在系统中的某些局部小区域内，首先形成新相中心，从而在系统中产生两相的界面；然后依靠此相界面上质点的规则排列，使相界面逐步推移而使得新相不断长大。因此，通常晶体的形成过程可分为晶核形成和晶体长大两个阶段。产生晶核后便是围绕晶核的长大，其数目越多，则生长速率越快。晶核的生成方式可分为两类，即均匀成核（自发成核）和非均匀成核（非自发成核）。前者是由均匀单一母相形成新相并成长为中心的过程；后者是依靠母相中不均匀结构而成核的过程。当然晶核的形成是需要母相组成、热力学与动力学条件的。晶核形成后有可能继续长大形成晶体或微晶相，也有可能重新溶解于母相当中，从而消失。

从结晶化学和热力学观点来看，晶体形成就是物质从其他的相转变为结晶相的过程，整个相变过程将伴随着系统自由能的降低。从空间格子规律着眼，晶体形成或是质点从不规则排列到规则排列，从而形成格子构造的过程；或是从一种格子构造变成另一种格子构造的过程。在相变过程中，质点的堆积方式遵循一定的规律，晶体的几何多面体外形便是这一规律导致的结果。从结晶化学和动力学观点来看，晶体形成或是质点从不规则排列到规则排列，需要移动的条件，这些条件往往与温度、压力有密切的关系。

晶体的生长规律，本质上是由晶体自身的结构所决定，但它也不可避免地要受到生长过程中外界条件的影响，结果导致形成非理想晶体，其中最明显的是在几何外形上偏离理想形状。对于同种晶体而言，其外观形貌虽可千差万别，但对应晶面间的夹角始终保持相等。根据这一规律，即夹角守恒定律，就可以从晶面夹角入手，找出晶体本身所固有的特征，并据以对晶体进行深入研究。把理想晶体的规律应用到实际晶体，进而研究晶体的形成。

本章主要介绍晶体形成方式、相变过程中的成核作用、生长理论与玻璃相的形成理论等。

## 1.1 晶体形成的一般方法

晶体形成的过程称为结晶过程，形成晶体的作用称为结晶作用。纯化学概念上的结晶是指溶质从溶液中析出的过程，可分为晶核生成（成核）和晶体生长两个阶段，两个阶段的推动力都是溶液的过饱和度（结晶溶液中溶质的浓度超过其饱和溶解度之值）。这一基本规则在溶液为基本介质的结晶过程中或以熔体为基本介质的结晶过程中都是适用的。晶体的基本形成方式主要有从气相、液相和固相转变成晶相这样三种途径。

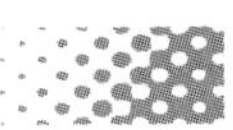

## 1.1.1　由气相直接结晶

由气相直接过渡到晶相的转变在实验室和生产中都有广泛应用。可以利用这类转变来制造结构完整的单晶、薄膜和晶须，还可用于提纯金属。所谓气相法生长晶体，就是将拟生长的晶体材料通过升华、蒸发、分解等方法转化为气相，然后控制适当条件，使它成为饱和蒸气，经冷凝结晶而生长成晶体。气相法晶体生长的特点为：生长的晶体纯度高；生长的晶体完整性好；晶体生长速率慢；有一系列难以控制的因素，如温度梯度、过饱和比、携带气体的流速等。目前，气相法主要用于晶须的生长和外延薄膜的生长（同质外延和异质外延），而生长大尺寸的块状晶体有其不利之处。

气相法主要可以分为两种：一种为物理气相沉积（physical vapor deposition，PVD），是用物理凝聚的方法将多晶原料经过气相转化为单晶体，如升华-凝结法、分子束外延法和阴极溅射法；另一种为化学气相沉积（chemical vapor deposition，CVD），是通过化学过程将多晶原料经过气相转化为单晶体，如化学传输法、气体分解法、气体合成法和MOCVD法等。

例如，用化学气相沉积法制备高温陶瓷和电子薄膜材料，用气相外延法生长半导体材料等。许多有机化合物的提取或精炼也都采用与此类似的方法。在自然界中，火山口所形成的硫黄晶体、卤砂（$NH_4Cl$）、氯化铁（$FeCl_3$）等升华物和冬季玻璃窗上生成的冰花以及天空飘落的雪花都可作为气相结晶的实例。产生气相结晶的必要条件是要具有足够高的过饱和蒸气压。图1-1是黄建华、刘怀周利用低压化学气相沉积法制备的B掺杂ZnO透明导电薄膜的SEM照片，从图中可以看出，各个样品的表面均呈现出“类金字塔”的绒面结构，这与LPCVD法制备ZnO的生长机制直接相关。这种自生长的绒面结晶结构具有较强的陷光作用，应用在薄膜太阳能电池的前电极时可以有效提高对光的吸收利用。

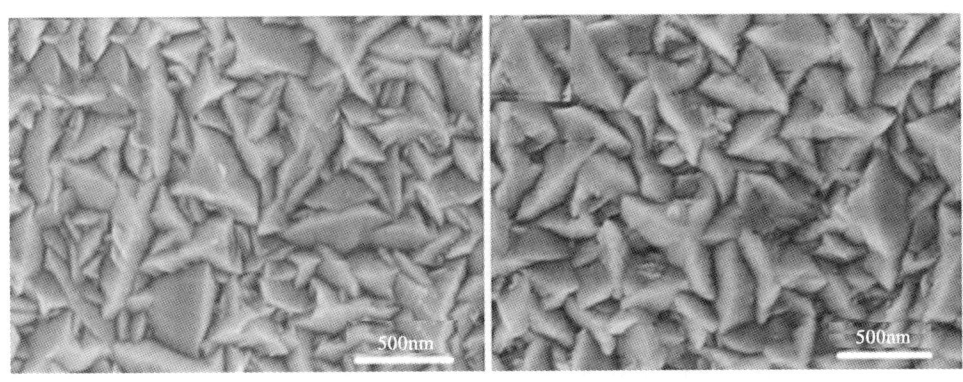


图1-1　低压化学气相沉积法制备的B掺杂ZnO透明导电薄膜的SEM照片

## 1.1.2　由液相结晶

这是晶体形成中最普遍的方式，它还可以分为两种类型，即熔体中结晶和溶液中结晶。

### 1.1.2.1　熔体中结晶

熔体中生成晶体的实例很多，如水在低于0℃的温度下结晶而形成冰、熔融的液态金属结晶成金属晶体以及岩浆在地下深处或表面逐渐冷却而生成各种晶体所组成的火成岩。

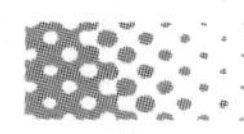


在工业上经常采用从熔液中制备高纯度半导体材料的单晶和光学品质的晶体等。从熔体中生长单晶是获得大块和特定形状单晶最常用和最重要的一种方法。由于熔体中结晶是在具有一定黏度的熔融态中生长出晶相，其中的质点迁移、重排相对容易，与溶液生长、气相生长和固相生长相比，通常具有生长快、晶体的纯度和完整性高等优点。然而，熔液结晶的过程也比溶液结晶和气相结晶复杂得多。

在熔体的结晶过程中，只有温度低于该物质的熔点，熔体中才析出晶体（往往是多晶）。也就是说，只有当熔体过冷时结晶才能发生。在过冷状态下，熔体中随机堆积的质点向有规则排列转化，这种从无对称性结构到有对称性结构的转变不是一个整体效应，而是通过液-固界面的移动而逐渐完成的。

熔体在结晶时其内部质点需要根据所析出的微晶相的晶形作规则排列，规则排列后微晶相的内能要远低于熔体状态时的内能，因此，要释放出大量潜热，这使得局部结晶处温度上升而影响晶体的生长。因此，熔体中生长晶体受到液-固界面上散热的影响，而潜热的消散正是熔体中结晶所要考虑的问题。微晶玻璃的制备就是充分利用了熔体结晶的原理，完成了微晶相在玻璃相中的析出。

#### 1.1.2.2 溶液中结晶

工业上往往用这种方式制取各种盐类晶体。例如从海水中提取食盐、从糖水中提取糖分、从酒石酸钾钠的水溶液中培养酒石酸钾钠的单晶。大部分水溶性的晶体也都是用这类方法培养的，如 DKT、ADP、KDP、TGS、LS 和氯化钾等重要的水溶性单晶。自然界中这一现象也很普遍，像内陆湖泊中石膏、岩盐层的形成，溶洞中钟乳石的形成等。钟乳石是常见的最具有代表性的溶液中结晶的方法。其化学成因是溶洞都分布在石灰岩组成的山地中，石灰岩的主要成分是碳酸钙，当遇到溶有二氧化碳的水时，会反应生成溶解度较大的碳酸氢钙；溶有碳酸氢钙的水遇热或当压力突然变小时，溶解在水里的碳酸氢钙就会分解，重新生成碳酸钙沉积下来，同时放出二氧化碳。洞顶的水在慢慢向下渗漏时，水中的碳酸氢钙发生上述反应，有的沉积在洞顶，有的沉积在洞底，日久天长，洞顶的形成钟乳石，洞底的形成石笋，当钟乳石与石笋相连时就形成了石柱。图 1-2 为钟乳石形成后的照片。

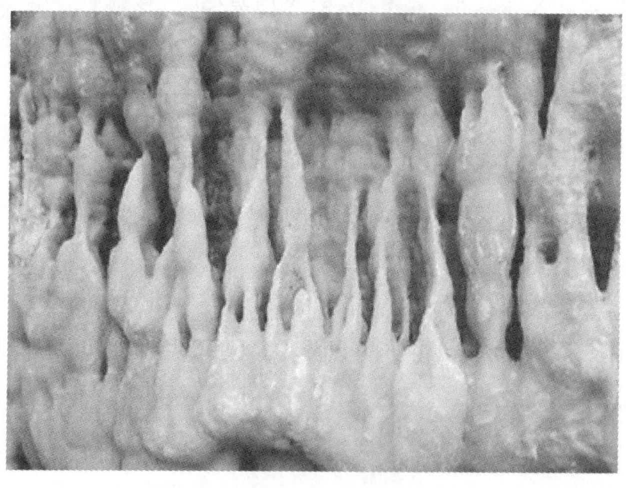

图 1-2　钟乳石形成后的照片

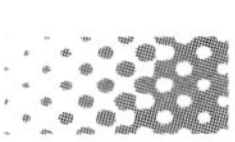

由两种或两种以上物质所组成的均匀混合物为溶液。广义的溶液包括气体溶液、液体溶液和固体溶液，在此所指的溶液是液体溶剂、固体溶质的液体溶液。依据溶剂与溶质的关系，通常可以将液体溶液分为三种不同的类型：一种是不饱和溶液，它是能继续溶解溶质的溶液；另一种是饱和溶液，它不能继续溶解溶质，同时也不析出溶质；再一种是过饱和溶液，溶液中溶质量多于饱和溶液，则称为过饱和溶液。

其中，过饱和溶液具有一些显著的特点，也是利用溶液法结晶的基础。由于过饱和溶液中有多余的溶质，因此，具有由过饱和溶液向饱和溶液过渡的趋势和热力学要求。在过饱和溶液中能析出晶体。简单地向饱和溶液中加入过多的溶质，并不能获得过饱和溶液，因为此时溶质根本不会再溶解。获得过饱和溶液的方法一般有两种：一种是改变饱和溶液的温度，由于一般物质在低温时溶解度较小，因此，将饱和溶液的温度降低时，在溶液中就会含有超过该温度下溶解度的溶质，即变成过饱和溶液，实验室和工业化生产中常用这种方法制备试剂和其他化学药品，由岩浆逐渐冷却而生成矿物晶体，一部分也是与过饱和有关；另一种是蒸发饱和溶液，溶液蒸发消耗溶剂，结果溶质相对增多而形成过饱和溶液。

#### 1.1.2.3　化学反应方法

有许多易溶盐类的饱和溶液，在相互混合后可以产生难溶物质而沉淀。这一原理与方法，无论在实验室或工业化生产，以及大自然中，都普遍存在。通常我们所见到的矿物中，很多是自然界中进行化学反应的产物。

### 1.1.3　从固体转变为晶体

#### 1.1.3.1　非晶状态向结晶状态转化

非晶状态的材料具有较高的内能，依据能量最低原则，有向其所对应的结晶结构转化的趋势，属于亚稳状态，具有热力学的不稳定性。例如由玻璃制品转化为微晶玻璃制品时，当以一定的热处理条件对玻璃体进行热处理时，玻璃相中会自发地产生结晶。人们甚至可以依据所制备微晶玻璃的目标微晶相，利用相图对基础玻璃组分进行有效的设计，然后再采用相应的制备方法制备出微晶玻璃材料。微晶体由玻璃相与结晶相组成。两者的分布状况随其比例而变化：玻璃相占的比例大时，玻璃相为连续的基体，晶相孤立、均匀地分布在其中；如玻璃相较少时，玻璃相分散在晶体网架之间，呈连续网状；若玻璃相数量很少，则玻璃相以薄膜状态分布在晶体之间。

又如地壳内部的熔岩，是指已经熔化的岩石，以高温液体呈现，常见于火山口或地壳裂缝。熔岩在熔融状态下可以流动，随着温度和黏度的作用会形成非晶相结构以古老的非晶质岩石存在。非晶质岩石由于长期受到地质的热和压力的作用，也会自发晶化，变成结晶岩石。图 1-3 为自然界中的结晶岩石。由此可以得出，现代工业中所产生的熔体渣，如炼铁熔渣、炼钢熔渣、炼钛熔渣，都可以通过这种方式制备出相应的微晶玻璃材料。

#### 1.1.3.2　再结晶作用

新晶粒不断长大，直至原来的变形组织完全消失，发生再结晶材料的性能也发生显著变化，这一过程称为再结晶。再结晶核心一般通过两种形式产生：其一是原晶界的某一段突然弓出，深入至畸变大的相邻晶粒，在推进的这部分中形变储能完全消失，形成新晶核；其二是通过晶界或亚晶界合并，生成一个无应变的小区——再结晶核心。

再结晶作用是指在温度和压力的影响下，通过质点在固态条件下的扩散，细粒晶体逐渐转变成粗粒晶体的作用。在这一作用过程中，没有形成新晶体或晶相，只是原有晶体的颗粒有了增大。例如，由细粒方解石（$CaCO_3$）组成的石灰岩当与侵入体接触时，受到热的烘烤作用而变成由粗粒方解石组成的大理岩。

图 1-3　自然界中的结晶岩石

每一种结晶物质都有一定的再结晶温度。例如，铅的再结晶温度在室温以下；纯铜约为 200℃；铁在 450℃左右；镍在 600℃左右；钨在 1200℃左右。熔融温度越高，再结晶温度也越高。对纯金属而言，其间有下列关系：

$$T_{再结晶}=0.4\times T_{熔} \tag{1-1}$$

式中的熔融温度 $T_{熔}$ 及再结晶温度 $T_{再结晶}$ 均为热力学温度。低于再结晶温度时，不发生再结晶作用。

许多钢材受到周期性的张力和压力，也会使其中的金属晶相颗粒加大，产生再结晶作用。这样，金属的强度将大为降低而老化。

发生再结晶作用的内因是所有的晶体在一定条件下总是趋于往具有最低能量的方向转变。细粒晶体的比表面积较大，具有较高的表面能，当细小颗粒转变成粗粒晶体时，比表面积减小，表面能也相应降低，其结果使晶体更加趋于稳定。对于微晶玻璃材料而言，再结晶的条件是在与其制备时较为相似的条件下重复使用。例如温度条件、压力条件等。

重结晶作用则是指由于温度或浓度等因素的变化，使原已结晶的晶体发生重新熔融或重新溶解，部分物质转入母液，而后在合适的条件下又重新结晶使晶体长大的作用。在此过程中间要经过一个液态的阶段，而不是在固态条件下的直接转变。在地质演变过程中，重结晶作用是经常出现的。

在定向压力下晶体在压力方向上溶解，而在垂直于压力的方向上再结晶，这容易形成一向延长或两向延长的变质晶体。例如云母、角闪石等。这样的变质晶体称为“变晶”。有时发育成斑晶则称为“变斑晶”。

原晶体与介质发生物质交换时，溶解与沉淀同时发生，且基本保持体积不变，这一过程称为交代。交代后常常可以形成新晶体。开始交代时，多沿原晶体颗粒的边缘发生，因此常常可见镶有新晶体的反应边缘；或沿解理交代而成网格状；或保持原晶体的外形及结构构造不变，结果常形成假象，即一种晶体具有另一种晶体的晶形。例如，由黄铁矿经交代作用生成的褐铁矿，常常保存黄铁矿的立方体晶形。

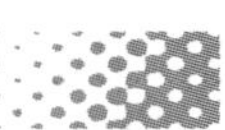

#### 1.1.3.3　同质多象转变

化学组成相同的物质，在不同的物理化学条件下，能结晶成两种或多种不同结构的晶体的现象，也称多晶型或同质异象。同质多象只限于结晶物质的范畴，不包括非晶质和液体、气体中的异构现象。

（1）典型的同质多象转变，或称多型性转变。一种构造的晶体，当它所处的物理化学条件改变到一定程度时，它就不再能够稳定存在，其内部质点就会重新排列而形成新的结构形式，结果转变成另一种在该热力学环境下稳定的晶体。这两种晶体具有相同的成分，但晶格不同。这种转变的特点导致晶格构造的突变，并引起一系列物理性质诸如热容量、导热性、比容、电阻、溶解其他元素的能力以及强度、稳定性等的变化。这种变化方式在矿物中很普遍，在金属和合金中也极为常见。例如，$SiO_2$ 有七个结晶型变体和一个无定形变体，即 β-石英、α-石英、γ-鳞石英、β-鳞石英、α-鳞石英、β-方石英、α-方石英及石英玻璃，它们又可以分为两类：第一类变体是石英、鳞石英和方石英，它们在结构和物理性质上差别较大，因此相互之间的转化（常称为同级转变）速率很慢，为了加速这一转化常需要加入矿化剂；第二类变体是上述变体的亚种 α、β、γ 型，因为它们在结构和性质上比较相似，所以它们之间的转化（常称为同类转变）能很快地进行。

$SiO_2$ 各种变体的密度是不同的，因此，它们在相互转化过程中将伴随着体积的变化。它们实际的转化过程和体积效应情况见图 1-4。从图中可以看到，不论矿化剂存在与否，从 α-石英转化为 α-方石英或 α-鳞石英时，都须经过首先形成半安定方石英的阶段（在鳞石英稳定温度范围内形成的具有光学各向异性的方石英称为半安定方石英或偏方石英）；在由石英转化为半安定方石英的过程中，石英颗粒会开裂。若有矿化剂存在时，形成的液相就会沿着裂纹侵入颗粒内部，促使半安定方石英转化为鳞石英。假如矿化剂很少或几乎没有时，就形成方石英，而且在颗粒内部仍保持有部分的半安定方石英。

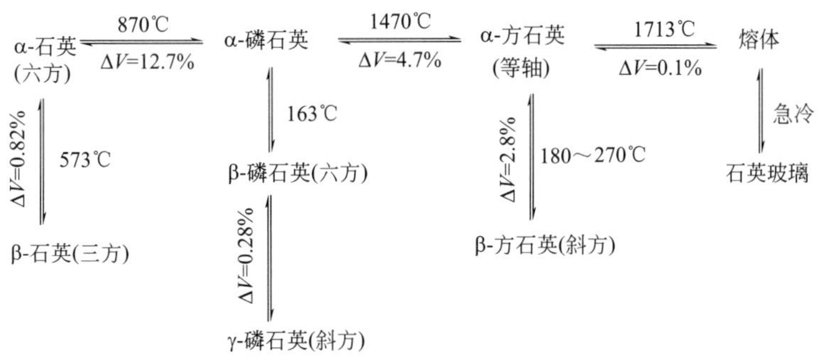


图 1-4　石英的同质多象转变

由图 1-4 中石英的各种变体相互转化时所产生的体积效应可知，快速转化（即同类转化）时所产生的体积变化比慢速转化（同级转化）时所产生的体积变化要小。在加热时由于同级转化的体积增加很大，而在冷却时由于同类转化的体积改变很小，所以 $SiO_2$ 煅烧后制品的体积将大于生坯的体积，使之产生膨胀裂纹而松散。其膨胀的程度取决于原料的性质、结构、转化程度、煅烧时间和温度等因素。实际上，由于硅砖内 $SiO_2$ 的转化反应不完全，因此石英岩在煅烧时的膨胀率为 2％～4％。

（2）磁性转变。这种转变，只产生磁性变化，而不产生晶格的变化，在转变过程中有一定的热效应和体积变化。磁性转变只见于铁磁体物质中，铁是最显著的实例，其转变点称为居里点。类似这种转变者，在矿物中很少，在金属中有铁、钴、镍、钆等。

（3）固溶体分解。在一定温度下固溶体分解成几种独立晶体，分解出来的晶体常在主晶体中呈定向连晶，或在主晶体中呈不规则的分散细粒。

总之，从紫外线、红外线、可见光、激光、非线性和半导体用晶体的生长来看，基本上是以液相中结晶的方法为主，而在液相结晶中，又以熔体结晶为主。

至于玻璃的形成，它也是使熔体处于过冷状态，但在玻璃化过程中质点的排列保持远程无序，而近程向一定有序度转化，结果形成具有任意几何外形的非晶体。

此外，在结晶过程中系统内必有新相出现，即由某相变为晶相，在系统内形成规则排列；而在熔体冷凝形成玻璃的过程中始终为单相，始终保持熔体状态时的无序结构，没有相的变化，此过程为可逆的转化过程。

虽然晶体的形成与玻璃的形成有本质的不同，但晶体的形成方式对发展制备玻璃的新方法起促进作用。目前，同样可以从气相、液相和固相（晶相）来制备新品种玻璃，例如气相凝结、真空蒸发和溅射、溶液低温合成、晶体能量泵入等方法。

## 1.1.4 单晶、多晶与微晶玻璃

### 1.1.4.1 单晶的结构

所谓单晶是指结晶体内部的微粒在三维空间有规律、周期性地排列，或者说晶体的整体在三维方向上由同一空间格子构成，整个晶体中质点在空间的排列为长程有序。单晶整个晶格是连续的，具有重要的工业应用。一方面，由于熵效应导致了固体微观结构的不理想，例如杂质、不均匀应变和晶体缺陷，有一定大小的理想单晶在自然界中是极为罕见的，而且也很难在实验室中制备；另一方面，在自然界中，不理想的单晶可以非常巨大，例如已知一些矿物如绿宝石、石膏、长石形成的晶体可达数米。单晶的特点是原子排列短程有序，长程也有序，而多晶仅短程有序，存在晶界。

### 1.1.4.2 单晶的性质

材料的性质往往是由其内部结构决定的，由于单晶内部的微粒在三维空间有规律、周期性地排列，使其具有非常显著的带有自身特点的性质，见表 1-1。

**表 1-1 单晶材料的主要性质**

| 性质 | 含　义 |
| --- | --- |
| 均匀性 | 微粒在三维空间有规律、周期性地排列使得晶体内部各个部分的宏观性质是相同的 |
| 各向异性 | 晶体沿晶格的不同方向，原子排列的周期性和疏密程度不尽相同，由此导致晶体在不同方向上具有不同的物理性质 |
| 对称性 | 在相应的方向上或在沿着这些方向的对称镜像关系上原子结构相同，而在两个或更多的方向上，在物理的和结晶学方面近似的一个晶体的性质，晶体的理想外形和晶体内部结构都具有特定的对称性 |
| 固定熔点 | 晶体具有周期性结构，其中键性质相同，熔化时键的解理所需要的能量是相同的，表现为各部分需要同样的温度才能够同时熔化 |
| 规则外形 | 理想环境中生长的晶体，微粒在三维空间有规律、周期性地排列，在宏观的外形上为凸多边形 |

### 1.1.4.3 单晶、多晶与微晶玻璃的区别

从显微学上来看单晶、多晶时，材料本体由一个晶粒组成就是单晶，当由多个晶粒组

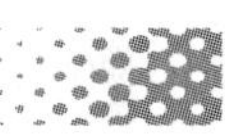

合而成时就是多晶，没有晶粒就是非晶材料。从结晶学的角度看，单晶只有一套衍射斑点；多晶的话，取向不同会表现几套斑点，当然有可能有的斑点重合，通过多晶衍射的标定可以知道晶粒或者两相之间取向的关系。如果晶粒太小，可能会出现多晶衍射环。非晶衍射是非晶衍射环，这个环均匀连续，与多晶衍射环有区别。如果用 XRD 得到晶面衍射的统计数据，对同一物质的多晶和单晶的衍射信息就衍射峰而言是一致的。

多晶与单晶的结构区别是：多晶有晶界，也就是规则排列的两个晶格中间有一块相对无序或者说不那么整齐的区域。而单晶就是它整个结构全是长程有序的晶体结构。多晶一般形状不那么规则，如果够大的话，显微镜下看应该是有光泽的。纳米晶、微晶是从晶粒度大小角度来说的，大一点的晶粒叫作粗晶。图 1-5 为单晶与多晶结构示意图。

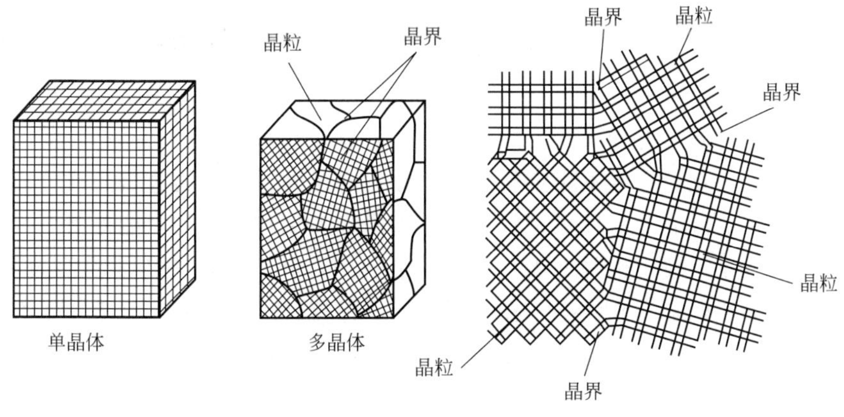


图 1-5　单晶与多晶结构示意图

微晶玻璃是其所对应的基础玻璃通过受控热处理而制备的一类同时含有晶相和玻璃相的固体复合材料。由于基础玻璃为多组分氧化物组成，在一定的条件下其中的一部分成分、熔体局部会产生规则性的排列，而在玻璃相中形成微晶相。微晶相颗粒与颗粒之间是通过结构无序的玻璃相连接，而且玻璃相占有较大的体积分数。微晶相的有序区域到玻璃相结构的变化是渐变的，其间没有明显的界线。多晶材料中每一个晶粒生长完整，晶粒与晶粒之间存在明显的晶界，晶界处的无序区域的体积分数非常小，没有明显的大尺度的无序玻璃相缓冲结构。

# 1.2　玻璃形成

## 1.2.1　玻璃形成的热力学理论

玻璃态是介于结晶态和无定形态之间的一种物质状态。它的粒子不像晶体那样有严格的空间排列，但又不像无定形体那样无规则排列。有人把玻璃态形象地称为“短程有序，远程无序”，即从小范围看，它有一定的晶形排列，从整体看，却像无定形物质那样无晶形的排列规律。随着科学技术的不断发展，对玻璃材料提出了各种各样新的和更高的要求。为了探索具有特殊性能的新型玻璃，除了必须了解各种规定参数、性能与玻璃组成的相关性以外，还要解决这些组成能否形成玻璃以及如何制备稳定性好的玻璃制品等问题。例如，过冷液体（冷却到固化温度以下）一般是很不稳定的，外界的轻微干扰（如搅动）

便会使整个过冷液体迅速结晶。但是，也有一些熔体处于过冷状态时却相当稳定，它们可以在 $T_g$ 温度达到硬固状态而不结晶。这样，弄清楚引起熔体过冷时发生上述变化的原因在材料科学研究和实践上都具有特别重要的意义。

下面以传统的熔体冷却法制备的玻璃为对象，从热力学、动力学和结晶化学等几方面来讨论不同组分化合物及其组合系统的玻璃形成规律。由于玻璃的系统与结构复杂，加上玻璃形成过程的特殊性，因此至今没有形成一个统一和完整的玻璃形成理论。

从热力学观点看，晶体材料随着温度的升高，熵值变大，其结构无序性也增加。尤其是当晶体熔化成熔体时，无序性剧增。根据现代液体结构理论，熔体（特别是在凝固点附近）的结构存在一定程度的近程有序，且此有序度随组成和温度而变化，然而这种有序区域还不足以形成新相，不能成为晶核。随着熔体冷却，若熔体析晶释放出全部多余的能量（熔融热），其熵值迅速减小；但若熔体玻璃化则由于熔体过冷而影响熵值变小以及能量释放的速度，也就是说没有释放出全部多余的能量。一方面，从热力学角度分析，玻璃态物质比起相应的晶态物质具有较大的内能，因此，它总是有降低内能向晶态转变的趋势，所以通常说玻璃是处于亚稳定或不稳定状态，它在一定条件下可以通过析晶或分相的途径放出能量，使其处于更低能量的较稳定状态，然而由于玻璃与晶体的内能差值不大，故析晶动力较小；另一方面，玻璃也是处于一个小的能谷中，其析晶首先需要克服位垒，因此，玻璃这种能量上的亚稳态（介稳态）在实际上能够保持长时间的稳定。表 1-2 给出了几种硅酸盐晶体和相应组成玻璃体内能的比较。从表中可以看出，玻璃体和晶体这两种状态的内能差始终很小，以此来判断和比较不同物质的成玻璃能力是困难的。对于某些简单系统或许还能看出玻璃体和晶体的内能差越小，成玻璃能力越强。例如，$SiO_2$ 玻璃比方石英晶体的生成热高 2.5K，而 $Na_2O \cdot SiO_2$ 玻璃比相应晶体的生成热高 4.9K，显然 $SiO_2$ 比 $Na_2O \cdot SiO_2$ 的成玻璃能力强。但对于复杂系统不一定满足这一规律。可以认为，玻璃生成体的内能应比相应组成的晶体高，但又不能高得太多。这是因为若过剩内能太多，就增大了析晶的推动力，在相同的动力学条件下则成玻璃的倾向会减小。同样在玻璃体与晶体之间于密度、热膨胀性、熔化热、熔化熵等性质也缺乏特征性的区别。例如，$P_2O_5$ 玻璃比稳定晶体形态有更高的密度，这与其他一些玻璃的规律不同。又如，玻璃的热膨胀性可以比晶体低（像石英玻璃与水晶相比），也可以比晶体高（像堇青石与相应玻璃相比）。即使从玻璃生成体内这些热力学参数中也难以寻找出有价值的规律。由表 1-3 所示的熔点、熔化热和熔化熵数据可知，在玻璃生成体与非玻璃生成体之间并没有什么十分明显的界限。

**表 1-2　几种硅酸盐晶体与玻璃体的生成热**

| 组成 | 状态 | $-\Delta H(298.16K)/(kJ/mol)$ |
|---|---|---|
| $KAlSi_2O_5$ | 白榴石 | 689.8 |
| | 玻璃态 | 684.1 |
| $KAlSi_3O_8$ | 钾长石 | 905.3 |
| | 玻璃态 | 873.5 |
| $SiO_2$ | β-石英 | 205.4 |
| | β-磷石英 | 204.8 |
| | β-方石英 | 205.0 |
| | 玻璃态 | 202.5 |
| $Na_2SiO_3$ | 晶态 | 364.7 |
| | 玻璃态 | 359.8 |

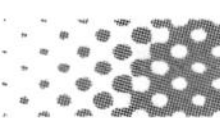

表 1-3 玻璃形成物质的熔点、熔化热和熔化熵

| 物质 | 熔点/K | 熔化热/(kJ/mol) | 熔化熵/(J/K) |
|---|---|---|---|
| Si | 491 | 5.02 | 10.47 |
| Na | 371 | 2.64 | 7.12 |
| $SiO_2$ | 1980 | 5.44 | 2.93 |
| S | 394 | 1.21 | 3.14 |
| $B_2O_3$ | 733 | 22.19 | 30.14 |
| $GeO_2$ | 1388 | 41.78 | 29.31 |
| $K_2O \cdot SiO_2$ | 1073 | 48.99 | 45.64 |
| $Al_2O_3$ | 2319 | 108.86 | 4.61 |

## 1.2.2 玻璃形成的动力学理论

形成玻璃的条件虽然在热力学上应该有所反映，但是并不能期望热力学分析能单独对玻璃形成做主要贡献。热力学确实是了解反应和平衡的最得力工具，然而它却无法帮助我们了解为什么一些物质容易形成玻璃（$B_2O_3$），而另一些类似物质却较难（$V_2O_5$）。这是由于热力学忽略了时间这一重要因素。例如，热力学研究的多相平衡特别是液相平衡的共存条件只看作是温度和压力的函数，可是玻璃的形成实际是非平衡过程，也就是动力学的过程。玻璃的形成能力随着冷却条件（熔体的冷却速率）的不同而有很大变化，因此，除了考虑热力学条件外，也应从动力学因素中去寻找玻璃形成规律。

前面已经提到，从热力学角度看，玻璃是亚稳的，但从动力学观点分析，它却是稳定的。它转变成晶体的概率很小，往往在很长时间内也观察不到析晶迹象，这表明，玻璃的析晶过程必须克服一定的势垒（析晶活化能），它包括成核所需建立新界面的界面能以及晶核长大所需的质点扩散的激活能等。如果这些势垒很大，尤其当熔体冷却速率很快，黏度就迅速增大，以致降低了内部质点的扩散则其来不及进行有规则的排列而形成玻璃。事实上，若将熔体缓慢冷却，即使最好的玻璃的形成物例如 $SiO_2$、$B_2O_3$ 也会析晶；反之，若将熔体高速冷却，使冷却速率大于质点排列成晶体的速率，则不易玻璃化的物质例如金属合金也有可能形成金属玻璃。

一个给定液体在达到 $T_g$ 以前冷却中是否析晶，严格来说一方面包括成核速率和生长速率，另一方面包括热能可以从冷却液体中移出的速率在内的动力学问题。在近几十年内已经出现的一些玻璃形成条件的论述，其基础是考虑析晶动力学。下面对其中常见的观点进行讨论。

### 1.2.2.1 塔曼的观点

塔曼（Tamman）最先提出在熔体冷却中可将物质的结晶分为晶核生成和晶体长大两个过程，并研究了晶核生成速率、晶体长大速率与过冷程度之间的关系。成核速率是指一定温度下，单位时间内单位容积中所生成的晶核数；而晶体长大速率则是指一定温度下，单位时间内晶体的线性增长速率。按照塔曼-斯图基（Stookey）1935 年的意见绘制的成核速率 $I$ 和晶体长大速率 $U$ 的典型曲线如图 1-6 所示。由图可见，熔体的结晶过程是由晶核形成过程和晶粒长大过程所共同构成的。这两个过程都各自需要有适当的过冷程度，但又不是说过冷程度越大、温度越低越有利。它们受到两个相互矛盾的因素的影响：一方面过冷程度增大，熔体黏度增加，使其质点移动困难，即难以从熔体中扩散到晶核表面，不利于成核和长大；另一方面，当过冷程度增大，熔体中质点动能降低，使质点间吸引力相对增大，因而质点容易被聚结和吸附在晶核表面上，有利于成核和长大。由此可见，过冷程度对成核速率和晶体长大速率的影响如图所示必有一个极值。

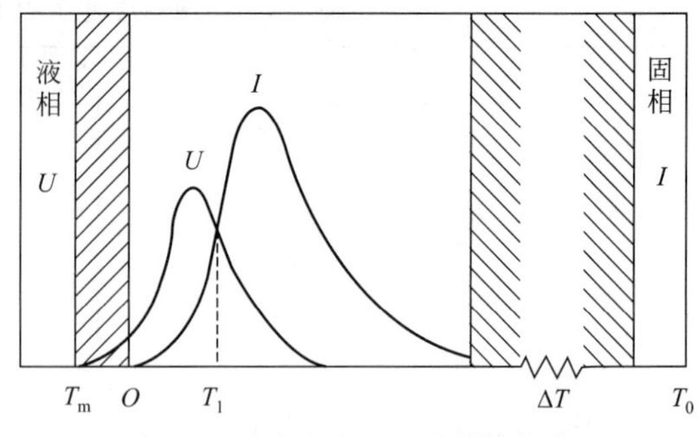

图 1-6　过冷程度 $\Delta T$ 对成核速率 $I$ 和晶体长大速率 $U$ 的影响

通过对图 1-6 的分析可以得出以下的论述。

（1）过冷程度过大或过小对成核速率和晶体长大速率均不利，只有在一定过冷程度下才能有最大的成核速率或晶体长大速率，这对应于图中曲线的峰值。成核速率和晶体长大速率两曲线的峰值往往不重叠，而且成核速率曲线的峰值一般位于较低温度处。

（2）成核速率与晶体长大速率两曲线的重叠区通常称为“析晶区”。在这一区域内，这两个速率都有一个较大的数值，所以最有利于析晶。

（3）图中两侧的阴影区是亚稳区，它表示理论上应该析出晶相而实际上却不能析出晶相的区域。图中 $T_m$ 点为熔融温度，$O$ 点对应温度为初始析晶温度。左侧阴影区是高温亚稳区，这里实际上不会自发成核。根据开尔文（Kelvin）公式，微小晶体的熔点恒低于普通晶体的熔点，所以系统只有到达一定过冷度 $O$ 点以后，才有可能自发成核。当然，如果有外加成核剂，晶体就可能在外加成核剂的基础上成长，因此晶体长大速率在高温亚稳区内不为零，其曲线起始于 $T_m$ 点。图中右侧阴影区为低温亚稳区或高黏度亚稳区。在此范围内，由于温度太低、黏度过大，以致质点难以移动而无法形成晶相，所以玻璃在此区域内没有析晶作用，低温亚稳区是成核速率实际为零的区域。

（4）成核速率与晶体长大速率两曲线峰值的大小、它们的相对位置（即曲线重叠面积的大小）、亚稳区的宽窄等都是由系统本身的性质所决定的，而它们又直接影响到析晶过程及产品性质。如果我们控制在成核速率较大处析晶，则往往容易产生颗粒多而尺寸小的细晶；如果我们控制在晶体长大速率较大处析晶，则容易产生颗粒少而尺寸大的粗晶。又如两曲线重叠面积很大，即析晶区很宽，只要冷却到析晶区某一温度保温，就能得到晶态物质。然而若两曲线完全分开而不重叠，则无析晶区。

塔曼认为，玻璃的形成正是由于过冷熔体中晶核形成最大速率所对应的温度低于晶体生长最大速率所对应的温度所致。由于当熔体冷却，温度降到晶体生长最大速率时，成核速率很小，而温度降到最大成核速率时，晶体长大速率也很小，晶核不可能充分长大，因此，两曲线重叠区越小，越容易形成玻璃；反之，重叠区越大，则越容易析晶，而难以玻璃化。由此可见，要使自发析晶本领大的熔体成为玻璃，只有采取增加冷却速率以迅速越过析晶区的方法，使熔体根本来不及析晶而玻璃化。

塔曼的观点能够解释不同物质成玻璃能力差异的原因，所以，这一理论至今仍为许多研究人员所乐于采用。例如，微晶玻璃二次热处理工艺正是在此理论基础上进行的，即先将玻璃在晶核形成的极值区保温，并控制一定的停留时间，让玻璃产生一定数量的晶核，然后再升温到晶体生长的极值区保温，控制其晶粒的大小和形状，以期获得最佳性能的微晶玻璃。

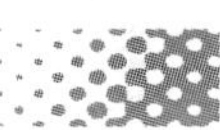

#### 1.2.2.2　最大晶体生长线性速率判据

笛采尔认为从平衡图上并不能解释玻璃在实际制造过程中的所有问题，应结合动力学条件讨论。由塔曼观点可知，成核速率及晶体长大速率都很小是不析晶而形成玻璃的一个重要条件，但一般来说晶体长大速率总是起决定作用的因素，这是因为由于杂质及界面的作用会形成足够多的晶核。所以笛采尔和威克特（Wickert）在 1956 年提出用熔体中晶体线性生长速率 $u$ 或其倒数 $1/u$ 作为判断玻璃形成能力和衡量析晶倾向的依据。他们考虑用晶体的最大径向生长值除以析晶处理的时间来表示其 $u$ 值。容易形成玻璃的物质其 $u$ 值必定很小。笛采尔等对 $Na_2O$-$SiO_2$ 系统按相图提出下列观点：提高碱金属氧化物的含量可使黏度降低而提高 $u$ 值，因而降低玻璃化倾向；相图中化合物的位置所能析出的结构单元浓度特别大，可以想到此处玻璃化倾向很小；一种结晶物质具有高的熔点时，它的 $u$ 值也会比较大，即玻璃化倾向较小。他们经过实验研究了碱金属-硅氧系统中 $1/u$ 随系统组成的变化后提出，形成玻璃物质的 $u$ 值上限为 $10^{-4}$cm/s。但实际上越过这个最大晶体长大线性速率的温度范围，所需时间只有少于 0.01s 才可以防止长成 10nm 直径的晶体，这个冷却条件对许多材料是不切合实际的。说明单纯考虑晶体长大速率而忽视成核速率是不全面的。

#### 1.2.2.3　临界冷却速率概念

史蒂弗斯和斯坦恩（Stein）认为每种熔体都存在一个可以形成玻璃的最慢冷却速率，即临界冷却速率（critical cooling rate，CCR）。它表明只有当冷却速率超过 CCR 值才能使该种物质形成玻璃，并可以用 CCR 值大小作为衡量不同物质玻璃化倾向的标准。然而他们所列出的 CCR 值是实验测定的，这对于当时还不能形成玻璃的物质就失去比较的意义。

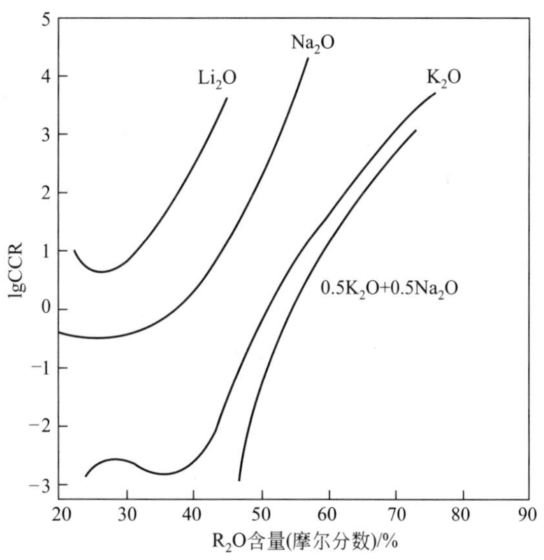


图 1-7　$R_2O$-$SiO_2$ 系统临界冷却速率和玻璃成分的关系

史蒂弗斯等测定了碱金属钨酸盐、碱金属钼酸盐和碱金属硅酸盐系统中 CCR 值随组成的变化。哈弗曼斯（Havermans）等曾对二元的碱金属硅酸盐测得 $R_2O$ 含量为 20%～50%（摩尔分数）范围的临界冷却速率 CCR 值为 $10^{-3}$～$10^4$K/s，且按 Li、Na、K 的顺序减小（即形成玻璃的倾向增大）。图 1-7 即给出 $R_2O$-$SiO_2$ 系统临界冷却速率与碱金属氧化物浓度的关系。由图可见，锂和钠的二硅酸盐其临界冷却速率有一个极小值，在此组成系统中过冷形成玻璃的倾向是最大的。这与笛采尔等所报道的结果不一致，他们认为碱金属硅酸盐形成玻璃的倾向是随着碱金属氧化物含量的增加而减小的。由图还可以发现，临界冷却速率的极大值只有在 $K_2O$-$SiO_2$ 系统中才存在。这就不能像笛采尔和威克特所建议的在玻璃形成倾向和相平衡图之间建立简单的关系。实际上，以临界冷却速率出现的极大值现象是比较复杂的，它多半是由于熔体的特殊结构所引起的。格尔辛（Gelsing）等曾报道在碱金属钨酸盐和碱金属钼酸盐系统中，临界冷却速率曲线不出现极大值。

#### 1.2.2.4 三T图方法

三T图或T-T-T图（time-temperature-transformation）是贝恩（Bain）等在1930年研究过冷奥氏体等温转变时首先采用的，也称等温转变图。它是综合反映不同过冷度下物体在等温转变过程中，转变时间、转变数量与温度的关系。由于所得到的转变曲线通常呈“C”形状，故又称C曲线或时间-温度转变曲线。该方法在冶金系统中应用很广泛。1969年乌尔曼（Uhlmann）将此方法应用于玻璃转变并取得很大成功，遂成为玻璃形成动力学理论中十分重要的方法之一。

乌尔曼认为，为了判断一种物质是否能成为玻璃态，首先必须确定玻璃中可以检测到的晶体的最小体积，然后再考虑熔体究竟需要多么快的冷却速率才能防止这一结晶量的产生，从而获得检测上合格的玻璃。实质上这就是要确定各种物质的临界冷却速率值（CCR或$R_e$值）。根据乌尔曼的估计，玻璃中可检测到的均匀分布的晶体其最小体积占玻璃总体积的比例约为$10^{-6}$（即容积分率$V_c/V=10^{-8}$）。当然，这个比值是乌尔曼对一般玻璃的人为估计，对于光学性能和其他性能要求十分严格的特种玻璃，容积分率也可以定到$10^{-8}$或更小的数值。在此基础上乌尔曼开始寻找玻璃中晶体与描述晶体成核和生长过程的动力学参数之间的关系。

马尔曼应用自约翰逊（Johnson）、梅尔（Mehl）和阿弗雷米（Avrami）发展起来的相变动力学理论来研究玻璃析晶过程。他假设所研究的物质是单一组分的简单物质，或者组分复杂但都是同成分熔融，而且其成核速率和晶体长大速率均不随时间变化的（在相转变初期可以近似这样看）物质。此时对均匀成核过程，在时间$t$内单位体积的容积分率可采用JMA（Johnson-Mehl-Avrami）式来描述，即：

$$X=\frac{V_e}{V}=1-\exp\left(-\frac{\pi}{3}I_e u^2 t^4\right) \tag{1-2}$$

式中　$I_e$——单位体积的成核速率；

$u$——界面的单位表面积上晶体-液体界面的扩展速率，即晶体的生长线性速率。

由于乌尔曼的三T图方法综合考虑了成核速率和晶体长大速率这两方面的因素，因此，这一方法比起笛采尔和科恩的判据前进了一大步，即能较好地判断不同物质的玻璃形成能力。而乌尔曼方法比起塔曼观点的优越之处是可以利用物质的各种物理参数来计算玻璃形成所需要的工艺要求，从而能预测目前尚不能形成玻璃的一些物质的临界冷却速率，这也是其理论和方法所难以解决的方面，因此，三T图方法在玻璃形成理论和实际中已被广泛应用。

3T曲线的具体做法是对于某种物质，在一定的温度下根据其表达式计算$I$和$u$值，然后求出在不同温度下生成一定容积分率的晶体所需要的时间，这就可作出一条三T曲线。不断改变晶体的容积分率并重复上述计算，就可作出该物质的一系列三T曲线。在图1-8中，$T_m$为熔点，对应的黏度约为$10^{-3}$Pa·s；$T_g$为玻璃的转变温度点，对应的黏度为$10^{12}$Pa·s。

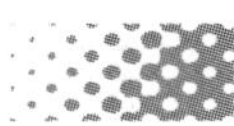

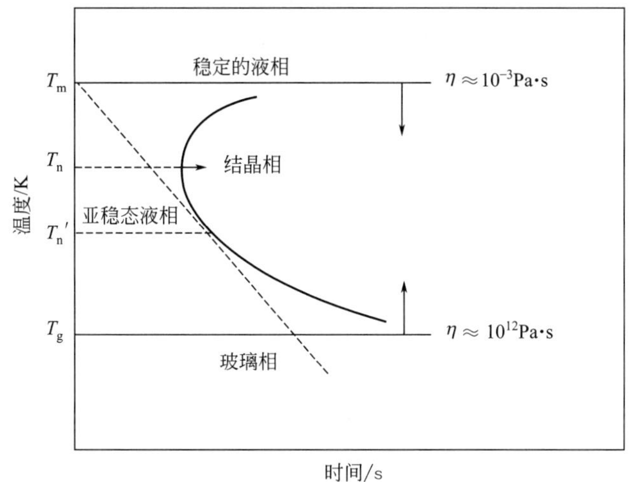


图 1-8　三 T 图的一般形状

依据图中各曲线的位置关系，当系统的温度接近于 $T_m$ 和 $T_g$ 时，若要使系统达到一定的容积分率，在两个温度区域所需要的时间都比较长，只有曲线峰值处（或鼻尖处）所对应的时间是最少的。其中的缘由是系统内结晶的各种驱动力和质点的活动自由度之间的竞争所决定。例如，当温度降低时，结晶的驱动力增大而加速结晶，与此同时质点的活动自由度下降，又会使结晶变得困难。这两个相互矛盾、相互制约因素的综合结果形成了曲线的形状。

由三 T 图和式(1-2) 就可以得到防止产生一定的结晶容积分率的临界冷却速率（$dT/dt$）$_c$。这个最大速率是由 $T_m$ 点向曲线所引切线的斜率来确定的，即（$dT/dt$）$_c = T_m - T_n' = \Delta T_n' / \tau_n'$。由于作切线比较麻烦，可采用近似方法求解（$dT/dt$）$_c$，即直接取曲线鼻尖对应的温度 $T_n$ 和时间 $\tau_n$ 来近似求出（$dT/dt$）$_c$，由此推导出式(1-3)：

$$\left(\frac{dT}{dt}\right)_c \approx \frac{\Delta T_n}{\tau_n} \tag{1-3}$$

式中，$\Delta T_n = T_m - T_n$。

不同的系统切线的斜率不同，在相同的容积分率条件下曲线的位置也会各不相同，因此，由式(1-3) 计算出的临界冷却速率也各不相同。为区分出不同物质的成玻璃能力，乌尔曼等提出用析晶容积分率为 $10^{-6}$ 时得到的临界冷却速率来衡量不同物质的成玻璃能力的大小。若临界冷却速率大，则成玻璃困难；反之，成玻璃比较容易。

## 参考文献


［1］ 张克从. 近代晶体学［M］. 北京:科学出版社，2011.

［2］ 王英华. 晶体学导论［M］. 北京:清华大学出版社，1989.

［3］ 黄建华，刘怀周. B 掺杂量对 LPCVD 生长大面积 ZnO 透明导电薄膜性能的影响［J］. 人工晶体学报，2016，45(1)：236-240.

［4］ 祝振奇，周建，刘桂珍，任志国. ZnO 单晶生长技术的研究进展［J］. 稀有金属，2009，33(1)：101-106.

［5］ 邱关明，黄良钊. 玻璃形成学［M］. 北京:兵器工业出版社，1987.

[6] 北村. 玻璃 [M]. 上海:上海三联书店，2010.
[7] 张联盟，黄学辉，宁晓岚. 材料科学基础 [M]. 武汉：武汉理工大学出版社，2008.
[8] 曾燕伟. 无机材料科学基础 [M]. 武汉:武汉理工大学出版社，2015.
[9] 谢峻林，何峰，顾少轩，王琦. 无机非金属材料工学 [M]. 北京:化学工业出版社，2011.
[10] 潘志华. 无机非金属材料工学 [M]. 北京:化学工业出版社，2016.
[11] 田英良，孙诗兵. 新编玻璃工艺学 [M]. 北京:中国轻工业出版社，2013.

# 第 2 章

# 玻璃的结构及性能

# 2.1 玻璃的定义与结构学说

## 2.1.1 玻璃的定义

### 2.1.1.1 广义的定义

玻璃（glass）是呈现玻璃转变现象的非晶态固体。所谓玻璃转变现象是指当物质由固体加热或由熔体冷却时，在相当于晶态物质熔点热力学温度的1/2～2/3温度附近出现热膨胀系数、比热容等性能的突变，这一温度称为玻璃转变温度。玻璃是由熔融物冷却硬化而得到的非晶态固体。广义的玻璃包括单质玻璃、有机玻璃和无机玻璃。狭义的玻璃仅指无机玻璃而言。

### 2.1.1.2 狭义的定义

玻璃是一种在凝固时基本不结晶的无机熔融物，即通常所说的无机玻璃，最常见的为硅酸盐玻璃。玻璃是非晶态固体中最重要的一族，其结构特点是近程有序而远程无序。

## 2.1.2 玻璃的结构学说

玻璃态物质结构的研究在现代科学中占有一定的地位。“玻璃结构”的概念是指离子-原子在空间的几何配置，以及它们在玻璃形成中对结构所起的作用。研究与正确理解玻璃态物质的结构，不仅可以丰富物质的结构理论，而且对探索玻璃态物质的组成、结构、性能，以及其中缺陷之间的关系，进而更好地指导玻璃工业的生产实践，以期达到合成预计性能的玻璃都有极为重要的意义。例如，在合理地确定玻璃成分与性质的关系的基础上，可根据所需的玻璃性质确定玻璃成分，调整配方，从而指导玻璃工业的生产实践。

近半个世纪以来，人们对玻璃结构的研究方兴未艾，提出了各种各样有关玻璃结构的假说，但由于所涉及的玻璃材料的结构问题比较复杂，到目前为止，还没有得到完善的解决。从玻璃形成的过程来看，可以把它看成过冷却的液体，因而玻璃结构学说是和液体结构学说的发展密切相关的。而对液体结构，过去也曾有过很多不同的见解，直到最近才逐渐趋向一致。

根据塔曼（Tamman）的假说，玻璃是过冷却的液体，玻璃从熔体凝固的过程纯粹是物理过程。这一过程可描述如下：随着温度的下降，组成液体的分子因动能减少而逐渐接近，其相互作用力亦逐渐增加使液体黏度上升，最后分子堆积到如此紧密的程度，以致实际上已可看成是无规则的固体物质。达曼把组成复杂的玻璃看成是不同分子的混合物，并把玻璃性质与结构的变化归结于不同分子间平衡状态的转变。

塔曼假说的局限性，在于实际玻璃的形成过程要比分子间的机械接近复杂得多。现代结构分析证明在玻璃中原子之间不完全是共价键的作用，因此不能把玻璃看成完全的孤立的分子。玻璃内部质点间的键力主要是离子-共价键或金属-共价键。

另外，杜尔（Tool）与埃赫林（Eichlin）把玻璃与凝胶类比，提出了玻璃结构的胶体假说。索斯曼（Socman）、埃特尔（Eitel）和博脱文金等认为组成玻璃的基本结构单元是具有一定化学组成的分子聚集体，它是玻璃冷却过程中形成的，提出了玻璃结构聚集假说。以上

关于玻璃的假说都有各自的局限性，因此，不能够合理地描述玻璃的结构，解释有关性能。

到目前为止，较流行和被认可的玻璃结构学说是无规则网络学说与晶子学说，这两个假说也成为描述玻璃结构的主流学说。

兰德尔（Randell）于 1930 年提出了玻璃结构的微晶学说，因为一些玻璃的衍射花样与同成分的晶体相似，认为玻璃由微晶与无定形物质两部分组成，微晶具有正规的原子排列并与无定形物质间有明显的界限，微晶尺寸为 1.0～1.5mm，其含量在 80%以上，微晶的取向无序。列别捷夫在研究硅酸盐光学玻璃的退火中发现，在玻璃折射率随温度变化的曲线上，于 520℃附近出现突变，他把这一现象解释为玻璃中的石英“微晶”在 520℃的同质异变，列别捷夫认为玻璃是由无数晶子所组成，晶子不同于微晶，是带有点阵变形的有序排列分散在无定形介质中，且从“晶子”到无定形区的过渡是逐步完成的，两者之间并无明显界限。“晶子”学说为 X 射线结构分析数据所证实，玻璃的 X 射线衍射一般为宽（或弥散）的衍射峰，与相对应晶体的衍射峰有明显不同，但二者峰值所处的位置基本是相同的，如图 2-1 所示。

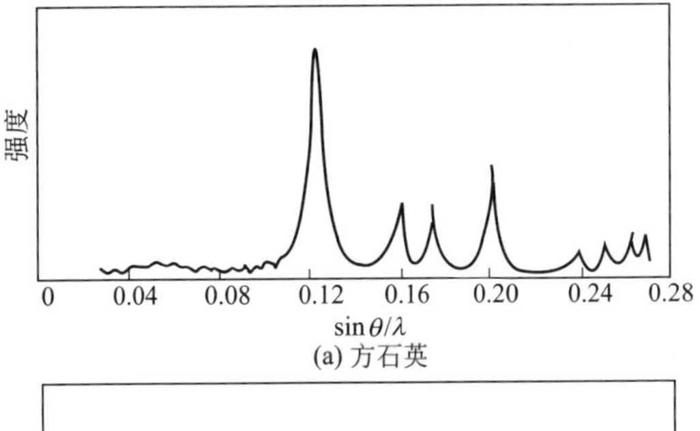

(a) 方石英

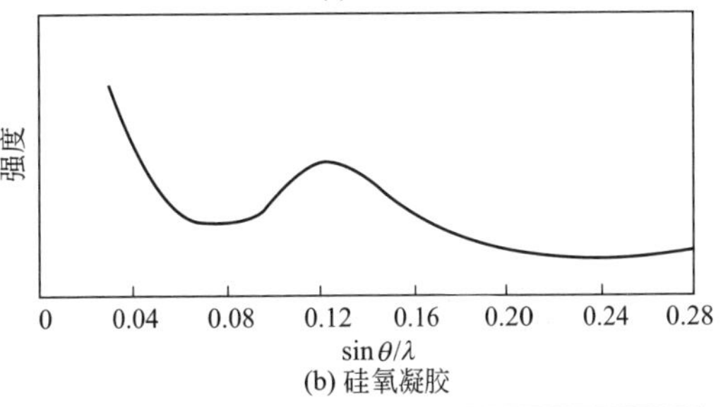

(b) 硅氧凝胶

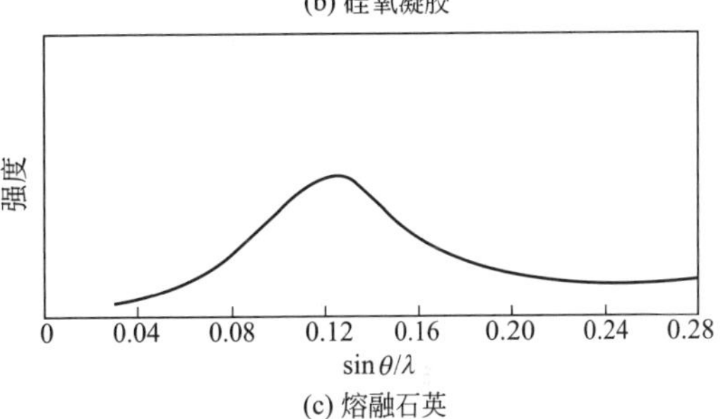

(c) 熔融石英

图 2-1　方石英、硅氧凝胶和熔融石英的 X 射线衍射图

后人总结、修正、归纳了晶子的特点如下：它们是尺寸极其微小的、晶格极度变形的有序排列区域；玻璃中的这些晶子分散在无序区域中，从晶子到无序区域的过渡是逐步完成的，没有明显的界限；晶子中心部位有序程度最高，离中心越远，有序程度越低，不规则程度也越显著；晶子的数目占玻璃的 10%～15%，晶子大小为 1.0～1.5nm，相当于2～4 个多面体的有规则排列。

玻璃的晶子学说揭示了玻璃中存在有规则排列区域，即有一定的有序区域，这对于玻璃的分相、晶化等本质的理解有重要价值，但初期的晶子学说机械地把这些有序区域当作微小晶体，并未指出相互之间的联系，因而对玻璃结构的理解是初级和不完善的。总的来说，晶子学说强调了玻璃结构的近程有序性。

无规则网络学说是 1932 年由查哈里阿森（Zacharisaen）提出的。按照这个学说，熔石英玻璃的结构可描述如下：每个硅原子与周围四个氧原子组成硅氧四面体［$SiO_4$］，各四面体之间通过顶角相互连接而形成向三维空间发展的网络（或骨架），但其排列是无序的，故与晶体石英结构有所不同。当熔石英玻璃加入碱金属与碱土金属氧化物时，硅氧四面体［$SiO_4$］组成的网络被断裂，在某些四面体［$SiO_4$］之间的空隙中均匀而无序地分

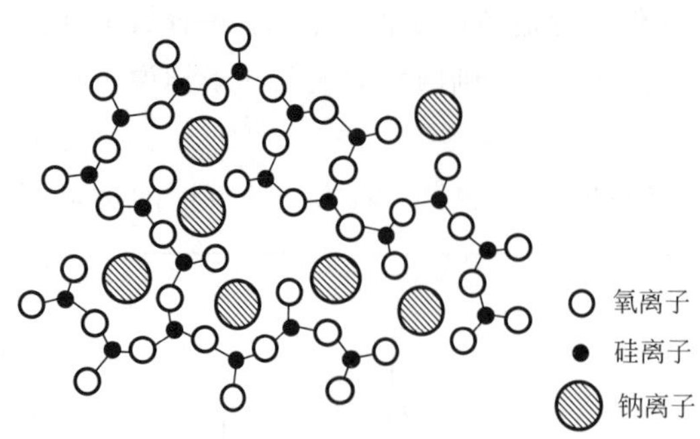

图 2-2 根据查哈里阿森学说建立的 $Na_2O$-$SiO_2$ 系统玻璃结构模型

布着碱金属与碱土金属离子。同样，纯氧化硼玻璃也可看成是由硼氧三角体［$BO_3$］无序地相互连接而组成的向二维空间发展的网络。查哈里阿森的这一观点后来被瓦伦（Warren）的 X 射线结构分析数据所证实。根据这一学说建造的玻璃结构模型如图 2-2 所示。

笛采尔（Dietzel）、孙观汉和阿本等又从结构化学的观点，根据各种氧化物形成玻璃结构网络所起作用的不同，进一步区分为玻璃网络形成体、网络外体（或称网络修饰体）的中间体氧化物。

玻璃形成体氧化物应满足以下条件：每个氧离子应与不超过两个阳离子相连；在中心阳离子周围的氧离子配位数必须是小的，即为 4 或更小；氧多面体相互共角而不共棱或共面；每个多面体至少有三个顶角是共用的。

碱金属离子被认为是均匀而无序地分布在某些四面体之间的空隙中，以保持网络中局部地区的电中性，因为它们的主要作用是提供额外的氧离子，从而改变网络结构，故它们称为“网络修饰体”。

比碱金属和碱土金属化合价高而配位数小的阳离子，可以部分地参加网络结构，故称为“中间体”，如 BeO、$Al_2O_3$ 和 $ZrO_3$ 等。

无规则网络学说着重说明了玻璃结构的连续性、统计均匀性与无序性，可以解释玻璃的各向同性、内部性质的均匀性和随成分改变时玻璃性质变化的连续性等，因而在长时间内该理论占主导地位。

事实上，玻璃结构的晶子学说与无规则网络学说分别反映了玻璃结构这个比较复杂问题的矛盾的两个方面。可以认为短程有序和长程无序是玻璃物质结构的特点，从宏观上看玻璃主要表现为无序、均匀和连续性，而从微观上看它又呈有序、微不均匀和不连续性。

当然，玻璃结构的基本概念还仅用于解释一些现象，尚未成为公认的理论，仍处于学说阶段，对玻璃态物质结构的探索尚需进一步深入开展。

### 2.1.3 玻璃的结构因素与性质

玻璃性质的变化规律和玻璃的结构有直接关系，这些因素主要有以下几个。

#### 2.1.3.1 硅氧骨架的结合程度

对于硅酸盐系统玻璃，$SiO_2$ 以各种［$SiO_4$］的形式存在，系统中存在“桥氧”（双键）和“非桥氧”（单键），二者的比例不同，各种玻璃的物理化学性质也相应发生变化。即［$SiO_4$］四面体的性质首先与硅氧骨架的结合程度（键合度）有关。结合程度用 $f_{Si}$＝硅原子数/氧原子数或 $f_{Si}$的倒数（氧数）$R$＝O/Si 度量。随 $SiO_2$ 含量下降，碱金属氧化物含量增加，系统中桥氧数下降，氧数上升，硅氧骨架连接程度下降，网络结构呈架状—层状—链状—组群状—岛状改变，玻璃性质也发生相应变化。

需要指出的是，一类碱金属氧化物含量很高的硅酸盐玻璃，当碱金属氧化物含量大于

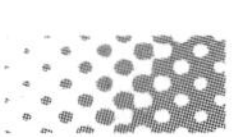

33.3%时，玻璃的性质就有逆向变化。随着玻璃制备方法的发展，制得了碱金属氧化物含量很高（大于 50%）的固态玻璃。这类玻璃具有和一般硅酸盐玻璃不同的特殊性质，我们称为“逆向玻璃”或“逆性玻璃”。例如氧化铅（PbO）含量较高的玻璃，由于铅在结构上的特殊性，在其含量较高时也能够形成玻璃。

#### 2.1.3.2　阳离子的配位状态

玻璃中场强大的阳离子（小离子半径和高电荷）所形成的配位多面体是牢固的，当由于各种原因引起配位数改变时，可使玻璃某些性质改变。玻璃物理化学中，目前对阳离子配位数改变研究较多的有硼效应、铝效应及相应的硼铝效应和铝硼效应等。

硼效应（硼反常）是在硼酸盐或硼硅酸盐玻璃中，当氧化硼与玻璃修饰体氧化物之比达到一定值时，在某些性质变化曲线上出现极值或折点的现象。玻璃性质的突变是由于硼离子的配位状态发生变化而导致玻璃的结构变化。对于比较纯的 $B_2O_3$ 玻璃，B 以三配位存在［$BO_3$］（三角体），当有 $Na_2O$ 引入时，［$BO_3$］会出现向［$BO_4$］的转变，玻璃网络呈架状结构，连接程度提高，结构紧密，玻璃的性质向好的方向发展。

钠硅玻璃中加入氧化硼的钠硼硅酸盐玻璃，由于其硼离子的配位状态发生变化，性质变化曲线上也出现极值或折点。在钠铝硅酸盐玻璃中会出现铝效应（铝反常）。在钠硼铝硅酸盐玻璃中还出现硼铝效应或铝硼效应。

产生这些现象的条件是玻璃中 $Na_2O/R_2O_3$ 的分子比等于 1，此时［$BO_3$］向［$BO_4$］的转变量趋于最大，或者是［$AlO_6$］向［$AlO_4$］的转变量趋于最大。而在玻璃中同时有铝、硼等氧化物时，这些中间体氧化物夺取玻璃中“游离氧”组成四面体的能力取决于离子半径比（即 $r_{O}^{2-}/r_{R}^{n+}$ 是否在 0.225～0.425 之间）及阳离子与氧离子之间的化学键强。因此，当“游离氧”含量不足时，中间体氧化物将按照以下顺序进入结构网络：

$$[BeO_4] \rightarrow [AlO_4] \rightarrow [GaO_4] \rightarrow [BO_4] \rightarrow [TiO_4]$$

#### 2.1.3.3　离子的极化程度

氧离子被中心阳离子 $R^{n+}$ 极化，使原子团［$RO_n$］中 R—O 键趋于牢固，使 R—O 间距减小，甚至键性发生变化，称为内极化。当同一氧离子受到原子团外的另一阳离子 $A^{n+}$ 的外极化影响时，R—O 键的间距反而增加，这种“二次极化”（“反极化”）甚至会引起［$RO_n$］原子团的裂解。离子的极化和反极化现象对玻璃的结构与性质有重要影响。

#### 2.1.3.4　离子堆积的紧密程度

石英玻璃和硅酸盐玻璃中原子间存在大量空穴，大多数硅酸盐有类方石英结构。斯蒂维尔斯（S. M. Stevels）提出把硅酸盐玻璃分为“正常”（O/Si＞3.9）和“不正常”（O/Si＜3.9）两类玻璃，即用氧离子堆积来描述玻璃结构中离子堆积的紧密程度。玻璃的双碱效应与离子堆积的紧密程度有关。即当玻璃中有两种或两种以上的碱金属离子时，会出现玻璃密度的最大值。

## 2.2　玻璃态的通性

在自然界的固体物质中存在着晶态和非晶态两种状态，它们之间的区别在于其内部质

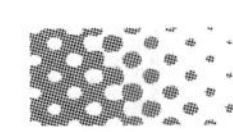



点排列是远程有序，或远程无序。有人把“非晶态”和“玻璃态”看作是同义词，也有人将它们加以区别。我国的技术词典中把“玻璃态”定义为“从熔体冷却，在室温下还保持熔体结构的固体物质状态”，习惯上常称玻璃为“过冷的液体”，“非晶态”作为更广义的名词，包括用其他方法获得的以结构无序为主要特征的固体物质状态。

玻璃作为非晶态固体的一种，其原子不像晶体那样在空间作远程有序排列，而近似于液体一样具有近程有序排列，玻璃像固体一样能保持一定的外形，而不像液体一样在自重作用下流动。玻璃态物质的主要特征表现为下列几种。

### 2.2.1 各向同性

玻璃中不存在内应力时，玻璃的物理性质如硬度、弹性模量、折射率、热膨胀系数等在各个方向都是相同的，而结晶态物质则为各向异性。

玻璃的各向同性起因于其质点排列的无规则和统计均匀性。

### 2.2.2 介稳性

熔体冷却转化为玻璃时，由于在冷却过程中黏度急剧增大，质点来不及作形成晶体的有规律排列，因而系统内能尚未处于最低值，玻璃处于介稳状态，在一定的条件下它还具有自发放热转化为内能较低的晶体的倾向。

### 2.2.3 无固定熔点

玻璃态物质由熔体转变为固体是在一定温度区间（转化温度范围内）进行的，它与结晶态物质不同，没有固定熔点。

### 2.2.4 性质变化的连续性和可逆性

玻璃态物质从熔融状态到固体状态的性质变化过程是连续的和可逆的，其中有一段温度区域呈塑性，称为“转变”或“反常”区域，在这一区域内性质有特殊变化。图 2-3 表示物质的内能和比容随温度的变化。

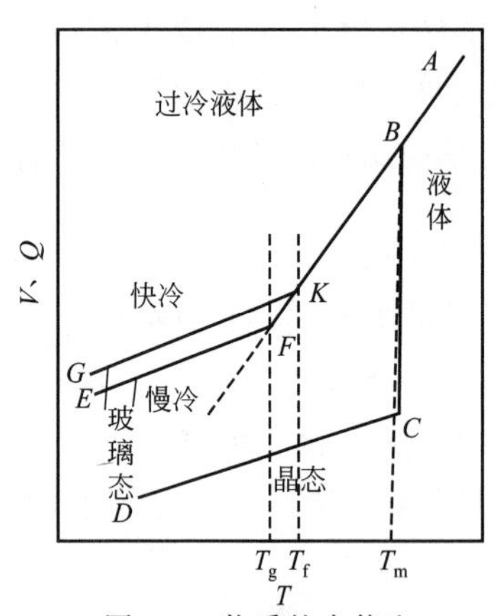


图 2-3 物质的内能和比容随温度的变化

*BK*—过冷区；*KG*—快冷区；*KF*—转变区；*FE*—慢冷区

在结晶情况下，性质变化如曲线 *ABCD* 所示，$T_m$ 为物质的熔点，过冷却形成玻璃时，过程变化如曲线 *ABKFE* 所示，$T_g$ 为玻璃的转变温度，$T_f$ 为玻璃的软化温度，$T_g \sim T_f$ 温度区域称为“转变”或“反常”区域，对氧化物玻璃而言，相应于这两个温度的黏度约为 $10^{12}$ Pa·s 和 $10^{10.5}$ Pa·s。

### 2.2.5 玻璃的组成与结构

根据各种氧化物在玻璃结构中所起的作用不同可将其分为三类，即玻璃形成体、玻璃中间体及玻

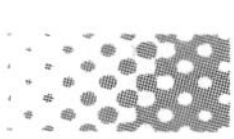

璃调整体（又称网络外体）（表 2-1）。这三类氧化物的不同的比例构成具有不同性能的玻璃品种。

**表 2-1　玻璃中常用氧化物按作用分类**

| 玻璃形成体(F) | 玻璃中间体(I) | 玻璃调整体(M) |
|---|---|---|
| $SiO_2$ | $Al_2O_3$ | $MgO$ |
| $B_2O_3$ | $Sb_2O_3$ | $Li_2O$ |
| $GeO_2$ | $ZrO_2$ | $BaO$ |
| $P_2O_5$ | $TiO_2$ | $CaO$ |
| $V_2O_5$ | $PbO$ | $SrO$ |
| $As_2O_3$ | $BeO$ | $Na_2O$ |
| | $ZnO$ | $K_2O$ |
| | $Bi_2O_3$ | |

硅酸盐玻璃是以 $SiO_2$ 为主要成分的玻璃，也是一类用量最大的玻璃。

普通的硅酸盐玻璃的化学组成一般是在 $Na_2O$-$CaO$-$SiO_2$ 三元系统的基础上，适量引入 $Al_2O_3$、$B_2O_3$、$MgO$、$BaO$、$ZnO$、$PbO$、$K_2O$ 及 $Li_2O$ 等，以改善玻璃的性能、防止析晶及降低熔化温度。

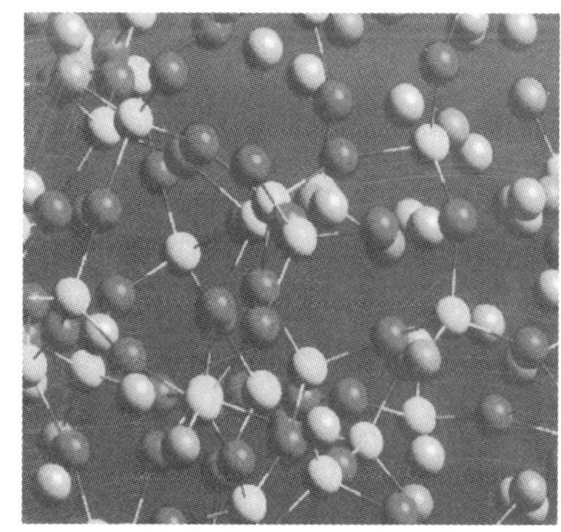

图 2-4　硅酸盐玻璃的结构模型

硅酸盐玻璃的结构相对比较简单，主要是硅氧四面体［$SiO_4$］在三维空间中的连续、无序排列。在普通的硅酸盐玻璃中，碱金属氧化物提供氧使硅氧比值发生改变。这时氧的比值相对最大，玻璃中已不可能每个氧都为两个硅原子所共有，使硅氧网络发生断裂。碱金属离子处于非桥氧附近的网穴中，碱金属离子只带一个正电荷，与氧结合力较弱，故在玻璃结构中活性较大，在一定条件下它能够从一个网穴转移到另一个网穴。非桥氧的出现，使得硅氧四面体［$SiO_4$］失去原有的完整性和对称性。结果使玻璃结构减弱、网络疏松，导致一系列的物理、化学性质变坏，表现在玻璃的黏度变小，热膨胀系数上升，机械强度、化学稳定性下降等。硅酸盐玻璃的结构模型如图 2-4 所示。

当在硅酸盐玻璃组分中引入 $B_2O_3$ 后，相当于在玻璃系统中引入了硼酸盐的结构成分。由于硼酸盐的结构特性，在其结构中存在大量的［$BO_3$］基团，可以认为在其玻璃熔体中也含有这样的基团。当硼硅酸盐玻璃组分中碱金属氧化物（$R_2O$）较少时，较为容易满足 $B^{3+}$ 的三配位要求（或屏蔽要求），即每一个 $B^{3+}$ 需要 3 个氧，并形成［$BO_3$］基团。当硼硅酸盐玻璃系统中，$R_2O$ 氧化物含量增加或足量时，此时部分的 $B^{3+}$ 的配位要求（或屏蔽要求），需要以配位数的转变来满足要求，即部分［$BO_3$］基团转变为［$BO_4$］基团（［$BO_3$］→［$BO_4$］）。每一个［$BO_4$］基团又要求 1 个碱金属离子（$Na^+$、$K^+$）与之接近，用以平衡化合价。此时，玻璃网络结构中的断点被［$BO_4$］基团连接，这样的玻璃网络结构不但没有被削弱，而且结合得更加牢固，因为多面体之间的连接点由 3 个增加到 4 个。直到碱金属氧化物的含量增大到开始出现断点氧的［$BO_3$］基团，玻璃网络结构连接程度又开始削弱。

总之，在硼硅酸盐玻璃系统中，当 $B^{3+}$ 由三角体转变为四面体时，原先在玻璃结构网络中因 $R_2O$ 加入而断裂的硅氧四面体被连接成硅氧与硼氧统一的结构网络，此时原来由单键连接的氧离子现在被硼与氧的双键所固定，同时由于硼氧四面体［$BO_4$］的体积比硅氧四面体［$SiO_4$］的体积小，所以当 $Na_2O/B_2O_3>1$ 时，玻璃网络结构的紧密程度与强度均上升。这表现在玻璃的性质如密度、折射率、强度、化学稳定性均上升以及膨胀系数的下降上。当硼硅酸盐系统中的 $Na_2O/B_2O_3<1$ 时，由于 $Na_2O$ 的含量不足，使得硼氧四面体［$BO_4$］分裂而形成硼氧三角体，在玻璃中同时出现［$BO_4$］、［$BO_3$］几种不同的结构基元。即四面体硼硅酸盐区及三角体富氧化硼区，由于玻璃态的呈层状或链状结构，其强度很低，因此上述性质向相反的方向转变，这样在性质变化曲线中便呈现极大值与极小值。由此可见，在硼硅酸盐玻璃中对性质变化起决定作用的不是 $B_2O_3$ 的绝对含量，而是 $Na_2O$、$B_2O_3$ 的分子比，极大值与极小值往往出现于 $Na_2O/B_2O_3=1$ 处。“硼反常现象”是由于 $B^{3+}$ 配位数的变化而引起玻璃内部结构骨架变化的反映。

## 2.3 氧化物玻璃的形成

### 2.3.1 一元系统玻璃生成

一元系统的玻璃主要是指以网络形成体氧化物为单一原料，熔制后所制备的玻璃材料。由于一元系统玻璃的结构特殊，制备条件要求高，目前仅有由 $SiO_2$ 制备的玻璃材料，即石英玻璃得到了商品化。

#### 2.3.1.1 一元 $B_2O_3$ 玻璃

$B_2O_3$ 熔体属于高聚合物质，能够有效形成链状或层状结构，B—O 键是离子共价混合键，键能很大。在一元 $B_2O_3$ 玻璃中，［$BO_3$］作为单一的结构单元。B—O 键的离子性使氧趋向于紧密排列，使 B—O—B 键角在很大的程度上或者范围内可以改变，容易造成无对称变形，形成无序的玻璃网络结构，所有这些都说明 $B_2O_3$ 容易形成玻璃。

#### 2.3.1.2 一元 $Al_2O_3$ 玻璃

$Al_2O_3$ 中的 Al—O 键具有比 B—O 键更高的离子性，在 $Al_2O_3$ 中，$Al^{3+}$ 有较高的配位数（6）使氧倾向于紧密排列，故有利于调整成为有规则排列的晶体，因此，$Al_2O_3$ 形成玻璃的倾向比 $B_2O_3$ 小，有人曾经利用特殊方法制备了玻璃态 $Al_2O_3$，但这种玻璃很不稳定，容易析晶。

#### 2.3.1.3 一元 $SiO_2$ 玻璃（石英玻璃）

硅氧四面体［$SiO_4$］是 $SiO_2$ 各种变体及硅酸盐中的结构单元。Si—O 键是离子共价混合键，键能很大。Si—O 键的离子性使氧趋向于紧密排列，Si—O—Si 键角可以改变，使［$SiO_4$］可以不同方式相互结合，这对于形成不规则网络具有重要的意义。共价性使［$SiO_4$］成为不变的结构单元，不易改变硅氧四面体内的键长和键角，使得［$SiO_4$］的结构形式能够在三维空间上发展，并形成架状网络结构。由于一元 $SiO_2$ 玻璃中的单键强度、网络连接程度都很高，熔体属于高聚合物质，即使在高温条件下也具有非常大的黏

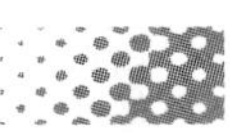

度，结构的有序化调整困难，易形成玻璃。总之，$SiO_2$ 具有极性共价键、大阴离子、单键强度高、易造成无对称变形等特点，故是良好的玻璃形成物。

## 2.3.2 二元系统玻璃生成

二元系统玻璃生成的规律要比一元系统玻璃复杂许多。在二元系统玻璃中，不同阳离子之间的电场强度之差，对玻璃形成有显著作用。如果差别较大（例如碱硅酸盐），则易于形成玻璃；反之，则难以形成玻璃（例如碱土硅酸盐）。因为电场强度差别小，两者都试图按自身的配位要求“争夺”氧离子，使体系内能增大，最终通过玻璃结构分相、析晶等的方式，增加系统的表面积或形成质点的规则排列来降低系统的内能。

### 2.3.2.1 $R_2O$-$SiO_2$ 二元系统玻璃

当分子比 $R_2O/SiO_2<0.5$ 时，$R_2O$ 的加入对玻璃的生成有利，但随着 $R_2O$ 用量增大到 $R_2O/SiO_2=0.5\sim1$，析晶倾向上升而形成玻璃能力下降，直到 $R_2O/SiO_2\geqslant1$ 时就很难生成玻璃。也就是说，$R_2O$ 的用量以 50%（摩尔分数）为限。RO-$SiO_2$ 二元系统的玻璃形成情况与此相似。RO 的用量必须小于 50%（摩尔分数），并且比 $R_2O$ 的玻璃形成能力要低些。所有这些，都是对二元系统而言的，这里的 RO 仅指常用的碱土金属氧化物，不包括 BeO、ZnO、PbO 之类氧化物。例如，PbO-$SiO_2$ 系统的玻璃形成范围是很广的。

另外，从相图的位置来看，二元玻璃生成区一般处于相图的层状结构区，并在网络形成物较多一边的低共熔点处。因具有层状结构的熔体，其黏度较大足以阻止析晶。在层状结构区，配料组成点选择适当时，还可以避免出现两个不混溶的液相。当玻璃的组成点落在低共熔点上时，如果析晶，则将有两个晶相同时析出，它们相互干扰，反而不利于析晶而有利于生成玻璃。但是，如果低共熔点含网络修改物过多，则网络断裂过多，失去层状（和链状）结构，却有利于积聚而导致析晶，特别是网络外体离子具有高电场强度时。

### 2.3.2.2 $R_mO_n$-$B_2O_3$ 二元系统玻璃

由大量的研究得知，此系统的玻璃形成范围与 R 离子的半径 $r$、电价、极化率和配位数等因素有密切关系，其中离子半径 $r$ 是主要的。具体规律如下。

(1) 在电价相同的基础上做比较，当正离子半径 $r$ 增大时，玻璃形成范围随着增大。例如：

电价＝1　　$Li^+ \longrightarrow Na^+ \longrightarrow K^+$

电价＝2　　$Mg^{2+} \longrightarrow Ca^{2+} \longrightarrow Sr^{2+} \rightarrow Ba^{2+}$

显然随着氧化物半径 $r$ 增大，玻璃的形成范围也增大。这是因为，随着 $r$ 的增大，阳离子的电场强度减小，与硅争夺氧的能力减小，而有利于形成玻璃。这条规律仅适用于 $R_2O$ 和 RO。

(2) 当半径 $r$ 相近时，阳离子 R 电价较高者，其玻璃形成能力较小。例如：

$$Li^+>Mg^{2+}>Zr^{4+},\ Na^+>Ca^{2+}>La^{3+}$$

这是因为，$R_2O$ 和 RO 的作用，一方面给出游离氧，使网络断开，但同时阳离子 R 又极力要求周围的 $O^{2-}$ 按照自身的配位数来排列，即所谓的“积聚”。这种积聚作用常使玻璃体积收缩，并且往往是析晶的前奏，当阳离子电价较高时，其电场也较高，因此积聚作用也就较大。

(3) 电场强度很高，并且配位数为 6 的正离子，其可加入量极小。例如：

| 阳离子 | $Th^{4+}$ | $In^{3+}$ | $Zr^{4+}$ |
| --- | --- | --- | --- |
| 电场强度/(V/m) | 3.3 | 3.53 | 45 |
| 配位数 | 12 | 7 | 6 或 8 |

这一点可以用积聚和分相作用来说明。

### 2.3.3 硅酸盐玻璃

硅酸盐玻璃是实用价值最大、产量与品种类型最多的一类玻璃。由于其具有很多优点，如资源广泛、价格低廉、对常见试剂和气体介质有优异的光学、化学稳定性、硬度高、工业生产方法比较简单等，因此它很早即为人们所熟知并进行大量生产，对其研究也最为深入。

二氧化硅是硅酸盐玻璃的基础组分，然而由于玻璃态二氧化硅（石英玻璃）需要在高温的条件下（1750～1900℃）才能制备，且工艺比较复杂、成本高昂，所以常常采用其他易熔组分来“冲淡”它，结果可形成各种硅酸盐玻璃系统。

石英玻璃通常分为三类，即透明石英玻璃、不透明石英玻璃和石英玻璃耐火材料，后者往往被划入耐火材料范围。目前各国熔制石英玻璃以气炼法、真空加压法和连熔法为主，此外，还有无氢火焰熔融法、等离子燃烧器熔融法、激光熔融法、料浆浇铸法以及组合熔融法等新型熔融方法。

对于石英玻璃的结构目前都倾向于用无规则网络学说来描述，即每个硅原子与周围四个氧原子组成硅氧四面体，各四面体之间通过顶角相互连接而形成向三维空间发展的网络（或骨架），其排列是无序的，与晶体石英结构不同。在熔石英玻璃中加入碱金属氧化物（$R_2O$）及碱土金属氧化物（RO）后，使硅氧四面体间的一端连接断裂，离子 $R^+$ 或 $R^{2+}$ 位于四面体网络的空隙中。因此，硅酸盐玻璃的结构和性质在很大程度上受 Si—O 化学键的影响。

硅氧键的结构和性质与硅原子及氧原子的外电子层构型有关。硅原子的基态是［Ne］$3s^2 3p^2$。当硅原子与氧原子键合时，硅原子处于 $sp^3$ 杂化态，即 s 轨道与三个 p 轨道共同形成四个杂化轨道，这四个杂化轨道的方向与四面体构型相一致。硅原子的 d 轨道是全空的，它可以作为受主与氧原子的 p 轨道形成 π 键（$d_\pi$-$p_\pi$ 键）。氧原子的基态是［He］$2s^2 2p^4$。在键合时氧原子有可能形成三种杂化轨道，即 $sp^3$、$sp^2$ 和 sp，其中任意一种最多只能与两个硅原子相结合，从而形成 σ 键。一方面，这三种杂化轨道 $sp^3$、$sp^2$ 和 sp 的夹角分别为 109°、120°和 180°，而实际上 $SiO_2$ 玻璃荧光激发光谱的结果表示 Si—O—Si 键角分布在 120°～180°范围内，其最大概率在 144°附近；另一方面，氧原子的已充满的 p 轨道可以作为施主与硅原子的 d 轨道形成 π 键，$d_\pi$-$p_\pi$ 键中的 π 电子不是定域的，因此其 π 键叠加在 σ 键上，使 Si—O 键增强。π 键所占比例随杂化情况不同而改变，因此可以说 Si—O 键含有“π 成分”。

然而在玻璃中加入 $R_2O$ 或 RO 时，其碱金属-氧原子或碱土金属-氧键中离子型成分占主导地位。这些阳离子的 p 轨道是全空的，它们是带着 $O^{2-}$ 进入玻璃熔体的。当一个 R 离子附着在 Si—O 键上时，Si—O 键的键强、键长和键角都会发生变动。下面以 $Na_2O$ 为例来说明。

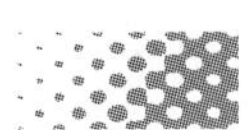

在熔制前，石英颗粒表面就存在断键，这些新键与空气中的水汽作用而形成 Si—OH 键。当石英颗粒与 $Na_2O$ 相遇时便发生离子交换，大部分 Si—OH 键变成 Si—O—Na 键。硅氧聚合物在这一基础上的加热过程中逐渐形成。如图 2-5 所示，在 Si—O—Na 键中，由于钠对氧的作用力比硅小得多，所以其 Si—O 键增强，距离变短（相当于增加了叠加在 σ 键上的 π 键成分），其结果使得邻近的 Si—O 键变弱而成为石英颗粒表面易受攻击的“弱点”。这样，当 $Na_2O$ 靠近时使这些弱 Si—O 键断开，如图中Ⅱ→Ⅲ，并形成新的 Si—O—Na键。重复上述过程，使三维 $SiO_2$ 网络不断破裂（由图中Ⅲ→Ⅳ）而形成许多分立的低聚物。当然，在解聚的同时，也会发生缩聚过程，即各种低聚合物相互间发生作用，形成级次较高的聚合物，同时释放出部分 $Na_2O$。

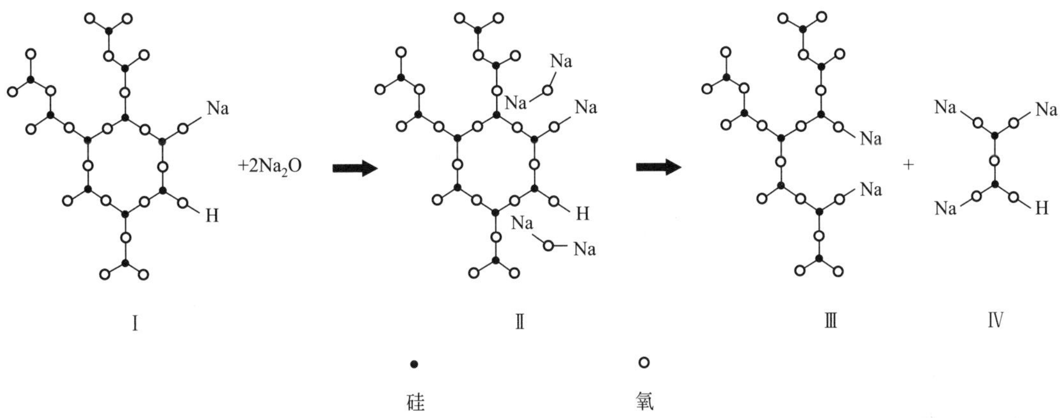


图 2-5　三维网络受碱金属氧化物侵蚀示意图

$$[SiO_4]Na_4 + [Si_2O_7]Na_6 \longrightarrow [Si_3O_{10}]Na_8 + Na_2O$$

$$2[Si_3O_{10}]Na_8 \longrightarrow [SiO_3]Na_{12} + 2Na_2O$$

式中，$[SiO_3]Na_{12}$ 为硅六环聚合物。

在玻璃熔化的过程中，正是玻璃结构网络中的这种解聚和缩聚才形成多种多样的聚合物品种。碱金属氧化物加入量越多，则其低级数聚合物所占的比例越大，即聚合度越小。这种熔体黏度降低，结构中质点易迁移，形成一定范围的结构规则排列，不易使玻璃网络结构保持无序状态，因而成玻璃能力也减弱。总之，R—O 键对 Si—O 键的键强、键长和键角影响很大，而且还影响到成玻璃能力。

若以 CaO 等碱土金属氧化物代替碱金属氧化物 $Na_2O$，则由于 Ca 的电负性比 Na 大，CaO 的解离势比 $Na_2O$ 大，所以 Ca—O 键比 Na—O 键强，而使上述变化减小。

由上可见，二元碱硅酸盐玻璃中非桥氧的出现使硅氧四面体失去原有的完整性和对称性，结果使玻璃结构削弱、疏松，并导致一系列物理、化学性能变坏。例如，玻璃黏度变小，热膨胀系数上升，机械强度、化学稳定性和透紫外线性能下降等，而且碱含量越大，性能变坏越严重。

当在高含量 $SiO_2$ 体系的玻璃中加入高价氧化物形成二元硅酸盐系统时，虽然对硅氧聚合物的破坏作用有所减小，但其中一些离子与氧的作用键强较大，并与中心离子硅形成争夺氧离子的态势，往往会使得玻璃出现分相现象，也不适于制取均匀玻璃。然而高黏度玻璃的分相过程所需时间较长，所以在一定的冷却和使用条件下，许多有潜在分相本领的高黏度系统，仍可制备出均匀玻璃。

主要二元硅酸盐系统的玻璃形成区见表 2-2，按 $SiO_2$ 最高含量，玻璃形成区或者达到 $SiO_2$ 100%含量，或者与熔体分享区接界。表中 $SiO_2$ 含量范围下界与结晶组成区接界，其值在很大程度上受条件的限制（如冷却速率）。玻璃在液相线温度以下所发生的介稳分相界限，表内未列出，因为它们中许多尚未测定。

**表 2-2　二元硅酸盐系统的玻璃形成区**

| 第二组分 | $SiO_2$含量(摩尔分数)/% | 第二组分 | $SiO_2$含量(摩尔分数)/% |
|---|---|---|---|
| $Li_2O$ | 64～100 | ZnO | 51～65 |
| $Na_2O$ | 48～100 | CdO | 44～100 |
| $K_2O$ | 46～100 | PbO | 33～100 |
| $TiO_2$ | 33～50 | $B_2O_3$ | 0～100 |
| BeO | 60～100 | $Al_2O_3$ | 50～100 |
| MgO | 55～61 | $GeO_2$ | 0～100 |
| CaO | 45～70 | $TiO_2$ | 84～100 |
| SrO | 60～80 | $ZrO_2$ | 77～100,40～58 |
| BaO | 60～100 | | |

注：$SiO_2$ 含量为 98%～100%时，分层系统一般有第二个窄的玻璃形成区。

在 $MnO-SiO_2$、$FeO-SiO_2$、$CoO-SiO_2$、$NiO-SiO_2$、$CuO-SiO_2$、$TiO_2-SiO_2$ 等系统中，由于分相，玻璃形成区大大缩小。

由于稀土元素氧化物和三价稀有元素氧化物在原子结构上的特殊性，导致所有稀土元素氧化物和三价稀有元素氧化物（如 $Ga_2O_3$、$Sc_2O_3$、$Y_2O_3$、$La_2O_3$ 等）与 $SiO_2$ 匹配时也会分相。不过，二元系统的玻璃组成，除极少例外（$PbO-SiO_2$、$Na_2O-SiO_2$），大都因析晶倾向强和工艺质量差等原因而不能制成均匀玻璃。因此，为了使玻璃有较小的析晶倾向，或使玻璃熔制温度降低，在组成上应当趋向于取多组分。主要的实用硅酸盐玻璃系统有 $Na_2O-CaO-SiO_2$ 系统（软质玻璃），它可用于平板玻璃、瓶罐玻璃、玻璃纤维、器皿玻璃等，它是生产系统最悠久的玻璃系统，也是当今产量最高、用途最广的一类玻璃。此外，还有 $Na_2O-Al_2O_3-SiO_2$ 系统（可制备高膨胀微晶玻璃和表面微晶玻璃）、$R_2O-PbO-SiO_2$ 系统（应用于火石光学玻璃、电真空玻璃和铅晶质器皿玻璃）、$Li_2O-Al_2O_3-SiO_2$ 系统（可制备光敏微晶玻璃、热敏微晶玻璃和透明微晶玻璃）、$CaO-MgO-Al_2O_3-SiO_2$ 系统（应用于耐热玻璃、微晶玻璃、玻璃纤维）、$NaF-TiO_2-SiO_2$ 系统（可制备低折射率高色散光学玻璃）、$Na_2O-B_2O_3-SiO_2$ 系统（用于光学玻璃、仪器和封接玻璃）。然而在微晶玻璃的制备中，稀土元素氧化物和三价稀有元素氧化物往往被用作促进玻璃析晶分相的氧化物，用于玻璃的基础组分中。表 2-3 列举了几种常见的不同玻璃的组成范围。

硅酸盐玻璃的性质变化和玻璃的组成、结构有直接的关系，这些因素主要表现在玻璃结构中硅氧骨架的结合程度上。对于硅酸盐系统玻璃而言，$SiO_2$ 以［$SiO_4$］的形式存在，玻璃结构中存在“桥氧”（双键氧）和“非桥氧”（单键氧）。二者的比例不同，玻璃结构中的硅氧网络连接程度会发生较大的变化，最终会导致硅酸盐玻璃的性质发生显著的变化，即硅酸盐玻璃的性质与［$SiO_4$］四面体的结合程度有直接的关系。表 2-3 表征了硅酸盐玻璃中［$SiO_4$］的不同结构形式与结合程度的关系。表 2-4 为几种常见的不同硅酸盐玻璃组成。

**表 2-3　表征了硅酸盐玻璃中［$SiO_4$］的不同结构形式与结合程度的关系**

| $SiO_2$ 含量（摩尔分数）/% | 硅氧结构基团、结构类型、名称 | 桥氧数 $Y$ | $F_{Si}$=Si/O | $R$（氧数）=O/Si |
|---|---|---|---|---|
| 100 | ［$SiO_2$］<br>连续三维空间架状结构（硅石状结构） | 4 | 0.5 | 2 |
| 66.7 | ［$Si_2O_5$］<br>连续二维空间层状结构（云母） | 3 | 0.4 | 2.5 |
| 50 | ［$SiO_3$］<br>连续一维空间链状结构（云母状结构） | 2 | 0.333 | 3 |
| 40 | ［$Si_2O_7$］<br>组群状结构、双四面体 | 1 | 0.286 | 3.5 |
| 33.3 | ［$SiO_4$］<br>岛状结构 | 0 | 0.25 | 4 |

**表 2-4　几种常见的不同硅酸盐玻璃组成**

| 玻璃类型 | 玻璃组成（质量分数）% | | | | | | | | | |
|---|---|---|---|---|---|---|---|---|---|---|
| | $SiO_2$ | $B_2O_3$ | $Al_2O_3$ | CaO | MgO | $Na_2O$ | $K_2O$ | PbO | $As_2O_3$ | $Sb_2O_3$ |
| 钠钙硅酸盐玻璃 | 69～75 | | 0～2.5 | 5～10 | 1～4.5 | 13～15 | 0～2 | | | |
| 钠钙硅酸盐玻璃 | 5～55 | 0～7 | 20～40 | 5～50 | | | | | | |
| 硼硅酸盐玻璃 | 60～80 | 10～25 | 1～4 | | | 2～10 | 2～10 | | | |
| 低铅玻璃 | 55～62 | | 0～1 | | | 10～20 | 10～20 | 20～30 | | |
| 高铅玻璃 | 30～50 | | | | | 5～10 | 5～10 | 35～69 | 0～5 | |

## 2.3.4　硼酸盐玻璃

$B_2O_3$ 是硼酸盐玻璃中主要玻璃生成体。三价硼被认为是所谓 $sp^2$ 三角形杂化的结果，硼与氧的成键轨道可以使硼构成平面三角形结构单元。B—O 形成三个 σ 键，还有 π 键成分。

克罗-莫（Krogh-Moe）认为，在 $B_2O_3$ 玻璃中，存在着以三角形相互连接的硼氧基团，莫齐和沃伦发现这种模型与 X 射线谱给出的数据非常相符。证明氧化硼玻璃结构中存在着硼氧三元环基团（或称 3-3 环），该玻璃在 800℃时，这些最大值（峰）趋于消失或发生变化，说明这种三元环在高温下是不稳定的。通过对高温下结构重排过程的研究得出一种看法。

根据这些数据，斯佩里（Sperry）和麦肯齐提出了不同温度下 $B_2O_3$ 玻璃可能有的几种结构模型（图 2-6）。

$B_2O_3$ 玻璃与 $B_2O_3$ 晶体存在显著差别，例如前者密度是 1.84g/cm³，而六方晶系的 $B_2O_3$ 晶体的密度则为 2.56g/cm³，因此它们的结构之间有本质的不同，这也使得 $B_2O_3$ 最容易形成玻璃。因为当玻璃结晶时，首先需要克服硼氧环的高度稳定性，即需破坏 $B_2O_3$ 熔体或玻璃体中 3-3 硼氧环键而重新建立 $B_2O_3$ 晶体中的 6-3 环（六个配位三角体），然后使这种复杂的聚合结构成为有序的晶体排列。这一过程是比较困难的，所以 $B_2O_3$ 熔体或玻璃不易析晶。

按照无规则网络学说，纯氧化硼玻璃的结构可看成是由硼氧三角体无序地相互连接而组成的向二维空间发展的网络。因此，虽然硼氧键能略大于硅氧键能，但因 $B_2O_3$ 玻璃的

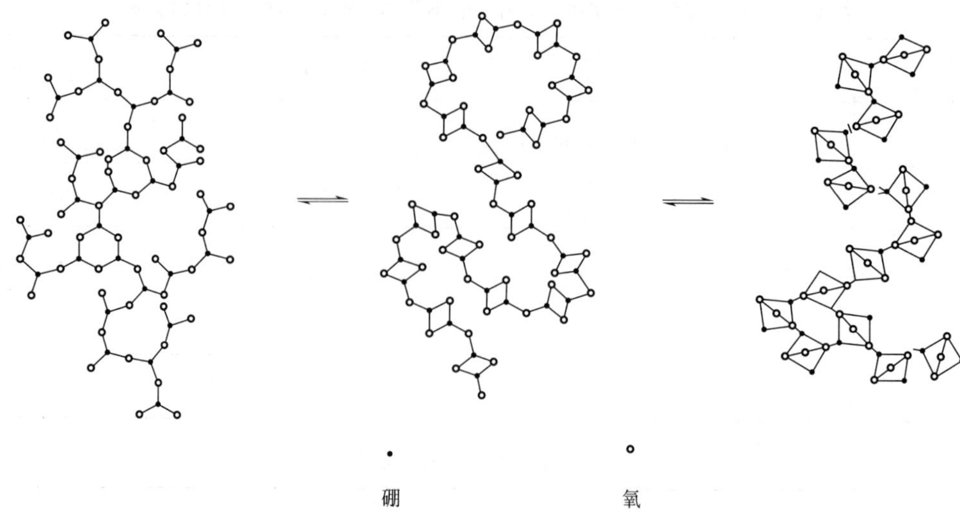


图 2-6 $B_2O_3$ 玻璃在不同温度下的结构模型

层状（或链状）结构的特性，即其同一层内（或同一链内）B—O 键很强，而层与层（或链与链）之间却是由分子引力相连，这是一个弱键，所以导致 $B_2O_3$ 玻璃的一系列性能比 $SiO_2$ 玻璃差得多。

将硼酸 $H_3BO_3$ 在 1200～1300℃熔化，容易制得玻璃状硼酐 $B_2O_3$。但是，玻璃状 $B_2O_3$ 的性质受退火制度和脱水程度的影响，波动很大。由于氧化硼玻璃软化温度较低（约 450℃），化学稳定性差（置于空气中发生潮解），而且热膨胀系数高（约 $150\times10^{-7}$℃$^{-1}$），因而没有实用价值。$B_2O_3$ 只有与 $Li_2O$、BeO、MgO、CaO、ZnO、CdO、PbO、$Al_2O_3$、$SiO_2$ 等氧化物组合才能制取比较稳定的硼酸盐玻璃。

在 $B_2O_3$ 玻璃中加入碱金属氧化物或碱土金属氧化物后，其结构中硼氧三角体［$BO_3$］将变为硼氧四面体［$BO_4$］，也就是说，在一定范围内，它们所提供的氧不像在熔融石英玻璃中作为非桥氧出现于结构中，而是使硼氧三角体转变为完全由桥氧组成的硼氧四面体，导致 $B_2O_3$ 玻璃从原来二维空间的层状结构部分转变为三维空间的架状结构，从而加强了网络，并使玻璃的各种物理性质变好。与相同条件下的硅酸盐玻璃相比，性质随碱金属或碱土金属加入量变化的规律与其相反，所以称为硼氧反常性。一般认为此时 $Na_2O$ 提供的氧不是用于形成硼氧四面体，而是以非桥氧形式出现于三角体之中，从而使结构减弱，导致一系列性能变坏。日丹诺夫（Zhdanov）根据其实验数据认为，由于硼氧四面体之间不能直接相连，而通常是由硼氧三角体或另一种偶尔存在的多面体来相隔，因此，四配位硼原子的数目不能超过由玻璃组成所决定的某一限度。

乌尔曼等发现，不同碱硼二元系统中热膨胀曲线的最小值并不位于相同的碱金属氧化物含量处，其中有些最小值不够明显。他们在解释这种最小值加宽现象时认为是下述两种过程的竞争结果：一种是形成硼氧四面体倾向于减小热膨胀系数；另一种是碱金属离子浓度的增加使热膨胀系数增大。当碱金属氧化物约占 30%（摩尔分数）时，即硼配位开始由 4 变为 3 时，前一种效应逐渐消失，热膨胀系数开始增大，而且热膨胀系数沿着由 $Li_2O$-$B_2O_3$ 玻璃到 $Cs_2O$-$B_2O_3$ 玻璃的顺序依次增加。

硼反常现象也可以表现在碱硅酸盐玻璃中连续增加氧化硼的引入量时，往往在性质变

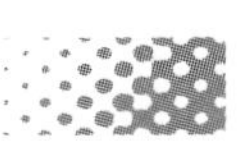

化曲线上产生极大值和极小值。这种硼反常性是由于硼加入量超过一定限度时，它不是以硼氧四面体而是以硼氧三角体出现于玻璃结构中，并导致结构和性质发生逆转现象。

除了硼反常外，在钾（钠）硼铝硅酸盐玻璃中还出现“硼铝反常”现象。当硅酸盐玻璃中不存在 $B_2O_3$ 时，$Al_2O_3$ 代替 $SiO_2$ 能使折射率、密度等直线上升，这属于正常现象。当玻璃中存在 $B_2O_3$ 时，同样用 $Al_2O_3$ 代替 $SiO_2$，则随 $B_2O_3$ 含量的不同而出现不同形状的曲线。其中当 $Na_2O/B_2O_3=4$ 时（摩尔分数比），在折射率和密度变化曲线中出现极大值。进一步增加 $B_2O_3$ 含量至 $Na_2O/B_2O_3 \geqslant 1$ 时，则促使折射率和密度下降，并且随摩尔分数比 $Na_2O/B_2O_3$ 的下降，$n_d$ 和 $d$ 的降低速度增加，但是当摩尔分数比 $Na_2O/B_2O_3<1$ 时，$n_d$ 与 $d$ 又恢复上升，并且在性质变化曲线中出现极小值。在此系统中玻璃性质的变化中出现 $n_d$ 与 $d$ 的下降与再次上升的现象即称为“硼铝反常”现象。

硼铝反常现象和硼反常现象一样可以出现在一系列性质变化中，例如折射率、密度、硬度、弹性模量、介电常数及热膨胀系数，而在色散、折射度、电导及介电损耗等性质中却不出现。

这一反常现象也是由于阳离子配位数变化即结构网络的变化所引起的。根据结晶化学的一般原则，当 $Al_2O_3$ 与 $B_2O_3$ 位于高配位状态时，将使玻璃具有较高的折射率与较低的分子体积；而当它们的配位数下降时，玻璃的 $n_d$ 与 $d$ 也随着降低，所以当摩尔分数比 $Na_2O+Al_2O_3/B_2O_3$（$\psi$）$>1$ 时，$B^{3+}$ 与 $Al^{3+}$ 全都位于四面体，以 $Al_2O_3$ 代替 $SiO_2$ 时 $B^{3+}$ 的配位数可保持不变。由于铝氧四面体使结构网络连接紧密，当摩尔分数比 $\psi$ 在 0～1 之间时，由于 $Na_2O$ 的不足，以 $Al_2O_3$ 代替 $SiO_2$ 后，$Al^{3+}$ 形成四面体进入结构网络而 $B^{3+}$ 由四面体转变成三角体（由于离子半径比的关系，铝氧四面体［$AlO_4$］比硼氧四面体［$BO_4$］稳定，故当 $R_2O$ 不足时 $Al^{3+}$ 首先组成四面体进入网络），因此使 $n_d$ 与 $d$ 下降。当 $\psi<0$ 时，$B^{3+}$ 已全部处于三角体［$BO_3$］的配位状态，以 $Al_2O_3$ 代替 $SiO_2$ 后，由于 $Na_2O$ 的不足，$Al^{3+}$ 也不能形成四面体进入网络，而以较高的六配位填充于网络外空隙，因而使结构紧密度上升，结果引起了 $n_d$ 和 $d$ 的再度上升。

硼硅酸盐玻璃的形成中常发生分相的现象，这往往是由于硼氧三角体的相对数量很大，并进一步富集成一定区域而造成的。一般是分成互不相溶的富硅氧相和富碱硼酸盐相。$B_2O_3$ 的含量越高，分相倾向越大。通过一定的热处理可使分相更加强烈，严重时可使玻璃发生乳浊。

这种不混溶的分相现象在 $R_2O$-$B_2O_3$ 和 $RO$-$B_2O_3$ 二元系统中也常出现。表 2-5 所列出的二元硼酸盐系统的玻璃形成区就是由于存在不混溶现象而缩小了范围。

**表 2-5　二元硼酸盐系统的玻璃形成区**

| 第二组分 | $B_2O_3$ 含量(摩尔分数)/% | 第二组分 | $B_2O_3$ 含量(摩尔分数)/% |
|---|---|---|---|
| $Li_2O$ | 57～100 | BaO | 80～83 |
| $Na_2O$ | 60～100 | ZnO | 36～50 |
| $K_2O$ | 62～100 | CdO | 45～61 |
| $TiO_2$ | 25～100 | PbO | 24～80 |
| MgO | 55～57 | $As_2O_3$ | 0～100 |
| CaO | 59～73 | $Sb_2O_3$ | 0～100 |
| SrO | 57～76 | $SiO_2$ | 0～100 |

硼酸盐玻璃包括 $R_mO_n$-$B_2O_3$ 系统（碱硼酸盐玻璃，碱土硼酸盐玻璃，含镉、锌或铋的

硼酸盐玻璃）、$Na_2O$（$K_2O$）-$B_2O_3$-$SiO_2$ 系统（应用于光学玻璃、高硅氧玻璃）、$R_mO_n$-$La_2O$-$B_2O_3$ 系统（制备稀土高折射率光学玻璃）、氟硼酸盐系统（应用于光学玻璃）等。

硼酸盐玻璃在实际应用方面已越来越引起人们的重视。它所具备的某些特性，有时使它成为不可取代的材料。例如，在玻璃生成体氧化物中硼酐是唯一能用以制取有效吸引慢中子的氧化物玻璃，在这种玻璃中引入轻元素氧化物（BeO、$Li_2O$）可使快中子减慢。若引入 CdO 和其他稀土元素氧化物能使吸收本领骤增。此外，硼酐对于碱金属（Na、Cs）蒸气的作用稳定，所以钠和铯放电灯一般用含 20%～55%（质量分数）$B_2O_3$ 的玻璃制造。为了给放电灯内表面覆盖一层玻璃，可采用 87% $B_2O_3$ 的组成。

特种硼酸盐玻璃的另一个特性是 X 射线通过率高。以 $B_2O_3$ 为基础组分再配以轻元素氧化物（$Li_2O$、BeO、MgO、$Al_2O_3$）所得的玻璃，是制造 X 射线管小窗的最适宜材料，如厚 1cm 的特种玻璃板能透过波长 0.01cm 的 X 射线约 75%。

硼酸盐玻璃形成系统（$R_2O$-$B_2O_3$、RO-$B_2O_3$ 等）在电性能方面比相应的硅酸盐系统优越，例如，钙铝硼酸盐玻璃即使在高温下，电阻也特别高。由于硼酸盐玻璃的电绝缘性能好，而且易熔，所以被广泛用于焊接各种结构材料（玻璃与玻璃、玻璃与陶瓷、玻璃与金属、金属与金属等）的玻璃焊剂和玻璃黏结剂。

近年来，研究人员还用硼酸盐玻璃形成系统制备出磁导率高的铁酸盐微晶玻璃和介电常数高的复杂钛酸盐微晶玻璃。

### 2.3.5 磷酸盐玻璃

在磷的氧化物 $P_2O_3$、$P_3O_4$ 和 $P_2O_5$ 中，仅 $P_2O_5$ 能形成玻璃。由 $P_2O_5$ 形成的磷酸盐玻璃，尽管具有某些独特的性质（例如不受氢氟酸腐蚀），但为数甚少。与硅酸盐玻璃和硼酸盐玻璃相比，目前对磷酸盐玻璃性质的研究还很不够，而且对其性质的变化规律也未得到充分解释。

有关玻璃态 $P_2O_5$ 结构，由于磷原子的 M 壳层电子组态为 $3s^23p^3$，因而可以认为磷通过 $3p^3$ 杂化形成四面体顶角取向的四个键，这是磷氧四面体结构单元得以存在的原因。但是，由于磷是五价的，其 3s 电子容易进入能级不太高的 3d 轨道，从而形成 $sp^3d$ 杂化。这样一来，在磷氧四面体中四个键就不相同，其中的一个键较短，因而键能也较高。由于存在这个短的双键则使四面体的一个顶角断裂并变形，为此可将玻璃态 $P_2O_5$ 看成层状结构。其层间可能由范德华力联系着。也有人认为它是许多相互交织而成的链状结构。如果与硅酸盐玻璃相比较，则可将磷酸盐玻璃看成处于破坏结构网络的二硅酸钠（$Na_2O \cdot 2SiO_2$）区域，由于这种结构特点，决定了磷酸盐玻璃很多性质的变化趋向，例如磷酸盐二元系统（RO-$P_2O_5$）基本上不存在分相区域，而硅酸盐与硼酸盐相图中存在很大面积的分相区。当然大部分磷酸盐玻璃中都由于析晶而失透。

在玻璃态 $P_2O_5$ 中添加其他氧化物有可能发生如下的不同反应。反应Ⅰ使层状或交织的链状结构趋向骨架结构；反应Ⅱ使层状或封闭链结构继续断裂。

二价金属氧化物引入磷酸盐时，根据有些结构分析数据，认为 BaO、MgO、ZnO 等应起反应Ⅰ的作用，其他氧化物皆起反应Ⅱ的作用。但有些研究结果认为，在网络程度较大的区域，加入网络外体氧化物时的作用一方面如反应Ⅱ所示继续破坏网络连接；另一方

面又能填充于网络空隙。静电引力也能使结构紧密如反应Ⅲ所示。

反应Ⅲ的强弱取决于阳离子与氧离子之间键力大小，随离子 $R^{2+}$ 的半径减小，离子位移极化下降。在玻璃中阳离子被更牢固地固定住。

已有资料表明，在 $R_2O$-$P_2O_5$（或 RO-$P_2O_5$）系统的玻璃形成范畴中，都是单一均匀的液相，并不存在稳定不混溶区。这是因为 $P^{5+}$ 具有很大的阳离子场强，而 $R^+$ 和 $R^{2+}$ 在夺氧能力方面均远逊于 $P^{5+}$，其积聚作用小，故不容易产生不混溶现象。但在某些磷酸盐系统中还可以观察到亚微观分相，例如在 MgO-$P_2O_5$ 玻璃中有人观察到有滴状结构。

表 2-6 为二元磷酸盐系统的玻璃形成区。

**表 2-6　二元磷酸盐系统的玻璃形成区**

| 第二部分 | $P_2O_5$ 含量(摩尔分数)/% | 第二部分 | $P_2O_5$ 含量(摩尔分数)/% |
|---|---|---|---|
| $Li_2O$ | 40～100 | BaO | 42～100 |
| $Na_2O$ | 40～100 | ZnO | 36～100 |
| $K_2O$ | 53～100 | CdO | 43～100 |
| BeO | 34～100 | PbO | 38～100 |
| MgO | 40～100 | $Ag_2O$ | 34～100 |
| CaO | 43～100 | $Tl_2O$ | 20～100 |
| SrO | 43～100 | | |

在 $P_2O_5$-$SiO_2$ 和 $P_2O_5$-$B_2O_3$ 系统中，实际上不存在玻璃形成区。在 $Al_2O_3$-$P_2O_5$ 系统中，可制取组成近于 $Al_2O_3 \cdot 2.5P_2O_5$ 的玻璃。

由于 $P_2O_5$ 强烈挥发，在敞口坩埚中熔化时，磷酸盐玻璃形成区的上界往往不超过 70%（摩尔分数）$P_2O_5$，因此，实际中采取使玻璃组分复杂化的途径。

磷酸盐玻璃可以有 $R_mO_n$-$P_2O_5$ 系统、$R_mO_n$-$Al_2O_3$-$P_2O_5$ 系统、$R_2O$(RO)-$SiO_2$-$P_2O_5$ 系统、$R_2O$(RO)-$B_2O_3$-$P_2O_5$ 系统、氟磷酸盐系统等。

几乎全部磷酸盐玻璃都有一些严重缺点，例如析晶倾向大、对常见试剂的化学稳定性差、强烈挥发、极易由液态转为固态、成本高等。这些缺点妨碍了磷酸盐玻璃的大量生产。以 $P_2O_5$ 为基础组分所制成的玻璃，能耐氢氟酸和 HF 蒸气的腐蚀。

与硅酸盐玻璃相比较，磷酸盐玻璃能强烈地吸收红外线，并能更好地透过可见光。因此，较好的隔热玻璃都含有 $P_2O_5$ 组分。

以磷酸盐为基础组分可制得透紫外线的玻璃。其中某些玻璃，例如 $Li_2O$-BeO-$P_2O_5$ 系统中的玻璃，透过紫外线的波长界限为 195nm。

彩色磷酸盐玻璃的色彩很纯。它比硅酸盐玻璃的可见光吸收光谱更多样化。只有磷酸盐玻璃才能制成用钼和钨着色的特殊滤光片。

由磷酸盐系统可以制取折射率高、阿贝数也比较高的光学玻璃。在折射率相同的情况下，磷酸盐玻璃比硅酸盐玻璃和硼酸盐玻璃有更低的平均色散和相应更高的色散系数。

氟磷酸盐光学玻璃作为新的激光基质玻璃近年来发展很快。它除了色散系数大以外，还具有较特殊（指短波方面）的相对部分色散，故可作为消除二级光谱的特殊色散玻璃使用，代替氟化钙晶体。

磷酸盐玻璃有难熔和易熔两种。难熔玻璃一般以无碱系统 RO-$Al_2O_3$-$P_2O_5$ 为基础，外加 $B_2O_3$、$SiO_2$，它的电阻很高，在 600℃以上温度才开始软化；易熔磷酸盐系统在组成上加有 $Li_2O$、$Na_2O$、PbO、氟化物及其他助熔剂，作铝制品搪瓷用。

新发展的钒磷酸盐玻璃是良好的半导体材料。其阈值开关性能可与硫属化合物相媲美。含银的磷酸盐玻璃具有光致发光的性能。此外，$CeO_2$-$P_2O_5$ 和 $CeO_2$-$Al_2O_3$-$P_2O_5$ 系统玻璃具有法拉第效应。

# 2.4 玻璃熔体的黏度

## 2.4.1 熔体结构-聚合物理论

### 2.4.1.1 聚合物的形成

在常规的硅酸盐玻璃熔体的 Si—O 中，$Si^{4+}$ 电荷高，半径小，强烈形成硅氧四面体，即 Si—O 键有高键能、方向性及低配位等特点。在熔体中加入 R—O（R 为碱金属及碱土金属氧化物），R—O 为离子键，在键强上弱于 Si—O。由此使得 R—O 中的 $O^{2-}$ 被中心离子 $Si^{4+}$ 拉近，并在结构中产生了非桥氧。在玻璃结构中，$[SiO_4]$ 为架状，随着 $Na_2O$ 加入量的增加，O/Si 增大，随 $Na_2O$ 的加入，O/Si 可以由 2∶1 变为 4∶1，$[SiO_4]$ 的结构变化形式为架状→层状→带状→键状→环状→孤岛状（此时桥氧全部断裂），若 $Na_2O$ 进一步作用则分化继续下去，且生成新的分立的低聚物。

分化过程产生的低聚物相互作用，形成级次较高的聚合物，且释放 $Na_2O$，此为：

$$[SiO_4]Na_4+[Si_2O_1]Na_6 \longrightarrow [Si_3O_{10}]Na_8+Na_2O$$

$$2[Si_3O_{10}]Na_8 \longrightarrow [SiO_3]Na_{12}+2Na_2O$$

不同聚合程度负离子团同时存在。熔体结构实质是，多种聚合物同时存在，并存而不是一种独存造成熔体远程无序结构。

### 2.4.1.2 聚合物浓度计算法

用有机高分子理论定量计算无机氧化物熔体中各种聚合物的分布：M 为二价金属离子，$[Si_nO_{sn+1}]^{3(n+1)-}$ 为硅氧聚合离子团，$n$ 为 1～∞的整数（含硅数）。

硅酸盐熔体聚合反应通式为：

$$\underset{A_1}{M_2[SiO_4]}+\underset{A_2}{M[Si_nO_{sn+1}]} \longrightarrow \underset{A_3}{M_{n+2}[Si_{n+1}O_{3n+4}]}+\underset{B}{MO} \tag{2-1}$$

即
$$A_1+A_2 \longrightarrow A_3+B$$

当 $n=1$ 时，$A_2=A_1$，$A_2$ 为聚合物通式，$A_3$ 为比 $A_2$ 高一级的聚合物。

缩聚反应平衡常数 $K_{1n}$ 为：

$$K_{1n}=\frac{N_{A_1}N_B}{N_{A_1}N_{A_2}} \tag{2-2}$$

$N$ 为摩尔分数，反应物 $A_1$、$A_2$ 分别含 $n$ 个硅，又由于 $K_{1n}$ 随 $n$ 增大成为整数：

$$K_{1n}=K_{11}$$

且用 $a$ 代替摩尔分数 $N$：

$$\begin{cases} K_{11}=\dfrac{a_{A_3}a_3}{a_{A_1}a_{A_2}}=\dfrac{a_{A_3}}{a_{A_2}}\times\dfrac{a_{MO}}{a_{A_1}} \\ \dfrac{a_{A_3}}{a_{A_2}}=K_{11}\dfrac{a_1}{a_{MO}} \end{cases}$$

令
$$r=K_{11}\frac{a_1}{a_{MO}} \tag{2-3}$$

则
$$\frac{aA_3}{aA_2}=r$$

当熔体达到平衡，$r$ 为常数，即熔体中任何两个级次相邻的聚合物浓度之比为：

$$\frac{a_2}{a_1}=\frac{a_3}{a_2}=\frac{a_4}{a_3}=\cdots=\frac{a_{n+1}}{a_n}=r \tag{2-4}$$

$$a_n=a_1r^{n-1} \tag{2-5}$$

$a$ 可表达任一级聚合物活度，可计算如下：

$$\sum a_n=a_1+a_2+a_3+\cdots+a_n$$

$$\sum a_n=a_1+a_1r+a_2r^2+\cdots+a_1r^{n+1}$$

$$\sum a_n=\frac{a_1}{1-r} \tag{2-6}$$

在 $MO\text{-}SiO_2$ 二元熔体中：

$$\sum a_n+a_{MO}=1 \tag{2-7}$$

$$a_1=(1-r)(1-a_{MO}) \tag{2-8}$$

用式(4-5)、式(4-3) 及式(4-8) 三式联合求解得：

$$a_n=\left[\frac{1-a_{MO}}{1+a_{MO}\left(\frac{1}{k_n}-1\right)}\right]^n\frac{a_{MO}}{k_{11}} \tag{2-9}$$

令
$$\begin{cases}F=\dfrac{1-a_{MO}}{1+a_{MO}\left(\dfrac{1}{k_{11}}-1\right)}\\[2ex] f=\dfrac{a_{MO}}{k_{11}}\end{cases}$$

$$a_n=F_nf \tag{2-10}$$

实际中，$MO\text{-}SiO_2$ 系统中组成已知，总 $SiO_2$ 摩尔分数已知，$a_{MO}$可以计算测定。

$$N_{SiO_2}=\frac{m}{1+m} \tag{2-11}$$

采用 $1+2m$ 为分母与实测曲线相一致：

$$\frac{1}{N_{SiO_2}}=\frac{1+2m}{m}=2+\frac{1}{m} \tag{2-12}$$

分母改变后，仅差一个常数，并不影响曲线形状，即聚合物分布并不改变。

$$m=a_1+2a_2+3a_3+\cdots+(n+1)a_{(n+1)} \tag{2-13}$$

$$m=Ff+2F^2f+3F^3f+\cdots+(n+1)F^{n+1}f$$

$$m=\frac{k_{11}}{a_{MO}}(1-a_{MO})\left[1+a_{MO}\left(\frac{1}{k_{11}}-1\right)\right] \tag{2-14}$$

$$\frac{1}{N_{SiO_2}}=2+\frac{1}{1-a_{MO}}-\frac{1}{\left[1+a_{MO}\left(\frac{1}{k_{11}}-1\right)\right]} \tag{2-15}$$

当 $a_{MO}$、$N_{SiO_2}$已知时，可由式(2-15) 计算 $k_{11}(k_{1n})$。

## 2.4.2 玻璃的黏度的定义与参考点

### 2.4.2.1 黏度的定义

黏度是指面积为 $S$ 的两平行液层，以一定速度梯度 $\mathrm{d}v/\mathrm{d}x$ 移动时需克服的内摩擦阻力 $f$。

$$f=\eta S\frac{\mathrm{d}v}{\mathrm{d}x} \tag{2-16}$$

式中，$\eta$ 为黏度或黏度系数，Pa・s。

### 2.4.2.2 玻璃的黏度-温度关系及其参考点

（1）玻璃的黏度-温度关系　玻璃黏度是玻璃的一个重要性质，它与玻璃的熔化、成形、退火、热加工和热处理等都有密切的关系。在实际的生产中，往往是通过控制各参考温度点所对应的温度来实现对玻璃黏度的控制。通常情况下，玻璃的黏度-温度曲线如图 2-7所示。

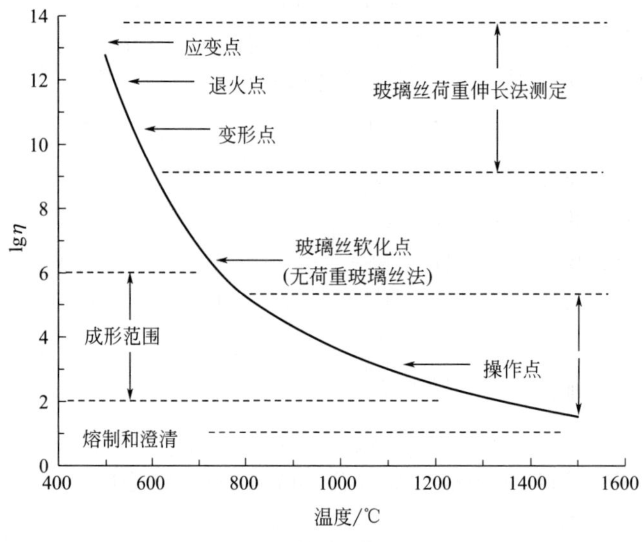


图 2-7　玻璃的黏度-温度曲线

不同的玻璃组成其黏度-温度曲线的形状有所不同，由此可以引出玻璃的料性概念。玻璃的料性是玻璃的黏度随温度变化快慢的关系。当温度变化范围一定时，黏度变化范围大的玻璃称为短料性玻璃（short glass），反之称为长料性玻璃（long glass），或称为快凝玻璃和慢凝玻璃。对于不同的玻璃品种，其生产方式有所差异，因此，对玻璃料性的要求也有所不同。例如机械化、自动化程度比较高的玻璃品种，由于其成形速度快，玻璃成形后需要快速硬化，以防止制品产生变形，这种情况下短料性玻璃较为适合。另外，利用手工生产的玻璃制品，由于其成形所需要的时间较长，希望玻璃的硬化慢一些，长料性玻璃较为适合，有利于制品成形与定形。

（2）黏度特征参考点　对应于图 2-7 中玻璃的黏度-温度关系，以及生产中对黏度的需求，常用的黏度参考点如下。

① 应变点　大致相当于黏度为 $10^{13.6}$ Pa・s 的温度，即应力能在几小时内消除的

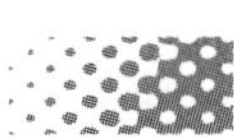

温度。

② 转变点（$T_g$）　相当于黏度为 $10^{12.4}$ Pa・s 的温度。

③ 退火点　大致相当于黏度为 $10^{12}$ Pa・s 的温度，即应力能在几分钟内消除的温度。

④ 变形点　相当于黏度为 $10^{10}$～$10^{11}$ Pa・s 的温度范围。

⑤ 软化温度（$T_f$）　它与玻璃的密度和表面张力有关。相当于（3～15）$\times 10^6$ Pa・s 之间的温度。

⑥ 操作范围　相当于成形时玻璃液表面的温度范围。$T_{上限}$ 是指准备成形操作的温度，相当于黏度大于 $10^5$ Pa・s 的温度。操作范围的黏度一般为 $10^3$～$10^{6.6}$ Pa・s。

⑦ 熔化温度　相当于黏度为 10Pa・s 的温度，在此温度下玻璃能以一般要求的速度熔化。

⑧ 自动供料机供料的黏度　机械化、自动化程度比较高的玻璃品种，可以将自动供料机供料的黏度控制在 $10^2$～$10^3$ Pa・s 的范围内。

## 2.4.3　影响玻璃的黏度因素

### 2.4.3.1　玻璃黏度与成分的关系

各常见氧化物对玻璃黏度的作用大致归纳如下。

（1）$SiO_2$、$Al_2O_3$、$ZrO_2$ 等提高玻璃黏度。

（2）碱金属氧化物 $R_2O$ 降低玻璃黏度。

（3）碱土金属氧化物对玻璃黏度的作用较为复杂。一方面类似于碱金属氧化物，能使大型的四面体群解聚，引起黏度减小；另一方面这些阳离子电价较高（比碱金属离子大一倍），离子半径又不大，故键力较碱金属离子大，有可能夺取小型四面体群的氧离子于自己的周围，使黏度增大。应该说，前一效果在高温时是主要的，而后一效果主要表现在低温。碱土金属对黏度增加的顺序一般为：

$$Mg^{2+} > Ca^{2+} > Sr^{2+} > Ba^{2+}$$

其中 CaO 在低温时增加黏度，在高温时当含量小于 10%～12%时降低黏度，当含量大于 10%～12%时增大黏度。

（4）PbO、CdO、$Bi_2O_3$、SnO 等降低玻璃黏度。

此外，$Li_2O$、ZnO、$B_2O_3$ 等都有增加低温黏度、降低高温黏度的作用。

### 2.4.3.2　玻璃黏度与温度的关系

玻璃的黏度随温度降低而增大，从玻璃液到固态玻璃的转变，黏度是连续变化的。

所有实用硅酸盐玻璃，其黏度随温度的变化规律都属于同一类型，只是黏度随温度的变化速度以及对应于某给定黏度的温度有所不同，在 10Pa・s（或更低）至约 $10^{11}$ Pa・s 的黏度范围内，玻璃的黏度由温度和化学组成决定，而从约 $10^{11}$ Pa・s 至 $10^{14}$ Pa・s（或更高）的范围内，黏度又是时间的函数。

### 2.4.3.3　玻璃黏度的近似计算

玻璃黏度的计算方法很多。两种常用的较为准确的计算方法如下。

（1）奥霍琴法　此法适用于含有 MgO、$Al_2O_3$ 的钠钙硅系统玻璃。当 $Na_2O$ 在

12%～16%、CaO+MgO 在 5%～12%、$Al_2O_3$ 在 0～5%、$SiO_2$ 在 64%～80%范围内时，可用下列计算式：

$$T=AX+BY+CZ+D \tag{2-17}$$

式中　　$T$——某黏度值对应的温度；

$X$，$Y$，$Z$——$Na_2O$、CaO+MgO 3%、$Al_2O_3$ 的质量分数；

$A$，$B$，$C$，$D$——$Na_2O$、CaO+MgO 3%、$Al_2O_3$、$SiO_2$ 的特性常数，随黏度值而变化。

如玻璃化学组成中 MgO 含量不等于 3%，则 $T$ 值必须校正。奥霍琴法以黏度值计算相应温度的常数见表 2-7。

例如，某玻璃化学组成为 $SiO_2$ 72.6%、$Al_2O_3$ 1.5%、CaO 8.0%、MgO 4.0%、$Na_2O$ 13.5%，求黏度为 $10^3$Pa·s 的温度。

**表 2-7　根据玻璃黏度值计算相应温度的常数**

| 玻璃黏度/Pa·s | 系数数值 | | | | 以 1%MgO 代 1% CaO 时所引起的相应温度提高/℃ |
|---|---|---|---|---|---|
| | $A$ | $B$ | $C$ | $D$ | |
| $10^2$ | −22.87 | −16.10 | 6.50 | 1700.40 | 9.0 |
| $10^3$ | −17.49 | −9.95 | 5.90 | 1381.40 | 6.0 |
| $10^4$ | −15.37 | −6.25 | 5.00 | 1194.217 | 5.0 |
| $10^{5.5}$ | −12.19 | −2.19 | 4.58 | 980.72 | 3.5 |
| $10^6$ | −10.36 | −1.18 | 4.35 | 910.86 | 2.6 |
| $10^7$ | −8.71 | 0.47 | 4.24 | 815.89 | 1.4 |
| $10^8$ | −9.19 | 1.57 | 5.34 | 762.50 | 1.0 |
| $10^9$ | −8.75 | 1.92 | 5.20 | 720.80 | 1.0 |
| $10^{10}$ | −8.47 | 2.27 | 5.29 | 683.80 | 1.5 |
| $10^{11}$ | −7.46 | 3.21 | 5.52 | 632.90 | 2.0 |
| $10^{12}$ | −7.32 | 3.49 | 5.37 | 603.40 | 2.5 |
| $10^{13}$ | −6.29 | 5.24 | 5.24 | 651.50 | 3.0 |

查表 2-7 得：$A=-17.49$，$B=-9.95$，$C=5.90$，$D=1381.40$。代入式(2-17) 得：

$T_{\eta=10^3}=-17.49\times13.5-9.95\times(8.0+4.0)+5.90\times1.5+1381.40=1035$（℃）

校正：MgO 实际含量为 4%，4%−3%=1%，查表 2-7 得知，黏度为 $10^3$Pa·s 时，以 1% MgO 代 1% CaO 时温度将提高 6℃。因此：

$$T_{\eta=10^3}=1035+6=1041\ (℃)$$

（2）富尔切尔法　计算式如下：

$$T=T_0+\frac{B}{\lg\eta+A} \tag{2-18}$$

式中，$A$、$B$ 和 $T_0$ 可从下式中求出：

$A=-1.4788\ Na_2O+0.8350\ K_2O+1.6030\ CaO+5.4936\ MgO-1.5183\ Al_2O_3+1.4550$

$B=-6039.7\ Na_2O-1439.6\ K_2O-3919.3\ CaO+6285.3\ MgO+2253.4\ Al_2O_3+5736.4$

$T_0=-25.07\ Na_2O-321.0\ K_2O+544.3\ CaO-384.0\ MgO+294.4\ Al_2O_3+198.1$

式中的 $Na_2O$、$K_2O$ 等表示各组分的相对含量，即 $SiO_2$ 的物质的量为 1mol 时，各组分物质的量与 $SiO_2$ 之比（$R_mO_n/SiO_2$），各项数字系数从实验结果计算得出。实验温度范围是 500～1400℃。该实验式所算出的温度，其标准偏差为 2.3～2.5℃。

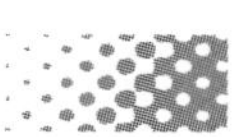

适用范围：$SiO_2$＝1mol，$Na_2O$＝0.15～0.2mol，CaO＝0.12～0.20mol，MgO＝0～0.051mol，$Al_2O_3$＝0.0015～0.073mol，$\eta$＝10～$10^{12}$Pa·s。

# 2.5　玻璃的表面张力

## 2.5.1　玻璃表面张力的物理与工艺意义

玻璃的表面张力是指玻璃与另一相接触的相分界面上（一般指空气），在恒温、恒容下增加一个单位表面时所做的功。单位为 N/m 或 $J/m^2$。硅酸盐玻璃的表面张力为(220～380)×$10^{-3}$N/m，比水的表面张力大 3～4 倍，与熔融金属数值相近。

熔融玻璃的表面张力在玻璃制品的生产过程中有重要意义，特别是在玻璃的澄清、均化、成形、玻璃液与耐火材料相互作用等过程中起着重大的作用。表面张力在一定程度上决定了气泡的成长和溶解，因而影响气泡从玻璃液中排除的速度。

在玻璃的成形过程中，人们借助玻璃的表面张力可使玻璃达到一定的形状，或使浮法玻璃获得优质表面。同样，也必须通过调整玻璃表面张力减少玻璃中的条纹，在生产薄玻璃时要用拉边器克服由于表面张力所引起的收缩。

## 2.5.2　玻璃表面张力与组成及温度的关系

各种氧化物对玻璃的表面张力有不同的影响，如 $Al_2O_3$、$La_2O_3$、CaO、MgO 能提高表面张力。$K_2O$、PbO、$B_2O_3$、$Sb_2O_3$ 等如加入量较大，则能大大降低表面张力。同时，$Cr_2O_3$、$V_2O_5$、$Mo_2O_3$、$WO_3$ 等当用量不多时，也能显著地降低表面张力。

组成氧化物对玻璃熔体与空气界面上表面张力的影响可分为三类。表 2-8 为组成氧化物对玻璃表面张力的影响。

表 2-8　组成氧化物对玻璃表面张力的影响

| 类别 | 组分 | 当 $T$＝1300℃时组分的平均特性常数 $\bar{\sigma}_L$/(×$10^{-3}$N/m) | 备注 |
|---|---|---|---|
| Ⅰ非表面活性组分 | $SiO_2$ | 290 | $La_2O_3$、$Pr_2O_3$、$Nd_2O_3$、$GeO_2$ 也属于上述组成 |
| | $TiO_2$ | 250 | |
| | $ZrO_2$ | (350) | |
| | $SnO_2$ | (350) | |
| | $Al_2O_3$ | 380 | |
| | BeO | 390 | |
| | MgO | 520 | |
| | CaO | 510 | |
| | SrO | 490 | |
| | BaO | 470 | |
| | ZnO | 450 | |
| | CdO | 430 | |
| | MnO | 390 | |
| | FeO | 490 | |

续表

| 类别 | 组分 | 当 $T=1300$℃时组分的平均特性常数 $\bar{\sigma}_L/(\times 10^{-3}N/m)$ | 备注 |
|---|---|---|---|
| Ⅱ中间性质的组分 | $K_2O$<br>$Rb_2O$、$Cs_2O$<br>PbO<br>$B_2O_3$<br>$Sb_2O_3$<br>$P_2O_5$ | 可变的，数值小，可能为负值 | $Na_2AlF_6$、$Na_2SiF_6$ 也能显著地降低表面张力 |
| Ⅲ难熔表面活性组分 | $As_2O_3$<br>$V_2O_5$<br>$WO_3$<br>$MoO_3$<br>$Cr_2O_3$<br>$SO_3$ | 可变的，并且是负值 | 这种组分能使玻璃的表面张力降低20%～30%或更多 |

第Ⅰ类组成氧化物对表面张力的影响关系，符合加和性法则，一般可用下式计算：

$$\sigma=\sum\sigma_i a_i \tag{2-19}$$

式中 $\sigma$——玻璃的表面张力；

$\sigma_i$——各氧化物的表面张力计算系数；

$a_i$——玻璃中各氧化物的质量百分含量。

第Ⅱ类和第Ⅲ类氧化物对熔体的表面张力的影响关系是组成的复合函数，不符合加和性法则，由于这些组成的吸附作用，表面层的组成与熔体内的组成是不同的。

氟化物如 $Na_2SiF_6$、$Na_3AlF_6$，硫酉盐如芒硝，氯化物如 NaCl 等，都能显著地降低玻璃的表面张力，因此，这些化合物的加入均有利于玻璃的澄清和均化。

表面张力随着温度的升高而降低，两者几乎呈直线的关系。可以认为，当温度提高100℃时表面张力减少1%，然而在表面活性组分及一些游离的氧化物存在的情况下，表面张力能随温度升高而微微增加。

### 2.5.3 玻璃表面张力的利用

熔融玻璃的表面张力在玻璃的生产中，特别是在玻璃的澄清、均化、成形等过程中起着重要的作用。玻璃表面张力在一定程度上决定了气泡的生成、溶解与排除。

玻璃表面张力在成形过程中起着重要的作用。几乎所有玻璃制品的成形都会借助到玻璃表面张力的作用，以获得或保持一定形状。

玻璃制品（灯泡、玻璃瓶、玻璃杯等）烘口时，在表面张力的作用下，使之成为圆边。玻璃的火抛光也是借助于表面张力使之表面平滑。

在玻璃与金属、玻璃与陶瓷封接时，常会遇到润湿问题，润湿能力取决于相邻两相的自由表面能之间的对比关系，以表面张力来表示。

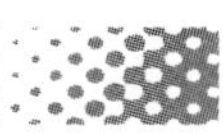

# 2.6 玻璃的密度

## 2.6.1 影响玻璃密度的主要因素

### 2.6.1.1 化学组成

玻璃的密度与化学组成关系十分密切，在各种玻璃制品中，石英玻璃的密度最小，为 $2200kg/m^3$，普通钠钙硅酸盐玻璃为 $2500 \sim 2600kg/m^3$。

在硅酸盐、硼酸盐、磷酸盐玻璃中引入 $R_2O$ 和 RO 氧化物时，随着离子半径的增大，玻璃的密度增大。半径小的阳离子如 $Li^+$、$Mg^{2+}$ 等可填充于网络间空隙之中，因此虽然使硅氧四面体的连接断裂，但并不引起网络结构的扩大。阳离子如 $K^+$、$Ba^{2+}$、$La^{2+}$ 等，其离子半径比网络空隙大，因而使结构网络扩张。因此，在玻璃中加入前者使结构紧密度增加，加入后者则使结构紧密度下降。

同一氧化物在玻璃中的配位状态不同时，密度也将产生明显的变化。$B_2O_3$ 从硼氧三角体［$BO_3$］转变为硼氧四面体［$BO_4$］或者中间体［$RO_4$］转变到八面体［$RO_6$］（如 $Al_2O_3$、MgO、$TiO_2$ 等）均使密度上升。因此，连续改变这类氧化物含量至产生配位数变化时，在玻璃成分-性能变化曲线上就出现了极值或转折点。

在 $R_2O$-$B_2O_3$-$SiO_2$ 系统玻璃中，当 $Na_2O/B_2O_3 > 1$ 时，$B^{3+}$ 由三角体转变为四面体，玻璃密度增大，当 $Na_2O/B_2O_3 \leqslant 1$ 时，由于 $Na_2O$ 不足，［$BO_4$］又转变到［$BO_3$］，使玻璃结构紧密，密度下降，出现“硼反常现象”。

在 $Na_2O$-$SiO_2$ 系统玻璃中，以 $Al_2O_3$ 取代 $Na_2O$ 时，当 $Al^{3+}$ 处于网络外成为［$AlO_6$］八面体时，玻璃密度上升，当 $Al^{3+}$ 处于［$AlO_4$］四面体中，［$AlO_4$］的体积大于［$SiO_4$］，密度下降，出现“铝反常现象”。

玻璃中含有 $B_2O_3$ 时，$Al_2O_3$ 对玻璃密度的影响更为复杂。由于［$AlO_4$］比［$BO_4$］稳定，所以，引入 $Al_2O_3$ 时，先形成［$AlO_4$］，当玻璃中含 $R_2O$ 足够多时，才能使 $B^{3+}$ 处于［$BO_4$］。

玻璃的密度可通过下式进行计算：

$$V=\frac{1}{D}=\sum V_m f_m \tag{2-20}$$

式中 $D$——密度；

$V_m$——各组分玻璃比容的计算系数，可由表 2-9 查出；

$f_m$——玻璃中各氧化物的质量分数。

**表 2-9 玻璃的比容 $V_m$ 计算系数值**

| 氧化物 | $S_m \times 10^2$ | $N_{Si}=0.270 \sim 0.345$ | $N_{Si}=0.345 \sim 0.400$ | $N_{Si}=0.400 \sim 0.435$ | $N_{Si}=0.435 \sim 0.500$ |
|---|---|---|---|---|---|
| $SiO_2$ | 3.3300 | 0.4063 | 0.4281 | 0.4409 | 0.4542 |
| $Li_2O$ | 3.3470 | 0.4520 | 0.4020 | 0.3500 | 0.2620 |
| $Na_2O$ | 1.6131 | 0.3730 | 0.3490 | 0.3240 | 0.2810 |
| $K_2O$ | 1.0617 | 0.3900 | 0.3740 | 0.3570 | 0.3290 |
| $Rb_2O$ | 0.5349 | 0.2660 | 0.2580 | 0.2500 | 0.2360 |

续表

| 氧化物 | $S_m \times 10^2$ | $N_{Si}$=0.270～0.345 | $N_{Si}$=0.345～0.400 | $N_{Si}$=0.400～0.435 | $N_{Si}$=0.435～0.500 |
|---|---|---|---|---|---|
| MgO | 2.4800 | 0.3970 | 0.3600 | 0.3220 | 0.2560 |
| CaO | 1.7852 | 0.2850 | 0.2590 | 0.2310 | 0.1840 |
| BaO | 0.6521 | 0.1420 | 0.1320 | 0.1220 | 0.1040 |
| ZnO | 1.2288 | 0.2050 | 0.1870 | 0.1680 | 0.1350 |
| CdO | 0.7788 | 0.1380 | 0.1260 | 0.1140 | 0.0935 |
| PbO | 0.4480 | 0.1060 | 0.0955 | 0.0926 | 0.0807 |
| $B_2O_3[BO_4]$ | 4.3079 | 0.5900 | 0.5260 | 0.4600 | 0.3450 |
| $B_2O_3[BO_3]$ | 4.3079 | 0.7910 | 0.7270 | 0.6610 | 0.5460 |
| $Al_2O_3$ | 2.9429 | 0.4620 | 0.4180 | 0.3730 | 0.2940 |
| $Fe_2O_3$ | 1.8785 | 0.2820 | 0.2550 | 0.2250 | 0.1760 |
| $Bi_2O_3$ | 0.4638 | 0.1060 | 0.0985 | 0.0858 | 0.0687 |
| $TiO_2$ | 2.5032 | 0.3110 | 0.2820 | 0.2430 | 0.1760 |
| $MoO_2$ | 2.0840 | 0.3700 | — | — | 0.2500 |

表 2-9 中，$N_{Si}$=Si 的离子数/O 的离子数，对于相同的氧化物 $N_{Si}$不同，则其系数不同。例如 $SiO_2$ 玻璃 $N_{Si}=0.5$，增加了其他氧化物，则 $N_{Si}<0.5$，$N_{Si}$的计算方法如下：

$$N_{Si}=\frac{P_{Si}}{M_{Si}\sum S_m f_m}=\frac{P_{Si}}{60.06\sum S_m f_m} \tag{2-21}$$

式中　$P_{Si}$——玻璃中 $SiO_2$ 的质量百分含量；

$f_m$——玻璃中氧化物的质量百分含量；

$S_m$——常数，数值查表 2-8；

$M_{Si}$——$SiO_2$ 的摩尔质量。

一些常见玻璃的密度见表 2-10。

**表 2-10　一些常见玻璃的密度**

| 玻璃种类 | 密度/(g/cm³) | 玻璃种类 | 密度/(g/cm³) |
|---|---|---|---|
| 石英玻璃 | 2.2 | 钼封接用 | 2.23 |
| 带反射的灯泡用(7251) | 2.24 | 黑白显像管 | 2.67 |
| 浮法玻璃 | 2.50 | 彩色显像管屏面 | 2.62～2.74 |
| 钨封接用 | 2.32 | 铅玻璃 | 3.22 |

### 2.6.1.2　温度

玻璃的密度随温度升高而下降。一般工业玻璃，当温度由 20℃升高到 1300℃时密度下降 6%～12%，在弹性变形范围内，密度的下降与玻璃的热膨胀系数有关。

### 2.6.1.3　热历史

玻璃的热历史是指玻璃从高温冷却，通过 $T_f \sim T_g$ 区域时的经历，包括在该区停留时间和冷却速率等具体情况在内。热历史影响到固态玻璃结构以及与结构有关的许多性质。

在退火温度范围内，玻璃的密度与保温时间、降温速率的关系有如下规律。

(1) 玻璃从高温状态冷却时，则淬冷玻璃比退火玻璃的密度小。

(2) 在一定退火温度下保温一定时间后，玻璃密度趋向平衡。

(3) 冷却速率越快，偏离平衡密度的温度越高，其 $T_g$ 温度也越高。所以，在生产上

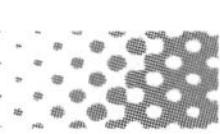

退火质量好坏可在密度上明显地反映出来。

析晶是玻璃结构有序化的过程，因此析晶后密度增大。玻璃析晶（包括微晶化）后密度的大小主要取决于析出晶相的类型。

### 2.6.2　密度在生产控制上的应用

在玻璃生产中常出现的事故有料方计算错误、配合料称量差错、原料化学组成波动等，均可引起玻璃密度的变化。因此，各玻璃厂常用测定密度作为控制玻璃生产的手段。密度的测定方法简单、快速且准确，如再与其他的物理、化学分析等手段结合就能更全面地分析和查明事故的原因，从而达到更好地控制工艺生产的目的。玻璃密度的变化将会引起如玻璃折射率性质的变化。

## 2.7　玻璃的力学性能

### 2.7.1　玻璃的理论强度和实际强度

玻璃的机械强度一般用抗压强度、抗折强度、抗张强度和抗冲击强度等指标表示。从力学性能的角度来看，玻璃之所以得到广泛应用，就是因为它的抗压强度高，硬度也高。然而，由于它的抗张强度与抗折强度不高，并且脆性很大，使玻璃的应用受到一定的限制。

玻璃的理论强度按照 Orowan 假设计算等于 11.76GPa，表面上无严重缺陷的玻璃纤维，其平均强度可达 686MPa。玻璃的抗张强度一般在 34.3～83.3MPa 之间，而抗压强度一般在 1.96～4.9GPa 之间。

但是，实际上用作窗玻璃和瓶罐玻璃的抗折强度只有 6.86MPa，也就是比理论强度相差 2～3 个数量级。

格里菲斯（Griffith）研究总结了玻璃的断裂机理，解释了玻璃材料实际强度比理论强度低的原因，提出了著名的脆性断裂理论。他认为玻璃的实际强度低的原因是由于玻璃的脆性和玻璃中存在有微裂纹和不均匀区所引起。由于玻璃受到应力作用时不会产生流动，表面上的微裂纹便急剧扩展，并且应力集中，以致破裂。

为了提高玻璃的机械强度，可采用退火、钢化、表面处理与涂层、微晶化、与其他材料制成复合材料等方法。这些方法都能大大提高玻璃的机械强度，有的可使玻璃的抗折强度成倍增加，有的甚至增强几十倍以上。影响玻璃机械强度的主要因素有玻璃的化学组成、玻璃中的宏观和微观缺陷、温度、玻璃中的应力。

#### 2.7.1.1　化学组成

不同组成的玻璃其结构间的键强也不同，如桥氧离子与非桥氧离子的键强不同，碱金属离子与碱土金属离子的键强也不一样，从而影响玻璃的机械强度。

石英玻璃的强度最高，含有 $R^{2+}$ 的玻璃强度次之，强度最低的是含有大量 $R^{+}$ 的玻璃。一般玻璃强度随化学组成的变化在 34.3～88.2MPa 之间波动。CaO、BaO、$B_2O_3$（在 15%以下）、$Al_2O_3$ 对强度影响较大，MgO、ZnO、$Fe_2O_3$ 等影响不大。各组成氧化物对玻璃的抗张强度的提高作用的顺序是：

$$CaO>B_2O_3>BaO>Al_2O_3>PbO>K_2O>Na_2O>MgO、Fe_2O_3$$

各组成氧化物对玻璃的抗压强度的提高作用的顺序是：

$$Al_2O_3>SiO_2、MgO、ZnO>B_2O_3>Fe_2O_3>BaO、CaO、PbO$$

玻璃的抗张强度 $\sigma_F$ 和抗压强度 $\sigma_C$ 可按加和性法则计算：

$$\sigma_F=P_1F_1+P_2F_2+\cdots+P_nF_n \quad (2\text{-}22)$$

$$\sigma_C=P_1C_1+P_2C_2+\cdots+P_nC_n \quad (2\text{-}23)$$

式中 $P_1$，$P_2$，…，$P_n$——玻璃中各组成氧化物的质量百分含量；

$F_1$，$F_2$，…，$F_n$——各组成氧化物的抗张强度计算系数；

$C_1$，$C_2$，…，$C_n$——各组成氧化物的抗压强度计算系数。

抗张强度与抗压强度的计算系数见表 2-11。

**表 2-11 抗张强度与抗压强度的计算系数**

| 计算系数 | 氧化物 | | | | | |
|---|---|---|---|---|---|---|
| | $Na_2O$ | $K_2O$ | MgO | CaO | BaO | ZnO |
| 抗张强度系数 $F$ | 0.02 | 0.01 | 0.01 | 0.20 | 0.05 | 0.15 |
| 抗压强度系数 $C$ | 0.52 | 0.05 | 1.10 | 0.20 | 0.65 | 0.60 |

| 计算系数 | 氧化物 | | | | | |
|---|---|---|---|---|---|---|
| | PbO | $Al_2O_3$ | $As_2O_3$ | $B_2O_3$ | $P_2O_5$ | $SiO_2$ |
| 抗张强度系数 $F$ | 0.025 | 0.05 | 0.03 | 0.065 | 0.075 | 0.09 |
| 抗压强度系数 $C$ | 0.480 | 1.00 | — | 0.900 | 0.760 | 1.23 |

#### 2.7.1.2 玻璃中的宏观和微观缺陷

宏观缺陷如固态夹杂物、气态夹杂物、化学不均匀等。由于其化学组成与主体玻璃的化学组成不一致而造成内应力，同时，一些微观缺陷如点缺陷、局部析晶等在宏观缺陷地方集中，因而导致玻璃产生了微裂纹，严重影响了玻璃的强度。

#### 2.7.1.3 温度

低温与高温对玻璃的影响不同，根据对－200～500℃范围内的测试，强度最低值位于200℃左右（图 2-8）。

最初随着温度的升高，热起伏现象有了增加，使缺陷处积聚了更多的应变能，增加破裂的概率。当温度高于 200℃时，强度的递升可归于裂口的钝化，从而缓和了应力的集中。

玻璃纤维因表面积大，当使用温度较高时，可引起表面微裂纹的增加和析晶。因此，温度升高，强度下降。同时，不同组成的玻璃纤维的强度与温度的关系有明显的区别。

#### 2.7.1.4 玻璃中的应力

玻璃中的残余应力，特别是分布不均匀的残余应力，使强度大为降低，实验证明，残余应力增加到 1.5～2 倍，抗弯强度降低 9%～12%。玻璃进行钢化后，玻璃表面存在压应力，内部存在张应力，而且规则地均匀分布，玻璃强度得以提高。

除此之外，玻璃结构的微不均匀性、加荷速度、加荷时间等均影响玻璃的强度。

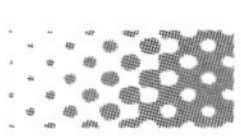

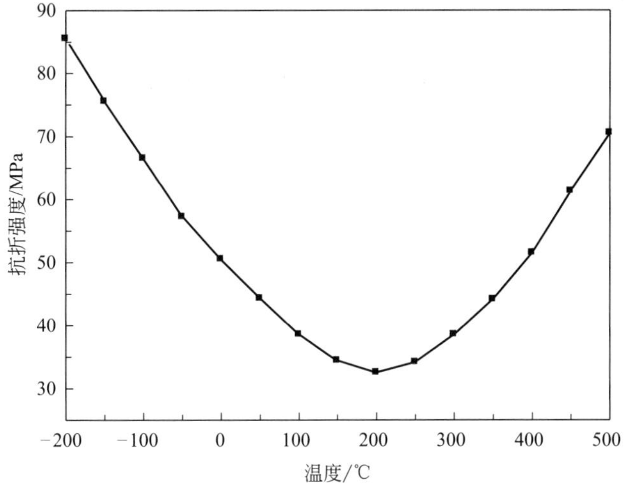


图 2-8　玻璃的强度与温度的关系

### 2.7.2　玻璃的硬度和脆性

#### 2.7.2.1　玻璃的硬度

硬度是表示物体抵抗其他物体侵入的能力。

玻璃的硬度取决于化学成分，网络生成体离子使玻璃具有高硬度，而网络外体离子则使玻璃硬度降低。

石英玻璃和含有 10%～12% $B_2O_3$ 的硼硅酸盐玻璃硬度最大，含铅的或碱性氧化物的玻璃硬度较小。各种氧化物组分对玻璃硬度提高作用的顺序是：

$$SiO_2>B_2O_3>MgO、ZnO、BaO>Al_2O_3>Fe_2O_3>K_2O>Na_2O>PbO$$

一般玻璃的莫氏硬度在 5～7 之间。

#### 2.7.2.2　玻璃的脆性

玻璃的脆性是指当负荷超过玻璃的极限强度时立即破裂的特性。玻璃的脆性通常用它破坏时所受到的抗冲击强度来表示。

抗冲击强度的测定值与试样厚度及样品的热历史有关，淬火玻璃的强度较退火玻璃大 5～7 倍。

石英玻璃的脆性很大，向 $SiO_2$ 中加入 $R_2O$ 和 RO 时，所得玻璃的脆性更大，并且随加入离子 $R^+$ 和 $R^{2+}$ 半径的增大而上升。对于含硼硅酸盐玻璃来说，$B^{3+}$ 处于三角体时比处于四面体时脆性小。因此，为了获得硬度高而脆性小的玻璃，应该在玻璃中引入半径小的阳离子如 $Li_2O$、BeO、MgO、$B_2O_3$ 等组分。

## 2.8　玻璃的热学性能

### 2.8.1　玻璃的热膨胀系数

热膨胀系数是重要的热学性能。玻璃的热膨胀对玻璃的成形、退火、钢化，对玻璃与玻璃、玻璃与金属、玻璃与陶瓷的封接，以及对玻璃的热稳定性能，都有重要的意义。

玻璃的热膨胀系数根据成分不同可在很大范围内变化，玻璃的热膨胀系数变化范围为（5.8～150）$\times10^{-7}$℃$^{-1}$。若干非氧化物玻璃的热膨胀系数甚至超过 $200\times10^{-7}$℃$^{-1}$，已能制得零膨胀或负膨胀的微晶玻璃，从而为玻璃开辟了新的使用领域。

当玻璃被加热时，温度从 $t_1$ 升到 $t_2$，玻璃试样的长度从 $L_1$ 变为 $L_2$，则玻璃的线膨胀系数 $\alpha$ 可用下式表示：

$$\alpha=\frac{\dfrac{L_2-L_1}{t_2-t_1}}{L_1}=\frac{\dfrac{\Delta L}{\Delta t}}{L_1} \tag{2-23a}$$

此时所得的 $\alpha$ 是温度 $t_1$ 至 $t_2$ 范围内的平均线膨胀系数。如果把 $L$ 对 $t$ 作图，并在所得 $L$-$t$ 曲线上任取一点 $A$，则在这一点上曲线的斜率 $\mathrm{d}L/\mathrm{d}t$ 表示温度为 $t_A$ 时玻璃的真实线膨胀系数。

设玻璃试样是一个立方体，受热温度从 $t_1$ 升至 $t_2$，玻璃试样的体积从 $V_1$ 变为 $V_2$，则玻璃的体膨胀系数 $\beta$ 可用下式表示：

$$\beta=\frac{\dfrac{V_2-V_1}{t_2-t_1}}{V_1}=\frac{\dfrac{\Delta V}{\Delta t}}{V_1} \tag{2-23b}$$

由于 $V=L^3$，$L_2=L_1(1+\alpha\Delta t)$，则：

$$\beta=\frac{L_1^3(1+\alpha\Delta t)^3-L_1^3}{L_1^3\Delta t}=\frac{(1+\alpha\Delta t)^3-1}{\Delta t}\approx3\alpha \tag{2-23c}$$

根据上式，可由线膨胀系数 $\alpha$ 粗略计算体膨胀系数 $\beta$，测定 $\alpha$ 较测定 $\beta$ 简便，因此，在讨论玻璃的热膨胀系数时，通常都是采用线膨胀系数。

## 2.8.2 影响玻璃热膨胀系数的主要因素

### 2.8.2.1 化学组成

玻璃的热膨胀是离子作非线性运动引起的，所以玻璃的热膨胀系数取决于各种阳离子和氧离子之间的吸引力，即：

$$f=\frac{2Z}{a^2} \tag{2-24}$$

式中 $Z$——阳离子的电价；

$a$——正负离子之间的距离。

式中，$f$ 越大，离子间因热振动而产生的振幅越小，所以热膨胀系数就越小，反之，热膨胀系数就大。Si—O 键的键力较大，所以石英玻璃的热膨胀系数最小。$R^+$—O 键的键力较小，故随着 $R_2O$ 的引入和 $R^+$ 离子半径的增大，$f$ 不断减小，以致热膨胀系数不断增大。RO 的作用和 $R_2O$ 的作用相类似，只是它们对热膨胀系数的影响比 $R_2O$ 小，$R_2O$、RO 氧化物对玻璃热膨胀系数影响的次序为：

$$Rb_2O>Cs_2O>K_2O>Na_2O>Li_2O$$

$$BaO>SrO>CaO>CdO>ZnO>MgO>BeO$$

玻璃的网络骨架对玻璃的膨胀起决定作用。Si—O 组成三维网络，刚性大，不易膨

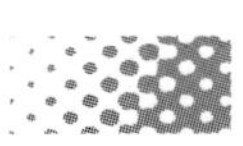

胀。而 B—O，虽然它的键能比 Si—O 大，但由于 B—O 组成［$BO_3$］层状或链状网络，因此 $B_2O_3$ 玻璃的热膨胀系数比较大（$152\times10^{-7}℃^{-1}$）。当［$BO_3$］三角体转变成［$BO_4$］四面体时，又能降低硼酸盐玻璃的热膨胀系数，并出现玻璃热膨胀系数的“硼反常”，如图 2-9 所示。$R_2O$ 和 RO 的引入，使网络断开，热膨胀系数 $\alpha$ 上升，而高键力高配位离子如 $In^{3+}$、$Zr^{4+}$、$Th^{4+}$ 等处于网络空隙，对硅氧四面体起积聚作用，增加结构的紧密性，$\alpha$ 下降。

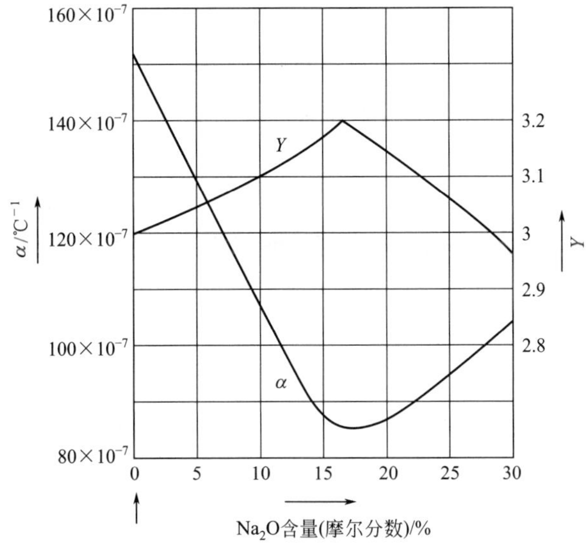


图 2-9 钠硼玻璃的 $Y$ 与热膨胀系数 $\alpha$ 的关系

综上所述，组成对玻璃热膨胀系数的影响如下。

（1）在比较玻璃的化学组成对玻璃热膨胀系数的影响时，首先要看它们在玻璃中的作用，是网络形成体还是中间体或网络外体。

（2）能形成网络者，$\alpha$ 降低，断网者，$\alpha$ 上升。

**表 2-12 干福熹玻璃组成氧化物的热膨胀计算系数**

| 氧化物 | $\alpha/\times10^{-7}℃^{-1}$ | 氧化物 | $\alpha/\times10^{-7}℃^{-1}$ |
|---|---|---|---|
| $Li_2O$ | 260<br>(260) | ZnO<br>CdO | 50<br>120 |
| $Na_2O$ | 400<br>(420) | PbO<br>$B_2O_3$ | 130～190<br>－50～150 |
| $K_2O$ | 480<br>(510) | $Al_2O_3$<br>$Ga_2O_3$ | －40<br>2 |
| $Rb_2O$ | 510<br>(530) | $Y_2O_3$<br>$In_2O_3$ | －20<br>－15 |
| BeO | 45 | $La_2O_3$ | 60 |
| MgO | 60 | $CeO_2$ | －5 |
| CaO | 130 | $TiO_2$ | －25 |
| SrO | 160 | $ZrO_2$ | －100 |
| BaO | 200 | $HfO_2$ | －15 |

注：括号内碱金属氧化物部分性质仅用于二元系统 $R_2O$-$SiO_2$ 性质计算。

(3) $R_2O$ 和 RO 主要起断网作用，积聚作用是次要的，而高电荷离子主要起积聚作用。

(4) 在玻璃中 $R_2O$ 总量不变，引入两种不同的 $R^+$ 产生的混合碱效应（中和效应），同样能使 $\alpha$ 下降出现极小值。

(5) 中间体氧化物在有足够“游离氧”条件下，形成四面体参加网络，$\alpha$ 降低。

玻璃的热膨胀系数可以用加和性法则近似计算，如下式：

$$\alpha=\alpha_1 P_1+\alpha_2 P_2+\cdots+\alpha_n P_n \tag{2-25}$$

式中 $\alpha$——玻璃的热膨胀系数；

$\alpha_1$，$\alpha_2$,…，$\alpha_n$——玻璃中各氧化物的热膨胀计算系数（表 2-12）；

$P_1$，$P_2$,…，$P_n$——玻璃中各氧化物的质量百分含量。

#### 2.8.2.2 温度

玻璃的平均热膨胀系数与真实热膨胀系数是不同的。从 0℃ 直到退火下限，$\alpha$ 大体上是线性变化，即 $\alpha$-$T$ 曲线实际上是由若干线段所组成的折线，每一线段仅适用于一个狭窄的温度范围，而且 $\alpha$ 是随温度升高而增大的。

#### 2.8.2.3 热历史

玻璃的热历史对热膨胀系数有较大影响，如图 2-10 所示。

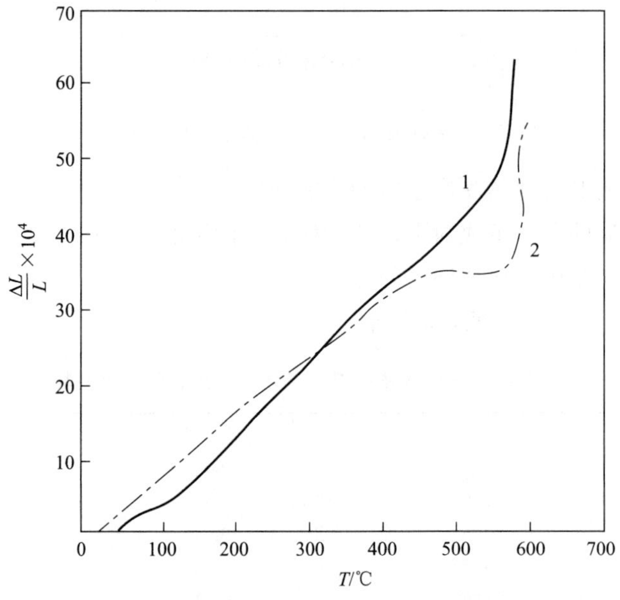


图 2-10 玻璃热历史对热膨胀系数的影响

1—经过充分退火的玻璃；2—未经退火的玻璃

由图看出，化学组成相同而热历史不同的两个玻璃样品的$\frac{\Delta L}{L}$-$T$ 曲线，经过充分退火的玻璃 1 和未经退火的玻璃 2 其热膨胀曲线表现如下。

(1) 在约 330℃以下，曲线 2 在曲线 1 之上。

(2) 在 330～500℃之间，曲线 2 在曲线 1 之下。

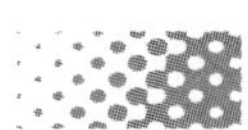

（3）在 500～570℃之间，曲线 2 折转向下，这时玻璃试样 2 不是膨胀而是收缩。

（4）在 570℃处，两条曲线急转向上，这个温度就是 $T_g$ 点。

（1）至（3）现象的存在是由于玻璃试样 2 中有较大应变而引起。由于应变的存在和在 $T_g$ 点以下，玻璃内部质点不能发生流动。在 330℃以下，由于玻璃质点间距较大，相互间的吸引力较小，因此，在升温过程中表现出热膨胀较高。在 330～570℃之间，两种作用同时存在，即由于升温而膨胀和由于应变的存在而收缩（玻璃试样 2 是从熔体通过快冷得到的，它保持着较高温度时的质点间距，这一间距对于 330～570℃之间平衡结构来说是偏大的，因此要收缩）。在 330～500℃之间，膨胀大于收缩，而在 500～570℃之间收缩大于膨胀。

除此之外，玻璃析晶后，玻璃微观结构的致密性、析晶相的种类、晶粒的大小和多少以及晶体的结晶学特征等会影响玻璃的热膨胀系数，大多数情况下是使之降低。

## 2.9　玻璃的化学稳定性

玻璃抵抗气体、水、酸、碱、盐或各种化学试剂侵蚀的能力称为化学稳定性，可分为耐水性、耐酸性、耐碱性等。玻璃的化学稳定性不仅对于玻璃的使用和存放，而且对玻璃的加工如磨光、镀银、酸蚀等，都有重要意义。

玻璃的化学稳定性取决于侵蚀介质的种类和特性及侵蚀时的温度、压力等。

### 2.9.1　玻璃表面的侵蚀机理

#### 2.9.1.1　水对玻璃的侵蚀

对硅酸盐玻璃而言，水的侵蚀开始于水中的 $H^+$ 和玻璃中的 $Na^+$ 进行离子交换，而后进行水化、中和反应，其反应过程如下：

$$\equiv Si—O—Na^+ + OH^- \xrightleftharpoons{\text{交换}} \equiv Si—OH + NaOH \tag{2-26}$$

$$\equiv Si—OH + \frac{3}{2}H_2O \xrightleftharpoons{\text{水化}} HO—Si(OH)_2—OH \tag{2-27}$$

$$Si(OH)_4 + NaOH \xrightleftharpoons{\text{中和}} [Si(OH)_3O]^- Na^+ + H_2O \tag{2-28}$$

反应式(2-26) 的产物硅酸钠的电离度要低于 NaOH 的电离度，因此，这一反应使溶液中 $Na^+$ 离子浓度降低，这就对反应式(2-27) 有促进作用。这三个反应互为因果，循环进行。而总的速率取决于反应式(2-28)，因为它控制着 $\equiv$Si—O—Na 和 NaOH 的生成速率。

另外，$H_2O$ 分子（区别于 $H^+$）也能与硅氧骨架直接起反应：

$$\equiv Si—O—Si\equiv + H_2O \xrightleftharpoons{\text{水化}} 2\equiv Si—OH \tag{2-29}$$

随着这一水化反应的继续，Si 原子周围原有的四个桥氧全部成为—OH［见式(2-27)］，这是 $H_2O$ 分子对硅氧骨架的直接破坏。

反应产物 $Si(OH)_4$ 是极性分子，它能使周围的水分子极化，而定向地吸附在自己的周围，成为 $Si(OH)_4 \cdot nH_2O$，或简写为 $Si(OH)_4 \cdot xH_2O$，通常称为硅酸凝胶，除一部分溶于水溶液外，大部分吸附在玻璃表面，形成一层薄膜，它具有较强的抗水和抗酸性能，因此，被称为保护膜层。

### 2.9.1.2 酸对玻璃的侵蚀

除氢氟酸外，一般的酸并不直接与玻璃起反应，它是通过水的作用侵蚀玻璃。酸的浓度大，意味着其中水的含量低，因此，浓酸对玻璃的侵蚀作用低于稀酸。

水对硅酸盐玻璃侵蚀的产物之一是金属氢氧化物，这一产物要受到酸的中和。中和作用起着两种相反的效果：一是使玻璃和水溶液之间的离子交换反应加速进行，从而增加玻璃的失重；二是降低溶液的 pH 值，使 $Si(OH)_4$ 的溶解度减小，从而减小玻璃的失重。当玻璃中 $R_2O$ 含量较高时，前一种效果是主要的；反之，当玻璃中 $SiO_2$ 含量较高时，则后一种效果是主要的。即高碱玻璃其耐酸性小于耐水性，而高硅玻璃则耐酸性大于耐水性。

### 2.9.1.3 碱对玻璃的侵蚀

碱对玻璃的侵蚀是通过 $OH^-$ 破坏硅氧骨架（即 $\equiv Si—O—Si\equiv$ 键）而产生 $\equiv Si—O^-$ 群，使 $SiO_2$ 溶解在溶液中，所以，在玻璃被侵蚀过程中，不形成硅酸凝胶薄膜，而使玻璃表面层全部脱落，即：

$$—\overset{|}{\underset{|}{Si}}—O—Na^+ + OH^- \longrightarrow Si(OH)_4 + NaOH \tag{2-30}$$

$Si(OH)_4$ 又可以与 NaOH 继续作用：

$$Si(OH)_4 + NaOH \longrightarrow [Si(OH)_3O]Na + H_2O \tag{2-31}$$

由于产物 $[Si(OH)_3O]Na$ 的电离度低于 NaOH 的电离度，因此，这一反应使溶液中 $Na^+$ 离子浓度降低，促使式(2-30) 反应进行，同时由于式(2-31) 反应的进行，使碱对玻璃的侵蚀不出现硅酸凝胶薄膜。

碱中 $OH^-$ 对硅氧网络的侵蚀如下：

$$—\overset{|}{\underset{|}{Si}}—O—\overset{|}{\underset{|}{Si}}— + OH^- \longrightarrow —\overset{|}{\underset{|}{Si}}—OH + O^-—\overset{|}{\underset{|}{Si}}— \tag{2-32}$$

侵蚀网络的结果是玻璃表层脱落。

碱对玻璃的侵蚀程度与侵蚀时间呈直线关系，与 $OH^-$ 离子浓度成正比，随碱中阳离子对玻璃表面的吸附能力增加而增大，不同阳离子的碱对玻璃的侵蚀顺序为：

$$Ba^{2+} > Sr^{2+} \geqslant NH_4^+ > Rb^+ \approx Na^+ \approx Li^+ > Ca^{2+}$$

碱对玻璃的侵蚀随侵蚀后在玻璃表面形成的硅酸盐在碱溶液中的溶解度增大而加重。

### 2.9.1.4 大气对玻璃的侵蚀

大气对玻璃的侵蚀，实质上是水汽、$CO_2$、$SO_2$ 等对玻璃表面侵蚀的总和。玻璃受潮湿大气的侵蚀过程，首先开始于玻璃表面的某些离子吸附了大气中的水分子，这些水分子以 $OH^-$ 离子基团的形式覆盖在玻璃表面上，形成一薄层。

如果玻璃化学组成中，$K_2O$、$Na_2O$ 和 CaO 等组分含量少，这种薄层形成后，就不

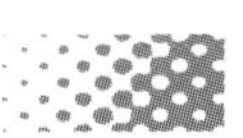

再继续发展；如果玻璃化学组成中含碱性氧化物较多，则被吸附的水膜会变成碱金属氢氧化物的溶液，这种碱没有被水移走，在原地不断积累。随着侵蚀的进行，碱浓度越来越大，pH 值迅速上升，最后类似于碱对玻璃的侵蚀，从而大大加速了对玻璃的侵蚀。因此，水汽对玻璃的侵蚀，先是以离子交换为主的释碱过程，后来逐渐过渡到以破坏网络为主的溶蚀过程。

此外，各种盐类、化学试剂、金属蒸气等对玻璃也有不同程度的侵蚀，不可忽视。

## 2.9.2 影响玻璃化学稳定性的主要因素

### 2.9.2.1 化学组成

（1）$SiO_2$ 含量越多，即硅氧四面体［$SiO_4$］相互连接紧密，玻璃的化学稳定性越高。碱金属氧化物含量越高，网络结构越容易被破坏，玻璃的化学稳定性就越低。

（2）离子半径小、电场强度大的氧化物如 $Li_2O$ 取代 $Na_2O$，可加强网络，提高化学稳定性，但引入量过多时，又由于“积聚”而促进玻璃分相，反而降低了玻璃的化学稳定性。

（3）在玻璃中同时存在两种碱金属氧化物时，由于“混合碱效应”，化学稳定性出现极值（图 2-11）。

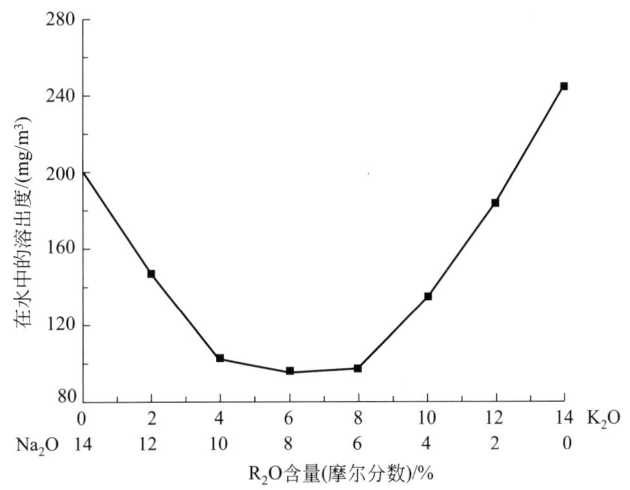


图 2-11 $14R_2O \cdot 9PbO \cdot 77SiO_2$ 玻璃的化学稳定性

（4）以 $B_2O_3$ 取代 $SiO_2$ 时，由于“硼氧反常现象”，在 $B_2O_3$ 引入量为 16％以上（即 $Na_2O/B_2O_3<1$）时，化学稳定性出现极值（图 2-12）。

（5）少量 $Al_2O_3$ 引入玻璃组成，［$AlO_4$］修补［$SiO_4$］网络，从而提高玻璃的化学稳定性。

通常，凡是能增加玻璃网络结构，或侵蚀时生成物是难溶解的而能在玻璃表面形成一层保护膜的组分，都可以提高玻璃的化学稳定性。

### 2.9.2.2 热处理

（1）当玻璃在酸性炉气中退火时，玻璃中的部分碱金属氧化物移到表面上，被炉气中

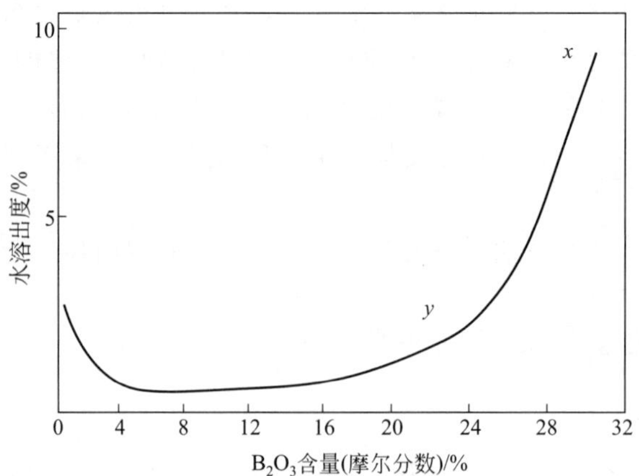


图 2-12　$16Na_2O \cdot xB_2O_3 \cdot (84-x)SiO_2$ 玻璃在水中的溶解度（2h）

的酸性气体（主要是 $SO_2$）所中和，而形成“白霜”（其主要成分为硫酸钠），通称为“硫酸化”。因白霜易被除去而降低玻璃表面碱性氧化物含量，从而提高了玻璃的化学稳定性。相反，如果在没有酸性气体的条件下退火，将引起碱在玻璃表面上的富集，从而降低了玻璃的化学稳定性。

（2）玻璃钢化后，因表面层有压应力，而且坚硬、微裂纹少，所以提高了化学稳定性；但在高温下渗透出来的碱因没有酸性炉气中和，又降低了化学稳定性。相比之下，前者起主要作用，所以钢化玻璃随钢化程度的提高，化学稳定性也将提高。

#### 2.9.2.3　温度

玻璃的化学稳定性随温度的升高而剧烈变化。在 100℃以下，温度每升高 10℃，侵蚀介质对玻璃侵蚀速率增加 50%～150%；在 100℃以上时，侵蚀作用始终是剧烈的。

#### 2.9.2.4　压力

压力提高到 2.94～9.80MPa 以上时，甚至较稳定玻璃也可在短时间内剧烈地破坏，同时有大量 $SiO_2$ 转入溶液中。

## 2.10　玻璃的光学性能

玻璃是一种高度透明的物质，可以通过调整成分、着色、光照、热处理、光化学反应以及涂膜等物理和化学方法，使之具有一系列对光的折射、反射、吸收和透过等主要的光学性能。

### 2.10.1　玻璃的折射率

玻璃的折射率可以理解为电磁波在玻璃中传播速度的降低（以真空中的光速为基准）。一般用 $n$ 来表示，则：

$$n=\frac{c}{v}$$

式中　$c$——光在真空中的传播速度；

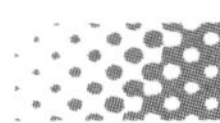

$v$——光在玻璃中的传播速度。

一般玻璃的折射率为 1.50～1.75，平板玻璃的折射率为 1.52～1.53。

影响玻璃折射率的主要因素有以下几个。

#### 2.10.1.1 化学组成对玻璃折射率的影响

(1) 玻璃内部离子的极化率越大，玻璃的密度越大，则玻璃的折射率越大，反之亦然。例如，铅玻璃的折射率大于石英玻璃的折射率。

(2) 氧化物分子折射度 $R_i$ $\left(R_i=\frac{n_i^2-1}{n_i^2+2}v_i\right)$越大，折射率越大；氧化物分子体积 $v_i$ 越大，折射率越小。当原子价相同时，阳离子半径小的氧化物和阳离子半径大的氧化物都具有较大的折射率，而离子半径居中的氧化物（如 $Na_2O$、$MgO$、$Al_2O_3$、$ZrO_2$ 等）在同族氧化物中有较低的折射率。这是因为离子半径小的氧化物对降低分子体积起主要作用，离子半径大的氧化物对提高极化率起主要作用。

$Si^{4+}$、$B^{3+}$、$P^{5+}$ 等网络生成体离子，由于本身半径小，电价高，它们不易受外加电场的极化。不仅如此，它们还紧紧束缚（极化）它周围 $O^{2-}$（特别是桥氧）的电子云，使它不易受外加电场（如电磁波）的作用而极化（或极化极少）。因此，网络生成体离子对玻璃折射率起降低作用。

玻璃的折射率符合加和性法则，可用下式计算：

$$n=n_1P_1+n_2P_2+\cdots+n_nP_n \tag{2-33}$$

式中 $P_1$，$P_2$，…，$P_n$——玻璃中各氧化物的质量百分含量；

$n_1$，$n_2$，…，$n_n$——玻璃中各氧化物的折射率计算系数（表 2-13）。

表 2-13 玻璃各组成氧化物的折射率计算系数

| 氧化物 | $Li_2O$ | $Na_2O$ | $K_2O$ | $MgO$ | $CaO$ | $ZnO$ | $BaO$ | $B_2O_3$ | $Al_2O_3$ | $SiO_2$ |
|---|---|---|---|---|---|---|---|---|---|---|
| 折射率计算系数 | 1.695 | 1.590 | 1.575 | 1.625 | 1.730 | 1.705 | 1.870 | 1.460～1.720 | 1.520 | 1.475 |

#### 2.10.1.2 温度对玻璃折射率的影响

当温度升高时，玻璃的折射率将受到两个作用相反的因素的影响：一方面温度升高，由于玻璃受热膨胀，使密度减小，折射率下降；另一方面，电子振动的本征频率（或产生跃迁的禁带宽度）随温度上升而减小，使紫外吸收极限向长波方向移动，折射率上升。因此，多数光学玻璃在室温以上，其折射率温度系数为正值，在－100℃左右出现极小值，在更低的温度时出现负值。总之，玻璃的折射率随温度升高而增大。

#### 2.10.1.3 热历史对玻璃折射率的影响

(1) 将玻璃在退火温度范围内，保持一定温度，其趋向平衡折射率的速率与所处的温度有关。

(2) 当玻璃在退火温度范围内，保持一定温度与时间并达到平衡折射率后，不同的冷却速率得到不同的折射率，冷却速率越快，折射率越低，冷却速率越慢，折射率越高。

(3) 当两块化学组成相同的玻璃，在不同退火温度范围时，保持一定温度与时间并达到平衡折射率后，以相同的冷却速率冷却时，则保温时的温度越高，其折射率越小，若保温时的温度越低，其折射率越高。

可见，退火不仅可以消除应力，而且还可以消除光学不均匀。因此，光学玻璃的退火控制是非常重要的。

## 2.10.2 玻璃的光学常数

玻璃的折射率、平均色散、部分色散和色散系数（阿贝数）等均为玻璃的光学常数。

### 2.10.2.1 折射率

玻璃的折射率以及有关的各种性质，都与入射光的波长有关。因此为了定量地表示玻璃的光学性能，首先要建立标准波长。

国际上统一规定下列波长为共同标准：钠光谱中的 $D$ 线，波长 589.3nm（黄色）；氦光谱中的 $d$ 线，波长 587.6nm（黄色）；氢光谱中的 $F$ 线，波长 486.1nm（浅蓝色）；氢光谱中的 $C$ 线，波长 656.3nm（红色）；汞光谱中的 $g$ 线，波长 435.8nm（浅蓝色）；氢光谱中的 $G$ 线，波长 434.1nm（浅蓝色）。

上述波长测得的折射率分别用 $n_D$、$n_d$、$n_F$、$n_C$、$n_g$、$n_G$ 表示。

在比较不同玻璃折射率时，一律用 $n_D$ 为准。

### 2.10.2.2 色散

玻璃的色散，有以下几种表示方法。

（1）平均色散（中部色散），即 $n_F$ 与 $n_C$ 之差（$n_F-n_C$），有时用 $\Delta$ 表示，即 $\Delta=n_F-n_C$。

（2）部分色散，常用的是 $n_d-n_D$、$n_D-n_C$、$n_g-n_G$ 和 $n_F-n_C$ 等。

（3）阿贝数，也叫色散系数、色散倒数，以符号 $\gamma$ 表示：

$$\gamma=\frac{n_D-1}{n_F-n_C} \tag{2-34}$$

（4）相对部分色散，如 $\frac{n_D-n_C}{n_F-n_C}$ 等。

光学常数最基本的是 $n_D$ 和 $n_F-n_C$，因此可算出阿贝数。阿贝数是光学系统设计中消色差经常使用的参数，也是光学玻璃的重要性质之一。

## 2.10.3 玻璃的着色

玻璃的着色在理论上和实践上都有重要意义，它不仅关系到各种颜色玻璃的生产，也是一种研究玻璃结构的手段。由于离子的电价、配位、极化等灵敏地影响到玻璃的颜色和光谱特性，因此人们常常通过玻璃的着色来探讨玻璃的结构，以及随玻璃成分的递变和不同物理化学处理而发生的结构变化。

物质呈色的总的原因在于光吸收和光散射：当白光投射在不透明物体表面时，一部分波长的光被物体所吸收，另一部分波长的光则从物体表面反射回来因而呈现颜色；当白光投射到透明物体上时，如全部透过，则呈现无色，如果物体吸收某些波长的光，而透过另一部分波长的光，则呈现与透过部分相应的颜色。

根据原子结构的观点，物质之所以能吸收光，是由于原子中电子（主要是价电子）受

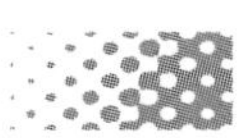

到光能的激发，从能量较低（$E_1$）的“轨道”跃迁至能量较高（$E_2$）的“轨道”，亦即从基态跃迁至激发态所致。因此，只要基态和激发态之间的能量差（$E_2-E_1$）处于可见光的能量范围时，相应波长的光就被吸收，从而呈现颜色。

根据着色机理的特点，颜色玻璃大致可以分为离子着色、金属胶体着色和硫硒化物着色三大类。

#### 2.10.3.1 离子着色的配位场理论

离子着色的玻璃包括过渡金属离子着色与稀土离子着色，着色离子一般处于氧离子的包围之中，并形成不同的配位状态。这些离子的电子层轨道上有空位，因氧配位场的作用而产生能级分裂，会最终影响到中心离子的光谱特性。过渡金属离子的 d 电子在 3d 轨道产生 d—d 电子跃迁，稀土金属离子的 f 电子在 4f 轨道产生 f—f 电子跃迁，从而在可见区产生选择性吸收，使玻璃产生离子着色。利用配位场理论可以解释玻璃离子着色的本质。

图 2-13～图 2-16 分别表示过渡金属离子 5 个 d 轨道在八面体和四面体配位场中的情况及其能级分裂情况。

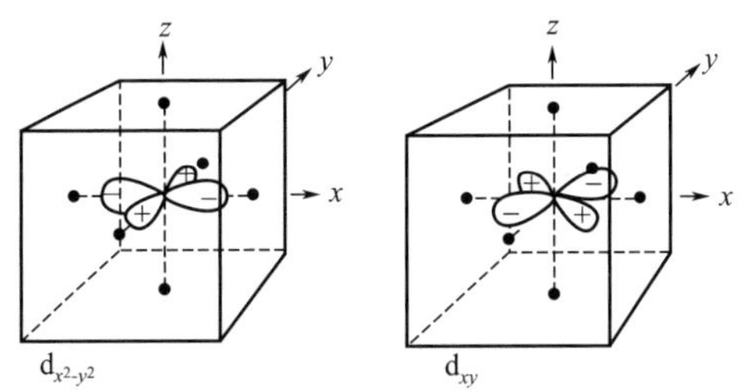


图 2-13 5 个 d 轨道在八面体配位场中的情况

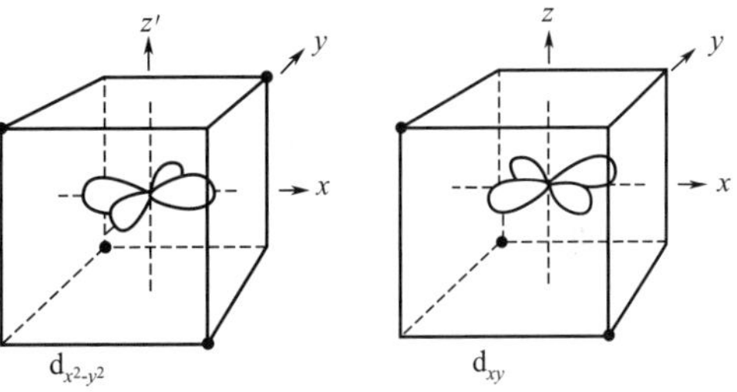


图 2-14 5 个 d 轨道在四面体配位场中的情况

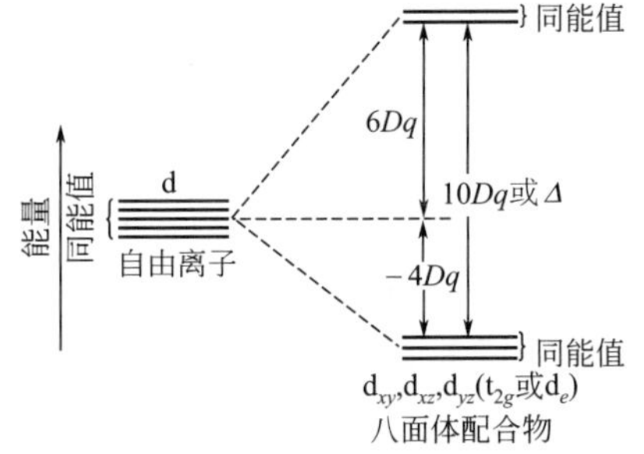


图 2-15 5 个 d 轨道能量在八面体配位场中分裂的情况

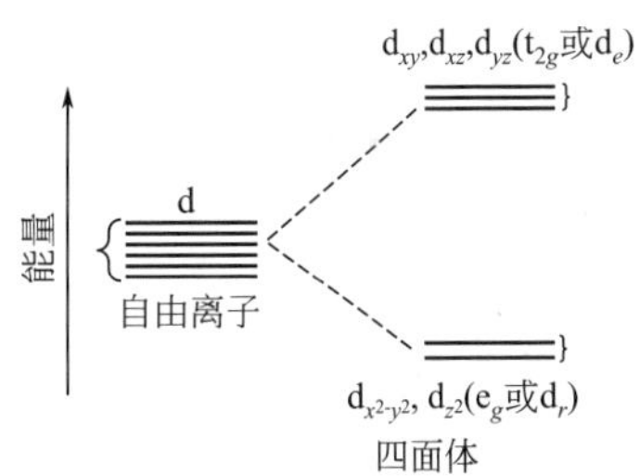


图 2-16 5 个 d 轨道能量在四面体配位场中分裂的情况

#### 2.10.3.2 离子着色

钛、钒、铬、锰、铁、镍、铈、镨、钕等过渡金属在玻璃中以离子状态存在，它们的价电子在不同能级间跃迁，由此引起对可见光的选择性吸收，导致着色。玻璃的光谱特性和颜色主要取决于离子的价态及其配位体的电场强度和对称性。此外，玻璃成分、熔制温度、时间、气氛等对离子的着色也有重要影响。其中铈、镨、钕等内过渡元素由于价电子处于内层，为外层电子所屏蔽，周围配位体的电场对它的作用较小，故着色稳定，受上述因素的影响较小。

几种常见离子的着色如下。

（1）钛的着色　钛的稳定氧化态是 $Ti^{4+}$，钛还有氧化态为 $Ti^{3+}$ 的化合物，而氧化态为 $Ti^{2+}$ 的化合物很少见。钛可能以 $Ti^{4+}$、$Ti^{3+}$ 两种状态存在于玻璃中，$Ti^{4+}$ 是无色的，但由于它强烈地吸收紫外线而使玻璃产生棕黄色。少量的钛、铁或钛、锰共同作用都能产生深棕色，含钛、铜的玻璃呈现绿色。

（2）钒的着色　钒可能以 $V^{3+}$、$V^{4+}$ 和 $V^{5+}$ 三种状态存在于玻璃中。钒在钠钙硅酸盐玻璃中产生绿色，一般认为主要是由 $V^{3+}$ 产生的，$V^{5+}$ 不着色。在强氧化条件下，钒易形成无色的钒酸盐。钒在钠硼酸盐玻璃中，根据钠含量和熔制条件不同，可以产生蓝色、青绿色、绿色、棕色或无色。

含 $V^{3+}$ 的玻璃经光照还原作用会转变为紫色，被认为是 $V^{3+}$ 还原成 $V^{2+}$ 所致。

（3）铬的着色　铬在玻璃中可能以 $Cr^{3+}$ 和 $Cr^{6+}$ 两种状态存在，前者产生绿色，后者为黄绿色。在强还原条件下，有可能完全以 $Cr^{3+}$ 存在。$Cr^{6+}$ 在高温下不稳定，所以在玻璃中常以 $Cr^{3+}$ 出现。铅玻璃熔制温度低，则有利于形成 $Cr^{6+}$。

铬在硅酸盐玻璃中溶解度小，给铬着色玻璃的生产带来困难。铬金星玻璃就是利用铬的溶解度小来制造的。

（4）锰的着色　在高温熔制条件下，高价锰被还原，因此锰一般以 $Mn^{2+}$ 和 $Mn^{3+}$ 状态存在于玻璃中，而在氧化条件下多以 $Mn^{2+}$ 存在，使玻璃产生深紫色。氧化越强，着色越深。在铝硅酸盐玻璃中，锰产生棕红色。$Mn^{2+}$ 着色能力很弱，近于无色。

（5）铁的着色　铁在钠钙硅酸盐玻璃中有低价铁离子 $Fe^{2+}$ 和高价铁离子 $Fe^{3+}$ 两种状态，玻璃的颜色主要取决于两者之间的平衡状态，着色强度则取决于铁的含量。$Fe^{3+}$ 着色很弱，$Fe^{2+}$ 使玻璃着淡蓝色。

铁离子由于具有吸收紫外线和红外线的特性，常用于生产太阳眼镜和电焊片玻璃。

在磷酸盐玻璃中，在还原条件下，铁有可能完全处于 $Fe^{2+}$ 状态，它是著名的吸热玻璃，其特点是吸热性好，可见光透过率高。

（6）钴的着色　在一般玻璃熔制条件下，钴常以低价钴 $Co^{2+}$ 状态存在，故实际上钴在玻璃中不变价，着色稳定，受玻璃成分和熔制工艺条件影响较小。根据玻璃成分不同，$Co^{2+}$ 在玻璃中可能有［$CoO_6$］和［$CoO_4$］两种配位状态，前者颜色偏紫，后者颜色变蓝，但在硅酸盐玻璃中多以四配位出现，六配位较少，它较多地存在于低碱硼酸盐玻璃和低碱磷酸盐玻璃中。

钴的着色能力很强，只要引入 0.01%$Co_2O_3$，就能使玻璃产生深蓝色。钴不吸收紫外线，在磷酸盐玻璃中与氧化镍共同作用制造黑色透短波紫外线玻璃。

（7）镍的着色　镍与钴类似，在玻璃中不变价，一般以 $Ni^{2+}$ 状态存在，故着色也较稳定。$Ni^{2+}$ 在玻璃中有［$CoO_6$］和［$CoO_4$］两种状态，前者着灰黄色，后者产生紫色。

玻璃的组成和热历史均影响 $Ni^{2+}$ 的配位状态，从而影响含镍玻璃的着色。

（8）铜的着色　根据氧化还原条件不同，铜可能以 $Cu^0$、$Cu^+$、$Cu^{2+}$ 三种状态存在于玻璃中。$Cu^{2+}$ 产生天蓝色，$Cu^+$ 为无色，原子状态的 $Cu^0$ 能使玻璃产生红色和铜金星。$Cu^{2+}$ 在红光部分有强烈吸收，因此常与铬用于制造绿色信号玻璃。

（9）铈的着色　铈可能以 $Ce^{3+}$ 和 $Ce^{4+}$ 两种状态存在于玻璃中。$Ce^{4+}$ 强烈吸收紫外线，但可见区的透过率很高。在一定条件下，$Ce^{4+}$ 的紫外吸收带常常进入可见区，使玻

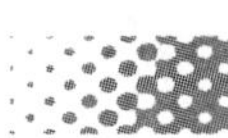

璃产生淡黄色。

铈和钛可使玻璃产生金黄色，在不同的基础玻璃成分下变动铈、钛比例，可以制成黄、金黄、棕、蓝等一系列的颜色。

(10) 钕的着色 钕以 $Nd^{3+}$ 状态存在于玻璃中，它一般不变价，钕在玻璃中产生美丽的紫红色，可用于制造艺术玻璃。

#### 2.10.3.3 硫、硒及其化合物着色

(1) 单质硫、硒着色 单质硫只是在含硼很高的玻璃中才是稳定的，它使玻璃产生蓝色。

单质硒可以在中性条件下存在于玻璃中，产生淡紫红色。在氧化条件下，其紫色显得更纯更美，但氧化又不能过分，否则将形成 $SeO_2$ 或无色的硒酸盐，使硒着色减弱或失色。为了防止产生无色的碱硒化物和棕色的硒化铁，必须严防还原作用。

(2) 硫碳着色 "硫碳"着色玻璃，颜色棕而透红，色似琥珀。在硫碳着色玻璃中，碳仅起还原剂作用，并不参加着色。一般认为，它的着色是硫化物 ($S^{2-}$) 和三价铁离子 ($Fe^{3+}$) 共存而产生的。有人认为琥珀基团是由于 [$FeO_4$] 中的一个 $O^{2-}$ 为 $S^{2-}$ 取代而形成，玻璃中 $Fe^{2+}/Fe^{3+}$ 和 $S^{2-}/SO_4^{2-}$ 的比重对玻璃的着色情况有重要作用，一般来说 $Fe^{3+}$ 和 $S^{2-}$ 含量越高，着色越深，反之着色越淡。

(3) 硫化镉和硒化镉着色 硫化镉和硒化镉着色玻璃是目前黄色和红色玻璃中颜色最鲜明、光谱特性最好的一种玻璃。这种玻璃的着色物质为胶态的 CdS、CdS·CdSe、CdS·CdTe、$Sb_2S_3$ 和 $Sb_2Se_3$ 等，着色主要取决于硫化镉与硒化镉的比值 (CdS/CdSe)，而与胶体粒子的大小关系不大。

氧化镉玻璃是无色的，硫化镉玻璃是黄色的，硫硒化镉玻璃随 CdS/CdSe 比值的减小，颜色从橙红色到深红色，碲化镉玻璃是黑色的。

镉黄、硒红一类的玻璃，通常是在含锌的硅酸盐玻璃中加入一定量的硫化镉和硒粉熔制而成，有时还需经二次显色。图 2-17 示出不同 CdS、CdSe 混合比所得玻璃的光谱透射曲线。

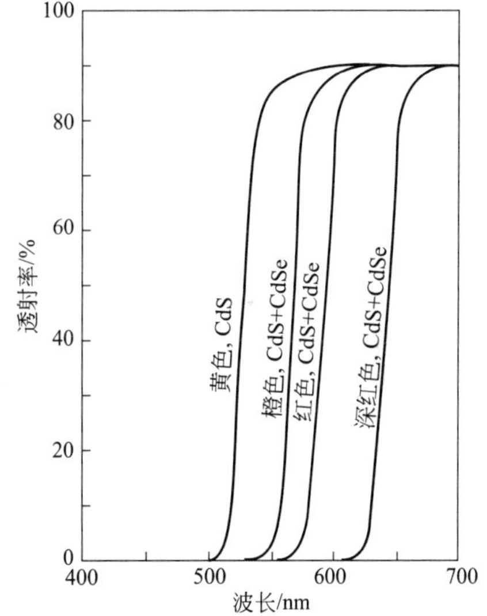


图 2-17 CdS-CdSe 的变化引起的玻璃光谱透射率的变化

#### 2.10.3.4 金属胶体着色

玻璃可以通过细分散状态的金属对光的选择性吸收而着色。一般认为，选择性吸收是由于胶态金属颗粒的光散射而引起。铜红、金红、银黄玻璃即属于这一类。玻璃的颜色很大程度上取决于金属粒子的大小。例如金红玻璃，金粒子小于 20nm 为弱黄色，20～50nm 为红色，50～100nm 为紫色，100～150nm 为黄色，大于 150nm 发生金粒沉析。铜、银、金是贵金属，它们的氧化物都易于分解为金属状态，这是金属胶体着色物质的共同特点。为了实现金属胶体着色，它们先是以离子状态溶解于玻璃熔体中，然后通过还原剂或热处

理，使之还原为原子状态，并进一步使金属原子聚集长大成胶体态，使玻璃着色。

## 参考文献

[1] 西北轻工学院．玻璃学工艺学［M］．北京：轻工业出版社，2006.

[2] ［日］作花济夫．玻璃非晶态科学［M］．蒋幼梅等译．北京：中国建筑工业出版社，1986.

[3] 干福熹，等．光学玻璃［M］．北京：科学出版社，1982.

[4] 林宗寿，李凝芳，赵修建．无机非金属材料工学［M］．武汉：武汉工业大学出版社，2014.

[5] 邱关明，黄良钊．玻璃形成学［M］．北京：兵器工业出版社，1987.

[6] 谢峻林，何峰，顾少轩，王琦．无机非金属材料工学［M］．北京：化学工业出版社，2011.

[7] Feng He，Caiming Ping，Yuanyuan Zheng. Viscosity and structure of lithium sodium borosilicate glasses［J］. Physics Procedia，2013，48：73-80.

[8] 刘小青，何峰，房玉，乔勇．硼硅酸盐玻璃结构与其熔体性质研究［J］．硅酸盐通报，2013，32(5)：804-807.

# 第 3 章

# 玻璃的相变与析晶

相变过程是物质从一个相转变为另一个相的过程，它是控制材料结构和性质的重要因素。从狭义上讲，相变是指过程前后相的化学组成不改变，也就是说，相变是不涉及化学反应的物理过程。就广义概念而言，相变应该包括过程前后相组成发生变化的情况。材料相变的种类很多，而玻璃的相变主要是指玻璃及其熔体在冷却或热处理过程中，从均匀液相（或玻璃相）转变为晶相或分解为两种互不溶解的液相（或玻璃相）的相变过程。

相变现象在玻璃科学的研究中或玻璃工业的实际生产中十分普遍。例如，玻璃的熔制、陶瓷釉料、搪瓷的熔化、耐火材料被侵蚀等均为固体向液体的相变；而玻璃的析晶以及玻璃经热处理控制结晶而制备微晶玻璃的过程属于液体（或玻璃体）向晶体的相变。研究玻璃熔体相变对改变和提高玻璃的性能、防止玻璃析晶，或者与之相反，对微晶玻璃新产品的研发、指导微晶玻璃生产具有重要的意义。本章所讨论的玻璃相变是指熔体和玻璃体在冷却或热处理过程中，从均匀的液相或玻璃相转变为晶相或形成两种互不相溶的液相。

## 3.1 玻璃相变

传统的玻璃制备方法大多是将玻璃配合料在高温下进行加热熔化，形成均匀的、连续的、单一相的玻璃熔体，再将玻璃熔体进行成形、退火冷却，最终制备成产品。玻璃在高温下为均匀的熔体，在冷却过程中或在一定温度下进行热处理时，由于内部质点迁移，某些组分发生偏聚，从而形成化学组成不同的两个相，此过程就是玻璃的相变。相变区区域一般可从几纳米至几千纳米，因而属于微观或亚微结构不均匀性。这种微相变区只有在高倍电子显微镜下，并且有时还要在 $T_g$ 附近经适当热处理，才能观察到。

早在 1926 年，特纳和温克斯（Turner 和 Winks）首先指出硼硅酸钠玻璃中存在着明显的微相变现象，他们发现在一定条件下用盐酸处理硼硅酸钠玻璃可使其中的 $Na_2O$ 全部萃取出来。基于这一发现，诺德伯格和霍恩德（Nordberg 和 Hond）于 1934 年试制了高硅氧玻璃。高硅氧玻璃的制备方法是选择易于分相的硼硅玻璃，熔化、成形后，经过热处理使其分相，玻璃析出高硅相和相互连通的高硼钠相，其后使用酸将玻璃中的硼和钠离子浸提出来，最后高温烧结除去微小气孔。这是利用玻璃相变制备玻璃的最有代表性实例。1956 年欧拜里斯（Oberlies）获得了第一张硼硅酸钠玻璃中微相变的电子显微镜照片。电子显微镜的应用使得玻璃的微相变研究得到了迅速发展，人们发现玻璃相变在玻璃系统中广泛存在，使玻璃结构理论进入了一个崭新的阶段。人们可以利用相变原理，采取必要的措施来阻止玻璃的相变，如在制造派来克斯玻璃时引入可抑制相变的 $Al_2O_3$ 成分；反之，也可以利用其来得到所需的新相，如在微晶玻璃的生产中可利用相变来获得所需的晶相。如图 3-1 所示就是一种非常典型的玻璃分相照片。由图可以明显地看出，照片的左三分之一的范围和右三分之二的范围分别存在两个结构明显不同的相，且在右边的结构中，又出现了球状的二次分相结构。

碱土金属和一些二价金属氧化物（如 MgO、FeO、ZnO、CaO、SrO 等）与二氧化硅的二元系统，都产生或大或小的稳定（在液相线上）不混溶区，如图 3-2 所示（图中为 MgO、FeO、ZnO、CaO、SrO、BaO）。由图中可以看出，不混溶区依照氧化物的碱性递增而缩小。图 3-2 中还显示出 $BaO\text{-}SiO_2$ 二元系统的不混溶区，其特点是液相线呈 S 形，产生亚稳的（在液相线下）不混溶区。碱金属硅酸盐系统也有类似的情况。

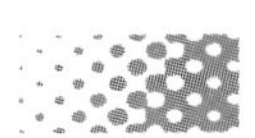

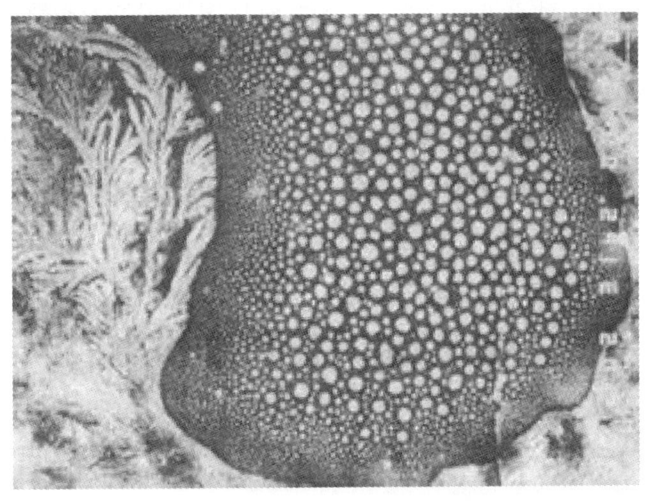

图 3-1　玻璃分相的 SEM 照片

由此可知，具有两种不同类型的不混溶特性，即稳定相变（分相）和亚稳相变（分相）。

稳定相变（或稳定不混溶性）是指在液相线以上就开始发生相变，它给玻璃生产带来困难，玻璃会产生分层或强烈的乳浊现象，主要以 $MgO-SiO_2$ 系统为代表。

亚稳相变（或亚稳不混溶性）是指在液相线以下开始发生相变，它对玻璃有重要的实际意义。现已查明，绝大部分玻璃系统都是在液相线下发生亚稳相变，相变是玻璃形成系统中的普遍现象，它对玻璃的结构和性能有重大的影响，主要以 $BaO-SiO_2$ 系统为代表。

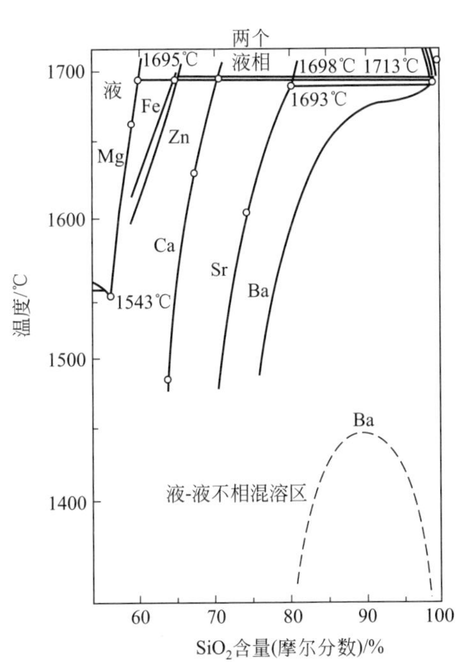


图 3-2　二元碱土金属硅酸盐系统混溶区和亚稳混溶区示意图

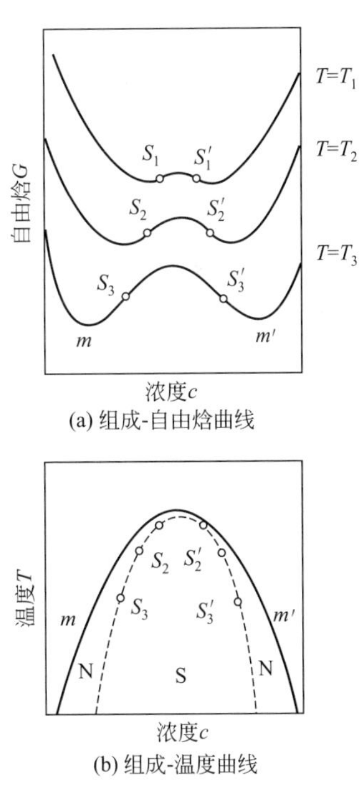


图 3-3　组成-自由焓曲线和组成-温度曲线

在相平衡图中不混溶区内，自由焓 $G$ 与浓度 $c$ 的关系曲线上存在着拐点 S（inflection

point；spinode)，其位置随温度而改变［图 3-3(a)］。作为温度的函数，拐点的轨迹即 $S$-$T$ 曲线称为亚稳极限曲线。在此曲线上的任一点，即 $\partial^2 G/\partial^2 c$，如图 3-3(b) 中的虚线所示，其外围的实曲线为不混溶区边界。在亚稳极限曲线所围成的区域（S 区）内，称为亚稳分解区（或不稳区）。介于亚稳极限曲线以外和不混溶区边界所围成的区域即 N 区，称为不混溶区（或亚稳区）。

由图 3-3(b) 可以看出，在 S 区内，$\partial^2 G/\partial^2 c<0$，成分无限小的起伏导致自由焓减小，单相是不稳定的，相变是瞬时的、自发的。在 S 区发生亚稳分解。高温均匀液体冷却到亚稳极限曲线上时，晶核形成功趋于零，穿越亚稳极限曲线进入 S 区之后，就不再存在成核势垒，因此液相分离是自发的，只受不同种类分子的迁移率所限制。新相的主要组分由低浓度相向高浓度相扩散。在亚稳分解区（S 区）中，成分和密度无限小的起伏产生了一些中心，由这些中心出发，产生了成分的波动变化。这是一种从均匀玻璃的平均组成出发在径向上成分的逐渐改变。

在 N 区内，$\partial^2 G/\partial^2 c>0$，成分无限小的起伏导致自由焓增大，因此单相液体对成分无限小的起伏是稳定的或亚稳的。在该亚稳区内，新相的形成需要做功（即新相形成不是自发的），并可以由成核和生长的过程来分离成一个平衡的两相系统。形成晶核需要一定的成核能，若形成液核就要创造新的界面而需要一定的界面能。当然它比晶核成核能小得多，因此液核较容易形成。在该亚稳区内，晶核一旦形成，其长大通常由扩散过程来控制。随着某些颗粒的长大，颗粒群同时在恒定的体积内发生重排。随后，大颗粒在消耗小颗粒的过程中长大。

### 3.1.1 两种相变结构及机理

用电子显微镜在研究 $BaO$-$SiO_2$ 系统相变时，发现随着成分的变化可以得到不同的相变结构（图 3-4）。

当成分为 4%BaO、96%$SiO_2$（摩尔分数）时，它处于混溶区间的高石英区，其中富 BaO 相具有小的体积分数，呈液滴状嵌于高硅氧的连续基相中；当成分为 10%BaO、90%$SiO_2$（摩尔分数）时，它处于混溶区间的中部，则两相都具有高的体积分数，相互成为高度连接的三维空间结构；当成分为 24%BaO、76%$SiO_2$（摩尔分数）时，其中高硅氧相具有小的体积分数，并以液滴状嵌入于富钡的连续基相中。

上述情况如图 3-4 所示，并示出近似于电子显微镜照片的相变形态（结构）。上述 $BaO$-$SiO_2$ 系统玻璃中的两种不同形态（结构）的相变，普遍存在于其他系统玻璃中。其中相互连接相的特点，一般都表现在两相均具有高的体积分数。当相互连接相进一步加热时，在某些情况下会发生粗化，但仍保持高度相互连接的特性；在其他情况下，连接相也可能发生粗化，收缩并转变成球体状。

电子显微镜研究表明，在亚稳区（或稳定区）中相变后形成一种分散的孤立滴状结构；而在不稳区（或亚稳分解区）则形成一种三维空间相互连接的连通结构。

图 3-5 所示为 $Na_2O$-$SiO_2$ 系统的不混溶区。图中显示出亚稳区和不稳区。

图 3-6 所示为 $Na_2O$-$SiO_2$ 系统玻璃在不同热处理条件下的电子显微镜照片。图 3-6(a) 所示为孤立滴状结构，而图 3-6(b) 所示为连通结构。玻璃相变结构与玻璃的成分和

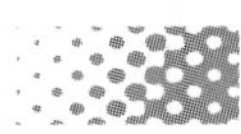

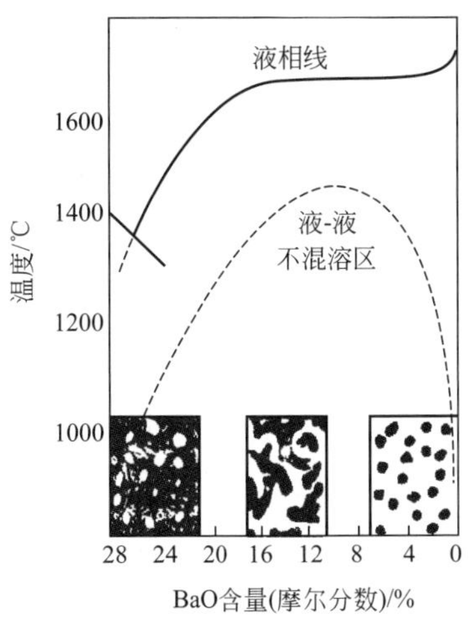


图 3-4 BaO-$SiO_2$ 系统相图及其不混溶区

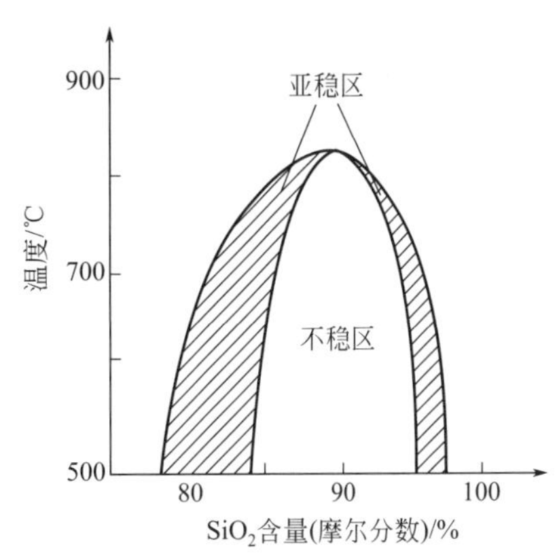


图 3-5 $Na_2O$-$SiO_2$ 系统不混溶区

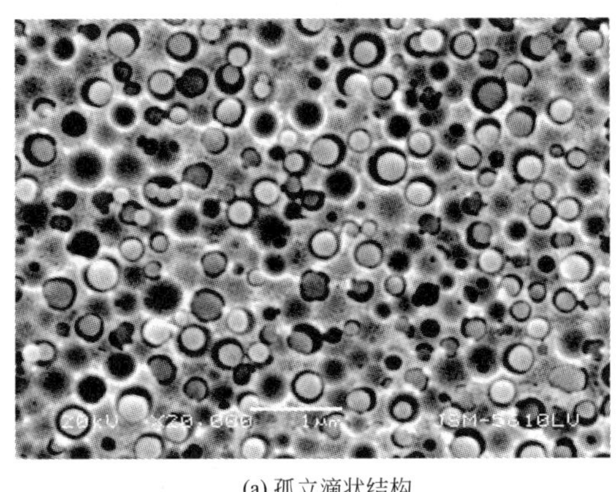

(a) 孤立滴状结构

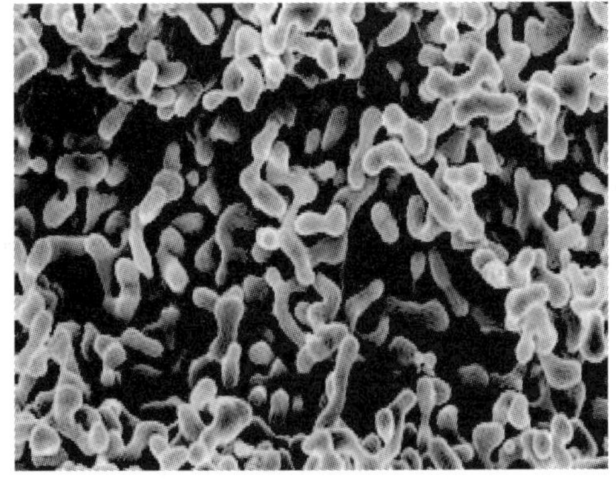

(b) 连通结构

图 3-6 $Na_2O$-$SiO_2$ 系统玻璃在不同热处理条件下的电子显微镜照片

热处理温度都有非常密切的联系。

图 3-7(a) 所示为不稳区的相变类型，起始浓度（成分）波动程度很小，但空间弥散范围较大，后来波动程度越来越大，最终达到相变（即亚稳分解机理）；如图 3-7(b) 所示，开始成核时浓度（成分）波动程度大，而成核所牵涉的空间范围小（即成核和晶体生长机理）。

### 3.1.2 二元系统玻璃相变

当网络外体氧化物（如碱金属和碱土金属氧化物）加入 $SiO_2$ 玻璃或 $B_2O_3$ 玻璃中时，往往发生不混溶现象。图 3-8 所示为二元碱金属硅酸盐系统的混溶区和亚稳混溶区。

由图 3-2 可以看出，当 MgO、FeO、ZnO、CaO、SrO 或 BaO 加入 $SiO_2$ 中时都发现有不混溶区间，它们大多数都产生稳定的（液相线上的）不混溶区。只有在加入 BaO 的情况下，其不混溶区是亚稳的（在液相线下）。由图 3-8 可以看出，在碱金属硅酸盐 $Li_2O$-$SiO_2$ 和 $Na_2O$-$SiO_2$ 系统中有亚稳不混溶区；而 $K_2O$-$SiO_2$ 系统在低温下的亚稳不混溶区是推测性的，它可能不发生相变。

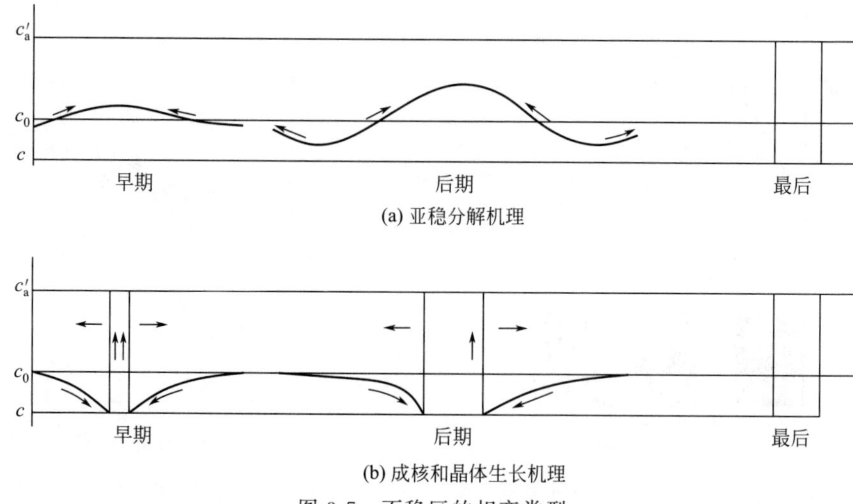


图 3-7　不稳区的相变类型

$P_2O_5$ 能促进 $Na_2O$-$SiO_2$ 二元系统的相变，$Al_2O_3$、$ZrO_2$、PbO 等都能抑制其相变，而加入少量 $B_2O_3$ 时能抑制相变，加入量大时则促进相变。

图 3-9 所示为 $Al_2O_3$ 对 BaO-$SiO_2$ 系统玻璃的相变作用。由图可以看出，$Al_2O_3$ 有抑制玻璃产生相变的作用。由图可以看出，随着 $Al_2O_3$ 含量的增加，玻璃系统中的亚稳不混溶区的面积显著减小。这与 $Al_2O_3$ 在玻璃结构中所起的作用有关。

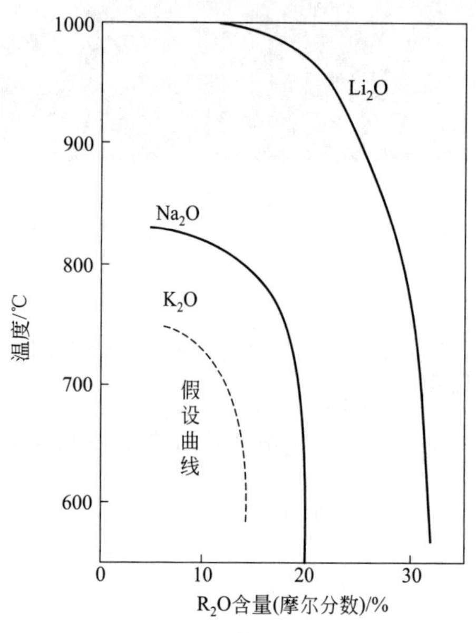


图 3-8　二元碱金属硅酸盐系统的混溶区和亚稳混溶区

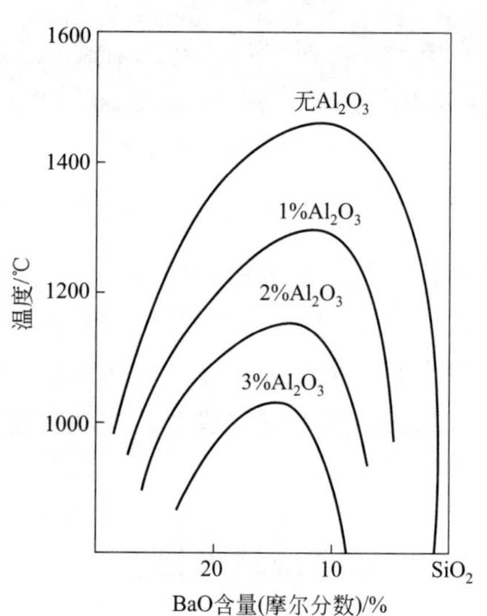


图 3-9　$Al_2O_3$ 对 BaO-$SiO_2$ 系统玻璃的相变作用

### 3.1.3　三元系统玻璃相变

#### 3.1.3.1　$Na_2O$-$B_2O_3$-$SiO_2$ 系统玻璃相变

图 3-10 所示为钠硼硅系统中的不混溶等温面和两种玻璃不同等温面的连接线。由

图 3-10可以看出，在 $Na_2O$-$B_2O_3$-$SiO_2$ 系统中有三个不混溶区（Ⅰ、Ⅱ、Ⅲ）。Ⅰ区在 $Na_2O$-$SiO_2$ 边，并与Ⅱ区相连接。在 $Na_2O$-$B_2O_3$ 边出现独立的Ⅲ区。高硅氧和派来克斯等一系列重要商用玻璃都处于Ⅱ区。许多化学仪器类硼硅酸盐玻璃的不混溶等温面，均通过或靠近其转变温度区，因此这些玻璃都能在较高温度下熔制和成形而不致发生相变。通过调节退火制度，使之具有必要性能的相变结构，是此类玻璃的最大特点。Ⅱ区的不混溶曲面呈椭圆形。混溶温度 $T_e$＝755℃。等温面温度逐步向外圈下降（等温面之间的温度是逐步过渡的）。整个不混溶区实际上是一个立体的椭圆“屋顶”。

图中显示出两种玻璃（14#、17#）在各等温曲面间的连线。每条连线的两端与等温平面相交的两个节点，代表经过相应温度热处理后相变玻璃中富 $SiO_2$ 相和富 $B_2O_3$ 相的体积分数，它服从杠杆规则。

从组分点指向相图 $B_2O_3$ 一端的线段代表富 $SiO_2$ 相的体积分数，指向 $SiO_2$ 一端的线段则代表富 $B_2O_3$ 相的体积分数（表 3-1）。

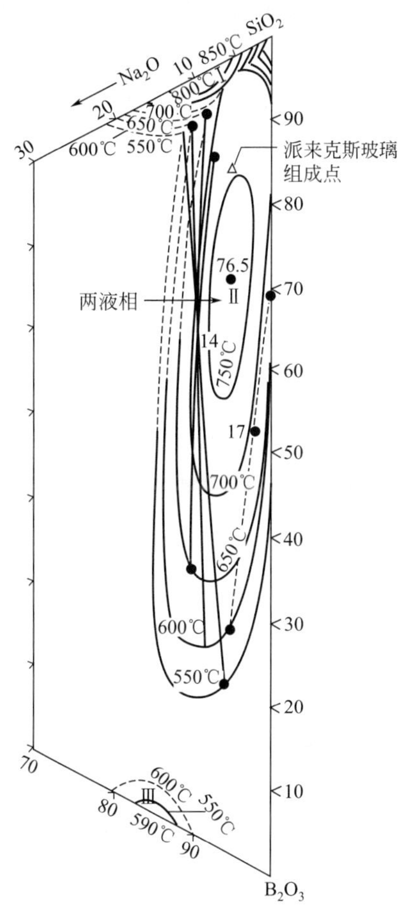

图 3-10　$Na_2O$-$B_2O_3$-$SiO_2$ 系统玻璃不混溶等温面图

由表 3-1 可以看出，热处理温度不同，相变后相的成分不同。富 $SiO_2$ 相的体积分数随温度的升高而下降，而富 $B_2O_3$ 相则相应增大。反映在图中，即连线随温度的升高作顺时针方向旋转。连线的取向是通过电子显微镜的测试、沥滤液及残余玻璃的化学分析作出的。在Ⅱ区中连线的取向大致与椭圆的长轴平行。同时有实验数据表明，在不同温度下相变的结构类型也是不同的。它反映结构类型随温度而发生改变，而且改变得相当快。

由以上可以看出，亚稳不混溶相图和玻璃在不混溶等温面间的连线给我们提供了不同的相变温度以及相应的结构类型、相应的相组成成分，它对硼硅酸盐玻璃的生产有重要的指导意义。

**表 3-1　两相体积分数的分析结果**

| 组分点 | 热处理温度/℃ | 富 $SiO_2$ 相(体积分数)/% | 富 $B_2O_3$ 相(体积分数)/% |
|---|---|---|---|
| 14# | 550 | 75±5 | 30±5 |
| 15# | 600 | 60±5 | 40±5 |
| 16# | 650 | 50±5 | 50±5 |
|  | 715 | 35±5 | 65±5 |
| 17# | 600 | 60±5 | 40±5 |

#### 3.1.3.2 $Na_2O$-CaO-$SiO_2$ 系统玻璃相变

图 3-11 所示为 $Na_2O$-CaO-$SiO_2$ 系统的不混溶区和混溶温度等温线相图。不混溶区一部分在液相曲面以上，一部分在液相曲面以下。图中虚线表示析出初晶相界线。由图可以看出，$Na_2O$-CaO-$SiO_2$ 系统的不混溶区出现在高 $SiO_2$ 一角的广大区域。在低 $SiO_2$ 一侧的不混溶区曲面从 $Na_2O$ 20%（摩尔分数）开始，沿 $Na_2O$-$SiO_2$ 组成线扩展至约 CaO 50%（摩尔分数）的位置，并与 CaO · $SiO_2$ 组成线连成一片。因此含高 $SiO_2$ 的钠钙硅玻璃一般都会发生不混溶（相变）现象。$Al_2O_3$ 具有缩小钠钙硅玻璃不混溶区的作用，故加入 $Al_2O_3$ 可以制得均匀的含高 $SiO_2$ 的钠钙硅玻璃。MgO 取代部分 CaO 能显著降低钠钙硅玻璃的不混溶温度。

### 3.1.4 玻璃相变原因

从结晶化学以及物质内能要求的观点来解释氧化物玻璃熔体产生相变的原因，一般认为氧化物熔体的液相分离是由于阳离子对氧离子的争夺所引起的。在硅酸盐熔体中，桥氧离子已被硅离子以硅氧四面体的形式吸引到自己周围，因此网络外体或中间体阳离子总是力图将非桥氧离子吸引到自己的周围，并按自身的结构要求进行质点的排列，如图 3-12 所示。

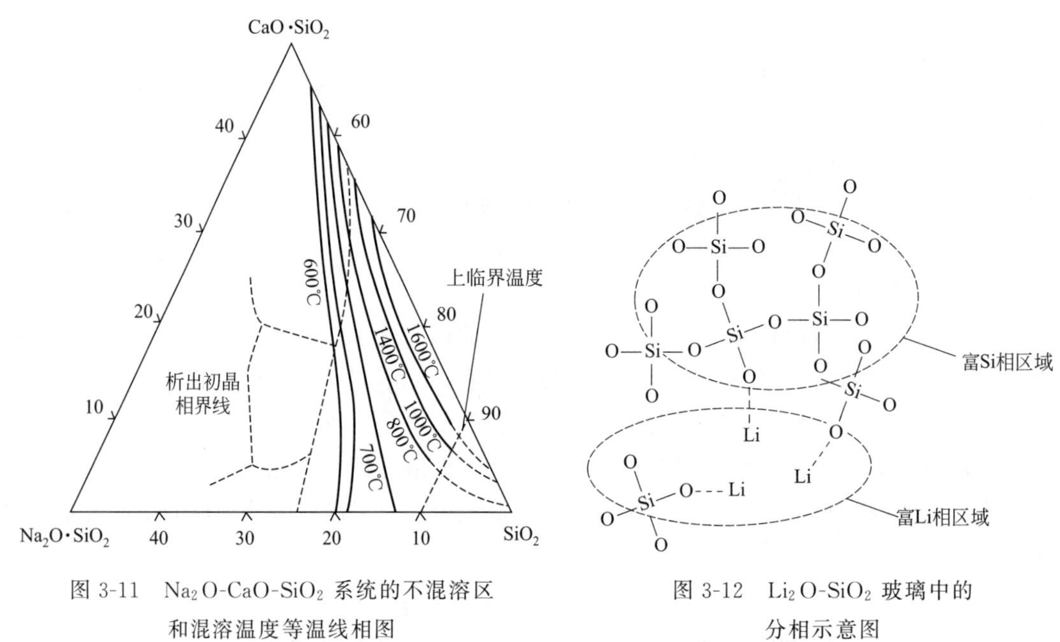


图 3-11 $Na_2O$-CaO-$SiO_2$ 系统的不混溶区和混溶温度等温线相图

图 3-12 $Li_2O$-$SiO_2$ 玻璃中的分相示意图

正是由于它们与硅氧网络之间结构上的差别，当网络外体的离子势较大、含量较多时，由于系统自由能较大而不能形成稳定均匀的玻璃，它们就会自发地从硅氧网络中分离出来，自成一个体系，产生液相分离，形成一个富碱相（或富硼相）和一个富硅相。实践证明，阳离子势的大小对氧化物玻璃的相变有决定性作用。表 3-2 列出了不同阳离子势（$Z/r$）及其氧化物和 $SiO_2$ 二元系统的液相线形状。

由表 3-2 和图 3-12 总结的规律如下。

（1）当 $Z/r>1.40$ 时（如 Mg、Ca、Sr），并且在液相线温度以上产生液-液不混溶区

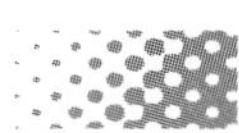

(即稳定不混溶区)，相变温度较高。

**表 3-2 不同阳离子势（Z/r）及其氧化物和 $SiO_2$ 二元系统的液相线形状**

| 离子 | 离子半径 r/Å | 电价 Z | 离子势(Z/r) | 液相线形状 |
|---|---|---|---|---|
| $Cs^+$ | 1.65 | 1 | 0.61 | 直线 |
| $Rb^+$ | 1.49 | 1 | 0.67 | 直线 |
| $K^+$ | 1.33 | 1 | 0.75 | S形(直线) |
| $Na^+$ | 0.99 | 1 | 1.02 | S形 |
| $Li^+$ | 0.78 | 1 | 1.28 | S形 |
| $Ba^{2+}$ | 1.43 | 2 | 1.40 | S形(图 3-1) |
| $Sr^{2+}$ | 1.27 | 2 | 1.57 | 两个液相(图 3-1) |
| $Ca^{2+}$ | 1.06 | 2 | 1.89 | 两个液相(图 3-1) |
| $Mg^{2+}$ | 0.78 | 2 | 2.56 | 两个液相(图 3-1) |

注：1Å=0.1nm。

(2) 当 $1.00<Z/r\leqslant1.40$ 时（如 Ba、Li、Na），其液相线呈 S 形，在液相线以下有一个亚稳不混溶区。

(3) 当 $Z/r<1.00$ 时（如 K、Rb、Cs），则熔体完全不发生相变。

由此可知，二元系统玻璃中相变主要取决于两种氧化物的离子势差（$\Delta Z/r$），离子势差越小越容易相变。例如碱金属离子，由于只带一个正电荷，阳离子势小，争夺氧离子的能力较弱，因此，除 $Li^+$、$Na^+$ 以外，一般都与 $SiO_2$ 形成单相熔体，不易发生液相分离。但碱土金属离子则不同，由于带两个正电荷，离子势大，争夺氧离子的能力较强，故在二元碱土硅酸盐熔体中容易发生液相分离。

### 3.1.5 相变对玻璃性能的影响

相变对玻璃的性能有重要的作用。它对具有迁移性的一类性能，如黏度、电导、化学稳定性等，较为敏感。图 3-13所示为 KF-$BeF_2$ 系统玻璃的相变和性能变化示意图。由图 3-13 可以看出，这些性能的变化主要取决于高黏度、高电阻和易溶解的相变区域的亚微结构（或形态）。连通结构的分相区域对黏度活化能 $E_\eta$ 和电阻率的对数 $\lg\rho$ 有显著的影响，而形成封闭的滴状的相变区域对性能影响较小。由图 3-13 还可以看出，相变对具有加和特性的另一类性能，如折射率、密度、热膨胀系数和弹性模量等，不是那么敏感，在变化曲线上只形成不明显的折曲点。它们的性能变化取决于相变区域的体积分数和成分，仍符合加和原则。

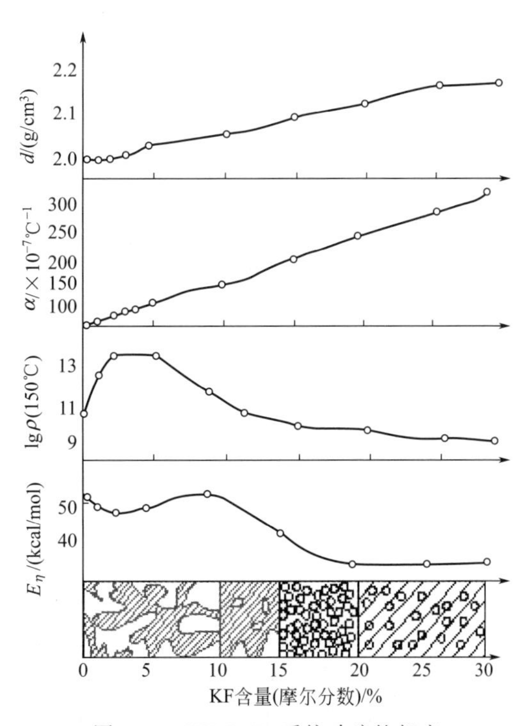


图 3-13 KF-$BeF_2$ 系统玻璃的相变和性能变化示意图

### 3.1.5.1 对具有迁移性能的影响

图 3-14 所示为电导、化学稳定性随相变形态变化而变化的情况。图中横坐标表示相变形态（结构）的变化情况，黑色部分表示低黏度相、高电导相或低化学稳定性相的部分。当这些相（黑色部分）成为分散液滴状时，则整个玻璃表现为高黏度、低电导或较高化学稳定性；当这种分散相逐渐过渡为连通相时，玻璃就由高黏度、低电导或高化学稳定性转变为低黏度、高电导或化学不稳定。也就是说，这些性能取决于相变玻璃的连通相。

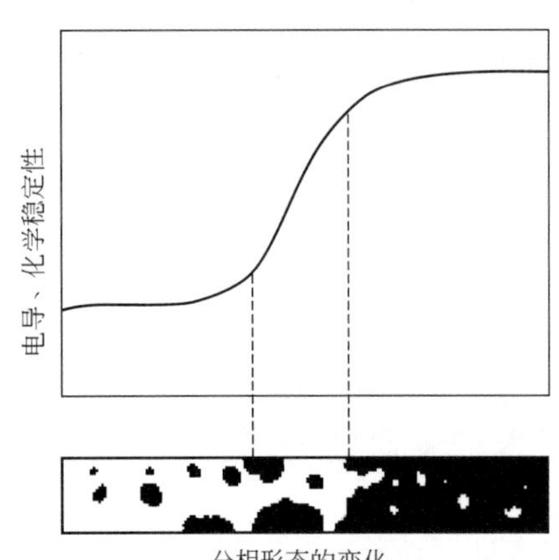


图 3-14 分相形态（结构）对性能的影响示意图

在硼硅酸盐玻璃生产中，必须注意相变对化学稳定性的影响。例如，派来克斯类型玻璃在生产过程中，有时由于相变过于强烈而发生化学稳定性突然恶化的现象。必须指出，相变对性能的影响视相变的形态（即亚微结构）而定。就化学稳定性来说，如果富碱硼相以滴状分散嵌入于富硅氧基相中时，由于化学稳定性不良的碱硼相为化学稳定性好的硅氧相所包围，掩护碱硼相免受介质的侵蚀，这样的相变将提高玻璃的化学稳定性。反之，如果在相变过程中，高钠硼相和高硅氧相形成相互连通的结构时，由于化学稳定性不良的碱硼相直接暴露在侵蚀介质中，玻璃的化学稳定性将发生恶化。相变的形态（亚微结构）与玻璃成分以及热处理的温度和时间有关。凡是侵蚀速率随热处理时间而增大的玻璃，一般都具有相互连通的结构。另外，富碱硼相的成分对侵蚀速率也有一定影响，碱硼相中 $SiO_2$ 含量多的侵蚀速率较慢；反之，侵蚀速率较快。

图 3-15 所示为几种商用玻璃的侵蚀速率与热处理时间的关系。由图 3-15 可以看出，玻璃的侵蚀情况分为两类：第一类为 1 号、2 号、5 号玻璃，其侵蚀速率随相变而增大，开始时增大较快，后来逐渐变为恒值，进一步延长热处理时间，侵蚀又略有下降；第二类为 3 号玻璃，其侵蚀速率实际上不随相变而发生改变。通过电子显微镜和小角度 X 射线衍射分析证明，表 3-3 中的几种玻璃除 4 号玻璃外，在热处理过程中都发生了相变；3 号玻璃相变呈分散滴状，故其侵蚀速率不随相变而改变；5 号玻璃的相变形态属于相互连通相，故其侵蚀速率随相变而增大。

**表 3-3 几种商用玻璃的成分**

| 编号 | 成分(质量分数)/% | | | | | | | |
|---|---|---|---|---|---|---|---|---|
| | $SiO_2$ | $B_2O_3$ | $Al_2O_3$ | $Na_2O$ | $K_2O$ | PbO | MgO | $Li_2O$ |
| 1 号 | 80.5 | 12.8 | 2.2 | 3.8 | 0.4 | — | — | — |
| 2 号 | 73.0 | 16.5 | 2.0 | 4.5 | — | 4.0 | — | — |
| 3 号 | 70.0 | 28.0 | 1.1 | — | — | — | — | 1.2 |
| 4 号 | 67.0 | 22.0 | 2.0 | — | — | — | — | — |
| 5 号 | 67.3 | 24.6 | 1.7 | 4.6 | — | — | 0.2 | — |

由于相变对硼硅酸盐玻璃的性能有重大影响，因此在生产实际中除了稳定玻璃化学成分外，还必须严格控制退火温度制度，以保证产品质量的稳定。

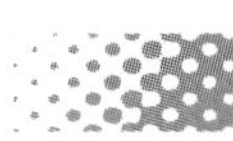

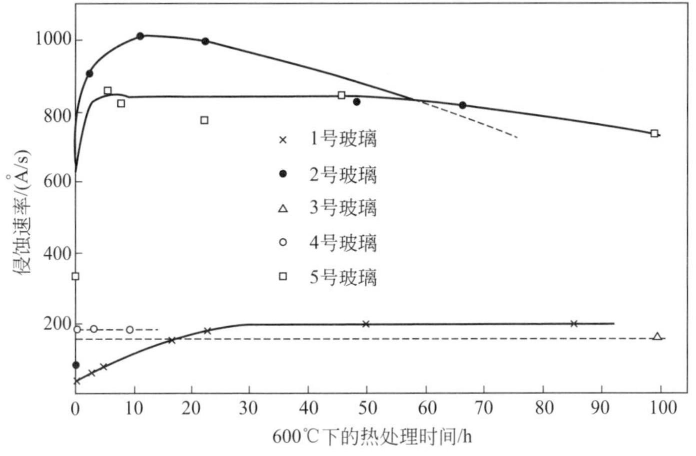


图 3-15　几种硼硅酸盐玻璃的氢氟酸侵蚀速率与热处理时间的关系

### 3.1.5.2　对玻璃析晶的影响

（1）为成核提供界面　玻璃的相变增加了相间的界面，成核总是优先产生于相的界面上进行。实验证明，一些微晶玻璃的成核剂（如 $P_2O_5$）正是通过促进玻璃强烈相变而影响玻璃的结晶。浮法玻璃与结晶釉中的相变如图 3-16 所示。

(a) 浮法玻璃中的硫化镍相变与结晶

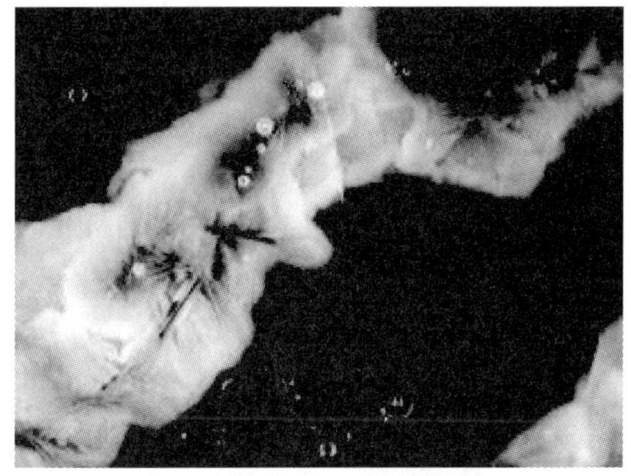

(b) 钧瓷结晶釉中的相变与结晶

图 3-16　浮法玻璃与结晶釉中的相变

（2）分散相具有高的原子迁移率　相变导致两液相中的一相具有较母相（均匀相）明显更大的原子迁移率。这种高的迁移率能够促进均匀成核。因此，在某些系统中，相变对促进晶相成核所起的主要作用，可能就是因为形成具有高的原子迁移率的分散相。

（3）使成核剂组分富集于一相　相变使加入的成核剂组分富集于两相中的一相，因而起晶核作用。如含 $TiO_2$ 4.7%[1]的铝酸盐玻璃，热处理过程中最初出现 $Al_2O_3 \cdot 2TiO_2$ 的晶核。继续加热能制得 β-锂霞石微晶玻璃，最后转变为含 β-锂辉石和少量金红石的微晶玻璃。不含 $TiO_2$ 的同成分玻璃，虽然在冷却过程中也相变，但热处理时只能是表面析晶。

[1] 本书百分含量数据后未加标注的均指质量分数。

由此可以看出，相变作为促进玻璃态向晶态转化的一个过程应该是肯定的。然而相变和晶体成核、生长之间的关系是十分复杂的问题，而且有些情况尚不十分清楚，需要进一步探索和研究。

#### 3.1.5.3 对玻璃着色的影响

实验证明，含有过渡金属元素（如 Fe、Co、Ni、Cu 等）的玻璃在相变过程中，过渡元素几乎全部富集在微相（如高碱相或碱硼相）液滴中，而不是在基体玻璃中。例如，高硅氧玻璃的铁总是富集在钠硼相中，因此才有可能将铁和钠硼一起沥滤掉而使最后产品中的铁含量甚微。过渡元素的这种有选择的富集特性，对发展颜色玻璃、激光玻璃、光敏玻璃以及光色玻璃都有重要的作用。

在玻璃生产中，可以根据玻璃成分的特点及其相变区的温度范围，通过适当的热处理，控制玻璃相变的结构类型（滴状相或连通相）、相变的速率、相变进行的程度以及最终相的成分等，以提高玻璃制品的质量和发展新品种、新工艺。例如，通过热处理和酸处理制造微孔玻璃、高硅氧玻璃（需经烧结）和蚀刻雕花玻璃是众所周知的。通过控制相变区域的结构，使易溶解的钠硼相形成高硅相封闭的玻璃滴，能生产性质类似于派来克斯玻璃的低温易熔的硼硅酸盐玻璃。在玻璃软化点附近加上拉应力，使相变区域形成针状有规则排列，成为各向异性，可以作为自聚焦光导、双折射和偏振材料等。一般光学玻璃和光导纤维中要力求避免相变，以降低光的散射损耗。

## 3.2 玻璃析晶

从热力学观点看，玻璃内能高于同成分晶体的内能，因此熔体的冷却必然导致析晶。熔体的能量和晶体的能量差越大，则析晶倾向越大。然而从动力学观点来看，由于冷却时熔体黏度增加很快，析晶所受阻力很大，故可能不析晶而形成过冷的液体。在液相线温度以上的结晶被熔化，而在常温时固态玻璃的黏度极大，因此都不可能析晶。一般析晶在相应于黏度为 $10^4 \sim 10^6$ Pa·s 的温度范围内进行。

玻璃析晶过程包括晶核形成和晶体生长两个阶段，成核速率和晶体生长速率都是过冷度和黏度的函数。

### 3.2.1 成核过程

成核过程可分为均匀成核和非均匀成核。均匀成核（又称本征成核或自发成核）是指在宏观均匀的玻璃中，在没有外来物的参与下，与相界、结构缺陷等无关的成核过程；非均匀成核（又称非本征成核）是依靠相界、晶界或基质的结构缺陷等不均匀部位而成核的过程。相界一般包括容器壁、气泡、杂质颗粒或添加物等与基质之间的界面，由于相变而产生的界面，以及空气与基质的界面（即表面）等。在生产实际中常见的是非均匀成核，而均匀成核一般不易出现。图 3-17 所示为晶核的自由能与半径的关系。

#### 3.2.1.1 均匀成核

处于过冷状态的玻璃熔体，由于热运动引起组成和结构上的起伏，一部分变成晶相。晶相内质点的有规则排列导致体积自由能的减小。然而在新相产生的同时，又将在新生相

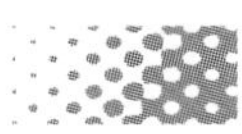

和液相之间形成新的界面，引起界面自由能的增加，对成核造成势垒。因此，在新相形成过程中，同时存在两种相反的能量变化。当新相的颗粒过小时，界面对体积的比例大，整个体系的自由能增大。但当新相达到一定大小（临界值）时，界面对体积的比例就减小，系统自由能的变化 $\Delta G$ 为负值，这时新生相就有可能稳定成长。这种可能稳定成长的新相区域称为晶核。那些较小的不能稳定成长的新相区域称为晶胚。

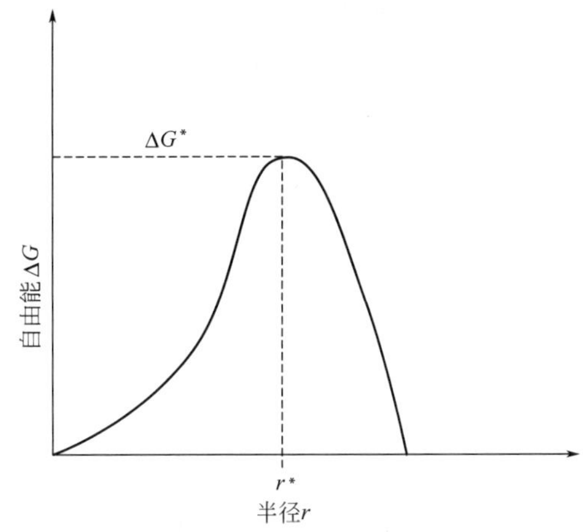

图 3-17　晶核的自由能与半径的关系

假定晶核（或晶胚）为球形，其半径为 $r$，则上述讨论可表示为：

$$\Delta G=\frac{4\pi r^3\Delta G_v}{3}+4\pi r^2\sigma \tag{3-1}$$

式中　$\Delta G_v$——相变过程中单位体积的自由能变量；

$\sigma$——新相与熔体之间的界面自由能（或称表面张力）。

根据热力学推导：

$$\Delta G_V=\frac{nD\Delta H\Delta T}{MT_e} \tag{3-2}$$

式中　$n$——新相所含的分子数；

$D$——新相密度；

$M$——新相的分子量；

$\Delta H$——焓变；

$T_e$——新、旧两相的平衡温度，即“熔点”或析晶温度；

$\Delta T$——过冷度，$\Delta T=T_e-T$；

$T$——系统实际所处温度。

当系统处于过冷状态时，$\Delta T>0$，但 $\Delta H<0$（因有结晶潜热放出），因此 $\Delta G_v<0$，即式(3-1) 的第一项为负值，由于 $\sigma$ 必为正值，故系统的自由能总变量 $\Delta G$ 为正或为负取决于式(3-1) 中第一和第二两项绝对值的相对大小，而这两项都是 $r$ 的函数。将 $\Delta G$ 对 $r$ 作图，得到图 3-17。由图可见，当 $r$ 很小时 $\Delta G$ 为正值，因为这时式(3-1) 中的第二项占优势；而当 $r$ 大于某一数值时 $\Delta G$ 为负值，因为这时式(3-1) 中的第一项占优势。曲线 $\Delta G$-$r$ 有一个极大值，为此相应的半径称为“临界半径”，用 $r^*$ 表示：

$$r^*=\frac{2\sigma MT_e}{nD\Delta H\Delta T}$$

根据图 3-17，当 $r=r^*$ 时，$\Delta G$ 的一阶导数应等于零，即 $\mathrm{d}(\Delta G)/\mathrm{d}r=0$。由此可以解出 $r^*$ 是形成稳定的（不致消失的）晶核所必须达到的半径，其值越小则晶核越易形成。$r^*$ 的数值取决于物系自身的属性 $\sigma$、$M$、$T_e$、$D$ 和 $\Delta H$。

#### 3.2.1.2 非均匀成核

很早以前人们就发现在某些过饱和溶液中，加入某些晶态物质（晶种）可以实现诱导结晶。20世纪40年代有人根据碘化银与冰在晶格常数方面的相似性（点阵匹配），曾经利用碘化银作为成核剂成功地进行了人工降雨。通过成核剂实现结晶，以及在熔体外表面或容器壁上形成晶核等，一切借助于界面的成核过程都属于非均匀成核的范畴。

非均匀成核的理论是在微晶玻璃的研制过程中发展和完善起来的，反过来它又为微晶玻璃的发展起着指导作用。有控制的析晶或诱导析晶是制造微晶玻璃的基础。适当地选择玻璃成分、成核剂种类及热处理制度，就可能有意识地控制玻璃的成核和晶体长大，以获得一系列具有优异性能的微晶玻璃。微晶玻璃被认为是20世纪玻璃品种上的重大突破。目前已能成功地生产透明、半透明、不透明，负膨胀、零膨胀到正膨胀（$-20\times10^{-7}\sim200\times10^{-7}℃^{-1}$），高强度，具有良好电性能，耐磨和耐腐蚀等微晶玻璃。

在非均匀成核情况下，由成核剂或两液相提供的界面使界面能［式(3-3)中的$\sigma$］降低，因此影响到相应于临界半径$r^*$时的$\Delta G$值。此值与熔体对晶核的润湿角$\theta$有关：

$$\Delta G=\frac{16\pi\sigma^3}{3(\Delta G_v)^3}\times\frac{(2+\cos\theta)(1-\cos\theta)}{4} \tag{3-3}$$

当$\theta<180°$时，非均匀成核的自由能势垒比均匀成核小，当$\theta=60°$时，势垒为均匀成核的1/6左右，因此非均匀成核较均匀成核易于发生。

一般来说，成核剂和初晶相之间的表面张力越小，或它们之间的晶格常数越接近，成核就越容易。

用于微晶玻璃的成核剂有下述几种类型。

（1）贵金属盐类　贵金属Au、Ag、Ru、Pt和Rh等的盐类熔入玻璃后，在高温时以离子状态存在，而在低温则分解为原子状态。经过一定热处理将形成高度分散的金属晶体颗粒，从而促进诱导析晶。斯图基（Stookey）1956年发现，$Li_2O$-$Al_2O_3$-$SiO_2$系统微晶玻璃就是用金和银的化合物作为成核剂。目前贵金属盐仍广泛用于制造光敏微晶玻璃。

影响金属核化能力的几个主要因素如下。

① 晶格常数相近。一般认为，金属颗粒诱导析晶时，只要金属和被诱导的晶核间的晶格数之差不超过10%～15%，就会因外延（或称附生）作用而成核。

② 金属颗粒的大小对核化能力有重要影响，一般当晶体颗粒达到一定大小时，才能诱导主体玻璃析晶。例如在$Li_2O$-$SiO_2$玻璃中，只有当金属颗粒达到8.0nm时，才能使玻璃发生结晶。因为核粒小，曲率半径就小，核化结晶的应力增大，给主体玻璃的核化和晶化带来困难。

（2）氧化物　这类成核剂有$TiO_2$、$P_2O_5$、$ZrO_2$和$Cr_2O_3$等，其中$TiO_2$、$ZrO_2$、$P_2O_5$是目前微晶玻璃生产中最常用的成核剂。它们的共同特点是，阳离子电荷高、场强大，对玻璃结构有较大的积聚作用。其中$P^{5+}$由于场强大于$Si^{4+}$，有加速玻璃相变的作用。而$Ti^{4+}$、$Zr^{4+}$等由于场强小于$Si^{4+}$，当加入少量时又有减弱玻璃相变的作用。因此它们的成核机理不同，$TiO_2$的成核机理比较复杂，目前尚未彻底弄清。一般认为在核化过程中，首先析出富含钛氧的液相（或玻璃相）。它是一种微小（约5.0nm）的悬浮体，在一定条件下（如热处理）将转变为结晶相，进而使母体玻璃成核和长大。X射线衍射证明，在含钛的$MgO$-$Al_2O_3$-$SiO_2$玻璃中析出的悬浮体是钛酸镁。其他一些含钛玻璃（如

$Na_2O$-$Al_2O_3$-$SiO_2$ 玻璃），相变后的析出物都不是单纯的 $TiO_2$，而是一种钛酸盐。

$Ti^{4+}$ 在玻璃结构中属于中间体阳离子，在不同的条件下它可能以六配位［$TiO_6$］或四配位［$TiO_4$］状态存在。在高温下（由于配位数降低）$Ti^{4+}$ 可能以四配位参加硅氧网络，而与熔体产生良好的混溶。当温度降低，钛将由钛氧四面体转变为低温的稳定状态——钛氧八面体，这时由于［$TiO_6$］与［$TiO_4$］结构上的差别，$TiO_2$ 就会与其他 RO 类型的氧化物一起从硅氧网络中分离出来（分液），并以此为晶核，促使玻璃微晶化。

$P_2O_5$ 是玻璃形成氧化物，对硅酸盐玻璃具有良好的成核能力。常与 $TiO_2$、$ZrO_2$ 共用或单独用于 $Li_2O$-$Al_2O_3$-$SiO_2$、$Li_2O$-MgO-$SiO_2$ 和 MgO-$Al_2O_3$-$SiO_2$ 等系统微晶玻璃中。

$P_2O_5$ 在硅氧网络中易形成不对称的磷酸多面体（图 3-18）。加之 $P^{5+}$ 的场强大于 $Si^{4+}$，因此它易与 $R^+$ 或 $R^{2+}$ 一起从硅氧网络中分离出来。一般认为，$P_2O_5$ 在玻璃中的核化作用来源于相变。因为相变能降低界面能，使成核活化能下降。图 3-19 为磷硅酸盐玻璃分相处理后的 SEM 照片。

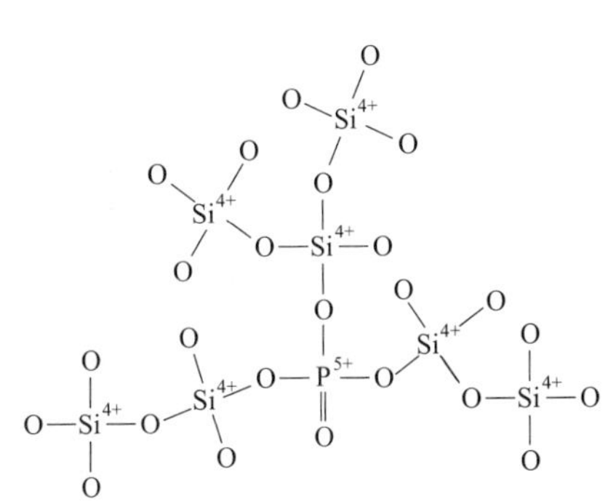

图 3-18 ［$PO_4$］在硅氧网络结构中的作用示意图

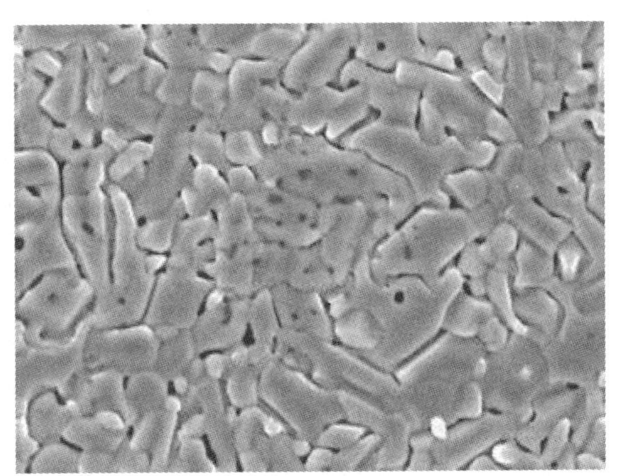

图 3-19 磷硅酸盐玻璃分相处理后的 SEM 照片

实验数据表明，$P_2O_5$ 能大大提高 $Na_2O$-$SiO_2$ 玻璃的不混溶温度，并扩大其不混溶区，这主要是由于晶态 $AlPO_4$ 与方石英在结构上的相似性所致。

关于 $ZrO_2$ 的核化作用，一般认为先是从母相中析出富含锆氧的结晶（或生成约 5.0nm 的富含 $ZrO_2$ 的微不均匀区），进而诱导母体玻璃成核。实验证明，在 $Li_2O$-$Al_2O_3$-$SiO_2$、MgO-$Al_2O_3$-$SiO_2$ 等系统的微晶玻璃中，$ZrO_2$ 主要诱导形成主晶相为 β-石英固溶体、次晶相为细颗粒的立方 $ZrO_2$ 固溶体。

$ZrO_2$ 在硅酸盐熔体中，溶解度小，一般超过 3%就溶解困难而常常从熔体中析出，这是 $ZrO_2$ 作为成核剂的不利一面。如引入少量 $P_2O_5$ 能促进 $ZrO_2$ 的溶解。

（3）氟化物 氟化物是著名的乳浊剂和加速剂，常用的氟化物有氟化钙（$CaF_2$）、冰晶石（$Na_3AlF_6$）、氟硅化钠（$Na_2SiF_6$）和氟化镁（$MgF_2$）等。当氟含量大于 2%～4%时，氟化物就会在冷却（或热处理）过程中从熔体中分离出来，形成细结晶状的沉淀物而引起玻璃乳浊。利用氟化物乳浊玻璃的原理，可促使玻璃成核，其中氟化物微晶体就是玻璃的成核中心。氟化物的晶核形成温度通常低于晶体生长温度，因此用氟化物核化、晶化的玻璃，是一种数量巨大的微小晶体，而不是数量少的粗晶。

$F^-$半径（0.136nm）与$O^{2-}$半径（0.14nm）非常接近，因此$F^-$能取代$O^{2-}$而不致影响到玻璃结构中离子的排布。但$F^-$是－1价，$O^{2-}$为－2价，因此两个$F^-$取代一个$O^{2-}$才能达到电性中和。反映在结构上相当于用两个硅氟键（≡Si－F）取代一个硅氧键（≡Si－O－Si≡）。≡Si－F群的出现，意味着硅氧网络的断裂，导致玻璃结构的减弱。

一般认为，氟具有减弱玻璃结构的作用，是氟化物诱导玻璃成核长大的主要原因。因此氟化物一般都使玻璃的黏度减小，热膨胀系数增大。近年来新出现的云母型可切削的微晶玻璃，也是用氟化物作为晶核剂的。

在玻璃相中形成稳定的晶核是制备微晶玻璃材料的关键，晶核的数量、大小决定了后续所制备材料的结构与性质。微晶玻璃中的晶核一般是纳米尺度的有序区域。图3-20是$CaO-Al_2O_3-SiO_2$系统颗粒经过核化处理后的透射电镜照片。从图3-20中的晶格条纹像中可以看出，图3-20(a)为晶核中的晶格条纹排列有序，图3-20(b)中并非所有区域都出现晶格条纹，而是较为零散地分布在非晶态区域，并且晶格条纹非单向分布。说明内部晶核并非呈现完全均匀分布，系统中存在晶核结晶较好的区域以及较差的区域。这与很多影响因素有关，例如微区成分不均匀、热处理过程中传热方式以及晶体的结晶性能等。

(a) 晶核中的晶格条纹排列有序

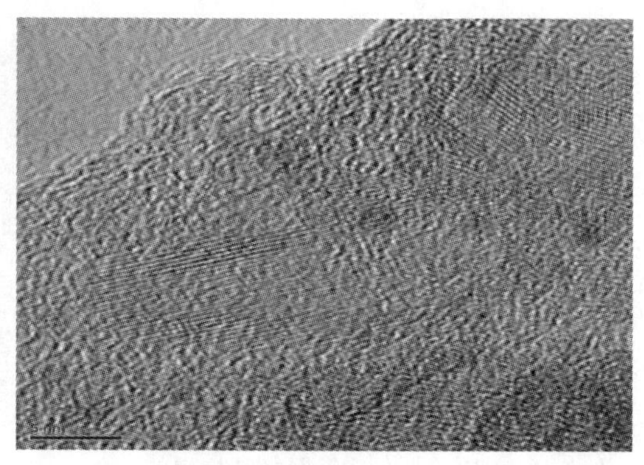

(b) 晶格条纹较为零散地分布在非晶态区域

图3-20 $CaO-Al_2O_3-SiO_2$系统颗粒经过核化处理后的透射电镜照片

### 3.2.2 晶体生长

当形成稳定的晶核后，在适当的过冷度和过饱和度条件下，熔体中的原子（或原子团）向界面迁移。到达适当的生长位置，使晶体长大。晶体生长速率取决于物质扩散到晶核表面的速率和物质加入于晶体结构中的速率，而界面的性质对于结晶的形态和动力学有决定性的影响。

就正常生长过程来说，晶体的生长速率$u$由式(3-4)表示：

$$u = v a_0 \left[ 1 - \exp\left( -\frac{\Delta G}{KT} \right) \right] \tag{3-4}$$

式中 $u$——单位面积的生长速率；

$v$——晶液界面质点迁移的频率因子；

$a_0$——界面层厚度，约等于分子直径；

$\Delta G$——液体与固体自由能之差（即结晶过程自由焓的变化）。

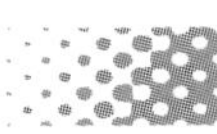

当过程离开平衡态很小时，即 $T$ 接近于 $T_m$（熔点），$\Delta G \ll KT$。这时晶体生长速率与推动力（过冷度 $\Delta T$）呈直线关系。就是说在这样的条件下，生长速率随过冷度的增大而增大。但当过程离开平衡态很大（过冷度大）时，即 $T \ll T_m$，故 $\Delta G \gg KT$，式 (3-5) 中 $[1-\exp(-\Delta G/KT)]$ 项接近于 1，即 $u \rightarrow va_0$。也就是说，晶体生长速率受到原子（通过界面）扩散速率的控制。在此条件下，晶体生长速率达到极限值。就液态物质而言，这一极限值一般在 $10^5$ cm/s 范围内。图 3-21 描绘了玻璃析晶过程中，一个原子质点由玻璃相跃迁至晶相表面时系统能量的变化。具体的过程包括：玻璃相中的质点获得能量，克服其周边原子所形成的活化能垒；通过传质迁移到晶相的表面，迁移的距离为 $\lambda$；完成质点的规则排列的同时释放出自由能，即热力学驱动力。

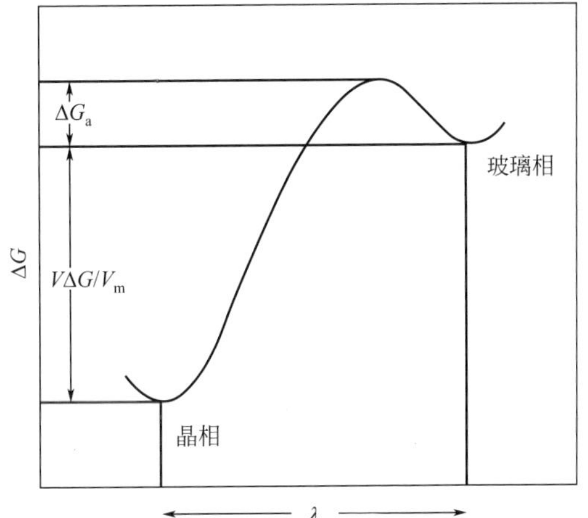

图 3-21　一个原子质点由玻璃相跃迁至晶相表面时系统能量的变化

微晶玻璃一般是在玻璃的转变温度 $T_g$ 以上，主晶相的熔点 $T_m$ 以下，进行成核和晶体长大。成核通常是在相当于 $10^{11}$～$10^{12}$ Pa·s 黏度的温度下保持 1～2h，其晶核粒度为 3.0～50.0nm。在成核过程中必须严格控制升温速率和成核温度。成核一经完成，便升温至晶体长大温度（一般高于成核温度 150～200℃）。这时必须注意防止制品变形和不必要的多晶转变或某些晶核的重新溶解，以免影响最终制品的质量。

控制微晶玻璃析晶过程与结晶度的方法无外乎两种：一是从制备微晶玻璃的基础玻璃组成上控制，即选择玻璃的组成时，要考虑有利于玻璃的分相或者抑制玻璃的分相，从而达到适当的生长速率，有利于主晶相的析出与生长；二是通过改变热处理制度来调节。一般来说，调整热处理制度是控制析晶的主要手段。微晶玻璃工艺制度的目的是将经特殊配方制成的玻璃用合适的热处理制度进行晶化，以获得具有优良性能的细晶显微结构，所产生的晶相要能够获得其他重要物理性质（如制定的晶粒大小），并对剩余玻璃相的体积分数和组成能够控制。

要达到整体结晶，必须保证在材料内部产生高密度的晶核，因此要得到理想的微晶玻璃材料，必须从低温升至高温才可满足成核—析晶的顺序。一般热处理可分为等温温度制度和阶梯温度制度，如图 3-22 所示。具体采用何种热处理工艺与所生产的微晶玻璃材料的基础组成、生产装备等有非常密切的关系。

(1) 等温温度制度　等温温度制度通常用在成核及晶体生长同时发生时（即曲线 I 和曲线 U 重叠极大），此时析晶速率可受到控制，其升温曲线如曲线 A 所示，可缓慢地成核及成长而逐次释放结晶热。假如成核与晶体生长曲线未重叠，但成核速率很快，在熔体冷却或从室温升至晶化温度时间段已经成核时，通常选择等温温度制度。

(2) 阶梯温度制度　假如成核速率曲线与晶体生长速率曲线分开或相交但重叠很小，则晶化过程可完全被控制，其升温曲线如曲线 B 所示。此时可将母体玻璃以 1～20℃/min

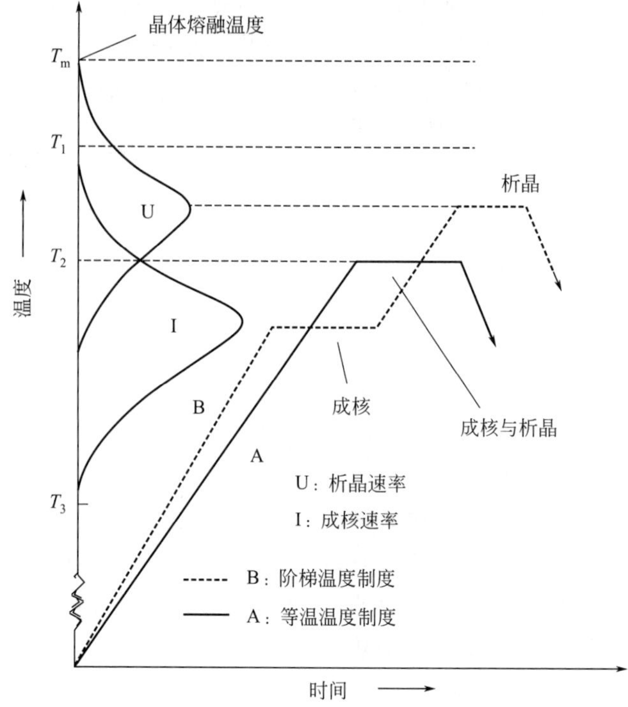


图 3-22　控制晶化热处理的不同制度

的速率由室温升温至成核温度，保持适当时间，再由成核温度升温至晶化温度，并保持适当时间。此段升温速率不宜太快，以防造成样品变形或体积变化太快而破裂。

## 3.2.3　影响玻璃析晶的因素

### 3.2.3.1　基础玻璃组成

玻璃的析晶程度和析晶倾向大小，与玻璃的化学组成有直接的关系。玻璃的化学组成是引起玻璃析晶的内因，温度和时间为外因。从相平衡观点出发，一般玻璃系统中成分越简单，则在熔体冷却至液相线温度时，化合物各组成部分相互碰撞、相互影响并使之排列成一定晶格的概率越大，这种玻璃也就越容易析晶。例如，石英玻璃为单组分的 $SiO_2$，在生产中当温度制度控制不当时，易发生析晶。对于多组分的玻璃，其析晶倾向较小。

在确定玻璃组成时，可参考相图，使玻璃成分应当选择在相界限或低共熔点附近。对于不同的微晶玻璃品种，其基础玻璃相图的组分点选择非常关键。关于基础组分点的选择需要从玻璃形成和主晶相的析出两个方面考虑。通常情况下，理想的主晶相的析出区域，其玻璃的形成能力相对较差。或者是晶相生长过多、过快，使得玻璃相与晶相的结构与性能适配，造成材料结构缺陷或性能下降。当偏重玻璃的形成能力时，晶相的析出量偏少，同样会使得玻璃相与晶相的结构与性能适配，从而引发结构缺陷。一般实用的 $Na_2O$-$CaO$-$SiO_2$ 玻璃成分，大致选择在磷石英与失透石的界限附近的狭长范围内。因此组成中 $CaO$ 含量的变动灵敏地支配着析晶的开始温度。在 $SiO_2$ 含量不变的情况下，降低 $CaO$ 含量，则降低开始析晶温度。在硅酸盐玻璃中，网络的连接程度对玻璃析晶有重要的作用。对于利用烧结法制备的 $CaO$-$Al_2O_3$-$SiO_2$ 微晶玻璃，其析晶后的主晶相多为 β-硅灰石

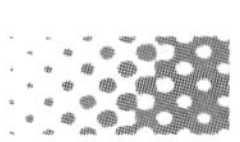

($CaSiO_3$)，从化学式的角度可以解析为，由一个 CaO 分子与一个 $SiO_2$ 分子结合而形成。结合 $CaO$-$Al_2O_3$-$SiO_2$ 系统相图，见图 3-23，选取基础组分点，其中的 CaO 含量至少为 45%。但众多研究发现，实际的 $CaO$-$Al_2O_3$-$SiO_2$ 系统微晶玻璃中的 CaO 含量不能够超过 30%。当高于 CaO 含量超过 30%后，其析晶过快、析晶量过大、玻璃相过少，而使得其难以烧结与表面摊平。

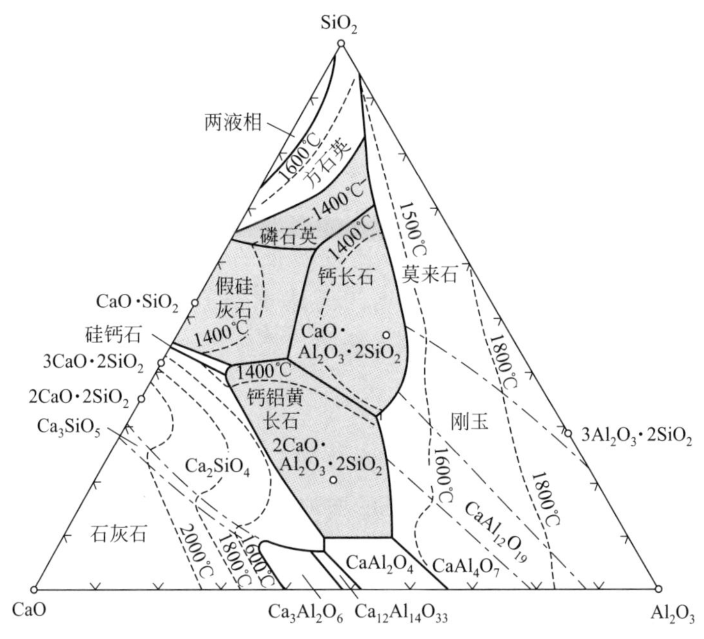


图 3-23　$CaO$-$Al_2O_3$-$SiO_2$ 系统相图

应当指出的是，关于基础玻璃的组分点的选取，应当充分考虑玻璃形成和主晶相的析出两个方面。相图所描述的玻璃理想析晶情况与玻璃实际的析晶情况之间存在较大的差别。前者所说熔体的冷却过程都是在无限缓慢（相平衡条件下）的情况下进行的，以便让熔体充分析晶，然后继续降温，直到全部的熔体都转变为晶体。后者实际的玻璃析晶或者微晶玻璃的制备是在相对较快的情况下完成的，因此，需要考虑玻璃的形成与析晶两方面的能力。对于微晶玻璃材料而言，它是由微晶相与玻璃相复合而成的多晶固体材料，两相或多相结构之间存在着结构与性能上的匹配需要。例如两相之间的膨胀系数，由于微晶相与玻璃相之间存在明显的组分差异、结构差异，导致其膨胀系数、密度等物理性质会产生较大的不同。两相界面处的结构应力或由温度差产生的热应力非常大，极易产生微晶玻璃材料炸裂。另外，在微晶玻璃材料中，往往是一相（微晶相或玻璃相）的结构或性能过于强大时，必然会导致相对应的另一相丧失自身的结构或性能，从而得不到理想的微晶玻璃材料。

在自然界中的许多天然石材，如花岗岩、大理石等，就经历了非常漫长的析晶过程。例如花岗岩的形成。花岗岩是一种熔融岩浆在地表以下缓慢地冷却、结晶而形成的火成岩，主要成分是长石和石英。因为花岗岩是深成岩，常能形成发育良好、肉眼可辨的矿物颗粒，因而得名。花岗岩具有可见的晶体结构和纹理，不易风化，颜色美观，外观色泽可保持百年以上，由于其硬度高、耐磨损，除了用作高级建筑装饰工程、大厅地面外，还是露天雕刻的首选之材。花岗岩由长石和石英组成，掺杂少量的云母（黑云母或白云母）和微量矿物质，例如锆石、磷灰石、磁铁矿、钛铁矿和榍石等。花岗岩主要成分是二氧化硅，其含量为65%～85%。花岗岩的化学性质呈弱酸性。通常情况下，花岗岩略带白色或灰色，由于混有深色的水晶，外观带有斑点，钾长石的加入使得其呈红色或肉色。花岗岩由岩浆慢慢冷却、结晶形成，深埋于地表以下，当冷却速率异常缓慢时，它就形成一种纹理非常粗糙的花岗岩，人们称为结晶花岗岩。花岗岩以及其他的结晶岩构成了大陆板块的基础。

#### 3.2.3.2 玻璃的结构因素

一般来说，网络外体含量越低，连接程度越大，在熔体冷却过程中，不易调整成为有规则的排列，即越不易析晶，相反，网络断裂越多，玻璃越易析晶。

在碱金属氧化物含量较多、网络断裂比较严重的情况下，加入中间体氧化物，如MgO、ZnO、$Al_2O_3$ 等，可使断裂的硅氧四面体重新连接，而使玻璃析晶能力下降。$Al_2O_3$ 在钠钙硅酸盐玻璃和硼硅酸盐玻璃系统中，能显著地降低玻璃的析晶能力。

#### 3.2.3.3 黏度

当温度较低时（即远在 $T_m$ 以下时），黏度对质点扩散的阻碍作用限制着结晶速率，尤其是限制晶核生长速率。随着 $SiO_2$ 含量的增加，曲线位置依次向下移动，说明玻璃的结晶线性速率相应减小。显然，这是由于黏度随 $SiO_2$ 含量增加而增大的结果。在基础玻璃的析晶过程中，质点的迁移通常情况下是发生在 $10^6$～$10^{10}$ Pa・s 黏度范围内，此时玻璃基本处于黏滞状态，黏度与表面张力已经开始发挥作用。质点的扩散是在液相中完成的，受到黏滞阻力的影响。另外，玻璃组分中的晶核剂氧化物，由于溶解度的变化，在其从玻璃相中析出时也会受到黏滞阻力的影响。在玻璃析晶的过程中，由于微晶相的体积分数不断提高，质点被相对固定，使得玻璃相的析晶变得越发困难。由此需要持续地加热与保温。

#### 3.2.3.4 玻璃分相

玻璃的分相可以认为是玻璃析晶的前提，即玻璃分相对玻璃析晶起到积极的促进作用。分相为均匀液相提供界面，为晶相的成核提供条件，是促进析晶的有利因素。玻璃分相使得均匀的玻璃液相分成两个互不溶解的液相，由于两者折射率不一致，因光散射而形成乳浊或失透。在玻璃的形成学中，凡是能够引起或促进分相的成分和方法，均有利于玻璃的析晶或失透。

#### 3.2.3.5 温度

当熔体从 $T_m$ 冷却时，$\Delta T$（即过冷度，$\Delta T = T_m - T$）增大，因此成核和晶体生长的驱动力增大，但是，与此同时，黏度随之增大，成核和晶体生长的阻力增大。为此，成核速率与 $\Delta T$ 的关系曲线以及晶体生长速率与 $\Delta T$ 的关系曲线都出现峰值，两条曲线都是先上升然后下降。在上升阶段，$\Delta T$ 的驱动作用占主导地位，而在下降阶段则是黏度的阻碍作用占优势。两个峰值的位置主要由玻璃的化学组成和结构决定，并可通过实验测出。如果目的在于析晶（如微晶玻璃），则应先在适当温度下成核，然后升温以促进晶核长大

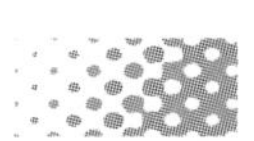

至适当尺寸。关于温度对玻璃析晶的影响，针对不同的系统已经开展了许多研究。例如对 $CaO-Al_2O_3-SiO_2$ 系统微晶玻璃的研究中，图 3-24 所示为不同晶化温度条件下的 X 射线衍射图。当选用的析晶温度发生变化时，虽然其主晶相都为 β-硅灰石，但其 X 射线衍射峰的强度随着热处理温度的提高明显增强，说明温度在微晶玻璃的晶化中起着重要的作用。

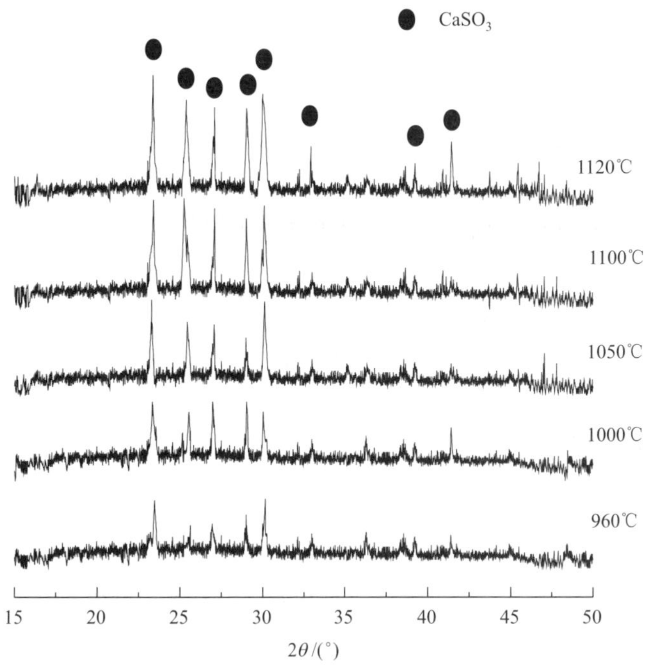


图 3-24　不同晶化温度下 $CaO-Al_2O_3-SiO_2$ 系统微晶玻璃的 X 射线衍射图

图 3-25 是与 X 射线衍射相对应的 $CaO-Al_2O_3-SiO_2$ 系统微晶玻璃的扫描电镜照片。可以发现热处理温度对微晶玻璃结构中微晶相的数量、尺寸都有显著影响。

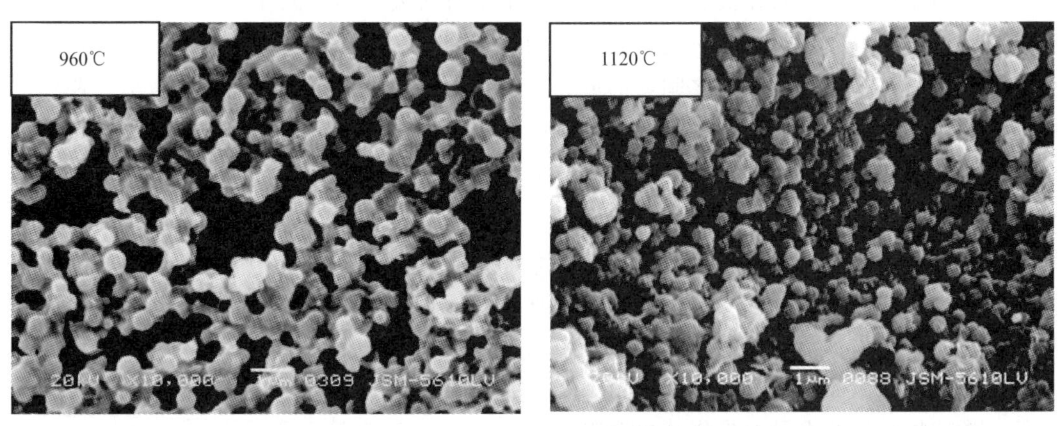


图 3-25　$CaO-Al_2O_3-SiO_2$ 系统微晶玻璃的扫描电镜照片

由此可以表明，晶化温度的选择对微晶玻璃的制备非常重要，即便是相同的基础玻璃系统、相同的基础玻璃组成，晶化温度不同，所制备的微晶玻璃材料的结构也会出现显著变化。正是由于微晶玻璃材料在组分上的、结构上的、性能上的多变与可变性，使得人们对微晶玻璃材料更加热衷与青睐。

#### 3.2.3.6 杂质

加入少量杂质可能会促进结晶，因为杂质引起成核作用，还会增加界面处的流动度，使晶核更快地长大。杂质往往富集在相变玻璃的一相中，富集到一定浓度，会促使这些微相由非晶相转化为晶相。在一些硅酸盐和硒酸盐熔体中，水能增大熔体的流动度，因而有促进结晶的作用。

#### 3.2.3.7 界面能

晶界上由于原子排列是畸变的，因而自由能升高，这种额外的自由能称为晶界能。小角度晶界的能量主要来自位错能量（形成位错的能量＋将位错排成有关组态所做的功）。而位错密度取决于晶粒间的位向差。所以小角度晶界能 $g$（单位面积的能量）也和位向差 $q$ 有关。

固液界面能越小，则晶核的生长所需能量越低，因而结晶速率越大。加入外来物，杂质和相变等都可以改变界面能，因此可以促进或抑制结晶过程。

## 3.3 微晶玻璃的显微结构

微晶玻璃的结构是由其基础玻璃组成、主晶相和制备的工艺方法所决定。微晶玻璃是将特定组成的基础玻璃，在加热过程中通过控制晶化而制得的一类含有大量微晶相及玻璃相的多晶固体材料。微晶玻璃中微晶相、玻璃相呈相互嵌合分布的状态，主晶相的结构、形貌及其在微晶玻璃形貌结构中所占的比例等决定了微晶玻璃材料的结构与性能。玻璃相也就是基质相在微晶玻璃结构上同样发挥着重要作用，玻璃相区域往往是微晶玻璃材料结构与性能的薄弱环节。调整微晶相、玻璃相的比例关系无疑决定了制备微晶玻璃材料的成败。

在微晶玻璃的微观结构中，当玻璃相占的比例大时，玻璃相呈现为连续的基体，而彼此孤立的晶相均匀地分布在其中；如玻璃相含量少时，玻璃相分散在晶体网架之间，呈连续网络状。当玻璃数量很低时，它就以薄膜的状态分布在晶体之间。无论如何，玻璃相就像溶液一样填充在微晶相颗粒之间，形成相互咬合的结构。根据析出晶相的成分、晶体的性能、晶核的含量、热处理制度以及晶核剂的使用等条件，决定了微晶玻璃的显微结构。

显微结构在决定微晶玻璃的物理特性方面与主要成分一样重要。像强度和断裂韧性这样的力学性能对显微结构尤为敏感。一方面，晶粒尺寸在 1～5$\mu$m 之间且具有细晶互锁织构时通常使其具有最佳强度。各向异性的具有晶须补强作用的柱晶可以进一步提高强度。另一方面，在微晶相的形成过程中，由于出现了结构中的规则排列，晶相的密度与原有玻璃相的密度会产生一定的差异，从而导致材料的体积收缩。当玻璃相的结构调整不能够及时对应上时，在微晶玻璃材料中会遗留下来由于收缩产生的气孔，也可使材料的强度大大降低，像球粒这样的大晶粒聚集体也会降低强度。

玻璃分相、析晶后，两相的性质会产生变化，由原来的玻璃均质体变化为非均质体。显微结构对微晶玻璃的光学性能有很大影响，玻璃相和微晶相两者折射率不一致，相界面的存在对光产生了散射效应。通过简单地改变显微结构可使外观从完全透明变为高度不透明。抗热震性能也受到显微结构的影响，在微晶玻璃中，微裂纹的扩展路径由于微晶相的

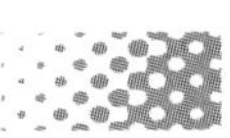

出现而有较大的差异。例如，当裂纹沿着热膨胀系数相差很大的不同颗粒的边界进行扩展时，由于可通过晶体内的解理面发生弯曲、钝化和分支，从而使材料的抗热震性能得到改善。另外，与之相反，玻璃分相、析晶后，有大量的界面存在于其中，界面处是结构应力乃至热应力产生的集中区域，从而使材料的抗热震性能变差。

在通常情况下，微晶玻璃中微晶相的尺寸可以分布在毫米级、微米级或纳米级，晶粒尺寸范围可以相对较为宽泛，同时包含以上几个尺寸范围，也可能分布相对较为集中。微晶玻璃的显微结构常用光学显微镜或扫描电子显微镜表征出来。在微晶玻璃材料中可以观察到许多类型的显微结构。下面是一些常见的结构特性：孤岛状微晶结构、颗粒状微晶结构、纤维状微晶结构、树枝状微晶结构、云母片状微晶结构、多孔膜微晶结构、纳米微晶结构、块柱状微晶结构、花瓣状微晶结构等。

### 3.3.1 孤岛状微晶结构

通过基础玻璃组分的设计和控制热处理制度，利用 $CaO-Al_2O_3-SiO_2$ 系统玻璃也能制备出具有孤岛状微晶结构的微晶玻璃。组分中的 CaO 含量小于 15%时，就能够得到具有显著的乳光特性和玉质感的微晶玻璃材料，其微观结构如图 3-26 所示。

当平衡相沿着各种亚稳相的晶界形成时，便产生了典型的孤岛状微晶结构。例如，从存在有莫来石和玻璃的部分晶化的铝硅酸铯微晶玻璃中，产生的铯榴石晶相就是这种结构。莫来石和玻璃混合残留物被铯榴石基体所封闭。由于铯榴石是最难熔的晶相之一，其熔点超过 1900℃，基体严重限制了高温黏滞变形，在 1430℃下黏度为 $10^{11}$ Pa·s，比气凝氧化硅高出约 350℃。

具有孤岛状微晶结构的微晶玻璃，由于其结构中玻璃相的体积占比相对较高，一般可以控制在 65%～90%的范围内。从宏观上看，材料具有透光而透明的光学效果，使之可以广泛应用于灯具、艺术和装饰等方面。

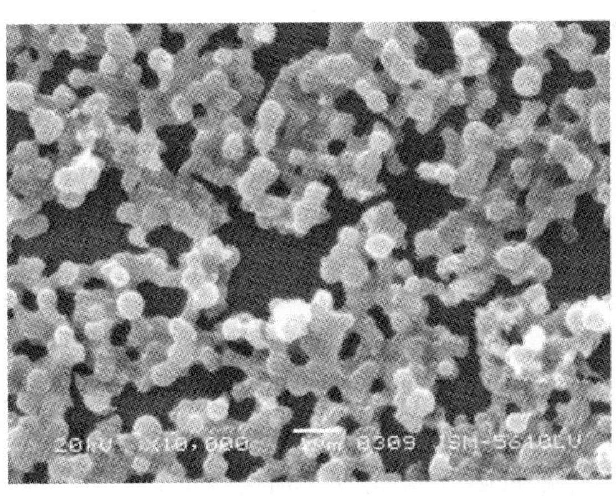


图 3-26 $CaO-Al_2O_3-SiO_2$ 系统微晶玻璃的孤岛状结构

### 3.3.2 颗粒状微晶结构

高度晶化的微晶玻璃晶粒尺寸可在几十纳米范围内，使其微晶相的尺寸范围控制在远小于可见光波长，非常有利于赋予微晶玻璃材料优异的光学与热力学性能。低膨胀微晶玻璃的 SEM 照片如图 3-27 所示。典型的例子是饱和的 β-石英固溶体晶相在钛酸锆晶核上的析晶。在这种情况下，生成 β-石英晶相快速接触产生一种具有平均晶粒尺寸为 100nm 的均匀织构。为了保证钛酸锆成核能在比玻璃转变温度高 50℃的情况下进行，在典型的商业化铝硅酸盐玻璃中只需要加 2%（摩尔分数）的 $ZrO_2$ 或 $TiO_2$。起始晶核的宽度低于 50nm，这种现象在高度晶化的 β-石英微晶玻璃中心用透射电镜容易观察到。β-石英固溶体晶相较低的双折射也减小了散射。因此，微晶玻璃可制成像玻璃一样透明的材料，用来制造透明餐具和精密光学仪器，如激光陀螺仪等。颗粒状的微晶结构还可以很好地改善材料的力学性能，特别是其抗压与抗磨损性能。

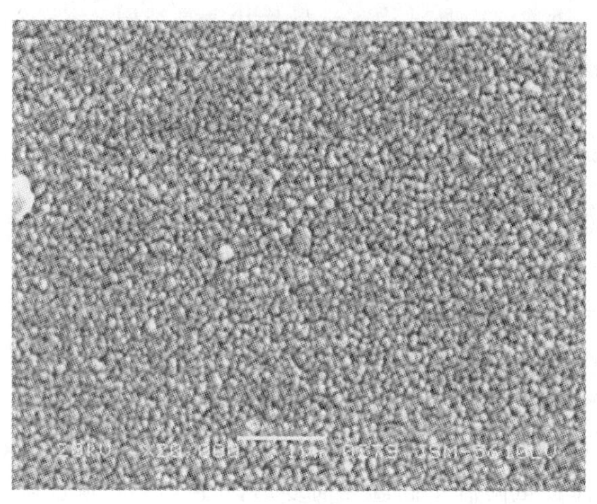

图 3-27　低膨胀微晶玻璃的 SEM 照片

## 3.3.3　纤维状微晶结构

通过主晶相及其生长方向的控制，随热处理温度的升高和时间的延长，使某些占据有效生长位置的颗粒状晶粒择优长大，得到纤维状的微晶相。在 $K_2O$-MgO-$Al_2O_3$-$SiO_2$-F 系统中，通过基础玻璃粉末烧结的方法，在 800℃保温 2h 后制备出了具有纤维状结构的微晶玻璃，其主晶相为氟韭闪石［$Na_2Ca_2Mg_4Al(Si_6Al_2)O_{22}F_2$］，如图 3-28 所示。占据有效生长位置的晶粒在 $c$ 轴方向上进行了择优长大。通过向 $Li_2O$-$Al_2O_3$-$SiO_2$ 玻璃体系中加入一定量的 $MgF_2$，当热处理温度达到 850℃时，获得了一种相互交织的纤维状的 β-锂辉石晶相，纤维的长度为 1μm，直径为 50nm。微晶玻璃的抗弯强度高达 228MPa。这种纤维状组织可以大幅度提高材料的力学性能。

## 3.3.4　树枝状微晶结构

树枝状或骨架状析晶由在某一晶格方向上加速生长引起。枝晶总的轮廓可以与通常的晶体形貌相似，但其典型的结构是在枝晶内部保留高含量的残余玻璃相。枝晶生长可以通过消耗晶核附近的物质来增强，也可以通过提高晶化能来增强，晶化提高了晶体主生长面的温度，而使边部，尤其是角，因迅速生长而成为冷却区域。在玻璃液相中树枝状微晶相的生长过程见图 3-29。树枝状结构微晶玻璃的 SEM 照片如图 3-30 所示。还可以观察到，枝晶在三维方向连续贯通，使微晶玻璃能有选择地被氢氟酸腐蚀。树枝状微晶结构可以大

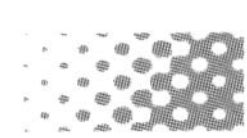

图 3-28 $K_2O$-MgO-$Al_2O_3$-$SiO_2$-F 系统微晶玻璃的纤维状结构

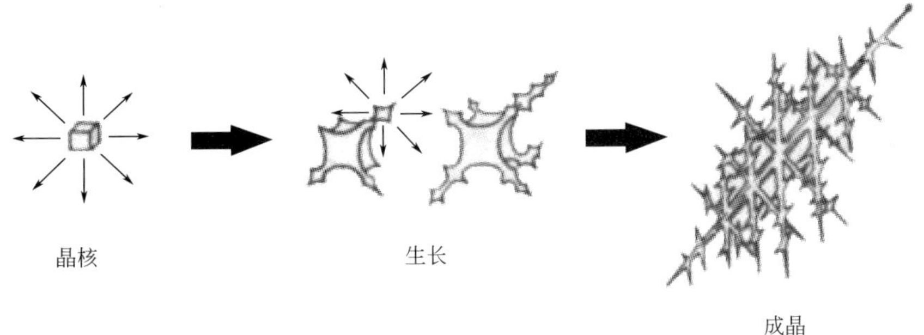


图 3-29 在玻璃液相中树枝状微晶相的生长过程

图 3-30 树枝状结构微晶玻璃的 SEM 照片

幅度提高材料的力学和装饰性能，粗大的枝晶可以显示出明显的解理花纹，并赋予材料以艺术的效果与魅力。

## 3.3.5 云母片状微晶结构

云母具有平行多片状的结构，见图 3-31，导致其具有特殊的力学与电学性能。通过组分设计和热处理，玻璃中也能够析晶出具有云母片状结构的微晶玻璃材料。云母（金云母）微晶玻璃具有非常优异的可机械切削加工特性。这种材料的可切削性不仅是由于云母晶相较软，而且是由于这些晶相能够使切削工具尖端引起的裂纹钝化、偏转和分支，因此，断裂扩展是通过一系列自身碎片剥落进行，而不同于一般典型微晶玻璃的灾难性破坏，甚至在晶相体积含量低至40%时，云母相的连续性也能够使材料具有突出的电阻和介电强度值，前者在500°C时可高达$10^{11}\,\Omega$，室温下的介电强度一般接近80kV/mm。由于云母的基面非常近似于氧离子的六方密堆积排列，像氢和氦这样的气体渗透率也非常低，这对在高真空中应用是重要的。其商业化产品的主晶相为$KMg_3AlSi_3O_{10}F_2$，在高真空领域得到了重要的应用。广泛应用于精密电子绝缘子、真空引线柱、微波窗口、场离子显微镜试样夹、地震仪线圈架、γ射线望远镜框架、航天飞机边缘挡板等特殊领域。如氟硅碱钙石（$CaK_{2\sim3}Mg_{3\sim4}AlSi_{12}O_{30}F_4$），图3-32所示为云母片状结构微晶玻璃的SEM照片。该微晶玻璃具有极高的断裂韧性，类似于天然的玉石。适用于高速成形方法，也可用压延、压制方法成形，可用作新型建筑饰面材料、磁盘的基板等。掺入$P_2O_5$后也可作为生物活性材料。

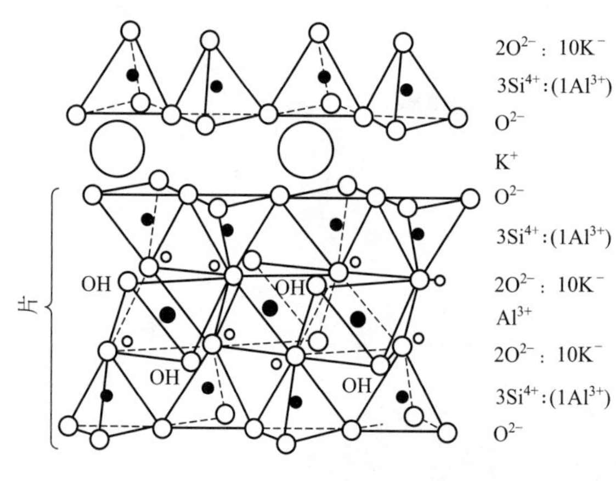


图3-31　片状云母结构示意图

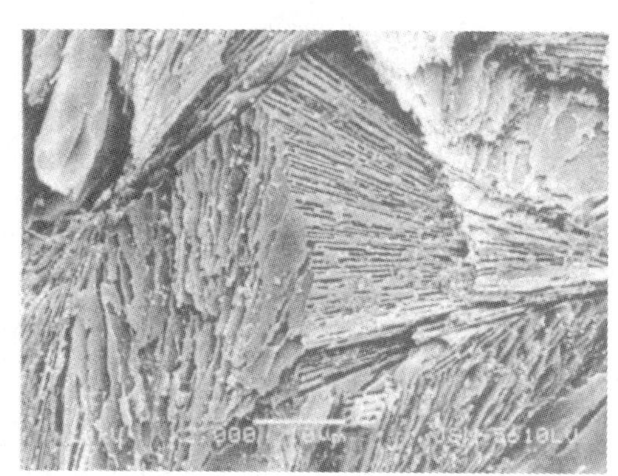

图3-32　云母片状结构微晶玻璃的SEM照片

### 3.3.6　多孔膜微晶结构

在许多微晶玻璃中，残余玻璃相可以发展成多孔膜的形式，多孔膜结构微晶玻璃的SEM照片如图3-33所示。在晶化时，形成的晶相使稳定的硅质薄膜包裹在与其紧密接触的颗粒周围。例如，以$TiO_2$为晶核剂的锂铝硅酸盐玻璃中形成亚稳β-石英和稳定β-锂辉石的固溶体。这里$TiO_2$晶核剂可促进比$SiO_2$含量少的晶体的生长。β-石英或β-锂辉石晶相的接触，被硅质增加的玻璃所阻碍，因此，也阻碍了高黏度残余玻璃相的晶化。黏附于颗粒的黏稠玻璃相形成贯穿于整体的膜网络，它有利于微晶玻璃的性能。硅质的玻璃阻碍了β-锂辉石微晶玻璃中控制二次晶粒生长的铝离子的扩散，因此，这些材料在高温下具有非常好的颗粒稳定性，可以在1200℃这样的高温下长时间使用，而不会产生由于热膨胀应力各向异性在重复热循环时能够引起微裂纹的大晶粒。残余玻璃相有助于形成超细高度晶化的微晶玻璃。在固相线温度下，高蠕变速率归因于包裹在颗粒周围并润湿之的玻璃薄膜的溶解沉淀现象。按照这个蠕变模型，物质通过玻璃相传递，颗粒形状在张应力的方向

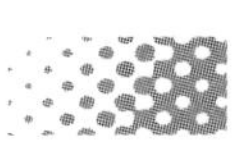

上变长。以这种方式，微晶玻璃甚至在晶化率高达 95%以上时都可以在真空中远低于熔融温度下形成凹槽或其他复杂的形状。

### 3.3.7　纳米微晶结构

一些微晶玻璃织构如实地保留有原先存在的显微结构，微晶玻璃成核的第一步是均匀的非晶态相分离，即一种玻璃相组成的液滴从原有的母体玻璃相中分离出来。例如在二元的氧化铝-氧化硅玻璃中，其组分接近于莫来石的高铝液滴从硅质的基质中分离出来，在热处理时，不稳定的富铝质玻璃微晶化，并继承保持了液滴状的母体形貌，最终形成具有球形外貌的莫来石。因为铝离子通过硅质基质的迁移很慢，这种球状形貌可以维持到1000℃以上。由于液滴起始直径只有几十纳米且数量有限，尽管莫来石和氧化硅之间的折射率差别较大，但莫来石对光还是没有散射，该微晶玻璃具有较高的可见光透过率。图 3-34 是透明莫来石微晶玻璃的 SEM 照片。具有这种结构的微晶玻璃材料可以用于使用条件较为恶劣的“窗口”。

图 3-33　多孔膜结构微晶玻璃的 SEM 照片

图 3-34　透明莫来石微晶玻璃的 SEM 照片

### 3.3.8　块柱状微晶结构

能够形成块柱状结构的微晶玻璃材料，其主晶相为单斜或三斜晶系的可能性较大。这两种晶系的微晶可以在 $c$ 轴方向上形成较完整的生长，微晶相的长径比可以达到 5∶1 以上，甚至更大。这种结构的微晶玻璃，其中的微晶相与玻璃相相互交叉、嵌合的程度更高，微晶相对玻璃相有显著的增强、增韧的作用，使得具有块柱状显微结构的微晶玻璃材料有着较高的强度和断裂韧性，在抗压、抗磨损等性能方面表现优异。图 3-35 是以 β-硅灰石为主晶相的微晶玻璃的块柱状结构。显微结构具有类似于晶须补强陶瓷的随机排列柱晶的特征。研磨后测得这种材料的抗弯强度高达 80～200MPa。试样是经过 HF 侵蚀处理过的，其中的玻璃相部分已经被溶解出来，因此，晶相部分就被突显出来。从图中可以看出，试样的结晶都比较充分，晶体的外形为柱状，晶体的生长比较完整，微观结构致密，而且玻璃相和晶相是相互咬合存在的。这样有利于提高材料本身的整体强度、耐磨性等。以 β-硅灰石为主晶相的烧结法 $CaO-Al_2O_3-SiO_2$ 系统微晶玻璃装饰板材，与天然石材相比有以下的优点：结构致密、高强、耐磨、耐侵蚀，在外观上纹理清晰、色泽鲜艳、无色差、不褪色等。

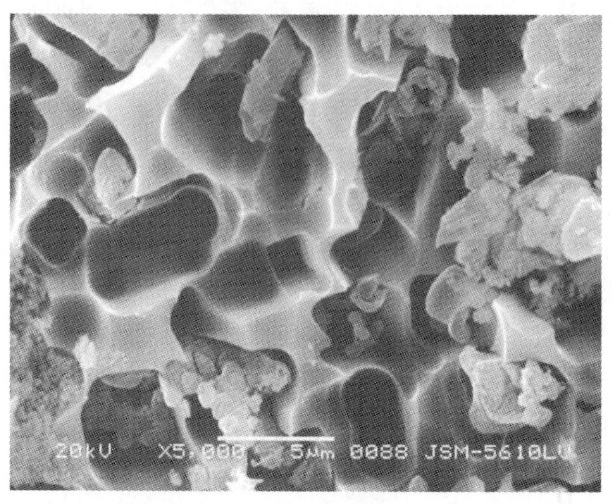


图 3-35 以β-硅灰石为主晶相的微晶玻璃的块柱状结构

### 3.3.9 花瓣状微晶结构

平板固体燃料电池所用的密封微晶玻璃，对其晶相和稳定性能要求非常高，目前经常使用的玻璃系统为 $BaO-CaO-Al_2O_3-B_2O_3-SiO_2$。人们以 22.1% 的 $SiO_2$、5.4% 的 $Al_2O_3$、8.8%的 CaO、56.4%的 BaO、7.3%的 $B_2O_3$ 制备出的微晶玻璃，其微观结构具有花瓣状的微晶结构。将所制得的玻璃粉末，在 750℃的温度下，保温 500h，玻璃相中便析出了主晶相为花瓣状的钡长石（$BaAl_2Si_2O_8$），见图 3-36。这样的结构对材料的稳定性非常有益。

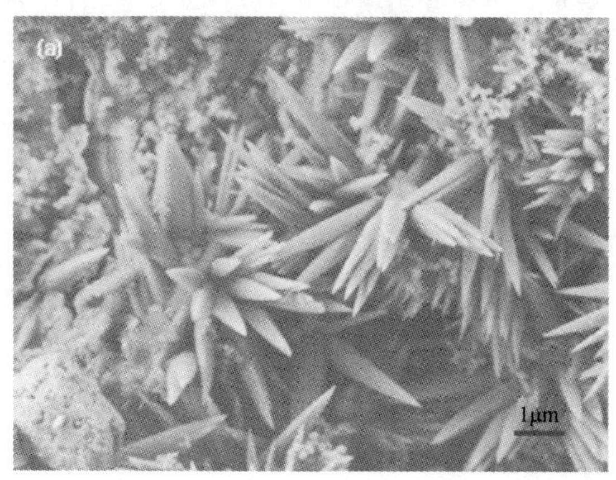


图 3-36 以钡长石为主晶相的花瓣状结构

## 3.4 微晶玻璃的析晶能力判断方法

### 3.4.1 析晶能力判断方法的原理

玻璃是一种拥有较高内能的处于介稳相的非晶材料，当加热到一定温度条件，玻璃就

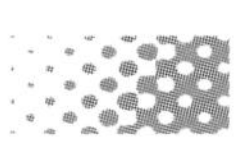

会有析出晶相并伴有放出热量的趋势。当玻璃熔体从玻璃态向晶态转化时，需要具备有一定的活化能以克服结构单元重排时的能量势垒，即玻璃在特定温度下能否发生析晶行为取决于它能否克服势垒。这种势垒越低，所需的析晶活化能也就越小，玻璃也就越容易析晶；相反，势垒越高，所需的析晶活化能也就越大，玻璃就越难析晶。因此，析晶活化能在一定程度上反映了玻璃析晶能力的大小。它也因此成为了评价玻璃材料析晶能力的一个重要标准。

在 DSC 测试中，玻璃的析晶放热峰温度 $T_p$ 会受到升温速率 $\alpha$ 的影响。升温速率较慢时，玻璃相在成核析晶阶段有足够的时间向晶相转变，此时，测试曲线上的析晶峰温度 $T_p$ 相对较低，瞬时转变速率小；当升温速率较快时，玻璃析晶相变将产生热滞后现象，随着升温速率越高，这种热滞后现象越严重，析晶峰温度也越高，瞬时转变速率越大。利用 DSC 方法测试结果中的升温速率 $\alpha$ 和析晶峰温度 $T_p$，可以较为方便地研究玻璃析晶动力学及计算出有关的动力学参数。

### 3.4.2　玻璃析晶能力判断方法

利用差热方法研究玻璃析晶动力学的依据是 JMA（Johnson-Mehl-Avrami）方程，见式(3-5)：

$$X_t = 1 - \exp[-(kt)^n] \tag{3-5}$$

式中，$X_t$ 为时间 $t$ 内玻璃相转变成晶相的体积分数；$n$ 为晶体生长指数；$k$ 为析晶转变速率系数。$k$ 一般表达为式(3-6)：

$$k = \nu \exp\left(-\frac{E}{RT}\right) \tag{3-6}$$

式中，$E$ 为析晶活化能，kJ/mol；$T$ 为热力学温度，K；$\nu$ 为频率因子；$R$ 为气体常数，8.314J/(K・mol)。前面讲到，DSC 升温速率 $\alpha$ 影响 DTA 曲线上玻璃析晶峰温度 $T_p$。当升温速率较慢时，玻璃向晶相转变孕育时间长，转变在较低的温度时就开始，因此析晶温度较低，转变时间充分，瞬时转变速率小，析晶峰平缓；当升温速率较快时，玻璃析晶转变滞后，析晶温度提高，瞬时转变速率大，析晶峰尖锐。即 DTA 曲线上析晶峰温度 $T_p$ 随升温速率 $\alpha$ 的增加而提高。基于这一性质和 JMA 方程，可以利用 DSC 方法很方便地研究玻璃析晶动力学。目前主要有 Owaza 法和 Kissinger 法。

Owaza 推出关系式，见式(3-7)：

$$\ln\alpha = -\frac{E}{RT_p} + C_1 \tag{3-7}$$

式中，$\alpha$ 为差热分析过程中的升温速率；$T_p$ 为 DSC 曲线上析晶放热峰温度；$C_1$ 为常数。

由式(3-7) 可知，作 $-\ln\alpha$ 对 $1/T_p$ 的拟合曲线（应为一条直线），则该曲线的斜率为 $E/R$，由此可计算出析晶活化能 $E$。

Kissinger 得到玻璃析晶峰温度 $T_p$ 与 DSC 升温速率 $\alpha$ 的关系式，见式(3-8)：

$$\ln\left(\frac{T_p^2}{\alpha}\right) = \frac{E}{RT_p} + \ln\left(\frac{E}{R}\right) - \ln\nu \tag{3-8}$$

式中，$\alpha$ 为差热分析过程中的升温速率；$T_p$ 为 DSC 曲线上析晶放热峰温度；$\nu$ 为频率因子。

同理，作 $\ln(T_p^2/\alpha)$ 对 $1/T_p$ 的曲线，其斜率为 $E/R$，$\ln(T_p^2/\alpha)$ 轴截距为 $\ln(E/R)-\ln\nu$，由此可得析晶活化能 $E$ 和频率因子 $\nu$，进而可得析晶转变速率系数 $k$。

Marotta 等还根据关系式(3-7) 进一步推出利用 DSC 曲线计算晶体生长指数的关系式为：

$$\ln\Delta T=-\frac{nE}{RT_i}+C_2 \tag{3-9}$$

式中，$T_i$ 为析晶放热峰曲线上任一点所对应的温度；$\Delta T$ 为 $T_i$ 处试样温度与参比温度之差；$C_2$ 为常数。式(3-9) 基于这样一个假设，即 $\Delta T$ 在任意温度均与瞬时反应速率成正比。由 $-\ln\Delta T$ 对 $1/T_i$ 作图可得一条斜率为 $nE/R$ 的直线。根据式(3-7) 或式(3-8) 求得 $E$ 后，即可由式(3-7) 求得晶体生长指数 $n$。

Augis 等则根据关系式(3-8) 进一步推出利用 DSC 曲线计算晶体生长指数的关系式为：

$$n=\frac{2.5}{\Delta T}\left(\frac{T_p^2}{E}R\right) \tag{3-10}$$

式中，$\Delta T$ 为 DSC 曲线的最大放热峰的半高宽温度差；$R$ 为气体常数；$E$ 为析晶活化能；$T_p$ 为 DSC 曲线上析晶放热峰温度。根据式(3-8) 求得析晶活化能 $E$ 后，即可计算出晶体生长指数。

以 $CaO\text{-}Al_2O_3\text{-}SiO_2$ 系统微晶玻璃析晶动力学研究为例。先将基础玻璃分别在 5℃/min、10℃/min、15℃/min 和 20℃/min 升温速率下做 DSC 测试分析，结果见图 3-37。在不同升温速率条件下不同析晶温度见表 3-4。

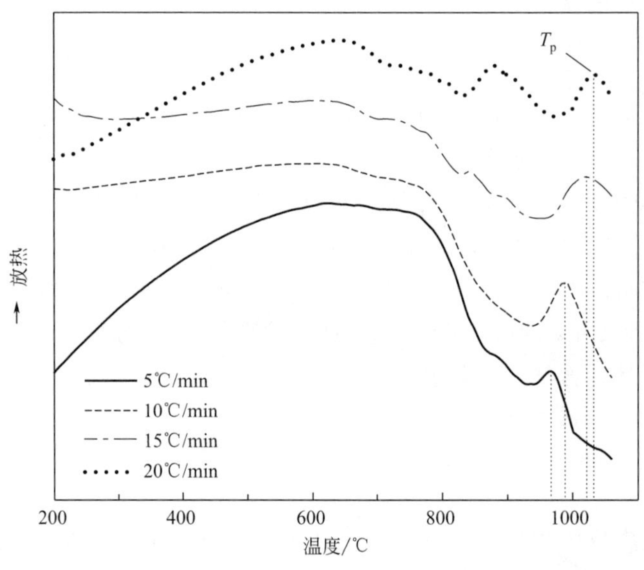


图 3-37　$CaO\text{-}Al_2O_3\text{-}SiO_2$ 系统玻璃在不同升温速率下的 DSC 曲线

**表 3-4　在不同升温速率条件下不同析晶温度**

| 升温速率 $\alpha$/(℃/min) | $T_p$/℃ | $T_p$/K | $1/T_p$/$K^{-1}$ | $1000/T_p$/$K^{-1}$ | $\ln(T_p^2/\alpha)$ |
|---|---|---|---|---|---|
| 5 | 971 | 1244 | 0.000804 | 0.803859 | 12.642737 |
| 10 | 992 | 1265 | 0.000791 | 0.790514 | 11.983070 |
| 15 | 1017 | 1290 | 0.000775 | 0.775194 | 11.616745 |
| 20 | 1032 | 1305 | 0.000766 | 0.766284 | 11.352184 |

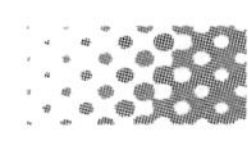

用后两列数据作图 3-38。结果如下。

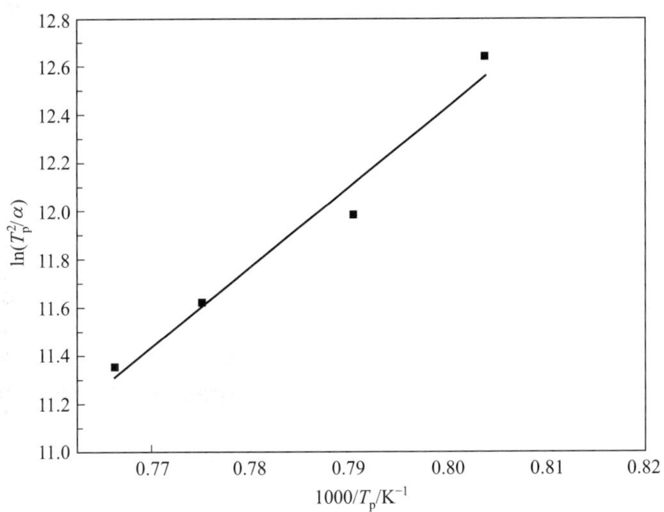


图 3-38 玻璃样品的 $\ln(T_p^2/\alpha)$-$1000/T_p$ 拟合曲线

根据式(3-8) 计算，$E$＝33.19253kJ/mol。

## 3.5 微晶玻璃的电镜研究

电子显微镜具有纳米尺度的分辨率，能够直接观察单个纳米颗粒的大小、形状、晶体结构和物质组成等，是材料显微结构表征最重要的方法。电子显微镜分为透射电子显微镜（TEM）、扫描电子显微镜（SEM）和电子探针显微镜（EPMA）三种类型，这三种类型的电镜都能用于微晶玻璃的显微结构研究，但功能不同，研究的侧重点也各异。

### 3.5.1 扫描电镜和 EPMA 显微分析

#### 3.5.1.1 概述

SEM 结构由电子光学系统（电子枪＋电磁透镜＋扫描线圈＋样品室），信号收集、显示和记录系统，真空系统，及电气控制系统组成。电磁透镜全是会聚透镜，负责把电子束斑逐级会聚成只有几纳米大小的细小斑点。扫描线圈的作用是使电子束偏转，并在试样表面做有规律扫描。

SEM 工作时，在 5～30kV 加速电压下，电子枪发出的电子束被会聚到样品表面，并在样品表面逐行或隔行扫描，电子束与样品物质相互作用产生的二次电子（SE）和背散射电子（BSE）被相应接收器接收，经处理后在显示器上呈现出样品表面的微观形貌和组织结构。配有能谱仪（EDS）的 SEM 还能接收产生的 X 射线，实现微区成分的定性分析，配有背散射电子衍射仪（EBSD）的 SEM 还可进行织构分析、晶粒间取向差分析、物相鉴定及相含量测定、晶粒尺寸测定和应变分析等。

SEM 的分辨率一般是 3～6nm，采用场发射电子枪的 SEM 分辨率可以达到 1nm 甚至更高。由于 SEM 可容纳的试样大小可达 100mm 以上，因此，除了要求样品能导电外，SEM 对制样没有太多的要求，不导电的样品只需在样品表面喷上一层导电膜即可。

SEM 有两种成像方式：一种是二次电子成像；另一种是背散射电子成像。二次电子像对样品的形貌十分敏感，主要用来表征样品的表面形貌。由于 SEM 的景深很大，二次电子像的三维立体感很强，因此，也可用来表征断口的形貌（图 3-39）。背散射电子像对原子序数即对物质成分十分敏感，重元素区域对应于图像上较亮的区域，而轻元素区域则对应于图像上较暗的区域，因此，背散射电子像适合样品晶相的研究，并结合 EDS 分析样品的微区成分，见图 3-40。

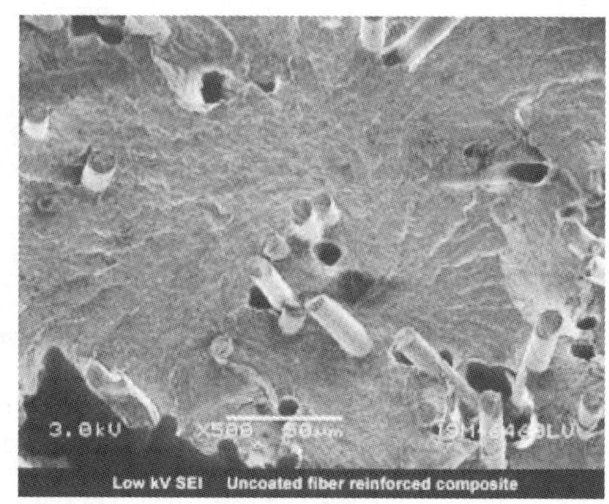


图 3-39 SEMSE 图像（左边为表面形貌，右边为断口形貌）

常规的 SEM 不能在低真空下工作，但还有一种可变气压/环境扫描电镜（VPSEM/ESEM）可以在低真空下使用，主要用于观察含液体样品、直接观察绝缘体、观察物理化学反应过程、观察多孔物质，甚至可在高达 1500℃ 的高温下观察样品的相变过程。虽然这种 SEM 的分辨率降低了许多，但它极大扩展了 SEM 的功能，已经成为 SEM 发展的一个趋势。

### 3.5.1.2 微晶玻璃的 SEM 表征

在利用电子扫描显微镜对微晶玻璃的微观结构形貌进行表征之前，需要对微晶玻璃中的测试面进行侵蚀处理，以保证测试面的微晶相形貌显现得更加清晰。具体方法为：将需要观察的试样表面用去离子水清洗干净，放入事先配制好的浓度为 5%（体积分数）的 HF 中，浸泡 20～40s。取出试样并用去离子水清洗 3 遍，烘干后等待测试。由于 HF 的侵蚀作用，将微晶玻璃中的玻璃相部分溶解，而微晶相部分保留在待测试的材料中，由此可以观察微晶玻璃中微晶相的形貌、尺寸、分布和数量等基本结构信息。

微晶玻璃的 SEM 表征主要有两个方面：一个是表面形貌分析；另一个是微区成分分析。图 3-41 是不同粒径玻璃原料制备的 $CaO$-$B_2O_3$-$SiO_2$-$ZnO$-$Al_2O_3$ 微晶玻璃的 SEM 图像。从图中可以看出，原料平均粒径越大，玻璃中结晶的粒度也越大，气孔也越多，微晶玻璃的致密性越差。说明玻璃原料的粒径对微晶玻璃的致密性有很大影响。

图 3-42 是一种多晶相硼硅酸盐微晶玻璃的 BSE 图像及相应区域的 EDS mapping 分析。图中清晰地显示了晶相的分布和元素的分布情况。从图中可以看出，微晶玻璃中存在氧磷灰石结晶相和两种不同的钼酸盐结晶相；一种富含在 Ca/Sr 区；另一种富含在 Ba/Sr 区。

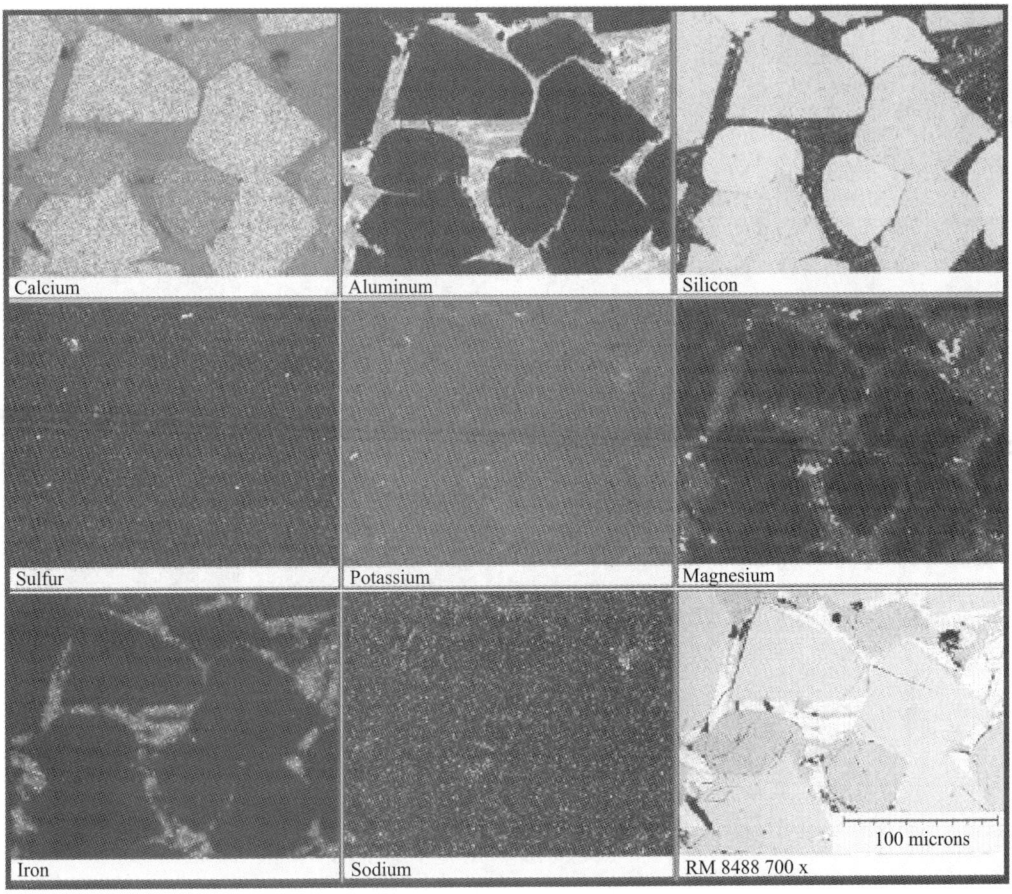

图 3-40　SEMBSE 图像（右下图）及 EDS mapping 元素成分分析

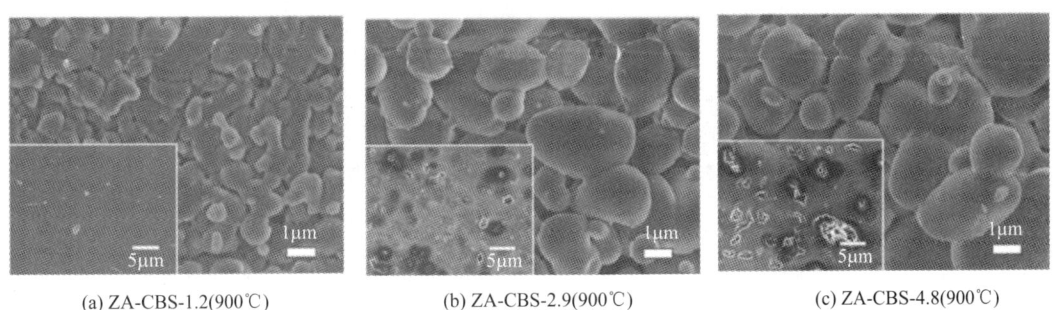


(a) ZA-CBS-1.2(900℃)　　(b) ZA-CBS-2.9(900℃)　　(c) ZA-CBS-4.8(900℃)

图 3-41　$CaO-B_2O_3-SiO_2-ZnO-Al_2O_3$ 微晶玻璃的 SEM 图像

除普通 SEM 外，VPSEM/ESEM 也越来越多地被应用到微晶玻璃研究中。图 3-43 是 $CaO-P_2O_5-Na_2O-B_2O_3$ 多孔微晶玻璃的 SEM 图像，得益于 VPSEM/ESEM 大的景深和可在低真空环境下使用的特点，微晶玻璃的孔道显微结构得到了清晰的展现。

#### 3.5.1.3　EPMA 显微分析

EPMA 实质上是一台添加了波谱仪的扫描电镜。普通 SEM 只有 EDS，只能做微区成分的定性分析，SEM 加了波谱仪后，则可以对微区成分进行定量分析研究。在微晶玻璃

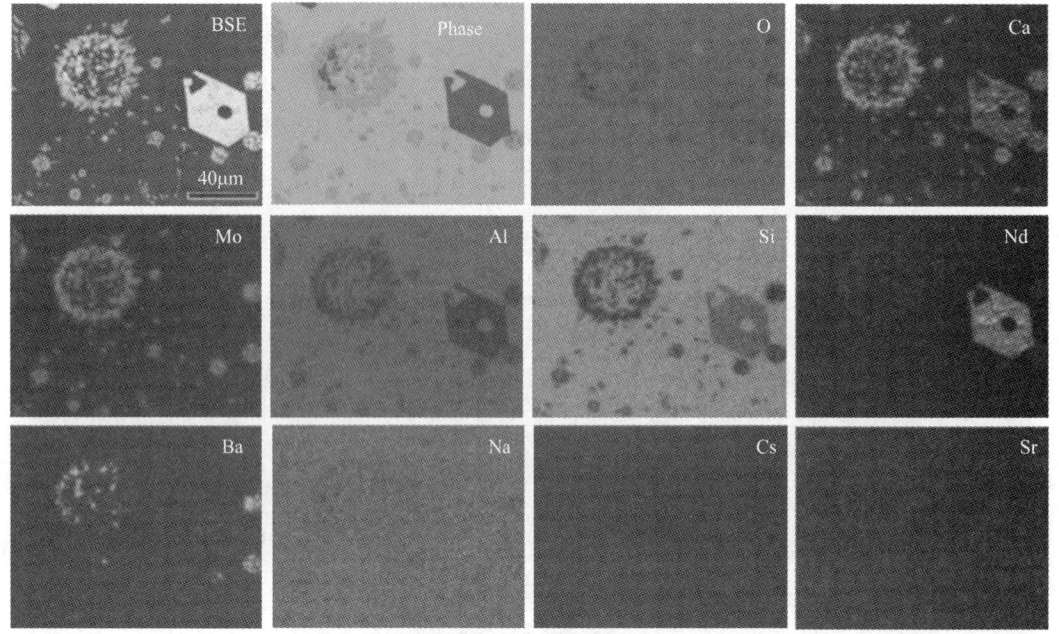


图 3-42　一种多晶相硼硅酸盐微晶玻璃的 BSE 图像及相应区域的 EDS mapping 分析

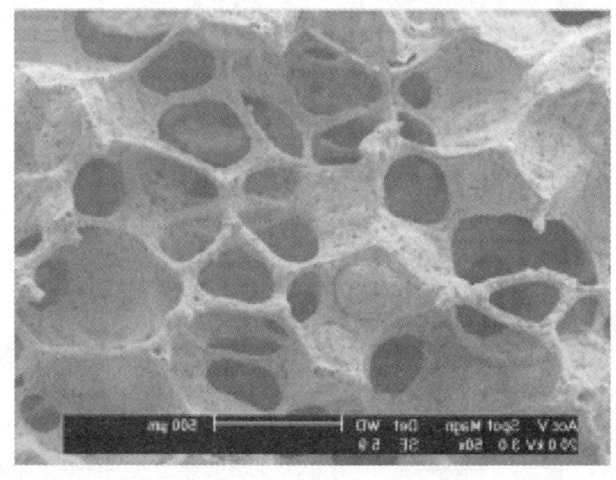

图 3-43　$CaO-P_2O_5-Na_2O-B_2O_3$ 多孔微晶玻璃的 SEM 图像

显微结构研究中，利用 EPMA 可以准确地得到玻璃中微晶相的物质组成。图 3-44 是 $SiO_2-Al_2O_3-CaO-MgO-K_2O-Na_2O-ZnO$ 微晶玻璃的 EPMA-BSE 图像和用波谱仪分析得到的三种微晶相成分。结果显示，玻璃相中既有二氧化硅晶相，也有透辉石晶相。二氧化硅晶相有两种晶体颗粒：一种是方石英；另一种是石英。

## 3.5.2　微晶玻璃的透射电镜研究

### 3.5.2.1　透射电子显微分析概述

TEM 是一种利用透过样品的电子成像的电子显微镜，TEM 的结构与光学显微镜和幻灯机类似，由照明系统（电子枪＋聚光镜）、成像放大系统（物镜＋中间镜＋投影镜，

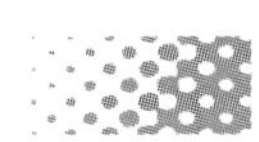

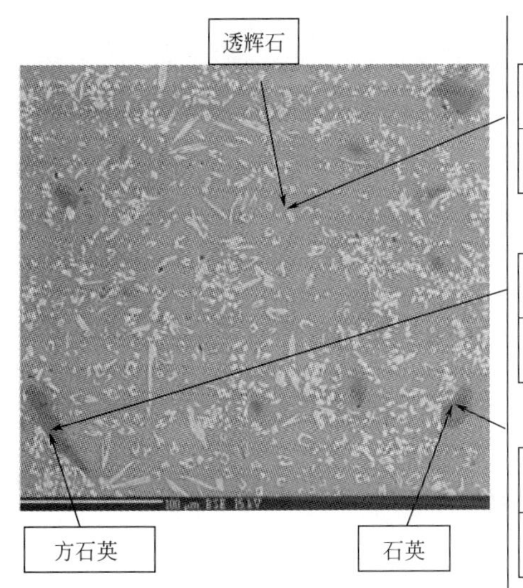


| 氧化物 | $Na_2O$ | MgO | $Al_2O_3$ | $SiO_2$ | CaO | $K_2O$ |
|---|---|---|---|---|---|---|
| 含量/% | 0.81 | 13.24 | 4.22 | 63.44 | 17.95 | 1.11 |

| 氧化物 | $Na_2O$ | MgO | $Al_2O_3$ | $SiO_2$ | CaO | $K_2O$ |
|---|---|---|---|---|---|---|
| 含量/% | 0 | 0.03 | 0.06 | 98.76 | 0.05 | 0.02 |

| 氧化物 | $Na_2O$ | MgO | $Al_2O_3$ | $SiO_2$ | CaO | $K_2O$ |
|---|---|---|---|---|---|---|
| 含量/% | 0.01 | 0.03 | 0.1 | 94.53 | 0.04 | 0.03 |

图 3-44 $SiO_2$-$Al_2O_3$-CaO-MgO-$K_2O$-$Na_2O$-ZnO 微晶玻璃的 EPMA-BSE 图像及成分分析

物镜、中间镜和投影镜都是磁透镜)、观测记录系统(荧光屏＋CCD 相机)、样品台和电气控制及真空系统等组成,如图 3-45 所示。

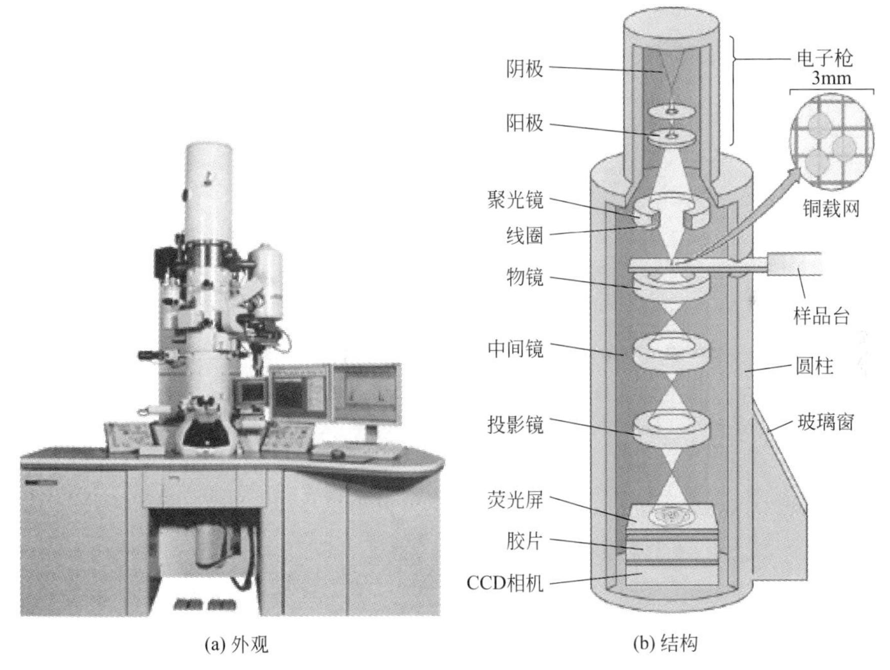


(a) 外观　　(b) 结构

图 3-45 JEM-2100F 场发射透射电镜及其结构示意图

TEM 工作时,电子枪发出的高压电子束经过聚光镜会聚后照射在厚度小于 100nm 的薄样品区域,电子束与组成物质的原子核和核外电子相互作用,发生电子的弹性散射和非弹性散射,其中产生一系列信息,见图 3-46。透过样品的信息包括弹性散射电子、透射电子和非弹性散射电子等,经过成像放大后在荧光屏上呈现出能够反映样品微观形貌和组织结构的电子显微图像或电子衍射花样,或利用 CCD 相机以数字存储的格式记录和保存所观察到的电子显微图像或电子衍射花样。

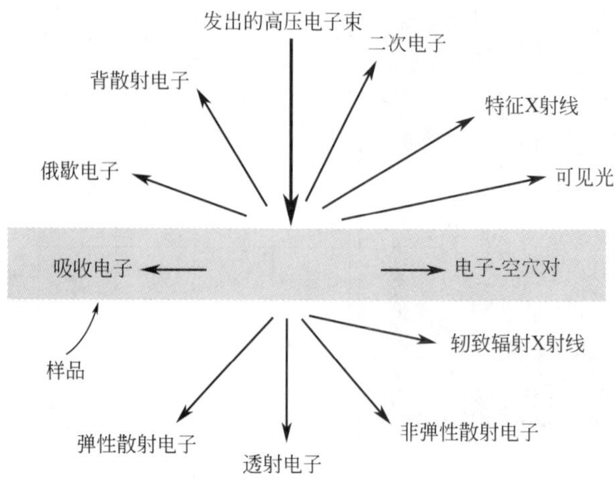


图 3-46　电子与物质相互作用示意图

TEM 有两种工作模式：一种是衍射模式；另一种是成像模式。通过调节中间镜电流，可以使 TEM 在两种工作模式下相互切换。降低中间镜电流，使中间镜物平面与物镜后焦面重合，在荧光屏上得到的是弹性散射电子波相互干涉所形成的电子衍射花样，见图 3-47(a)；提高中间镜电流，使中间镜物平面与物镜像平面重合，在荧光屏上得到的是由于弹性散射和非弹性散射，透过样品的电子束强度不均匀所形成的电子显微图像（包括普通 TEM 图像和高分辨 HRTEM 图像），见图 3-47(b)。

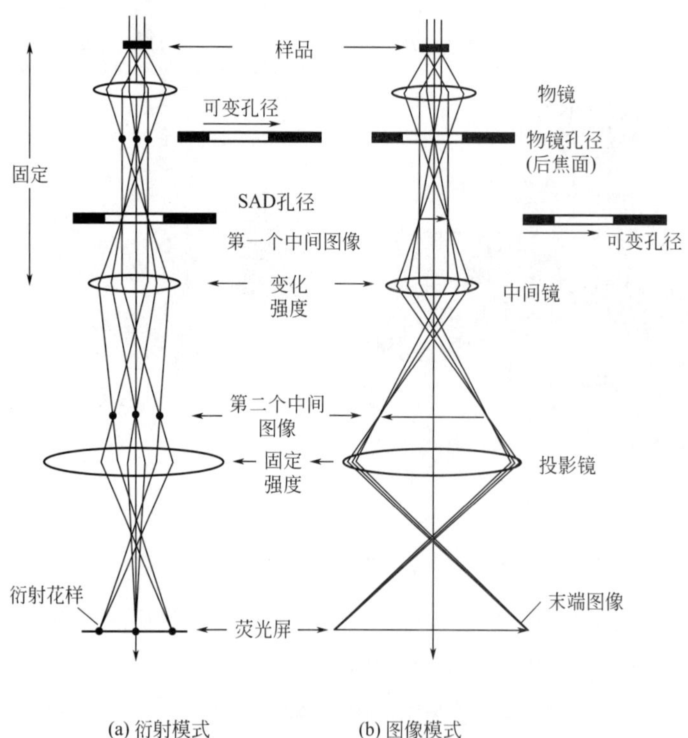


图 3-47　TEM 工作模式

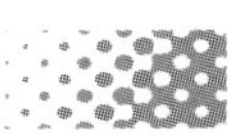

TEM 的性能主要体现在电镜的分辨率上。电镜的分辨率与磁透镜的球差系数、磁透镜成像的孔径半角以及电子的波长有关，即：

$$d=C_s\alpha^3+\frac{0.61\lambda}{\alpha} \tag{3-11}$$

式中，$d$ 为分辨率；$C_s$ 为磁透镜的球差系数；$\alpha$ 为孔径半角；$\lambda$ 为电子的波长。在 100kV 加速电压下，电子波长 $\lambda$ 为 0.0037nm，当 $C_s$ 为 1mm 时，电镜的理论分辨率极限 $d_{min}$ 为 0.2nm。

为了提高电镜的分辨率，人们研制出了球差校正技术，可以将磁透镜的球差系数降到 0 以下，并设计制造出了球差校正透射电镜。目前最先进的 JEM-ARM300F 配有 12 极球差校正器，TEM 分辨率可达 0.05nm，可以直接观察到单个原子的排布。图 3-48 是利用球差电镜得到的二维结晶玻璃和二维无定形玻璃原子排布的电子显微图像。从图中可以清晰地分辨出硅原子和氧原子，对比 Zachariasen 模型可知，二维无定形玻璃基本遵循了连续的不规则网络模型。

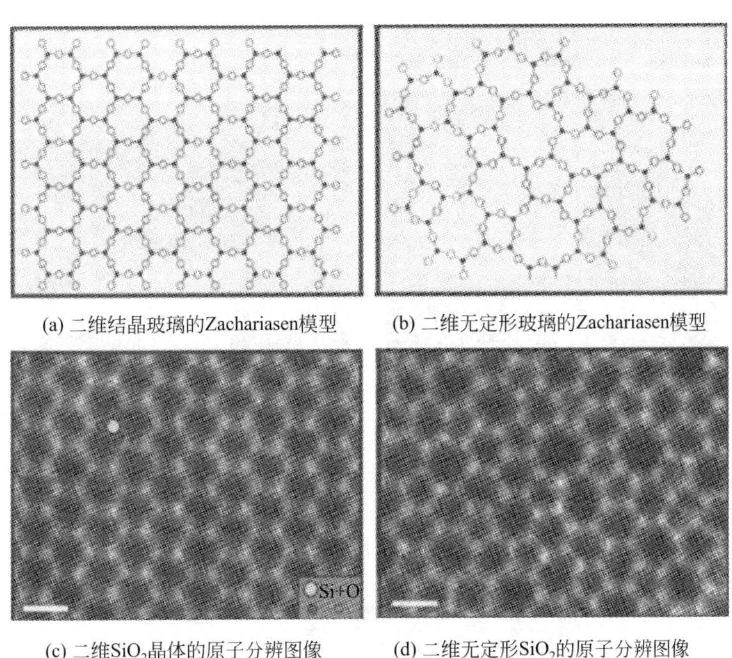


(a) 二维结晶玻璃的Zachariasen模型　(b) 二维无定形玻璃的Zachariasen模型

(c) 二维$SiO_2$晶体的原子分辨图像　(d) 二维无定形$SiO_2$的原子分辨图像

图 3-48　利用球差电镜得到的二维结晶玻璃和二维无定形玻璃原子排布的电子显微图像

在球差电镜上研究了二维玻璃的原子结构排布，图 3-48(a)、(b) 为二维结晶玻璃和二维无定形玻璃的 Zachariasen 模型，图 3-48(c)、(d) 为采用 ADF-STEM 技术拍摄到的二维 $SiO_2$ 晶体和二维无定形 $SiO_2$ 的原子分辨图像。

纳米尺度的微区成分分析是透射电镜的独有功能。配备有扫描透射功能模块 (STEM) 的 TEM，可以在 STEM 操作模式下用能谱仪（EDS）收集由于非弹性散射产生的特征 X 射线，通过点分析（point analysis）、线分析（line analysis）或面分析（mapping analysis）的方式对样品微区的某个颗粒、某条线段上或某一微区内的物质成分进行分析，见图 3-49。配有能量过滤器的 TEM 则可以借助能量过滤像（EFTEM）和能量损失谱（EELS），不但可以分析相应区域的元素组成，还可以分析物质的化学价态、化学键态、能带结构、电子结构、配位原子数及配位距离等，见图 3-50。EDS 的元素分析范围从$^{4}$Be 到$^{92}$U，只对重元素十分敏感，对$^{11}$Na 以下的轻元素定量很不准确，适合于重元素的成分分析，而 EELS 的元素分析范围则可以从$^{1}$H 到$^{92}$U，且对轻元素和重元素都十分敏感。

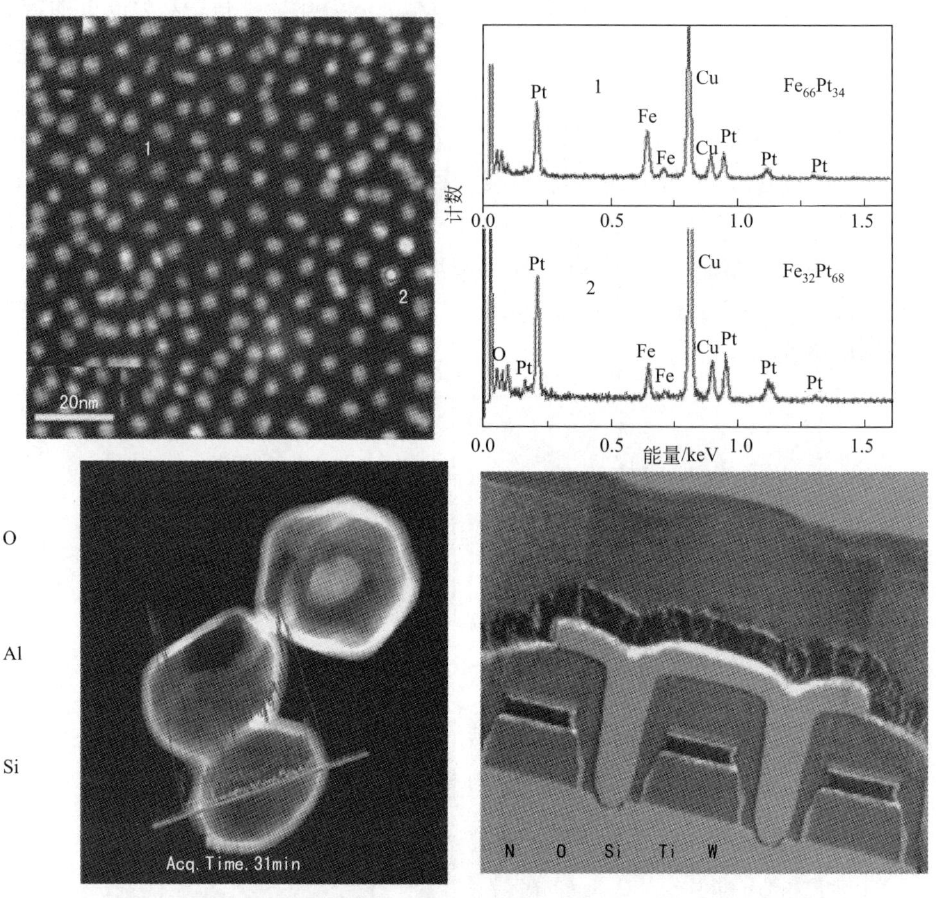


图 3-49　样品微区的 TEM 图像与 EDS 分析

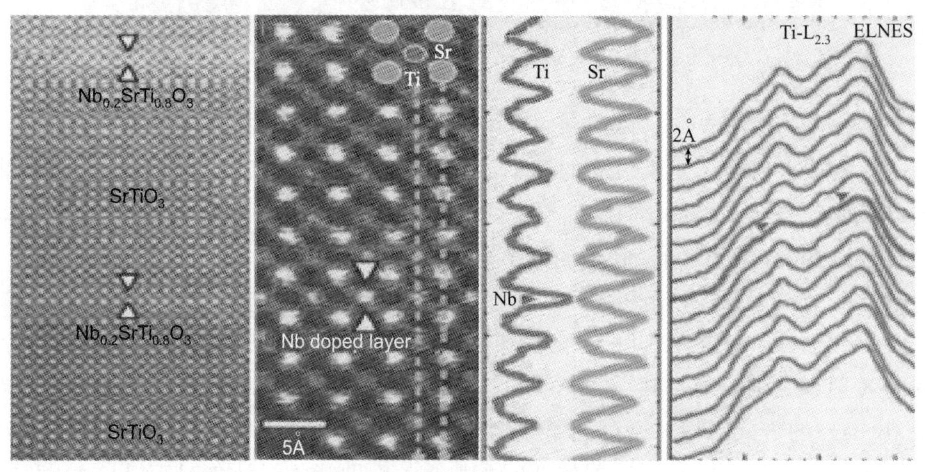


图 3-50　EFTEM（能量过滤像）+EELS（能量损失谱）

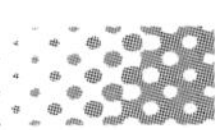

透射电镜的原位技术和三维重构技术是目前电镜技术的研究热点和发展方向。配备有原位样品杆的 TEM，可以在样品的 TEM 观测过程中，对样品施加微小的热、力、光等作用，实时记录由此作用引起的样品形貌和结构的变化，原位观察物质的生长和化学反应，实现纳米制备和单原子操控，原位测量材料的纳米性能，并能制备纳米器件。配备有三维重构功能附件的 TEM，还可以在三维空间重构出样品颗粒的三维形貌、物质组成及空间分布（图 3-51）。

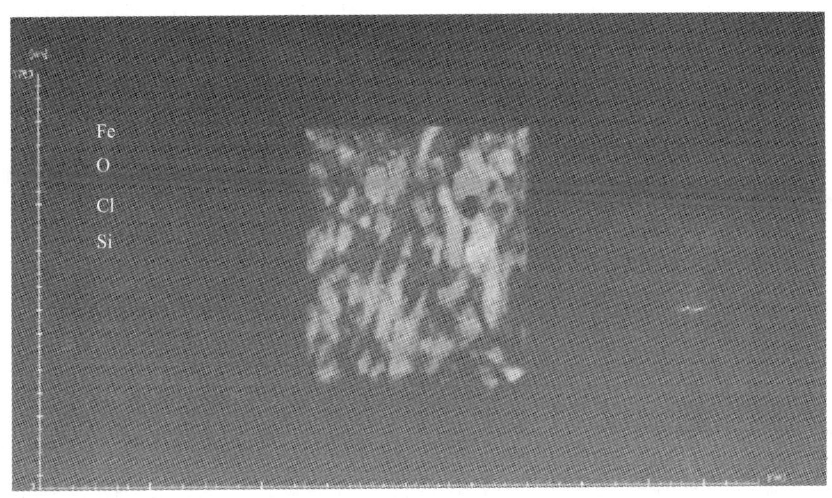


图 3-51 TEM 三维重构技术

### 3.5.2.2 TEM 用微晶玻璃样品的制备

TEM 样品的制备是材料显微结构 TEM 研究的重要环节，TEM 能得到的信息取决于 TEM 样品采用什么样的制备方法。根据材料的类型、特性及所用 TEM 分析方法等的不同，TEM 样品有多种不同的制备方法，如表面复型法、离子减薄法、电解双喷减薄法、聚焦离子束法及粉末超声分散法等。

微晶玻璃是一种多相、多组分复合材料，具有质地致密、化学稳定性好、机械强度高、硬度大、电绝缘性好等特点，除电解双喷减薄法不适合外，其他几种方法都可用于微晶玻璃 TEM 样品的制备。

（1）表面复型法 表面复型法是将无定形碳沉积在样品表面，再将碳膜从样品表面剥离，然后在电镜下观察印在碳膜上的材料表面的形貌。表面复型法是一种间接的材料观察方法，只能表征材料外表面或材料断面的微观形貌。用表面复型法制备的玻璃样品主要用于微晶玻璃中相分离的研究。复型样品制备步骤为（图 3-52）：①用 1∶1 的 HF 和 $HNO_3$ 混合液对新鲜的玻璃表面或断面进行处理，然后用蒸馏水充分清洗；②在表面或断面处垂直喷上一层薄薄的碳膜；③用刀片将薄膜划成边长在 1mm 左右的方格，然后将玻璃浸入蒸馏水、稀 HF 或弱碱溶液中进行处理，这些处理液在薄膜下面扩散，并轻轻附着在玻璃上，使薄膜离开玻璃表面并浮在处理液中；④用铜网捞起薄膜，晾干；⑤用重金属 Pt-Ir 或重金属氧化物 $WO_3$ 对薄膜进行倾斜造影，之后便可放入电镜观察。由于采用了倾斜造影，从电子显微图像中可清晰地看出有重金属沉积的地方颜色很深，而没有重金属沉积的

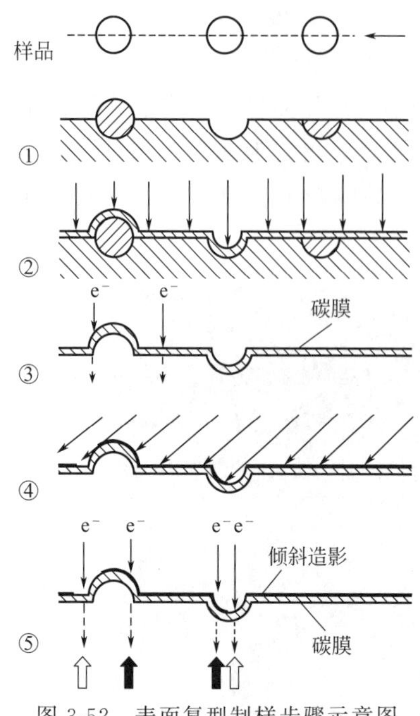

图 3-52　表面复型制样步骤示意图

地方颜色很浅，因此，图像具有很好的衬度。

图 3-53 是利用表面复型法制备的 $SiO_2$-$Al_2O_3$-$Na_2O$-$LaF_3$ 微晶玻璃样品的 TEM 图像和 HRTEM 图像。从图 3-53(a) 可以看出，复型样复制了玻璃表面的细微形貌，20～30nm 大小的颗粒代表着富 La 区域。但是复型样的高分辨图像无法提供样品更多的信息，因为复型方法的分辨率受制于所形成的薄膜的结构，见图 3-53(b)。

(2) 离子减薄法　离子减薄法是将块状样品经过前处理制成直径 3mm、厚度在 10～15μm 以下的薄片后，再用高速 $Ar^+$ 轰击试样表面，使试样因表面离子发生溅射而减薄的一种方法。离子减薄法前处理过程包括：①切割，将材料切割成直径 3mm、厚度在 200μm 以下的薄片；②平面磨，将薄片机械抛光减薄至 70μm 以下；③钉薄，用凹坑仪将薄片预减薄至 15μm 以下；④前处理完成的样品最后通过离子减薄仪进行最终减薄，使试样中心穿孔，穿孔边缘很薄，对电子束透明，有利于 TEM 成像和观察，见图 3-54。离子减薄法适用于除生物材料和软聚合物外的任何其他材料，用离子减薄法制备的微晶玻璃样品可以用来研究微晶玻璃的相组成、相分布，微晶颗粒的大小、形貌、结构等。

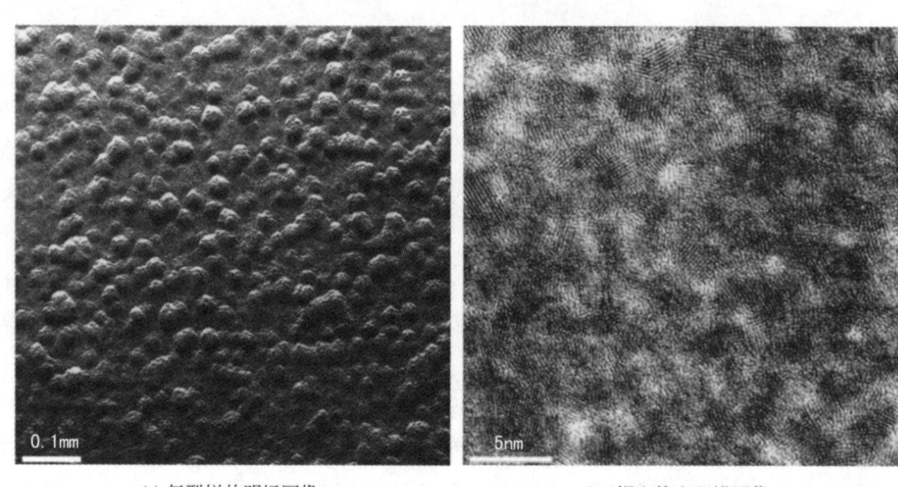

(a) 复型样的明场图像　　(b) 相应的高分辨图像

图 3-53　$40SiO_2$-$30Al_2O_3$-$18Na_2O$-$12LaF_3$ 微晶玻璃复型样的明场图像和相应的高分辨图像

图 3-55 是用离子减薄法制备的 $MgO$-$Al_2O_3$-$SiO_2$-$ZrO_2$ 微晶玻璃 HAADF 图像及相应的元素分布图。其用离子减薄仪进行样品的最终减薄时所采用的参数如下：离子束加速电压 2.5keV，入射角范围±5°。从图中可以看出，离子减薄法制备的玻璃样品薄区大，得到的 TEM 图像质量高，清晰地表征了微晶玻璃的显微结构及不同制备工艺条件下微晶玻璃显微结构的变化情况。

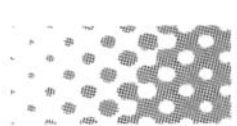

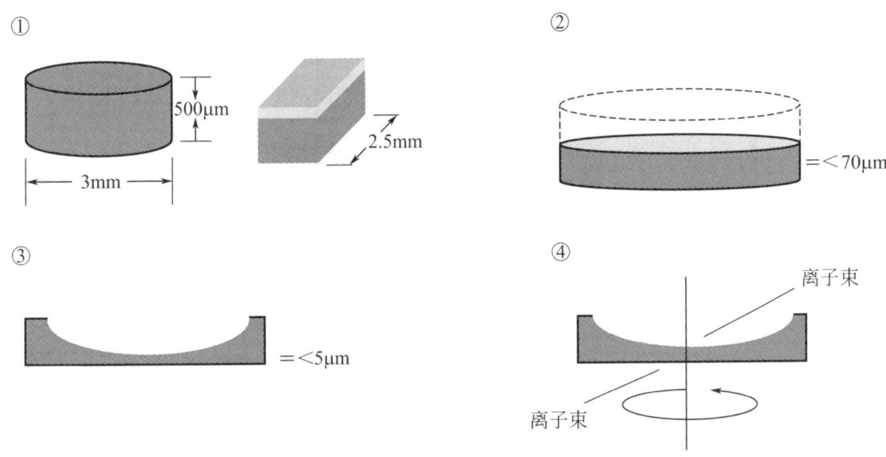


图 3-54　离子减薄法示意图

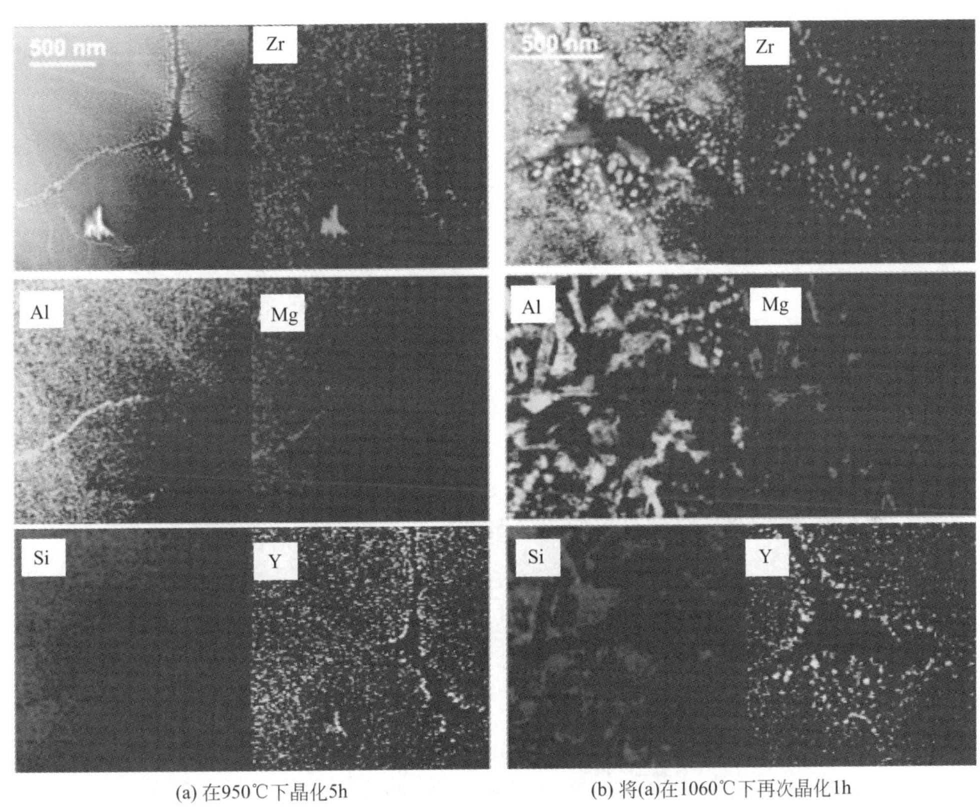


(a) 在950℃下晶化5h　　(b) 将(a)在1060℃下再次晶化1h

图 3-55　$MgO-Al_2O_3-SiO_2-ZrO_2$ 微晶玻璃 HAADF 图像（左上图）及相应的元素分布图

（3）聚焦离子束法　聚焦离子束法的原理是将 Ga 离子束会聚在很小的区域，通过离子溅射作用，实现材料的高速加工减薄。聚焦离子束制样设备能够在离子束对试样进行减薄的过程中，通过检测离子束照射样品所发出的二次电子，实时观察试样表面的图像，因而聚焦离子束法是一种选区离子减薄方法，能够高精度地选择电镜所要观察的微区进行减薄，见图 3-56。与普通离子减薄相比，聚焦离子束不但制样速度快、制样成功率高，而且制样精准，非常适合观察纳米颗粒的晶体结构、晶体缺陷及晶界等。

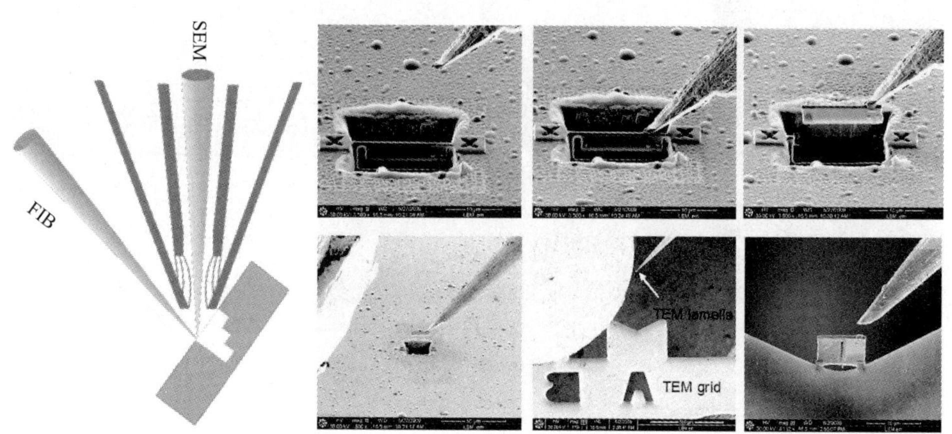


图 3-56　聚焦离子束工作原理示意图及 TEM 样品的聚焦离子束制备过程

图 3-57 是为了区分 $Sm_2O_3$-$Gd_2O_3$-$Bi_2O_3$-$B_2O_3$ 微晶玻璃中 $BiBO_3$ 晶体的结构，利用聚焦离子束技术制备了三个互相垂直方向的 TEM 样品。图 3-58 是利用 TEM 的 SAED 拍摄的电子衍射花样及模拟的带轴。从电子衍射花样可以看出，$Y$ 方向样品和 $Z$ 方向样品中都有两组晶面互相垂直，而 $X$ 方向样品中则找不到互相垂直的晶面，其晶面夹角是 116°，这一结果说明 $BiBO_3$ 晶体属于单斜结构。正是因为利用了聚焦离子束技术，$BiBO_3$ 晶体的结构才得以精确表征。

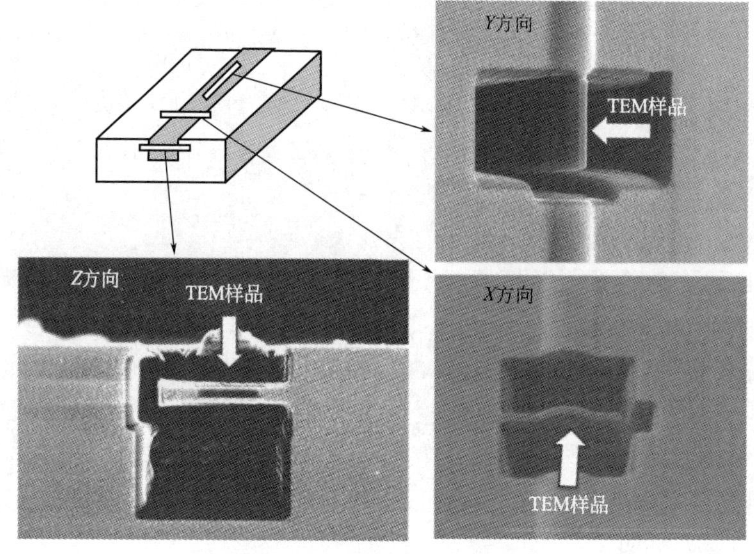


图 3-57　聚焦离子束过程中三个互相垂直方向聚焦离子束切片的 TEM 样品

（4）粉末超声分散法　粉末超声分散法是将待测样品制成纳米粉末，然后分散在 TEM 载网上的一种制样方法，见图 3-59。具体操作步骤为：①用玛瑙碾钵将材料充分碾磨至 300nm 以下；②将碾好的纳米粉末装在离心试管中，用易挥发试剂如无水乙醇、丙酮等超声分散（注：分散剂不能与样品发生化学反应，否则会导致样品成分和结构的改变，TEM 测试失败）；③用滴管将一滴分散液滴在超薄碳膜载网上（载网下面垫一张中速滤纸，以加快载网上分散剂的挥发）；④将载网在红外灯下烘干备用。

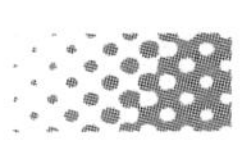

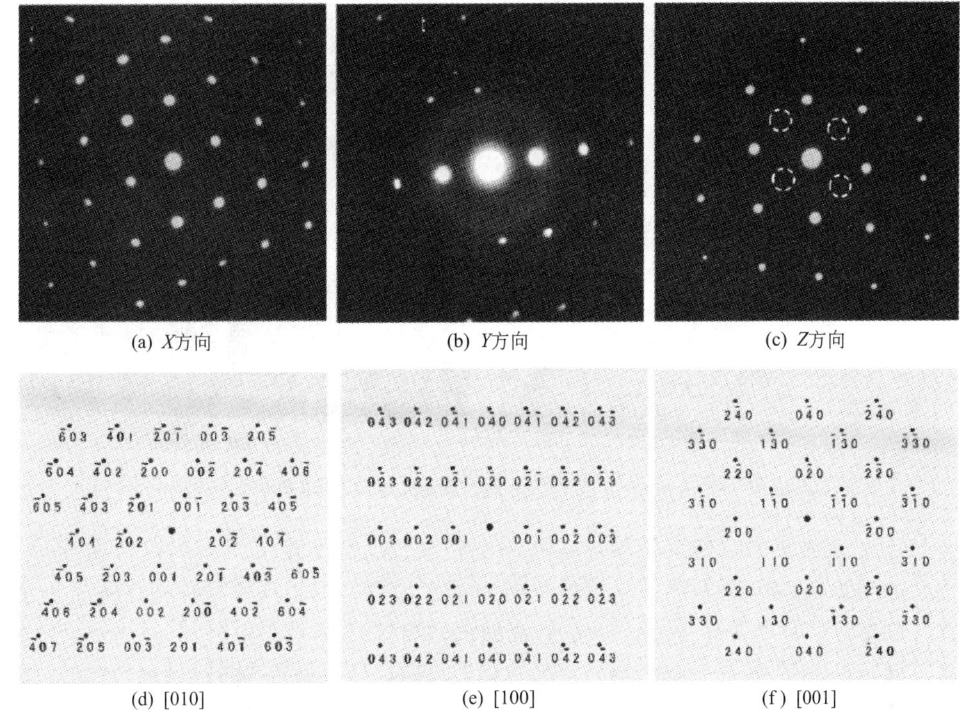

(a) $X$方向　(b) $Y$方向　(c) $Z$方向

(d) [010]　(e) [100]　(f) [001]

图 3-58　三个互相垂直方向切片的 SAED

［$Z$ 方向切片电子衍射花样中消光的衍射斑点在虚线圆环中，
(d)、(e)、(f) 所示的带轴是根据 TEM 观察得到的单晶参数模拟而成］

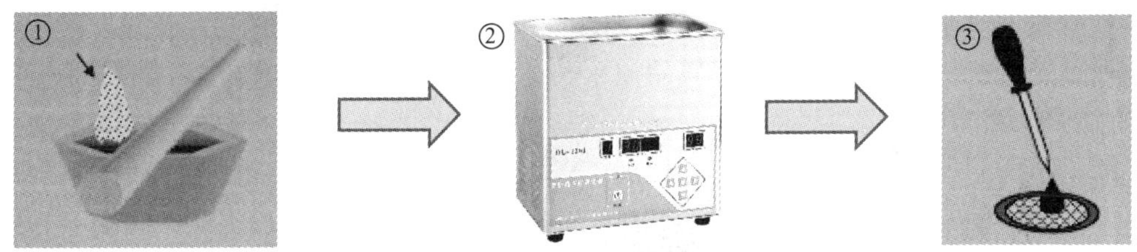


图 3-59　超声分散法制备 TEM 样品示意图

图 3-60 是溶胶-凝胶法制备的 $Eu^{3+}$ 掺杂 $LiYF_4$ 氟氧化物微晶玻璃样品的 TEM 图像和相应的 SAED 花样，制样方法是超声分散法。从图 3-60(a) 中可以看出，$LiYF_4$ 纳米晶分散在玻璃相中，晶粒大小在几十纳米范围内，SAED 花样表明形成的纳米晶是 $LiYF_4$，图 3-60(b) 标明了 $LiYF_4$ 主要衍射环的米勒指数。

(5) 微晶玻璃 TEM 制样方法的选择　样品制备是测试必备且非常重要的环节，TEM 样品制备质量的好坏直接影响 TEM 观测的结果，因此选择合适的制样方法至关重要。表面复型法由于能提供的材料信息十分有限，已经渐渐退出了历史舞台。对微晶玻璃而言，目前用得最多的是离子减薄法、聚焦离子束法和超声分散法。

离子减薄法需要用机械的方法对样品进行前处理，超声分散法要通过机械碾磨把样品磨细，这些机械加工势必会对材料造成机械损伤，引起材料显微结构的改变，如发生材料选择性磨损，造成颗粒团聚，材料发生形变、错位、撕裂、破裂，产生位错、孪晶、滑移

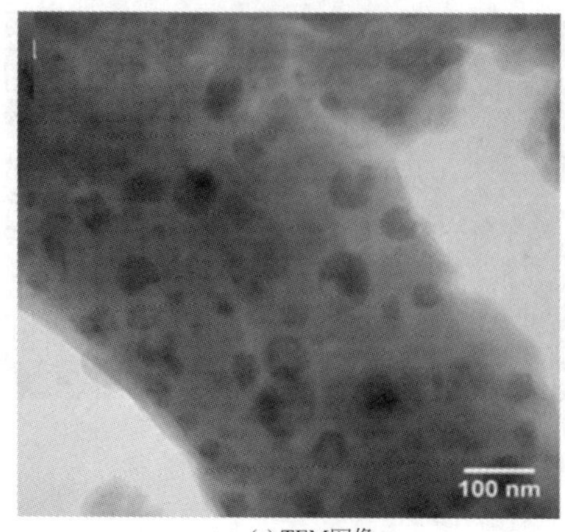

(a) TEM图像

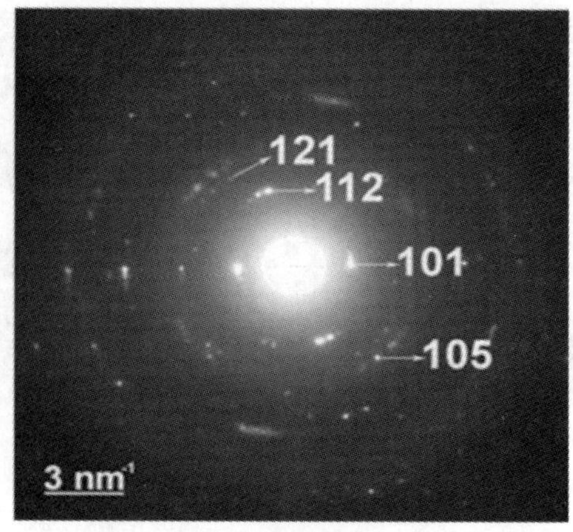

(b) SAED花样

图 3-60　嵌有 $LiYF_4$ 纳米晶的微晶玻璃颗粒的 TEM 图像和相应的 SAED 花样

面或非晶化、结构或微结构变化等，这些改变在 TEM 电子显微图像中以结构假象存在，使观察到的显微结构已经不能完全反映材料的本来面目。由于这些机械损伤很难避免，因此，在 TEM 观察时要善于鉴别，尽量避开结构假象区域观察和拍照。

离子减薄法和聚焦离子束法都是通过 $Ar^+$（或 $Ga^{3+}$）离子溅射使材料减薄。离子溅射会使材料温度升高，对材料造成离子损伤，并在 TEM 图像中引入结构假象，如 $Ar^+$（或 $Ga^{3+}$）离子残留、空穴、位错环、高温相变、材料选择性磨损、结构或微结构变化等。因此，在 TEM 观察时也要善于鉴别，尽量避开结构假象区域观察和拍照。对离子减薄仪而言，为了防止样品在减薄时温度升高，可以采用低温试样台；为减少离子损伤，可以降低离子束的加速电压，减小离子的入射角。对聚焦离子束而言，在制备好样品后，样品表面可能会有一层污染层，可将样品放入离子减薄仪或等离子清洗器中进行适当清洗(简称离子淋浴)。

除了结构假象外，离子减薄法、聚焦离子束法和超声分散法在制样难易度、制样成本和材料可观察的信息方面也各有不同。超声分散法制样简单、成本低，但只适合于观察颗粒的形貌、显微结构和物质组成等，不太适合观察成分分布、相分布和材料界面结构。离子减薄法可观察的薄区较大，既可观察颗粒的形貌、显微结构和物质组成，也可观察成分分布、相分布和材料界面结构等，但要用到一系列样品前处理设备和离子减薄仪，操作复杂、耗时长、成功率不高、成本高。聚焦离子束法在实现离子减薄仪功能的基础上，可以高精度地选定观察区域，使样品精确地沿某个晶面或垂直某一晶界减薄等，成功率高，是目前最尖端的 TEM 制样设备，且样品制作时间相对较短。缺点是聚焦离子束装置价格十分昂贵，且制样人需要有相当深厚的晶体学功底才能制备出合格的样品，因此，样品制作成本很高。

基于上述原因，在微晶玻璃 TEM 制样时，要根据所需要得到的显微结构信息选择合适的制样方法，以达到制样效率、成本和研究目的的统一。超声分散法、离子减薄法和聚焦离子束法三种制样方法比较见表 3-5。

#### 3.5.2.3　微晶玻璃的 TEM 表征

微晶玻璃的显微结构对于微晶玻璃的物理特性如机械强度、断裂韧性、透光性、抗热

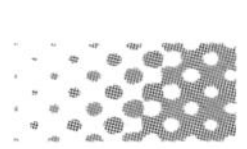

震性等都有很大影响。微晶玻璃的显微结构主要由微晶玻璃的物质组成和热处理工艺所决定，通过研究微晶玻璃的显微结构，可以帮助优化微晶玻璃的物质组成设计，选择合适的热处理工艺，进而提高微晶玻璃的物理特性。由于微晶玻璃中微晶相的晶粒尺寸一般只有几十纳米，因此特别适合于利用 TEM 进行研究。

**表 3-5　超声分散法、离子减薄法和聚焦离子束法三种制样方法比较**

<table>
<tr><th>项目</th><th>超声分散法</th><th>离子减薄法</th><th>聚焦离子束法</th></tr>
<tr><td>所用仪器、设备</td><td>玛瑙碾钵、超声波清洗机</td><td>前处理设备(切片机、钻孔机、凹坑仪)、离子减薄仪</td><td>聚焦离子束装置</td></tr>
<tr><td>操作难易度</td><td>简单</td><td>复杂</td><td>专业性强</td></tr>
<tr><td>耗时长短</td><td>10min 以内</td><td>几小时到几天</td><td>几小时</td></tr>
<tr><td>成功率</td><td>高</td><td>不高</td><td>高</td></tr>
<tr><td>制样成本</td><td>低</td><td>高</td><td>很高</td></tr>
<tr><td rowspan="3">TEM 观察能够得到的信息</td><td colspan="3">颗粒形貌、显微结构和物质组成</td></tr>
<tr><td></td><td colspan="2">成分分布、相分布和材料界面结构</td></tr>
<tr><td colspan="2"></td><td>可指定观察区域</td></tr>
<tr><td rowspan="2">可能引入的结构假象</td><td colspan="3">材料选择性磨损，造成颗粒团聚，材料发生形变、错位、撕裂、破裂，产生位错、孪晶、滑移面或非晶化、结构或微结构变化</td></tr>
<tr><td></td><td colspan="2">$Ar^{+}$(或 $Ga^{3+}$)离子残留、空穴、位错环、高温相变</td></tr>
<tr><td rowspan="2">减少假象的方法</td><td colspan="3">在 TEM 观察时尽量避开结构假象区域观察和拍照</td></tr>
<tr><td></td><td>采用低温试样台，降低离子束的加速电压，减小离子的入射角</td><td>离子淋浴</td></tr>
</table>

TEM 的电子显微图像可以表征晶粒的微观形貌和相分布，是微晶玻璃显微结构 TEM 研究最常用的手段。图 3-61 是 $Tb^{3+}/Yb^{3+}$ 掺杂的 $SiO_2$-$AlF_3$-$BaF_2$-$TiO_2$-$CaCO_3$ 微晶玻璃的 TEM 图像和 HRTEM 图像，图 3-61(a) 中灰色背景为玻璃相，孤立的黑色小圆颗粒为结晶相，图 3-61(b) 中显示了纳米晶的高分辨像。从图中可以看出，纳米晶颗粒均匀地镶嵌在玻璃相基体中，颗粒大小在 12～13nm 之间。

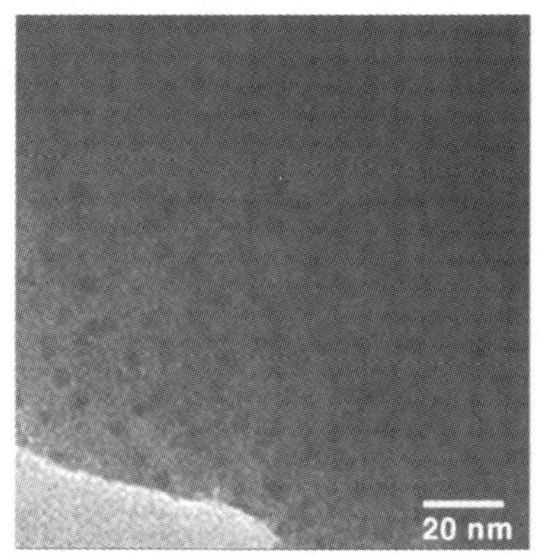


(a) TEM图像

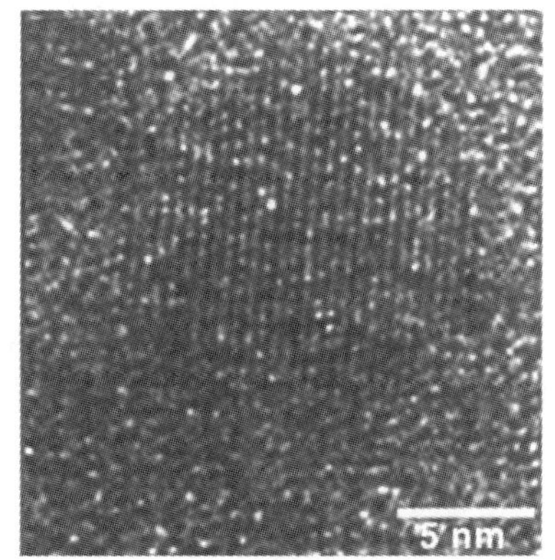


(b) HRTEM图像

图 3-61　$45SiO_2$-$22.5AlF_3$-$18BaF_2$-$6TiO_2$-$6CaCO_3$-$0.5TbF_3$-$2.0YbF_3$ 微晶玻璃的 TEM 图像和 HRTEM 图像

对微晶玻璃进行电子衍射分析，结合微晶玻璃的电子显微图像，可以更好地表征微晶玻璃中微晶的晶体结构。图 3-62 是 $SiO_2$-$Al_2O_3$-ZnO-$YF_3$-NaF-LiF-$Ga_2O_3$ 微晶玻璃的 TEM 图像和相应的 SAED 花样以及单个纳米晶 $YF_3$ 和 $ZnAl_2O_4$ 的 HRTEM 图像。图 3-62(a) 显示出有两种类型的纳米颗粒存在于玻璃基体中，粒径在 37～42nm 之间的大颗粒被粒径在 6～10nm 之间的小颗粒所包围。相应区域的选区电子衍射花样如图 3-62(b) 所示，不连续衍射环中的实线和虚线分别属于正交相的 $YF_3$ 和尖晶石相的 $ZnAl_2O_4$。图 3-62(c) 和 (d) 分别是大、小颗粒纳米晶的高分辨图像和与之相应的经过傅里叶变换得到的电子衍射花样，表明大的纳米颗粒是 $YF_3$ 晶体，小的纳米颗粒是 $ZnAl_2O_4$ 晶体。

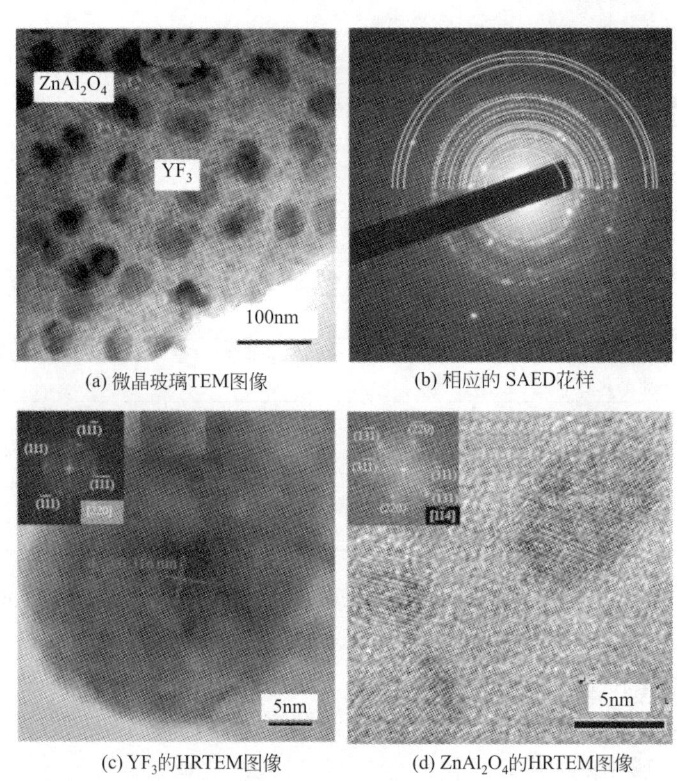


图 3-62 37.0$SiO_2$-23.5$Al_2O_3$-8.5ZnO-8.5$YF_3$-6.0NaF-8.0LiF-8.5$Ga_2O_3$ 微晶玻璃的 TEM 图像和相应的 SAED 花样以及单个纳米晶 $YF_3$ 和 $ZnAl_2O_4$ 的 HRTEM 图像

能谱 (EDS) 分析也是微晶玻璃显微结构 TEM 研究的常用手段。EDS 能够在几十纳米甚至更小的区域范围内分析物质的组成，能够分辨出 XRD 无法分辨的微量元素，因此特别适用于微晶玻璃掺杂相的研究。图 3-63 是 Ho-Yb 掺杂 $SiO_2$-$Na_2O$-$B_2O_3$-$BaF_2$ 微晶玻璃的 TEM 图像、SAED 花样及 EDS 谱图。从图中可以看出，40～80nm 大小的 $Ba_2YbF_7$ 纳米晶均匀地分布在玻璃基体中，能谱谱图显示在玻璃相中有强的 O、F、Si、Al 和 Yb 元素信号，而纳米颗粒中则有强的 F、Yb、Ba 和 Ho 元素信号，表明 $Ho^{3+}$ 主要集中在 $Ba_2YbF_7$ 纳米晶中。

TEM 有两种特殊的电子显微图像：一种是暗场像 (dark filed, DF)；另一种是高角环形暗场像 (HAADF)。这两种电子像在微晶玻璃的显微结构研究中都有十分独到的用处。在微晶玻璃的暗场像中，纳米晶颗粒颜色明亮，而非晶区则颜色很暗，因此，利用

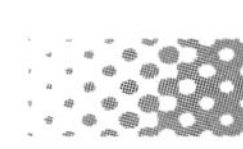

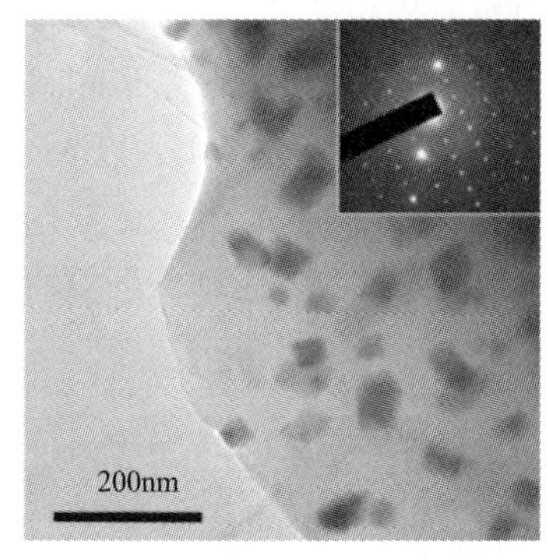


(a) 微晶玻璃TEM图像和SAED花样

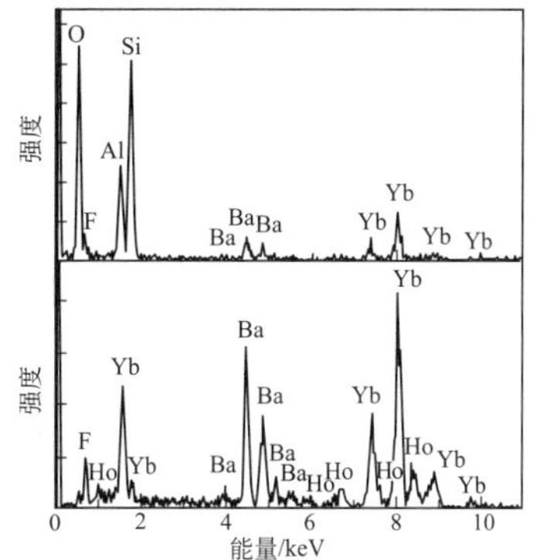


(b) 玻璃相EDS谱图和纳米颗粒EDS谱图

图 3-63　60%$SiO_2$-16%$Na_2O$-12%$B_2O_3$-8%$BaF_2$-4%$YbF_3$-0.5%$HoF_3$ 微晶玻璃 TEM 图像和 SAED 花样及玻璃相 EDS 谱图和纳米颗粒 EDS 谱图

暗场像可以很容易将微晶玻璃中的晶相和非晶相区分开来，见图 3-64。HAADF 图像需要在 STEM 操作模式下拍摄，HAADF 图像的衬度正比于原子序数的平方，而与电镜的欠焦量和样品厚度无关，因此 HAADF 图像对元素敏感，且比 HRTEM 图像具有更高的分辨率，配合 EDS 可以准确表征物质组成和元素分布。

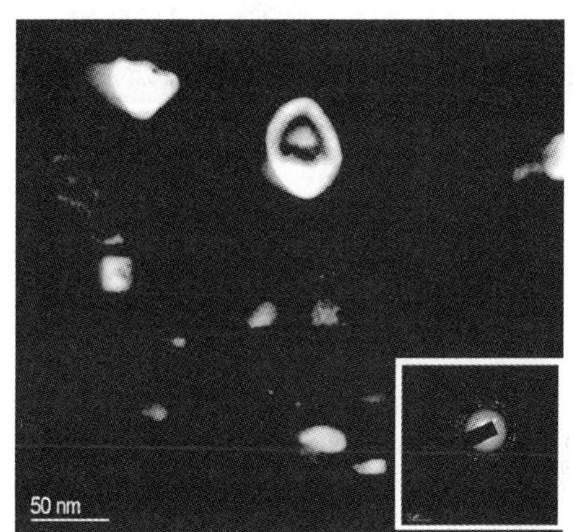


图 3-64　ZnO-$Al_2O_3$-$SiO_2$ 微晶玻璃的暗场像

（图中亮白色的是锌尖晶石晶体颗粒，而暗色的是玻璃基体）

图 3-65 是 $LiCoO_2$ 和硫化物固体电解质界面的 HAADF 图像和 EDS 分析。从图中可以清晰地分辨出 $Li_2S$-$P_2S_5$ 微晶玻璃层、$LiNbO_3$ 包覆层和 $LiCoO_2$ 层，且有少量 S 和 P 从微晶玻璃中渗透进入到 $LiCoO_2$ 中，渗透距离达 20nm。这种结构的改变将导致 $LiCoO_2$ 和 $Li_2S$-$P_2S_5$ 微晶玻璃界面的电阻升高和电容降低。

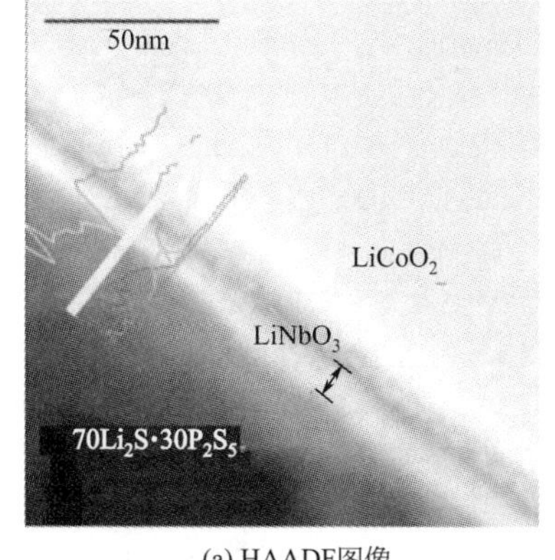


(a) HAADF图像

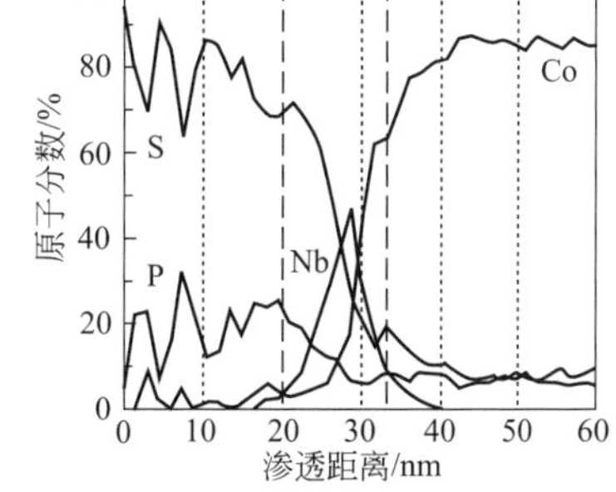


(b) EDS分析

图 3-65　$LiCoO_2$ 和硫化物固体电解质界面的 HAADF 图像和 EDS 分析

由于 EDS 的检测范围是从 $^{4}Be$ 到 $^{92}U$，且对轻元素不敏感，如无法检测到 $LiCoO_2$ 中的 Li 元素等，因此，EELS 虽然测试成本比 EDS 高很多，但也偶尔运用到微晶玻璃的成分分析中。图 3-66 是 $Nd^{3+}$ 掺杂 $SiO_2$-$Al_2O_3$-$PbF_2$ 微晶玻璃的 HRTEM 图像和相应的 EELS 图像，从图中可以清晰地看出 $NdF_3$ 富集在 $PbF_2$ 纳米晶中，这种偏析现象与检测到的无辐射弛豫的降低和发光现象的增大相一致，表明 $Nd^{3+}$ 周围的环境由氧化物向氟化物转变。

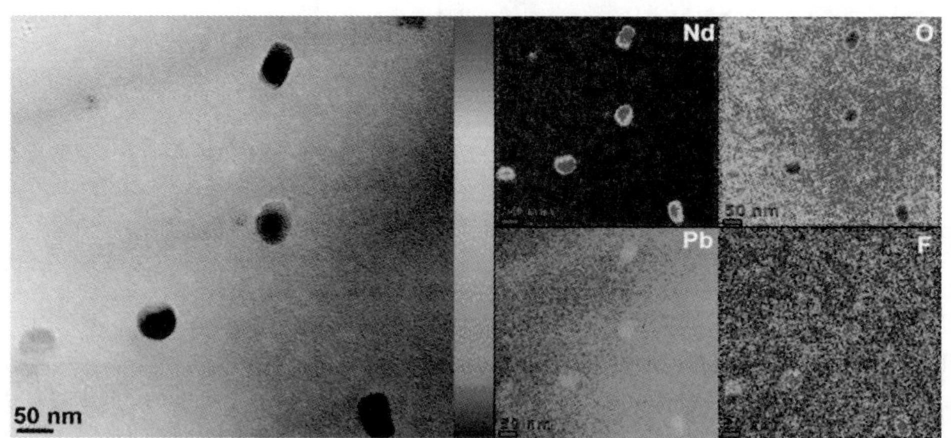


图 3-66 $Nd^{3+}$ 掺杂 $50SiO_2$-$15Al_2O_3$-$35PbF_2$ 微晶玻璃的 HRTEM 图像和相应的 EELS 图像

## 参考文献

[1] Corning. Corning Develops New Ceramic Material [J]. Bull Am Ceram Soc, 1957, 36: 279.

[2] [英] 麦克米伦 P W. 微晶玻璃 [M]. 王仞千译. 北京：中国建筑工业出版社，1988.

[3] 娄广辉，何峰，钮峰，胡王凯，李锦. 锂铝硼硅微晶玻璃热处理制度的优化设计 [J]. 武汉理工大学学报，2005, 27 (4): 18-20.

[4] Xiaojie J Xu, Chandra S Ray, Delbert E Day. Nucleation and crystallization of $Na_2O \cdot 2CaO \cdot 3SiO_2$ glass by differential thermal analysis [J]. J Am Ceram Soc, 1991, 74: 909-914.

[5] Donald I W. The crystallization kinetics of a glass based on the cordierite composition studied by DTA and DSC [J]. J Mater Sci, 1995, (30): 904-911.

[6] Lira C, Novaes de Oliverira A P, Alarcon O E. Sintering and crystallization of $CaO$-$Al_2O_3$-$SiO_2$ glass powder compacts [J]. Glass Technol, 2001, 42 (3): 91-96.

[7] He Feng, Xie Junlin, Han Da. Preparation and microstructure of glass-ceramics and ceramic composite materials [J]. Journal of Wuhan University of Technology, 2008, 23 (4): 562-565.

[8] Tanaka M, Suzuki S. β-wollastonite precipitated glass ceramic synthesized from waste granite [J]. J Ceram Soc Jpn, 1999, 107 (7): 627-632.

[9] 南京玻璃纤维研究院. 玻璃测试技术 [M]. 北京：中国建筑工业出版社，1985.

[10] Barbieri L, Ferrari A M, Lancellotti I, Leonelli C, Rincon J M, Romero M. Crystallisation of ($Na_2O$-$MgO$) - $CaO$-$Al_2O_3$-$SiO_2$ glass system formulated from waste products [J]. J Am Ceram Soc, 2000, 83 (10): 2515-2520.

[11] 赵前，程金树，武七德，王全. $Li_2O$-$Al_2O_3$-$SiO_2$ 系统光敏微晶玻璃低温析晶晶相的研究 [J]. 武汉工业大学学报，1996, (4): 21-24.

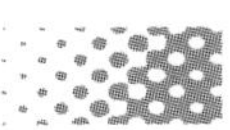


[12] Wang Huaide, Cheng Jinshu, Zhao Qian, Yuan Jian. Influence of ZnO and BaO contents on sintering and crystallization of glass-ceramic decorative materials [J]. Journal of Wuhan University of Technology, 1996, (3): 51-56.

[13] Zhao Qian, Cheng Jinshu, Wang Huaide. Research on factors affecting the colouration of red glass-ceramics [J]. Journal of Wuhan University of Technology, 1996, (3): 46-50.

[14] 程金树，赵钱，汤李缨. $Li_2O$-$Al_2O_3$-$SiO_2$ 系统光敏微晶玻璃的低温热处理 [J]. 武汉工业大学学报，1997, (1): 37-39.

[15] 杨小晶，李家治. CaO-$Al_2O_3$-$SiO_2$ 玻璃表面上晶体生长动力学和相变影响 [J]. 玻璃与搪瓷，1994, 22 (6): 1-6.

[16] Min'ko N I, Nemel'yanova S. Decorative glass ceramic materials simulating semiprecious stones [J]. Glass Ceramic, 1998, 55 (78): 243-245.

[17] Feng He, Yu Fang, Junlin Xie, Jun Xie. Fabrication and characterization of glass-ceramics materials developed from steel slag waste [J]. Materials and Design, 2012, 42: 198-203.

[18] Chuqiao Ye, Feng He, Hao Shu, Hao Qi, Qiupin Zhang, Peiyu Song, Junlin Xie. Preparation and properties of sintered glass-ceramics containing Au-Cu tailing waste [J]. Materials and Design, 2015, 86: 782-787.

[19] 汤李缨，赵前，袁坚，刘明志. CaO-$Al_2O_3$-$SiO_2$ 系统粉煤灰玻璃的烧结和晶化性能研究 [J]. 中国建材科技，1997, (2): 19-23.

[20] Beall G H, Karstetter B R, Rittler H U. Crystallization and chemical strengthening of studied β-quartz glass-ceramic [J]. J Am Ceram Soc, 1967, 50: 181-190.

[21] Shuichi Shoji. Low-temperature anodic bonding using lithium aluminosilicate-β-quartz glass ceramic [J]. Sensors and Actuators A, 1998, 64: 95-100.

[22] 韩建军，刘继翔，毛豫兰，周学东. 透明微晶玻璃的研究 [J]. 武汉工业大学学报，1997, (12): 78-81.

[23] 程金树，袁坚，何峰. 烧结法微晶玻璃装饰板材的研制 [J]. 玻璃，1994, (2): 1-3.

[24] 刘世权，等. $Na_2O$-ZnO-CaO-$Al_2O_3$-$SiO_2$ 烧结微晶玻璃的试制 [J]. 玻璃与搪瓷，1996, 23 (6): 5-9.

[25] Tanaka M, Suzuki S. β-wollastonite precipitated glass ceramic synthesized from waste granite [J]. J Ceram Soc Jpn, 1999, 107 (7): 627-632.

[26] 何峰，许超，袁坚，刘明志，李建春，邓志国. CaO-$Al_2O_3$-$SiO_2$ 系统微晶玻璃的成分、结构与性能 [J]. 武汉工业大学学报，1998, (2): 20-23.

[27] 何峰，程金树，李钱陶，胡王凯. 烧结法微晶玻璃装饰板材的力学性能研究 [J]. 玻璃，2002, (2): 5-8.

[28] 何峰，程金树，谢峻林，许超. CaO-$Al_2O_3$-$SiO_2$ 系统微晶玻璃的振动光谱研究 [J]. 武汉工业大学学报，1998, (3): 28-31.

[29] 汤李缨，程金树，全健. 烧结粉煤灰微晶玻璃装饰板的研究 [J]. 粉煤灰综合利用，1999, (1): 14-16.

[30] 何峰，程金树，钮峰. $ZrO_2$ 对烧结法微晶玻璃颗粒高温摊平影响研究 [J]. 武汉理工大学学报，2003, (4): 8-10.

[31] He Feng, Niu Feng, Lou Guanghui. Influence of $ZrO_2$ on sintering and crystallization of CaO-$Al_2O_3$-$SiO_2$ glass-ceramics [J]. Journal of Central South University of Technology, 2005, 12 (5): 511-514.

[32] 谢峻林，杜勇，何峰，SrO-$Al_2O_3$-$SiO_2$ 系统微晶玻璃的晶化行为及性能 [J]. 武汉理工大学学报，2007, 29 (6): 6-9.

[33] 程金树，郑伟宏，汤李缨，楼贤春. 热处理制度对微晶玻璃结构和性能的影响 [J]. 武汉理工大学学报，2004, (4): 29-32.

[34] 何峰，邓志国. CaO-$Al_2O_3$-$SiO_2$ 系统玻璃颗粒的烧结过程研究 [J]. 硅酸盐通报，2003, (1): 26-29.

[35] 西北轻工业学院. 玻璃工艺学 [M]. 北京：轻工业出版社，2006.

[36] 冯小平，何峰，李立华. CaO-$Al_2O_3$-$SiO_2$ 系统微晶玻璃晶化行为的研究 [J]. 武汉理工大学学报，2001, (1): 22-25.

[37] 程金树，李宏，汤李缨，何峰. 微晶玻璃 [M]. 北京：化学工业出版社，2004.

[38] 田清波，徐丽娜，岳雪涛，王修慧，高宏. $P_2O_5$ 对 $CaO-MgO-Al_2O_3-SiO_2$ 系微晶玻璃析晶的影响［J］. 人工晶体学报，2008，37（1）：208-212.

[39] 李延报，沈鸽，程逵，翁文剑，韩高荣，Domingos Santo J. 生物医用钙磷酸盐微晶玻璃［J］. 材料科学与工程，2001，19（1）：123-129.

[40] Weiyi Zhang，Hong Gao，Buoyu Li，Qibin Jiao. A novel route for fabrication of machinable fluoramphibole glass-ceramics［J］. Scripta Materialia，2006，（55）：275-278.

[41] 胡安民，李明，毛大立，梁开明. 锂铝硅微晶玻璃中纤维状 β-锂辉石晶相的形成和表征［J］. 无机材料学报，2006，21（1）：35-40.

[42] Linghong Luo，Youchen Lin，Zuzhi Huang，Yefan Wu，Liangliang Sun，Liang Cheng，Jijun Shi. Application of $BaO-CaO-Al_2O_3-B_2O_3-SiO_2$ glass-ceramic seals in large size planar IT-SOFC［J］. Ceramics International，2015，41（8）：9239-9243.

[43] He Feng，Li Qiantao，Cheng Jinshu. Study on application of fly-ash in $CaO-Al_2O_3-SiO_2$ glass-ceramic［C］. Shanghai:Proceedings of the International Conference on Energy and Envirnment，2003.

[44] He Feng，Du Yong，Xie Junlin，Wang Wenju. Effect of the cool system on internal stress of $CaO-Al_2O_3-SiO_2$ glass-ceramic system［J］. Journal of Wuhan University of Technology，2007，22（4）：760-763.

[45] 程慷果，万菊林，梁开明. 云母微晶玻璃析晶动力学的研究［J］. 硅酸盐学报，1997，25（5）：567-572.

[46] He Feng，Tian Shasha，Xie Junlin，Liu Xiaoqing，Zhang Wentao . Research on microstructure and properties of yellow phosphorous slag glass-ceramics［J］. Journal of Materials and Chemical Engineering，2013，1（1）：27-31.

[47] He Feng，Zheng Yuanyuan，Xie Junlin. Preparation and properties of $CaO-Al_2O_3-SiO_2$ glass-ceramics by sintered frits particle from mining wastes［J］. Science of Sintering，2014，46：353-363.

[48] Kissinger H E. Reaction kinetics in differential thermal analysis［J］. Anal Chem，1957，（29）：1702-1706.

[49] Augis J A，Bennett J E. Calculation of theavrami parameters for hetero geneous solid state reactions using a modification of the kissing er method［J］. J Therm Anal Calorim，1978，13：283-292.

[50] Secu C E，Negrea R F，Secu M. $Eu^{3+}$ probe ion for rare-earth dopant site structure in sol-gel derived $LiYF_4$ oxyfluoride glass-ceramic［J］. Optical Materials，2013，35（12）：2456-2460.

[51] Cho I S，Kim D W. Glass-frit size dependence of densification behavior and mechanical properties of zinc aluminum calcium borosilicate glass-ceramics［J］. Journal of Alloys and Compounds，2016，686：95-100.

[52] Crum J，Maio V，McCloy J，Scott C，Riley B，Benefiel B，Vienna J，Archibald K，Rodriguez C，Rutledge V，Zhu Z，Ryan J，Olszta M. Cold crucible induction melter studies for making glass ceramic waste forms：A feasibility assessment［J］. Journal of Nuclear Materials，2014，444（1-3）：481-492.

[53] Ren M，Cai S，Zhang W，Liu T，Wu X，Xu P，Wang D. Preparation and chemical stability of $CaO-P_2O_5-Na_2O-B_2O_3$ porous glass ceramics. Journal of Non-Crystalline Solids，2013，380：78-85.

[54] Partyka J，Leśniak M. Preparation of glass-ceramic glazes in the $SiO_2-Al_2O_3-CaO-MgO-K_2O-Na_2O-ZnO$ system by variable content of ZnO［J］. Ceramics International，2016，42（7）：8513-8524.

[55] Huang P Y，Kurasch S，Srivastava A，Skakalova V，Kotakoski J，Krasheninnikov A V，Hovden R，Mao Q，Meyer J C，Smet J，Muller D A，Kaiser U. Direct imaging of a two-dimensional silica glass on graphene［J］. Nano Letters，2012，12（2）：1081-1086.

[56] Bjorkman T，Kurasch S，Lehtinen O，Kotakoski J，Yazyev O V，Srivastava A，Skakalova V，Smet J H，Kaiser U，Krasheninnikov A V. Defects in bilayer silica and graphene：common trends in diverse hexagonal two-dimensional systems［J］. Scientific Reports，2013，3：3482.

[57] Dan H K，Zhou D，Wang R，Jiao Q，Yang Z，Song Z，Yu X，Qiu J. Effect of copper nanoparticles on the enhancement of upconversion in the $Tb^{3+}$ /$Yb^{3+}$ co-doped transparent glass-ceramics［J］. Optical Materials，2015，39：160-166.

[58] Yu Y, Li X. Controllable synthesis and tunable luminescence of glass ceramic containing $Mn^{2+}$ : $ZnAl_2O_4$ and $Pr^{3+}$ : $YF_3$ nano-crystals [J]. Materials Research Bulletin, 2016, 73: 96-101.

[59] Bai G, Tao L, Li K, Hu L, Tsang Y H. Enhanced 2 μm and upconversion emission from Ho-Yb codoped oxyfluoride glass ceramics [J]. Journal of Non-Crystalline Solids, 2013, 361: 13-16.

[60] Tkalcec E, Kurajica S, Ivankovic H. Crystallization behavior and microstructure of powdered and bulk $ZnO-Al_2O_3-SiO_2$ glass-ceramics [J]. Journal of Non-Crystalline Solids, 2005, 351 (2): 149-157.

[61] Ohtomo T, Hayashi A, Tatsumisago M, Tsuchida Y, Hama S, Kawamoto K. All-solid-state lithium secondary batteries using the $75Li_2S \cdot 25P_2S_5$ glass and the $70Li_2S \cdot 30P_2S_5$ glass-ceramic as solid electrolytes [J]. Journal of Power Sources, 2013, 233: 231-235.

[62] Zhang J, Zhao Z, Liu C, Zhang G, Zhao X, Heo J, Jiang Y. Direct observation of $Nd^{3+}$ and $Tm^{3+}$ ion distributions in oxy-fluoride glass ceramics containing $PbF_2$ nanocrystals [J]. Materials Characterization, 2014, 98: 228-232.

[63] Fedorov P P, Luginina A A, Popov A I. Transparent oxyfluoride glass ceramics [J]. Journal of Fluorine Chemistry, 2015, 172: 22-50.

[64] Gawronski A, Patzig C, Höche T, Rüssel C. Effect of $Y_2O_3$ and $CeO_2$ on the crystallisation behaviour and mechanical properties of glass-ceramics in the system $MgO/Al_2O_3/SiO_2/ZrO_2$ [J]. Journal of Materials Science, 2014, 50 (4): 1986-1995.

[65] Kleebusch E, Patzig C, Höche T, Rüssel C. Effect of the concentrations of nucleating agents $ZrO_2$ and $TiO_2$ on the crystallization of $Li_2O-Al_2O_3-SiO_2$ glass: An X-ray diffraction and TEM investigation [J]. Journal of Materials Science, 2016, 51 (22): 1-12.

[66] Shinozaki K, Hashimoto K, Honma T, Komatsu T. TEM analysis for crystal structure of metastable $BiBO_3$ (Ⅱ) phase formed in glass by laser-induced crystallization [J]. Journal of the European Ceramic Society, 2015, 35 (9): 2541-2546.

# 第 4 章

# 微晶玻璃制备工艺过程

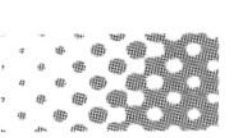

微晶玻璃材料的制备工艺过程比较复杂，制备微晶玻璃材料的方法主要是依据其成形方法而定义。微晶玻璃材料按其成形的工艺方法可以划分为压延法、压制法、浇铸法、烧结法和浮法。主要的工艺阶段是：基础玻璃组分的设计→原料的选择→配合料的制备→玻璃配合料的熔化→基础玻璃的成形→玻璃体的核化与微晶化→微晶玻璃的退火→微晶玻璃的加工。

# 4.1　原料

与生产其他玻璃产品的原料类似，制备微晶玻璃材料的原料种类也非常丰富。制备微晶玻璃时，如果没有特殊的要求，制备其他玻璃品种的原料也可以用于微晶玻璃的生产与制备。

## 4.1.1　主要原料

### 4.1.1.1　引入二氧化硅的原料

二氧化硅 $SiO_2$，分子量 60.06，密度 2.4～2.65g/cm$^3$。

二氧化硅是重要的玻璃形成氧化物，以硅氧四面体［$SiO_4$］的结构组元形成不规则的连续网络，成为玻璃的骨架。

单纯的 $SiO_2$ 可以在 1800℃ 以上的高温下，熔制成石英玻璃（$SiO_2$ 的熔点为 1713℃）。在钠钙硅酸盐玻璃中 $SiO_2$ 能降低玻璃的热膨胀系数，能提高玻璃的热稳定性、化学稳定性、耐热性、硬度、机械强度、黏度和透紫外线性。但含量高时，需要较高的熔融温度，而且可能导致析晶。

引入 $SiO_2$ 的原料是石英砂、砂岩、石英岩和石英。它们在一般日用玻璃中的用量较多，占配合料总量的 60%～70%以上。

（1）石英砂　石英砂又名硅砂，它的主要成分是石英，它是石英岩、长石和其他岩石受水和碳酸酐以及温度变化等作用，逐渐分解风化生成。以长石风化为例，其反应式大致如下：

$$\underset{\text{长石}}{K_2O\cdot Al_2O_3\cdot 6SiO_2}+2H_2O+CO_2 \longrightarrow \underset{\text{高岭土}}{Al_2O_3\cdot 2SiO_2\cdot 2H_2O}+\underset{\text{石英}}{4SiO_2}+K_2CO_3 \tag{4-1}$$

石英砂经常含有黏土、长石、白云石、海绿石等轻质矿物和磁铁矿、钛铁矿、硅线石、蓝晶石、赤铁矿、褐铁矿、金红石、电气石、黑云母、锆石、榍石等重矿物，也常常有氢氧化铁，有机物，锰、镍、铜、锌等金属化合物的包膜，以及铁和二氧化硅的固溶体。同一产地的石英砂，其化学组成往往波动很大，但就其颗粒度来说，往往是比较均匀的。

石英砂的主要成分是 $SiO_2$，常含有 $Al_2O_3$、$TiO_2$、CaO、MgO、$Fe_2O_3$、$Na_2O$、$K_2O$ 等杂质。高质量的石英砂含 $SiO_2$ 应在 99%～99.8%以上。$Al_2O_3$、MgO、$Na_2O$、$K_2O$、CaO 是一般玻璃的组成氧化物，$Na_2O$、$K_2O$、CaO 和一定含量以下的 $Al_2O_3$、MgO 对玻璃的质量并无影响，特别是 $Na_2O$、$K_2O$ 还可以代替一部分价格较贵的纯碱，但它们的含量应当稳定。一级的石英砂，$Al_2O_3$ 的含量不大于 0.3%。$Fe_2O_3$、$Cr_2O_3$、

$V_2O_3$、$TiO_2$ 能使玻璃着色，降低玻璃的透明度，是有害杂质。不同玻璃制品对石英砂容许的有害杂质含量大致如下，见表 4-1。

**表 4-1　不同玻璃制品对石英砂容许的有害杂质含量要求**

| 玻璃种类 | 允许 $Fe_2O_3$ 含量（质量分数）/% | 允许 $Cr_2O_3$ 含量（质量分数）/% | 允许 $TiO_2$ 含量（质量分数）/% |
|---|---|---|---|
| 高级晶质玻璃 | <0.015 | | |
| 光学玻璃 | <0.01 | <0.001 | <0.05 |
| 无色器皿 | <0.02 | <0.001 | <0.10 |
| 磨光玻璃 | <0.03 | <0.002 | |
| 窗玻璃 | <0.10～0.20 | | |
| 电灯泡 | <0.05 | | |
| 化学仪器、保温瓶、药用器皿 | <0.10 | | |
| 半白色瓶罐玻璃 | <0.30 | | |
| 暗绿色瓶罐玻璃 | <0.5 以上 | | |

石英砂颗粒度与颗粒组成，是重要的质量指标。颗粒大时会使熔化困难，并常常产生结石、条纹等缺陷。细的石英砂熔化速度快，但过细的砂容易飞扬、结块，使配合料不易均匀混合，同时过细的砂常常含有较多的黏土，而且由于其比表面积大，附着的有害杂质也较多。细砂在熔制时虽然玻璃的形成阶段可以较快，但是在澄清阶段却多费很多时间。当往熔炉中投料时，细砂容易被燃烧气体带进蓄热室，堵塞格子体，同时也使玻璃成分发生变化。一般来说，易于熔制的软质玻璃、铅玻璃，石英砂的颗粒可以粗一些；硼硅酸盐玻璃、铝硅酸盐玻璃、低碱玻璃，石英砂的颗粒应当细一些；池炉用石英砂稍粗一些；坩埚炉用石英砂则稍细一些。通过生产实践，认为池炉熔制的石英砂最适宜的颗粒尺度一般为 0.15～0.8mm。而 0.25～0.5mm 的颗粒不应少于 90%，0.1mm 以下的颗粒不超过 5%。采用湿法配合料，配合料粒化或制块时，可以采用更细的石英砂。

优质的石英砂不需要经过破碎、粉碎处理，成本较低，是理想的玻璃原料。含有害杂质较多的砂，不经复选除铁，不宜采用。

（2）砂岩　砂岩是石英砂在高压作用下，由胶结物胶结而成的矿岩。根据胶结物的不同，有二氧化硅（硅胶）胶结的砂岩、黏土胶结的砂岩、石膏胶结的砂岩等。砂岩的化学成分不仅取决于石英颗粒，而且与胶结物的性质和含量有关。如二氧化硅胶结的砂岩，纯度较高，而黏土胶结的砂岩，$Al_2O_3$ 含量较高。一般来说，砂岩所含的杂质较少，而且稳定。其质量要求是含 $SiO_2$ 在 98%以上，含 $Fe_2O_3$ 不大于 0.2%。砂岩的硬度高，莫氏硬度约为 7，开采比石英砂复杂，而且一般需要经过破碎、粉碎、过筛等加工处理（有时还要经过煅烧再进行破碎、粉碎处理），因而成本比石英砂高。粉碎后的砂岩通常称为石英粉。

（3）石英岩　石英岩是石英颗粒彼此紧密结合而成，是砂岩的变质岩，石英岩硬度比砂岩高（莫氏硬度为 7），强度大，使用情况与砂岩相同。

几种二氧化硅原料的化学成分见表 4-2。

#### 4.1.1.2　引入氧化硼的原料

氧化硼 $B_2O_3$，分子量 69.62，密度 1.84g/cm$^3$。

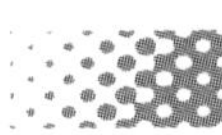

表 4-2 几种二氧化硅原料的化学成分

| 原料名称 | 化学成分/% | | | | | | | |
|---|---|---|---|---|---|---|---|---|
| | $SiO_2$ | $Al_2O_3$ | $Fe_2O_3$ | CaO | MgO | $Na_2O$ | $K_2O$ | 灼减 |
| 昆明硅砂 | 99.50 | 0.46 | 0.006 | | | | | |
| 广州硅砂 | 99.14 | 0.41 | 0.11 | | | | | 0.43 |
| 湘潭硅砂 | 97.86 | 1.62 | 0.30 | | | | 0.30 | |
| 内蒙古硅砂 | 86～91 | 5～7 | 0.2 | 1.0 | | 1～1.5 | 1～1.5 | |
| 威海硅砂 | 91～95 | 3～6 | 0.1 | 0.1 | | 2～3 | 2～3 | |
| 南口砂岩 | 98～99 | | 0.15 | | | | | |
| 湖州石英 | 98.32 | 0.96 | 0.003 | 0.46 | 0.05 | | | 0.25 |
| 房山石英 | 99.86 | 0.18 | | | | | | |
| 海城石英 | 98～99 | 0.24 | 0.03 | 0.24 | | | | |
| 蕲春石英 | 99.85 | | 0.02 | | | | | |

$B_2O_3$ 也是玻璃的形成氧化物，它以硼氧三角体［$BO_3$］和硼氧四面体［$BO_4$］为结构组元，在硼硅酸盐玻璃中与硅氧四面体共同组成结构网络。$B_2O_3$ 能降低玻璃的热膨胀系数，提高玻璃的热稳定性、化学稳定性，增加玻璃的折射率，改善玻璃的光泽，提高玻璃的力学性能。

$B_2O_3$ 在高温时能降低玻璃的黏度，在低温时则提高玻璃的黏度，所以含 $B_2O_3$ 较高的玻璃，成形的温度范围狭窄，因此可以提高机械成形的机速。$B_2O_3$ 还起助熔剂的作用，加速玻璃的澄清和降低玻璃的结晶能力。$B_2O_3$ 常随水蒸气挥发，硼硅酸盐玻璃液面上因 $B_2O_3$ 挥发减少，会产生富含 $SiO_2$ 的析晶料皮。当 $B_2O_3$ 引入量过高时，由于硼氧三角体增多，玻璃的热膨胀系数等反而增大，发生反常现象。在微晶玻璃的组分中使用 $B_2O_3$，可以促进玻璃的分相与析晶。

$B_2O_3$ 是耐热玻璃、化学仪器玻璃、温度计玻璃、部分光学玻璃、电真空玻璃、微晶玻璃以及其他特种玻璃的重要组分。

引入 $B_2O_3$ 的原料，为硼酸、硼砂和含硼矿物。

（1）硼酸　硼酸 $H_3BO_3$，分子量 61.82，密度 1.44g/cm$^3$，含 $B_2O_3$ 56.45%，$H_2O$ 43.55%。

硼酸是白色鳞片状三斜结晶，具有特殊光泽，触之有脂肪感觉，易溶于水，加热至 100℃则失水而部分分解，变成偏硼酸（$HBO_2$）。在 140～160℃时，转变为四硼酸（$H_2B_4O_7$），继续加热则完全转变为熔融的 $B_2O_3$。在熔制玻璃时，$B_2O_3$ 的挥发与玻璃的组成及熔制温度、熔炉气氛、水分含量和熔制时间有关，一般为本身质量的 5%～15%，也有的高达 15%以上。在熔制含硼酸玻璃时，应根据玻璃的化学分析确定 $B_2O_3$ 的挥发量，并在计算配合料时予以补充。

（2）硼砂　硼砂 $Na_2B_4O_7 \cdot 10H_2O$，分子量 381.4，密度 1.72g/cm$^3$，含 $B_2O_3$ 36.63%，$Na_2O$ 16.2%，$H_2O$ 47.15%。

含水硼砂是坚硬的白色菱形结晶，易溶于水，加热则先熔融膨胀而失去结晶水，最后变成玻璃状物。在熔制时同时引入 $Na_2O$ 和 $B_2O_3$，$B_2O_3$ 的挥发与硼酸相同。必须注意，含水硼砂在储放中会失去部分结晶水发生成分变化。

无水硼砂或煅烧硼砂（$Na_2B_4O_7$）是无色玻璃状小块，密度 2.37g/cm$^3$，含 $B_2O_3$ 69.2%，$Na_2O$ 30.8%。在熔制时，它的挥发损失较小。

对硼砂的质量要求是：$B_2O_3$＞35％，$Fe_2O_3$＜0.01％，$SO_4^{2-}$＜0.02％。

（3）含硼矿物　硼酸和硼砂价格都比较贵。使用天然含硼矿物，经过精选后引入 $B_2O_3$ 经济上较为有利。我国辽宁、吉林、青海、西藏等地有丰富的硼矿资源。天然的含硼矿物主要有以下几种。

① 硼镁石 $2MgO \cdot B_2O_3 \cdot H_2O$，含 $B_2O_3$ 19.07％～40.88％，MgO 3.51％～44.60％，$R_2O_3$（$Al_2O_3$＋$Fe_2O_3$）0.18％～3.78％。

② 钠硼解石 $NaCaB_5O_9 \cdot 8H_2O$，含 $Na_2O$ 7.7％，CaO 13.8％，$B_2O_3$ 43.8％，$H_2O$ 35.5％，$K_2O$ 和 MgO 以杂质形式存在。

③ 硅钙硼石 $Ca_2B_2(SiO_4)_2(OH)_2$，含 CaO 35％，$B_2O_3$ 21.8％，$SiO_2$ 37.6％，$H_2O$ 5.6％。

#### 4.1.1.3　引入氧化铝的原料

氧化铝 $Al_2O_3$，分子量 101.94，密度 3.84g/cm$^3$。

$Al_2O_3$ 属于中间体氧化物，当玻璃中 $Na_2O$ 与 $Al_2O_3$ 的分子比大于 1 时，形成铝氧四面体，并与硅氧四面体组成连续的结构网。当 $Na_2O$ 与 $Al_2O_3$ 的分子比小于 1 时，则形成八面体，为网络外体而处于硅氧结构网的空穴中。$Al_2O_3$ 能降低玻璃的结晶倾向，提高玻璃的化学稳定性、热稳定性、机械强度、硬度和折射率，减轻玻璃对耐火材料的侵蚀，并有助于氟化物的乳浊。$Al_2O_3$ 能提高玻璃的黏度。绝大多数玻璃都引入 1％～3.5％的氧化铝，一般不超过 8％～10％。在水表玻璃和高压水银灯等特殊玻璃中，$Al_2O_3$ 的含量可达 20％。在微晶玻璃的组分中使用 $Al_2O_3$，可以控制或抑制玻璃的分相与析晶。

引入 $Al_2O_3$ 的原料有长石、黏土、蜡石、氧化铝、氢氧化铝等。也可以采用某些含 $Al_2O_3$ 的矿渣和选矿厂含长石的尾矿。

（1）长石　常用的是钾长石（$K_2O \cdot Al_2O_3 \cdot 6SiO_2$）和钠长石（$Na_2O \cdot Al_2O_3 \cdot 6SiO_2$），它们的化学组成波动较大，常含有 $Fe_2O_3$。因此，质量要求较高的玻璃不采用长石。

长石除引入 $Al_2O_3$ 外，还引入 $Na_2O$、$K_2O$、$SiO_2$ 等。

由于长石能引入碱金属氧化物减少了纯碱的用量，在一般玻璃中应用甚广。长石的颜色多以白色、淡黄色或肉红色为佳，常具有明显的结晶解理面，莫氏硬度 6～6.5，密度 2.4～2.8g/cm$^3$，在 1100～1200℃之间熔融，含长石的玻璃配合料易于熔制。

对长石的质量要求：$Al_2O_3$＞16％，$Fe_2O_3$＜0.3％，$R_2O$（$Na_2O$＋$K_2O$）＞12％。

几种长石原料的化学成分见表 4-3。

**表 4-3　几种长石原料的化学成分**

| 原料名称 | 化学成分/％ | | | | | | | |
|---|---|---|---|---|---|---|---|---|
| | $SiO_2$ | $Al_2O_3$ | $Fe_2O_3$ | CaO | MgO | $K_2O$ | $Na_2O$ | 灼减 |
| 湖南长石 | 63.41 | 19.18 | 0.17 | 0.36 | 痕量 | 13.79 | 2.36 | 0.46 |
| 唐山长石 | 65.95 | 19.58 | 0.4 | 0.28 | 0.06 | 13.05 | 13.05 | 0.66 |
| 秦皇岛长石 | 65.86 | 19.88 | 0.21 | 0.17 | 0.39 | 14.29 | 14.29 | |
| 南京长石 | 62.84 | 21.4 | 0.21 | 0.31 | | 12.30 | 2.31 | |
| 忻县长石 | 65.66 | 18.38 | 0.17 | | | 13.37 | 2.64 | 0.33 |
| 北京长岭长石 | 66.09 | 18.04 | 0.22 | 0.83 | | 13.50 | | 13.50 |

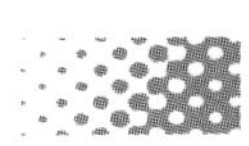

（2）蜡石　蜡石 $Al_2O_3 \cdot 4SiO_2 \cdot H_2O$，是一种水化硅酸铝，主要矿物是叶蜡石，含有石英和高岭石。蜡石的理论成分是：$SiO_2$ 66.65%，$Al_2O_3$ 28.35%，$H_2O$ 5%。密度 2.8～2.9g/cm$^3$，莫氏硬度 1～2.5。对蜡石的要求是：$Al_2O_3$＞25%，$SiO_2$＜70%，$Fe_2O_3$＜0.4%，而且要求成分稳定。蜡石常用于制造乳浊玻璃与玻璃纤维。几种蜡石的化学成分见表 4-4。

**表 4-4　几种蜡石的化学成分**

| 原料名称 | 化学成分/% | | | | | | | |
|---|---|---|---|---|---|---|---|---|
| | $SiO_2$ | $Al_2O_3$ | $Fe_2O_3$ | CaO | MgO | $K_2O$ | $Na_2O$ | 灼减 |
| 青田蜡石 | 71.01 | 22.82 | 0.31 | 0.26 | 0.07 | 0.14 | 0.13 | 0.31 |
| 宁海蜡石 | 54.82 | 31.58 | 0.28 | 0.91 | 0.02 | 0.32 | 0.03 | 11.87 |
| 临海蜡石 | 69.60 | 21.23 | 0.15 | 0.63 | 0.16 | 0.03 | 0.02 | 8.03 |

（3）氧化铝和氢氧化铝　氧化铝 $Al_2O_3$ 与氢氧化铝 $Al(OH)_3$ 都是化工产品，一般纯度较高。氧化铝在理论上含 100%的 $Al_2O_3$，氢氧化铝理论上含 $Al_2O_3$ 65.40%，$H_2O$ 34.60%。因它们的价格较贵，一般玻璃中不常采用，只用于生产光学玻璃、仪器玻璃、高级器皿玻璃、温度计玻璃等。

氧化铝为白色结晶粉末，密度 3.5～4.1g/cm$^3$，熔点 2050℃。氢氧化铝为白色结晶粉末，密度 2.34g/cm$^3$，加热则失水而成 $\gamma$-$Al_2O_3$。$\gamma$-$Al_2O_3$ 活性大，易与其他物料化合，所以采用氢氧化铝比采用氧化铝容易熔制。同时氢氧化铝放出的水汽，可以调节配合料的气体率，并有助于玻璃液的均化，但某些氢氧化铝的配合料在熔制时容易发生溢料（泼缸）现象，常在配合料中加入氟化物如萤石或冰晶石予以防止。

对氧化铝的要求是：$Al_2O_3$＞96%，$Fe_2O_3$＜0.05%。

对氢氧化铝的要求是：$Al_2O_3$＞60%，$Fe_2O_3$＜0.05%。

#### 4.1.1.4　引入氧化钠的原料

氧化钠 $Na_2O$，分子量 62，密度 2.27g/cm$^3$。

$Na_2O$ 是玻璃网络外体氧化物，钠离子（$Na^+$）居于玻璃结构网络的空穴中。$Na_2O$ 能提供游离氧使玻璃结构中的 O/Si 比值增加，发生断键，因而可以降低玻璃的黏度，使玻璃易于熔融，是玻璃良好的助熔剂。$Na_2O$ 增加玻璃的热膨胀系数，降低玻璃的热稳定性、化学稳定性和机械强度，所以不能引入过多，一般不超过 18%。在微晶玻璃的组分中使用 $Na_2O$，可以降低玻璃的析晶活化能。

引入 $Na_2O$ 的原料主要为纯碱和芒硝，有时也采用一部分氢氧化钠和硝酸钠。

（1）纯碱（碳酸钠）　纯碱是引入玻璃中 $Na_2O$ 的主要原料，分为结晶纯碱（$Na_2CO_3 \cdot 10H_2O$）和煅烧纯碱（$Na_2CO_3$）两类。玻璃工业中采用煅烧纯碱。煅烧纯碱是白色粉末，易溶于水，极易吸收空气中的水分而潮解，产生结块，因此必须储存于干燥仓库内。

纯碱的主要成分是碳酸钠（$Na_2CO_3$），分子量 105.99，理论上含有 58.53%的 $Na_2O$ 和 41.17%的 $CO_2$。在熔制时 $Na_2O$ 转入玻璃中，$CO_2$ 则逸出进入炉气。纯碱中常含有硫酸钠、氧化铁等杂质。含氧化钠和硫酸钠杂质多的纯碱，在熔制玻璃时会形成“硝水”。

煅烧纯碱可分为轻质和重质两种。轻质的假密度为 0.1～1g/cm$^3$，是细粒的白色粉末，易于飞扬、分层，不易与其他原料均匀混合。重质的假密度在 1.5g/cm$^3$ 左右，是白色颗粒，不易飞扬，分层倾向也较小，有助于配合料的均匀混合。

放置较久的纯碱，常含有9%～10%的水分，在使用时应进行水分的测定。在熔制玻璃时 $Na_2O$ 的挥发量为本身质量的0.5%～3.2%，在计算配合料时应加以考虑。

对纯碱的质量要求是：$Na_2CO_3$ > 98%，NaCl < 1%，$Na_2SO_4$ < 0.1%，$Fe_2O_3$<0.1%。

天然碱有时也作为纯碱的代用原料。天然碱是干涸碱湖的沉积盐，我国内蒙古、青海等地均有出产。它常含有黄土、氯化钠、硫酸钠和硫酸钙等杂质，而且还含有大量的结晶水。较纯的天然碱，含碳酸钠在37%左右。天然碱对熔炉耐火材料侵蚀较快，而且其中的硫酸钙（硫酸钠）分解困难，易形成硫酸盐气泡。天然碱还易产生“硝水”。脱水的天然碱可以直接使用。含结晶水的天然碱，一般先溶解于热水，待杂质沉淀后，再将溶液加入配合料中。在国外，天然碱都经过加工提纯后再使用。几种天然碱的化学成分见表4-5。

**表4-5　几种天然碱的化学成分**

| 天然碱名称 | 化学成分/% | | | | | | |
|---|---|---|---|---|---|---|---|
| | $SiO_2$ | $Fe_2O_3$ | $Na_2CO_3$ | NaCl | $Na_2SO_4$ | 不溶物 | 水分 |
| 赛拉 | | | 33.8 | 0.3 | | | 50～60 |
| 乌杜淖 | 2.3 | 0.3 | 68.5 | 0.0 | 17.4 | 1.0 | |
| 哈马湖 | 8.4 | 0.3 | 60.0 | 4.5 | 24.5 | | |
| 海勃弯 | 5.7 | 0.02 | 58.0 | 6.5 | 27.8 | | |

（2）芒硝　芒硝分为天然的、无水的、含水的多种。无水芒硝是白色或浅绿色结晶，它的主要成分是硫酸钠（$Na_2SO_4$），分子量142.02，密度2.7g/cm$^3$。理论上含 $Na_2O$ 43.7%，$SO_2$ 56.3%。直接使用含水芒硝（$Na_2SO_4 \cdot 10H_2O$）比较困难，要预先熬制，以除去其结晶水，再粉碎、过筛，然后使用。

无水芒硝或化学工业的副产品硫酸钠（盐饼），在884℃熔融，热分解温度较高，在1120～1220℃之间。但在还原剂的作用下，其分解温度可以降低到500～700℃，反应速率也相应地加快。

还原剂一般使用煤粉，也可以使用焦炭粉、锯末等，为了促使 $Na_2SO_4$ 充分分解，应当把芒硝和还原剂预先混合均匀，然后加入配合料内。还原剂的用量，按理论计算是 $Na_2SO_4$ 质量的4.22%，但考虑到还原剂在未与 $Na_2SO_4$ 反应前的燃烧损失，以及熔炉气氛的不同性质，根据实际情况进行调整，实际上为4%～6%，有时甚至在6.5%以上。用量不足时 $Na_2SO_4$ 不能充分分解，会产生过量的“硝水”，对熔炉耐火材料的侵蚀较大，并使玻璃制品产生白色的芒硝泡。用量过多时会使玻璃中的 $Fe_2O_3$ 还原成FeS和生成 $Fe_2S_3$，与多硫化钠形成棕色的着色团——硫铁化钠，从而使玻璃呈棕色。

$$2Fe_2O_3+C \longrightarrow 4FeO+CO_2$$

$$Na_2SO_4+2C \longrightarrow Na_2S+2CO_2$$

$$Na_2S+FeO \longrightarrow FeS+Na_2O$$

$$2Na_2S+2FeS \longrightarrow 2Na_2FeS_2$$

$$Fe_2O_3+3Na_2S \longrightarrow Fe_2O_3+3Na_2O$$

$$Na_2S+Fe_2S_3 \longrightarrow 2NaFeS_2$$

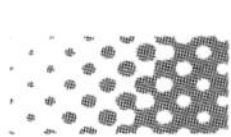

硝水中除 $Na_2SO_4$ 外，还有 NaCl 与 $CaSO_4$。为了防止硝水的产生，芒硝与还原剂的组成最好保持稳定，预先充分混合，并保持稳定的热工制度。

在坩埚熔制中，如发现硝水，挖料时切勿带水进入玻璃液内，否则会发生爆炸。有经验的工人常用烧热的耐火砖或红砖，放在玻璃的液面上，吸收硝水，将其除去。

芒硝与纯碱相比较有以下缺点。

① 芒硝的分解温度高，二氧化硅与硫酸钠之间的反应要在较高的温度下进行，而且速率慢，熔制玻璃时需要提高温度，耗热量大，燃料消耗多。

② 芒硝蒸气对耐火材料有强烈的侵蚀作用，未分解的芒硝，在玻璃液面上形成硝水，也加速对耐火材料的侵蚀，使玻璃产生缺陷。

③ 芒硝配合料必须加入还原剂，并在还原气氛下进行熔制。

④ 芒硝较纯碱含 $Na_2O$ 低，往玻璃中引入同样数量的 $Na_2O$ 时，所需芒硝的量比纯碱多 34%，相对地增加了运输、加工和储备等生产费用。

用纯碱引入 $Na_2O$ 较芒硝为好。但在纯碱缺乏时，用芒硝引入 $Na_2O$ 也是一个解决办法。由于芒硝除引入 $Na_2O$ 外，还有澄清作用，因而在采用纯碱引入 $Na_2O$ 的同时，也常使用部分芒硝（2%～3%）。芒硝能吸收水分而潮解，应储放在干燥有屋顶的堆场或库内，并且要经常测定其水分。

对于芒硝的质量要求是：$Na_2SO_4>85\%$，$NaCl<2\%$，$CaSO_4<4\%$，$Fe_2O_3<0.3\%$，$H_2O<5\%$。

（3）氢氧化钠　氢氧化钠 NaOH，俗称苛性钠，白色结晶脆性固体，极易吸收空气中的水分和二氧化碳，变成碳酸钠，易溶于水，有腐蚀性。近年来瓶罐玻璃厂常采用 50%的氢氧化钠溶液，代替部分纯碱引入一定量的 $Na_2O$，可以润湿配合料，降低粉尘，防止分层，缩短熔化过程。在粒化配合料中，同时用作黏结剂。

（4）硝酸钠　硝酸钠 $NaNO_3$，又称硝石，我国所用的都是化工产品，分子量 85，密度 2.25g/cm$^3$，含 $Na_2O$ 36.5%。硝酸钠是无色或浅黄色六角形的结晶。在湿空气中能吸水潮解，溶解于水，熔点 318℃，加热至 350℃，则分解放出氧气。

$$2NaNO_3 \longrightarrow 2NaNO_2+O_2$$

继续加热，则生成的亚硝酸钠又分解放出氮气和氧气。

$$4NaNO_2 \longrightarrow 2Na_2O+2N_2+3O_2$$

在熔制铅玻璃等需要氧化气氛的熔制条件时，必须用硝酸钠引入一部分 $Na_2O$。此外，硝酸钠比纯碱的气体含量高，有时为了调节配合料的气体率，也常用硝酸钠来代替一部分纯碱。

硝酸钠也是澄清剂、脱色剂和氧化剂。硝酸钠一般纯度较高。对它的质量要求是：$NaNO_3>98\%$，$Fe_2O_3<0.01\%$，$NaCl<1\%$。

硝酸钠应储存在干燥的仓库或密闭箱中。

#### 4.1.1.5　引入氧化钙的原料

氧化钙 CaO，分子量 56.08，密度 3.2～3.4g/cm$^3$。

CaO 是二价的网络外体氧化物，在玻璃中的主要作用是稳定剂，即增加玻璃的化学稳定性和机械强度，但含量较高时，能使玻璃的结晶倾向增大，而且易使玻璃发脆。在一般玻璃中，CaO 的含量不超过 12.5%。

CaO 在高温时，能降低玻璃的黏度，促进玻璃的熔化和澄清；但当温度降低时，黏度增加得很快，使成形困难。含 CaO 高的玻璃成形后退火要快，否则易于爆裂。在微晶玻璃的组分中使用 CaO，可以促进玻璃的析晶。在 $CaO-Al_2O_3-SiO_2$ 系统微晶玻璃中，CaO 是形成主晶相 β-$CaSiO_2$ 的主要成分。

CaO 是通过方解石、石灰石、白垩、沉淀碳酸钙等原料来引入的。

方解石是自然界分布极广的一种沉积岩，外观呈白色、灰色、浅红色或淡黄色。主要化学成分是碳酸钙 $CaCO_3$，分子量 100，含 CaO 56.08%，$CO_2$ 43.92%。无色透明的菱面体方解石结晶，称为冰洲石，应用于制造光学仪器，价值很高。用作玻璃原料的是一般不透明的方解石，莫氏硬度 3，密度 $2.7g/cm^3$。粗粒方解石的石灰岩称为石灰石。细粒疏松的方解石的质点与有孔虫、软体动物类的方解石屑的白色沉积岩称为白垩（也有人认为白垩是无定形碳酸钙的沉积岩）。石灰石莫氏硬度 3，密度 $2.7g/cm^3$，常含有石英、黏土、碳酸镁、氧化铁等杂质。白垩一般比较纯，仅含少量的石英、黏土、碳酸镁、氧化铁等杂质，质地软，易于粉碎。

对于方解石、石灰石和白垩的质量要求是：CaO≥50%，$Fe_2O_3$≤0.15%。

沉积碳酸钙是生产氯化钙的副产品，纯度较高，常用于生产高级器皿玻璃、光学玻璃等质量要求很高的玻璃。$CaCO_3$ 的含量要求在 98%以上。轻质的沉积碳酸钙体积大，易飞扬，并不易均匀混合。几种含 CaO 原料的化学成分如表 4-6 所列。

**表 4-6　几种含 CaO 原料的化学成分**

| 原料名称 | 化学成分(质量分数)/% | | | | | |
|---|---|---|---|---|---|---|
| | $SiO_2$ | $Al_2O_3$ | $Fe_2O_3$ | CaO | MgO | 灼减 |
| 南京方解石 | 0.39 | 0.027 | | 55.48 | | |
| 湖田石灰石 | 1.67 | 0.50 | 0.16 | 54.66 | 1.77 | |
| 新乡白垩 | 6.60 | 1.08 | 0.08 | 49.0 | 1.40 | 39.8 |
| 沉淀碳酸钙 | | | | 55.99 | | |

#### 4.1.1.6　引入氧化镁的原料

氧化镁 MgO，分子量 40.32。

MgO 在钠钙硅酸盐玻璃中是网络外体氧化物。玻璃中以 3.5%以下的 MgO 代替部分 CaO，可以使玻璃的硬化速率变慢，改善玻璃的成形性能。MgO 还能降低结晶倾向和结晶速率，增加玻璃的高温黏度，提高玻璃的化学稳定性和机械强度。在 $CaO-Al_2O_3-SiO_2$ 系统微晶玻璃中，MgO 是形成主晶相 β-$CaSiO_2$ 的主要成分。

引入 MgO 的原料有白云石、菱镁矿等。

（1）白云石　白云石又叫苦灰石，是碳酸钙和碳酸镁的复盐，分子式为 $CaCO_3 \cdot MgCO_3$，理论上含 MgO 21.9%，CaO 30.4%，$CO_2$ 47.7%。一般为白色或淡灰色，含铁杂质多时，呈黄色或褐色，密度 2.8～$2.95g/cm^3$，莫氏硬度 3.5～4。白云石中常见的杂质是石英、方解石和黄铁矿。对白云石的质量要求是：MgO＞20%，CaO＜32%，$Fe_2O_3$＜0.15%。白云石能吸水，应储存在干燥处。

（2）菱镁矿　菱镁矿，亦称菱苦土，为灰白色、淡红色或肉红色。它的主要成分是碳酸镁 $MgCO_3$，分子量 84.39，理论上含 MgO 47.9%，$CO_2$ 52.1%。菱镁矿含 $Fe_2O_3$ 较

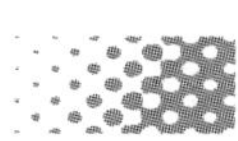

高，在用白云石引入 MgO 不足时，才使用菱镁矿。

有时也使用沉淀碳酸镁来引入 MgO，它与沉淀碳酸钙相似，优点是杂质较少，缺点是质地轻，易飞扬，不易使配合料混合均匀。表 4-7 为几种含 MgO 矿物的化学成分。

**表 4-7　几种含 MgO 矿物的化学成分**

| 原料名称 | 化学成分(质量分数)/% | | | | |
|---|---|---|---|---|---|
| | $SiO_2$ | $Al_2O_3$ | $Fe_2O_3$ | CaO | MgO |
| 浙江白云石 | 2.44 | 0.64 | 0.23 | 31.41 | 20.01 |
| 抚宁白云石 | 0.7 | 0.15 | 0.15 | 31.60 | 20.50 |
| 大石桥菱镁矿 | 1.0 | 0.30 | 0.30 | 1.5 | 46.50 |

### 4.1.1.7　引入氧化锂的原料

氧化锂 $Li_2O$，分子量 29.9，$Li_2O$ 也是网络外体氧化物。它在玻璃中的作用，比 $Na_2O$ 和 $K_2O$ 特殊。当 O/Si 小时，主要为断键作用，助熔作用强烈，是强助熔剂。锂的离子半径小于钠、钾的离子半径，当 O/Si 比大时，主要为积聚作用。$Li_2O$ 代替 $Na_2O$ 或 $K_2O$ 使玻璃的热膨胀系数降低，结晶倾向变小，多量的 $Li_2O$ 又使结晶倾向增加。在一般玻璃中，引入少量的 $Li_2O$（0.1%～0.5%），可以降低玻璃的熔制温度，提高玻璃的产量和质量。在 $Li_2O$-$Al_2O_3$-$SiO_2$ 系统微晶玻璃中，$Li_2O$ 是形成主晶相 β-$CaSiO_2$ 的主要成分。

引入 $Li_2O$ 的原料主要为碳酸锂和天然的含锂矿物。

碳酸锂 $Li_2CO_3$，分子量 73.9，含 $Li_2O$ 40.46%，$CO_2$ 59.54%，白色结晶粉末。

天然含锂矿物主要有锂云母（含 $Li_2O$ 6%）、透锂长石（含 $Li_2O$ 7%～10%）、锂辉石（含 $Li_2O$ 8%）等。其中锂云母（LiF·KF·$Al_2O_3$·$SiO_2$）由于容易熔化，适合作为助熔剂使用。

### 4.1.1.8　引入氧化钡的原料

氧化钡 BaO，分子量 153.4，密度 5.7g/cm$^3$。

BaO 也是二价的网络外体氧化物。它能增加玻璃的折射率、密度、光泽和化学稳定性。少量的 BaO（0.5%）能加速玻璃的熔化，但含量过多时，由于产生 $2BaO+O_2 \longrightarrow 2BaO_2$ 反应，使澄清困难。含 BaO 玻璃吸收辐射线的能力较大，但对耐火材料的侵蚀较严重。常用于高级器皿玻璃、化学玻璃、光学玻璃、防辐射玻璃等之中。瓶罐玻璃中也常加入 0.5%～1%的 BaO，作为助熔剂和澄清剂。在 CaO-$Al_2O_3$-$SiO_2$ 系统微晶玻璃中，BaO 可改善微晶玻璃的光泽。

BaO 是由硫酸钡和碳酸钡引入的。

（1）硫酸钡　硫酸钡 $BaSO_4$，分子量 233.4，密度 4.5～4.6g/cm$^3$，白色结晶。天然的硫酸钡矿物称为重晶石，含石英、黏土、铁的化合物等。

对硫酸钡的要求是：$BaSO_4>95\%$，$SiO_2<1.5\%$，$Fe_2O_3<0.5\%$。

（2）碳酸钡　碳酸钡 $BaCO_3$，分子量 197.4，密度 4.4g/cm$^3$。它是无色的细微六角形结晶，天然的碳酸钡矿物称为毒重石。

对碳酸钡的要求是：$BaCO_3>97\%$，酸不溶物<3%，$Fe_2O_3<0.1\%$。

在制造光学玻璃时，有时用硝酸钡 $Ba(NO_3)_2$ 或氢氧化钡 $Ba(OH)_2$ 来引入 BaO。含钡原料都有毒性，使用时应当注意。

#### 4.1.1.9 引入氧化锌的原料

氧化锌 ZnO，分子量 81.4，密度 5.6g/$cm^3$。

氧化锌 ZnO 是中间体氧化物，在一般情况下，以氧锌八面体作为网络外体氧化物，当玻璃中的游离氧足够时，可以形成氧锌四面体而进入玻璃的结构网络，使玻璃的结构更稳定。能降低玻璃的热膨胀系数，提高玻璃的化学稳定性、热稳定性，折射率。在氟乳浊玻璃中，能增加乳白度和光泽。在硒镉着色玻璃中，ZnO 能阻止硒的大量挥发，并有利于显色。在铅玻璃中加入 2%～5%的 ZnO，可以消除其主要缺陷——条纹。一般玻璃中含 ZnO 不超过 5%～6%，用量过多时会使玻璃易于析晶。在 CaO-$Al_2O_3$-$SiO_2$ 系统微晶玻璃中，ZnO 可改善微晶玻璃的光泽和白度。

ZnO 主要用于光学玻璃、化学仪器玻璃、药用玻璃、高级器皿玻璃、微晶玻璃、低熔点玻璃、乳白玻璃和硒与硫化镉着色玻璃中。

引入 ZnO 的原料为锌氧粉和菱锌矿。

(1) 锌氧粉　锌氧粉即氧化锌 ZnO，也称锌白，是白色粉末。氧化锌一般纯度较高，要求 ZnO>96%，并不应含铅、铜、铁等化合物杂质。锌氧粉颗粒较细，在配制时易结团块，使配合料不易混合均匀。对 ZnO 的要求是：ZnO>96%，水溶性盐<1.5%，水分<0.1%，盐酸不溶物<0.25%。

(2) 菱锌矿　菱锌矿的主要成分是碳酸锌 $ZnCO_3$，理论上含 ZnO 64.9%，$CO_2$ 35.1%，常含有 $SiO_2$ 等杂质，原矿精选后可以直接使用。

#### 4.1.1.10 引入二氧化钛的原料

二氧化钛 $TiO_2$，分子量 79.9，$TiO_2$ 是中间体氧化物。在硅酸盐玻璃中一部分 $TiO_2$ 以钛氧四面体［$TiO_4$］进入网络结构中，另一部分为八面体处于网络结构外。$TiO_2$ 可以提高玻璃的折射率和化学稳定性，增加吸收 X 射线和紫外线的能力。在含有 $Al_2O_3$、$B_2O_3$、MgO 的硅酸盐玻璃中，$TiO_2$ 在低温时容易失透。$TiO_2$ 用以制造高折射率的玻璃、吸收 X 射线和紫外线的防护玻璃，和作为铝硅酸盐微晶玻璃的晶核剂。

在已形成的硅酸盐玻璃中，钛离子（$Ti^{4+}$）在熔体中扩散缓慢，可用作乳浊搪瓷的研磨添加物。

引入 $TiO_2$ 的原料主要有钛铁矿和金红石制取的二氧化钛，为白色粉末，其颗粒度应比一般涂料用的钛白粉颗粒度大。

#### 4.1.1.11 引入二氧化锆的原料

二氧化锆 $ZrO_2$，分子量 123.22，$ZrO_2$ 是中间体氧化物。$ZrO_2$ 能提高玻璃的黏度、硬度、弹性、折射率、化学稳定性，降低玻璃的热膨胀系数。含 $ZrO_2$ 的玻璃比较难熔，含量超过 5%时易析晶。$ZrO_2$ 用于制造良好化学稳定性和热稳定性的玻璃，特别是耐碱的玻璃，以及高折射率的光学玻璃；$ZrO_2$ 也用作微晶玻璃的晶核剂和优质耐火材料的原料。

引入 $ZrO_2$ 的原料为斜锆石和锆石英。

斜锆石即二氧化锆。

锆石英 $ZrO_2 \cdot SiO_2$ 是含 $SiO_2$ 的硅酸盐，含 $ZrO_2$ 67.23%，$SiO_2$ 32.77%。是无色结晶，有时带有黄、棕、红、紫等色。常含 $Al_2O_3$、CaO 以及稀土元素化合物等杂质。

#### 4.1.1.12　引入三氧化二锑的原料

三氧化二锑 $Sb_2O_3$，分子量 291.5，密度 5.1g/cm$^3$，是白色结晶粉末，它与硝酸盐共同使用时澄清效果较好。三氧化二锑的优点是毒性较小，由五价锑转化为三价锑的温度较低。

在熔制铅玻璃时，由于铅玻璃的密度大，熔制温度低，常采用三氧化二锑作澄清剂。在钠钙硅酸盐玻璃中用 0.2%的 $Al_2O_3$ 作澄清剂，澄清效果较好，而且可以防止二次小气泡的产生。$Al_2O_3$、$As_2O_3$ 共同使用时，如果用量较大，由于溶解度较小，以及形成砷酸盐和锑酸盐的结晶，易使玻璃乳化。

三氧化二锑可以比三氧化二砷用量多。在微晶玻璃中用量可达 1.5%。

#### 4.1.1.13　引入氟化物的原料

氟化物主要是氟化钙 $CaF_2$、硅氟化钠 $Na_2SiF_6$。$CaF_2$ 是通过萤石等引入的。萤石是天然矿石，主要成分是氟化钙 $CaF_2$，分子量 78.08，密度 2.9～3.2g/cm$^3$，是白、绿、蓝、紫各种颜色的透明状岩石，对萤石的质量要求是成分稳定，$CaF_2$＞80%，$Fe_2O_3$＜0.3%。萤石作为澄清剂的用量，一般按引入配合料中 0.5%的氟计算。

硅氟化钠 $Na_2SiF_6$，分子量 188.08，密度 2.7g/cm$^3$，是化工产品，为黄白色粉末，有毒。一般用量为 0.4%～0.6%。

氟化物也是助熔剂和乳浊剂。

### 4.1.2　着色剂

使玻璃着色的物质称为玻璃的着色剂。着色剂的作用，是使玻璃对光线产生选择性吸收，显示一定的颜色，其机理在第 11 章中已讨论。根据着色剂在玻璃中呈现的状态不同，分为离子着色剂、胶态着色剂和硫硒化物着色剂三类。本书仅对离子着色剂加以论述。

几种着色剂的着色情况见表 4-8。

**表 4-8　几种着色剂的着色情况**

| 着色剂 | 在氧化条件下产生的颜色 | 在还原条件下产生的颜色 |
|---|---|---|
| 氧化锰 | 紫色 | 无 |
| 氧化钴 | 蓝色带紫色 | 蓝色带紫色 |
| 氧化铜 | 蓝绿色 | 蓝绿色 |
| 氧化镍 | 紫红色或棕色 | 紫红色或棕色 |
| 氧化亚铜 | 绿蓝色 | 红色(加热显色) |

(1) 锰化合物　常用的有二氧化锰 $MnO_2$，分子量 86.93，为黑色粉末。氧化锰 $Mn_2O_3$，分子量 157.88，为棕黑色粉末。高锰酸钾 $KMnO_4$，分子量 158.04，为灰紫色结晶。

锰化合物能将玻璃着色成紫色，通常是用二氧化锰或高锰酸钾引入的。在熔制过程中，二氧化锰和高锰酸钾都能分解成氧化锰和氧气。玻璃因有氧化锰而着色。

$$4MnO_2 \longrightarrow 2Mn_2O_3 + O_2$$

$$2KMnO_4 \longrightarrow K_2O + Mn_2O_3 + 2O_2$$

氧化锰能分解成一氧化锰和氧气，其着色作用是不稳定的，必须保持氧化气氛和稳定的熔剂温度，配合料中的碎玻璃量也要保持恒定。氧化锰与铁共用可以获得橙黄色到暗红紫色玻璃。与重铬酸盐共用，可以制成黑色玻璃。

为了制得鲜艳明亮的紫色玻璃，锰化合物的用量一般为配合料的3%～5%。

(2) 钴化合物　钴化合物有一氧化钴 CoO，分子量 165.88，为绿色粉末。三氧化二钴 $Co_2O_3$，分子量 347.76，为暗棕色或黑色粉末（为 CoO 和 $Co_2O_3$ 的混合物）。所有钴的化合物在熔制时都转变为一氧化钴。

氧化钴是比较稳定的强着色剂，它能使玻璃获得略带红色的蓝色，不受气氛影响。往玻璃中加入0.002%的一氧化钴，就可使玻璃获得浅蓝色，加入0.1%的一氧化钴可使玻璃获得明亮的蓝色。

钴化合物与铜化合物和铬化合物共同使用，可以制得色调均匀的蓝色、蓝绿色和绿色玻璃。与锰化合物共同使用，可以制得深红色、紫色和黑色玻璃。

(3) 镍化合物　主要有一氧化镍 NiO，分子量 74.7，为绿色粉末。氢氧化镍 $Ni(OH)_2$，分子量 92.71，为绿色粉末。氧化镍 $Ni_2O_3$，分子量 165.38，为黑色粉末。常用的为氧化镍。

镍化合物在熔制中均转变为一氧化镍，能使钾钙玻璃着色成浅红紫色，钠钙玻璃着色成紫色（有生成棕色的趋向）。

(4) 铜化合物　常用的有硫酸铜 $CuSO_4$，分子量 249.54，为蓝绿色结晶。氧化铜 CuO，分子量 79.54，为黑色粉末。氧化亚铜 $Cu_2O$，分子量 143.08，为红色结晶粉末。

在氧化条件下加入1%～2%的 CuO，能使钠钙玻璃着色成青色，CuO 与 $Cr_2O_3$ 或 $Fe_2O_3$ 共用，可制得绿色玻璃。$Cu_2O$ 与 $CuSO_4$ 的用量可按 CuO 的用量进行计算。

(5) 银化合物　银矿物和含银矿物有 200 多种，其中最常见的银矿物有辉银矿（$Ag_2S$）、淡红银矿（$Ag_3AsS_3$）、深红银矿（$Ag_3SbS_3$）和角银矿（AgCl）等。银的卤化物有 AgF（黄色）、AgCl（白色）、AgBr（淡黄色）、AgI（黄色）。卤化银对光都很敏感，见光即分解出银单质，故可以作感光材料，以 AgBr 在照相业中特别重要。银的化合物是制造光敏微晶玻璃不可缺少的原料。

## 4.2 微晶玻璃的制备工艺

由于微晶玻璃的品种非常繁多，每一种产品都对应一定的生产方法，所以就使得制备微晶玻璃工艺方法多样化。归结起来，微晶玻璃工艺方法主要有压延法、压制法、浇铸法、烧结法和浮法。本节就这几种方法加以论述。

### 4.2.1 微晶玻璃的压延法制备

压延法是制造平板状玻璃制品的一种方法，是指在熔融的玻璃液的冷却过程中，用一对相对转动的耐热钢辊轴将玻璃液压制成一定厚度与宽度的板状玻璃的生产方法。在此过

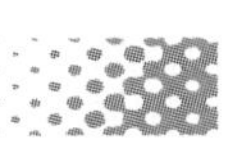

程中，熔制好的玻璃液将从液相转变成具有固定形状的固体制品。成形必须在一定温度范围内才能进行，玻璃液由黏性液态转变为可塑态，再转变成脆性固态，这一过程是一个玻璃带快速冷却的过程。

压延成形依据其特点可以分为单辊法和双辊法。单辊法是将玻璃液浇铸到压延成形台上，台面可以用铸铁或铸钢制成，轧辊在玻璃液面碾压，制成的玻璃再送入退火窑。双辊法生产是将玻璃液通过水冷的一对轧辊，随辊子转动向前拉引至退火窑，一般下辊表面有凹凸花纹，上辊是抛光辊或花辊，从而制成单面或双面有图案的压延玻璃。

由于成形工艺的特殊性（瞬间强制辊压急冷成形），因此对成分有特殊的要求。进入压辊前，玻璃黏度低，以保持良好的流动性与可塑性。辊压后玻璃应随温度的降低，黏度急剧增加，使玻璃迅速固化，保持形状的稳定。

连续压延玻璃成形工艺是一种非常成熟的制备平板状玻璃的方法。连续压延生产玻璃时，玻璃液从成形部尾端流溢口，经唇砖（托砖），流到压延机的上下辊间，再经过一定间隙的转动的上下压辊，在辊子的外力作用下压制成所要求厚度的玻璃板。压辊内部通冷却水，使流经辊间的玻璃液迅速冷却，由液态变成塑性状态，在玻璃板表面形成半硬性的塑性壳，压延辊转动时，压辊、玻璃带之间的摩擦力使玻璃带运动，经托辊（托板）进入退火窑退火。

最早将压延法运用于微晶玻璃生产的是乌克兰汽车玻璃厂，早在 1970 年该厂就将矿渣微晶玻璃投入了工业化生产，建成了一条年产 50 万平方米的矿渣微晶玻璃压延生产线。以高炉渣作为主要原料，生产出白色和灰色微晶玻璃，其工艺流程为：配料→混合→玻璃熔制→压延→切割→晶化→磨抛→检验→成品→入库。值得注意的是，与利用压延法制备其他的玻璃不同，在玻璃成形并进行简单的退火、冷却后，玻璃带被切割成一定尺寸的玻璃原板。这些玻璃原板通过特有的热处理制度进行核化和微晶化处理，最终制备出可用于建筑装饰的微晶玻璃板。利用压延法制备矿渣微晶玻璃时，其基础成分见表 4-9，矿渣微晶玻璃中各种原料的用量见表 4-10，可见高炉矿渣的使用量可以达到 30%以上。

**表 4-9　压延法制备矿渣微晶玻璃的基础成分**

| 成分 | $SiO_2$ | $Al_2O_3$ | CaO | MgO | $Na_2O+K_2O$ | $Fe_2O_3+FeO$ | $S^{2-}$ | $F^-$ |
|---|---|---|---|---|---|---|---|---|
| 含量(质量分数)/% | 55～59 | 5～10 | 20～25 | 5～10 | 4～6 | 0.5～4 | 0.3～0.5 | 2～4 |

**表 4-10　矿渣微晶玻璃中各种原料的用量**

| 成分 | 高炉渣 | 石英砂 | 长石 | 白云石 | 方解石 | 纯碱 | 芒硝 | 其他 |
|---|---|---|---|---|---|---|---|---|
| 含量(质量分数)/% | 30～40 | 30～35 | 10～16 | 5～10 | 10～18 | 4～6 | 2～6 | 5～10 |

压延法生产矿渣微晶玻璃是以高炉矿渣、非金属尾矿、热电厂粉煤灰等废渣为基础，掺加硅砂、石灰石、白云石或铝矾土和适当的晶核剂，按一定化学组成的配合料熔化成矿渣玻璃，成形为制品后，经过核化、晶化的热处理过程生长成均匀微晶玻璃结晶材料。矿渣微晶玻璃已问世近半个多世纪，如今已广泛应用在化工、建材、建筑、军工和机械等工业部门，作为防化学侵蚀、耐热、抗折、抗压和耐磨材料，收到了极为良好的效果。这种新型材料不仅用途广泛，而且在工业废渣的处理、净化人类生存环境中收到了很好的社会效益。压延法生产微晶玻璃的成形示意图如图 4-1 所示。

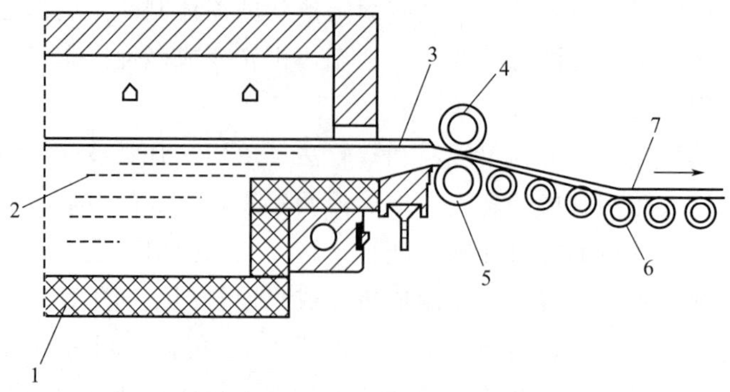


图 4-1　压延法生产微晶玻璃的成形示意图

1—熔窑工作部；2—玻璃液；3—供料槽；4—上辊；5—下辊；6—辊道；7—玻璃带

在白色和灰色矿渣微晶玻璃的研究和生产过程中，经常发现有化学和结构的不均匀性，致使产品外观劣化，甚至会使制品的强度和物化性能下降。所谓化学不均匀性，主要是指在压延制品中存在着杂质，制品表面有色斑或锯齿形的线道，在白色微晶玻璃中还有乳浊原始玻璃呈交错排列的透明夹层。产生这类化学不均匀性的主要原因是 $SiO_2$ 含量偏高，CaO、$Al_2O_3$、氟化物含量均偏低所致。如果针对上述情况予以调整，再采用薄层投料方式和适当采用搅拌措施就能明显改变这类化学不均匀性。

利用压延法制备微晶玻璃的另外一个代表性的产品是 $Li_2O$-$Al_2O_3$-$SiO_2$ 系统低膨胀的电磁炉面板。该系统微晶玻璃主要是指以 $Li_2O$、$Al_2O_3$、$SiO_2$ 为主要成分的玻璃经过严格的受控晶化处理后形成的以β-石英固溶体为主晶相的透明微晶玻璃。β-石英固溶体是β-锂霞石与β-石英形成的连续固溶体，属于六方晶系，具有填充型高温石英结构，可以看成石英中一部分 $Si^{4+}$ 被 $Al^{3+}$ 所取代，$Li^+$ 填充在结构的空穴中保持电中性。并且许多离子半径相近的其他离子也可以取代 $Li^+$、$Si^{4+}$ 而进入β-石英固溶体的晶格中。β-石英固溶体的晶粒尺寸一般为 30～60nm，在超低膨胀微晶玻璃中所占体积分数一般在 70%以上。

β-石英固溶体具有负的热膨胀系数，因此通过调整其与正膨胀系数玻璃相的体积分数，可以使微晶玻璃的热膨胀系数在（$-5$～80）$\times10^{-7}$℃$^{-1}$以内的范围任意调节，经过精心设计可以使微晶玻璃在某一温度范围内达到零膨胀，在$-40$～70℃温度范围内，其热膨胀系数可达到 $2\times10^{-8}$℃$^{-1}$。这种微晶玻璃具有低膨胀、耐高温、耐热冲击和透明等多种优异性能，具有非常广泛的用途，所以一直受到各国材料科技工作者的关注。超低膨胀微晶玻璃主要应用在现代航空技术、集成线路板和光学器件中，如太空机器人、航天飞机、宇宙飞船、天文望远镜或卫星的导航定位等方面，另一主要应用是耐高温的炊具、餐具、高温电光源玻璃、高温观察窗等方面。图 4-2 为利用压延法制备 $Li_2O$-$Al_2O_3$-$SiO_2$ 系统低膨胀的电磁炉面板的成形过程。

### 4.2.2　微晶玻璃的压制法制备

压制法是光学玻璃与器皿玻璃成形的一种工艺方法，主要用于玻璃镜片、玻璃镜头、玻璃杯、玻璃盘、玻璃炖锅等的成形。熔制好的玻璃液通过对其冷却速率进行控制，达到适合于压制成形的温度与黏度条件。可以利用在玻璃液面挑料的方法将一定质量玻璃熔体挑入成形模具中，当上下模具合模时，在压力与摩擦力的作用下，黏性的玻璃熔体会均匀

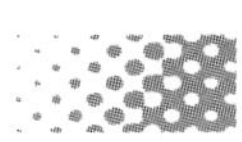

图 4-2　利用压延法制备 $Li_2O$-$Al_2O_3$-$SiO_2$ 系统低膨胀的电磁炉面板的成形过程

地填充在模具的所设计的空隙中。在模具的冷却下，玻璃料被成形成所需要的尺寸与形状。成形好的玻璃制品需要进行退火以消除应力。另一种机械化程度很高的压制玻璃的成形方法是，通过熔窑尾部的供料槽，将玻璃熔体导入特殊的耐火材料料碗中，形成一定直径的料股。通过料碗下方的机械手将料股剪断成一定质量的料团，料团落入下部的成形模具。当上下模具合模时，在压力与摩擦力的作用下，黏性的玻璃熔体会均匀地填充在模具的所设计的空隙中。在模具的冷却下，玻璃料被成形成所需要的尺寸与形状。在此过程中，熔制好的玻璃液将从液相转变成具有固定形状、尺寸的固体制品。在得到玻璃制品以后，若是制备微晶玻璃，其后续热处理非常复杂与关键。可以根据其组分特点，寻求特定的热处理制度，包括升温速率、核化温度、核化时间、晶化温度、晶化时间以及后续的退火与冷却。应当指出的是，在对成形好的玻璃制品进行微晶化时，需要注意制品的变形，重点把握晶化温度、晶化时间与制品的码放方式。

在 $Li_2O$-$Al_2O_3$-$SiO_2$ 系统微晶玻璃器皿的制备中，美国康宁公司采用华尔特(Walter) 公司先进的微晶玻璃成形机组。他们利用全自动关节臂式挑料机，将熔化好的玻璃料自动挑入各种玻璃模具中，挑料量可控制在 10～8000g 的范围内。这种挑料机带有计算机控制系统，对玻璃的重量、玻璃的液面和温度自动控制，每分钟需挑料的次数均事先输入程序，使之完全处于自动控制状态下工作。与挑料机相配合的是剪刀机，它具有高度的灵活性，可以自动调节上下高度和角度，每分钟可供料 8～40 滴，玻璃料进入模具后，由玻璃器皿自动压制机完成成形工作。成形模具可以是多种多样的，最大成形直径可达 400mm。微晶玻璃经过自动压制成形后，产品由传送带送入晶化炉进行热处理，核化温度在 780℃左右，保温 1h，再以 1～2℃/min 的升温速率升温到 860℃左右，保温 2h，再退火至室温，这样可制得热膨胀系数小于 $12\times10^{-7}℃^{-1}$、变形温度在 1100℃左右、抗弯强度达到 1800MPa 的优质透明的微晶玻璃制品。压制成形工艺流程如图 4-3 所示。利用此方法成形的微晶玻璃炖锅如图 4-4 所示。

美国康宁餐具 (World Kitchen) 利用玻璃的压制成形的方法制备出了著名的康宁锅(Corning ware)。康宁餐具是世界著名的厨具用品品牌，原隶属于世界 500 强的康宁公司。公司创始人为 Amory Houghton Sr. Amory 先生，他将公司搬到纽约州康宁市，并以此更名为康宁公司。1998 年 4 月 1 日，为了在厨房用具领域获得更大的拓展，美国康宁

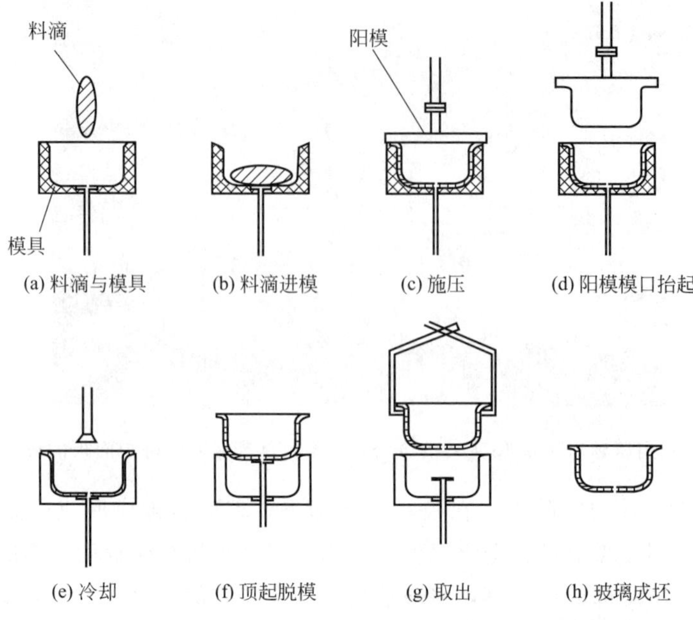


图 4-3　压制成形工艺流程

图 4-4　利用压制法成形的微晶玻璃炖锅

餐具有限公司（World Kitchen，LLC.）成立。

康宁科技在近 200 年，不断地推动人类文明的进程。从 1897 年为爱迪生制造的第一只玻璃灯泡，到 20 世纪 80 年代问世的原始液晶显示；从 1913 年世界第一款耐热玻璃烘烤用具，到如今遍及世界各地的 Internet 通信光纤；甚至从 1950 年以来美国所发射的每一枚火箭的头锥，都运用了康宁科技的领先技术。

### 4.2.3　微晶玻璃的浇铸法制备

玻璃的浇铸成形方法是制备光学微晶玻璃时常用的一种方法，浇铸成形一般不施加压力，对设备和模具的强度要求不高，对制品尺寸限制较小，主要用于形状较为简单的片状、块柱状或柱状玻璃的成形。依据其生产工艺过程，浇铸法可以分为间歇式浇铸成形和连续式浇铸成形两种形式。

当利用间歇式浇铸成形时，其玻璃的熔化基本上采用的是间歇式的熔化方式，即采用

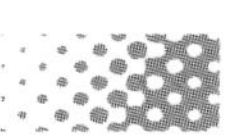

坩埚的形式进行熔化，玻璃的熔化量是一定的。熔制好的玻璃液经过适当的冷却，达到适合于浇铸成形的温度与黏度条件，通过倾倒或人工挑料的方式浇铸到预先设计好的模具中。通过高温状态下玻璃熔体的流动，使得黏性的玻璃熔体会均匀地填充在模具中。在模具的冷却下，玻璃料被成形成所需要的尺寸与形状。成形好的玻璃制品需要进行退火以消除应力。在得到玻璃制品以后，若是制备微晶玻璃，其后续热处理就与压制法制备微晶玻璃的过程非常相似了。关键是根据其组分特点，寻求特定的热处理制度，包括升温速率、核化温度、核化时间、晶化温度、晶化时间以及后续的退火与冷却。图 4-5 为利用浇铸法成形光学微晶玻璃的照片。

图 4-5　利用浇铸法成形光学微晶玻璃的照片

当利用连续浇铸工艺成形时，其玻璃的熔化采用的是连续式的熔化方式，即采用电熔窑的形式进行熔化，熔窑的日熔化量可以达到几吨或十几吨。熔制好的玻璃液经过流液洞、上升通道、供料通道，适当冷却后通过其尾部的铂金管道将玻璃液导入到由耐热钢制成的槽形成形池中，如图 4-6 所示。通过高温状态下玻璃熔体的流动，使得黏性的玻璃熔体会均匀地填充在槽形模具中。在槽形模具的冷却下，玻璃料被成形成所需要的尺寸与形状。槽形模具的后端与网带相接，玻璃条块在网带的牵引下向后移动，并进行退火以消除应力。在得到玻璃制品以后，若是制备微晶玻璃，其后续热处理就与压制法制备微晶玻璃

图 4-6　光学微晶玻璃的连续浇铸工艺成形

的过程非常相似了。关键是根据其组分特点，寻求特定的热处理制度，包括升温速率、核化温度、核化时间、晶化温度、晶化时间以及后续的退火与冷却。

耐热低膨胀微晶玻璃产品集低膨胀性、高强度和高热稳定性等优良性能于一体，可以制成平板、器皿等各种形状，在家用电器、高温热交换器、实验室用加热器具、光学器件、印刷业等领域有广泛的应用前景。作为光学器件用光学材料，热膨胀系数（20～300℃）小于 $10\times10^{-7}$℃$^{-1}$，耐酸、耐碱性（质量损失率）小于 0.2%且外观无变化，最高工作温度（长期）为 400～800℃，透过率大于 80%。表 4-11 为可用于浇铸法成形的 $Li_2O$-$Al_2O_3$-$SiO_2$ 系统微晶玻璃的化学组成。

**表 4-11　可用于浇铸法成形的 $Li_2O$-$Al_2O_3$-$SiO_2$ 系统微晶玻璃的化学组成**

| 化学组成(质量分数)/% | | | | | | | | | | | | 主晶相 |
|---|---|---|---|---|---|---|---|---|---|---|---|---|
| $SiO_2$ | $Al_2O_3$ | $Li_2O$ | MgO | ZnO | $P_2O_5$ | $Na_2O$ | $K_2O$ | BaO | $TiO_2$ | $ZrO_2$ | $As_2O_3$ | |
| 68.8 | 19.20 | 2.70 | 1.80 | 1.00 | | 0.20 | 0.10 | 0.80 | 1.80 | 2.70 | 0.80 | β-石英固溶体 |
| 55.5 | 25.30 | 3.70 | 1.00 | 1.40 | 7.90 | 0.50 | | | 1.90 | 2.30 | 0.50 | β-石英固溶体 |
| 65.1 | 22.60 | 4.20 | 0.50 | | 1.20 | 0.60 | 0.30 | | 2.30 | 2.00 | 1.10 | β-石英固溶体 |
| 67.0 | 22.00 | 4.00 | 0.50 | | 1.50 | 0.50 | | | 2.50 | 2.00 | | β-石英固溶体 |
| 69.05 | 18.90 | 3.3 | 0.9 | 1.55 | | 0.20 | 0.10 | 0.75 | 1.75 | 2.60 | | β-石英固溶体 |
| 65.7 | 22.00 | 4.50 | 0.50 | | 1.10 | 0.50 | 0.30 | | 2.00 | 2.50 | 1.00 | β-石英固溶体 |
| 66.7 | 20.50 | 3.50 | 1.60 | 1.20 | | 0.22 | | | 4.80 | 0.05 | 0.40 | β-锂辉石固溶体 |
| 69.7 | 17.80 | 2.80 | 2.60 | 1.00 | | 0.40 | 0.20 | | 4.70 | 0.10 | 0.60 | β-锂辉石固溶体 |

## 4.2.4　微晶玻璃的烧结法制备

烧结法制备微晶玻璃材料的基本工艺为，将一定组分的配合料投入到玻璃熔窑当中，在高温下使配合料熔化、澄清、均化、冷却，然后，将合格的玻璃液导入冷水中，使其水淬成一定颗粒大小的玻璃颗粒。水淬后的玻璃颗粒的粒度范围，可根据微晶玻璃的成形方法的不同进行不同的处理。烧结法制备微晶玻璃材料的优点在于以下几点。

（1）晶相和玻璃相的比例可以任意调节。

（2）基础玻璃的熔融温度比熔融法低，熔融时间短，能耗较高。

（3）微晶玻璃材料的晶粒尺寸很容易控制，从而可以很好地控制玻璃的结构与性能。

（4）由于玻璃颗粒或粉末具有较高的比表面积，因此即使基础玻璃的整体析晶能力很差，利用玻璃的表面析晶现象，同样可以制得晶相比例很高的微晶玻璃材料。

### 4.2.4.1　玻璃粉末的烧结

玻璃粉末在高温下存在析晶和烧结两种趋势。如果玻璃粉末在烧结前发生晶化，在玻璃粉末表面和内部析出的晶体会使玻璃黏度升高，原子迁移率下降，阻碍玻璃粉末的烧结，因此烧结应在玻璃的析晶温度以下进行。玻璃的烧结温度和析晶温度都随玻璃粉末粒度的减小而降低，粉末太细可能会使玻璃的析晶温度低于烧结温度，粉末太粗则会导致微晶玻璃材料显微结构的不均匀。用烧结法制备微晶玻璃时，应严格控制粉末的粒度分布。利用烧结法制备的材料中或多或少都存在气孔，因此制备出的材料的致密性要比熔融法差。

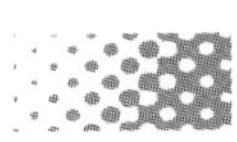

$MgO-Al_2O_3-SiO_2$ 系统堇青石基微晶玻璃由于具有优良的绝缘介电性能，是用作电子材料和航空器件的理想材料，一直是微晶玻璃研究的热点。制备 $MgO-Al_2O_3-SiO_2$ 系统微晶玻璃的传统方法是熔融法，但该系统玻璃的熔制温度比较高，且在异型制品的成形上也存在一定的困难，因此，近年来已有越来越多的工作者开始采用烧结法来制备该系统微晶玻璃。粉体烧结法是 20 世纪 80 年代兴起的一种新型的微晶玻璃制备方法。与传统的玻璃熔融法相比，烧结法所用玻璃熔块对均匀度的要求比正常熔制的玻璃低，故所需玻璃原料熔制温度低，熔化时间短。而且它可采用陶瓷工艺的多种成形方法，适于制备形状复杂的制品，尺寸也能控制得较为精确，因而在某些情况下，用粉体烧结法制备微晶玻璃产品具有更大的实际意义。

在利用玻璃粉末烧结法制备微晶玻璃的过程中，首先要对玻璃粉末进行成形，大多采用粉末压制成形的方法，这种方法在陶瓷行业已经非常成熟。玻璃粉末烧结法制备微晶玻璃的晶化和烧结是结合在一起进行的。基础玻璃料在升温至温度 $T_g$ 后，经历了分相、核化、晶化等过程，逐步得到和基础玻璃成分不同的残余玻璃相及若干晶相，同时颗粒间相互聚集，残余玻璃相沿晶界缓慢地将气孔排除，最后形成致密的微晶玻璃制品。

#### 4.2.4.2　玻璃颗粒的烧结

(1) $CaO-Al_2O_3-SiO_2$ 系统玻璃颗粒的烧结收缩曲线　何峰、程金树等对 $CaO-Al_2O_3-SiO_2$ 系统玻璃颗粒的烧结析晶做了大量的研究。选用颗粒大小为 0.5～2mm 的不同组分的玻璃颗粒分别装入 $\phi$20mm×50mm 的耐火材料模具内。振动使玻璃颗粒紧密堆积，然后将耐火材料模具放入电阻炉内，以 300℃/h 的升温速率从室温升至 850℃，从炉中取出模具，用千分尺测量试样的收缩率后，重新将耐火材料放回高温炉中，继续在该温度下保温 10min 重复上述过程，以后每保温 10min 测试一次烧结收缩率，直到收缩结束。在不同的温度下重复上述过程，就得到各试样玻璃在不同温度下的等温烧结收缩曲线，见图 4-7。

(2) 起始烧结温度（$T_s$）及起始析晶温度（$T_c$）的测定　起始烧结温度（$T_s$）及起始析晶温度（$T_c$）是确定烧结温度的关键。各取 3～5g 不同组分的试样玻璃颗粒，放入不同的瓷舟中，将电阻炉以 10～15℃/min 的升温速率升至所需要保温的温度，然后将带玻璃试样的瓷舟直接放入电阻炉中，保温 0.5h 以后取出，在空气中冷却至室温，观察烧结情况，当颗粒之间有黏结时，即认为玻璃颗粒开始烧结，此时温度定位为 $T_s$。此实验从 760℃开始，每升高 10℃为一个温度保温点，重复上述过程，确定出起始烧结温度（$T_s$）。然后将各烧结后的试样置于正交偏光显微镜下观察，看到有析晶出现时，则认为析晶开始，记录起始析晶温度 $T_c$。

(3) $CaO-Al_2O_3-SiO_2$ 系统玻璃颗粒的烧结机理　材料的烧结过程非常复杂，玻璃颗粒的烧结是在有液相参与的情况下进行的。纯粹的固相烧结实际上是不易实现的，或者需要相当苛刻的热处理条件。在材料的制备过程中，液相烧结比固相烧结的应用范围更广泛。液相烧结的推动力是表面能，烧结过程是由颗粒重排、气孔填充等阶段所组成。由于流动传质速率快，因而液相烧结致密化速率高。在通常情况下，玻璃颗粒的烧结过程为：在室温到 800℃的范围内玻璃颗粒之间并无明显的烧结迹象，玻璃颗粒仍然处于松散的状态；当玻璃颗粒在 850℃保温 1h 以后，玻璃颗粒已经开始有明显的烧结迹象，原来尖锐的颗粒开始变得圆滑，玻璃颗粒间的空隙明显减小；在950℃保温1h以后，玻璃颗粒之间的烧结更加充分，制品的烧结收缩加大。此时在玻璃颗粒之间已经生长出了微小的晶体；当玻璃颗粒在1120℃保温1h以后，玻璃颗粒的致密化已经达到了最高的状态，玻璃颗粒开始整体析晶。图4-8为玻璃颗粒的烧结过程示意图。

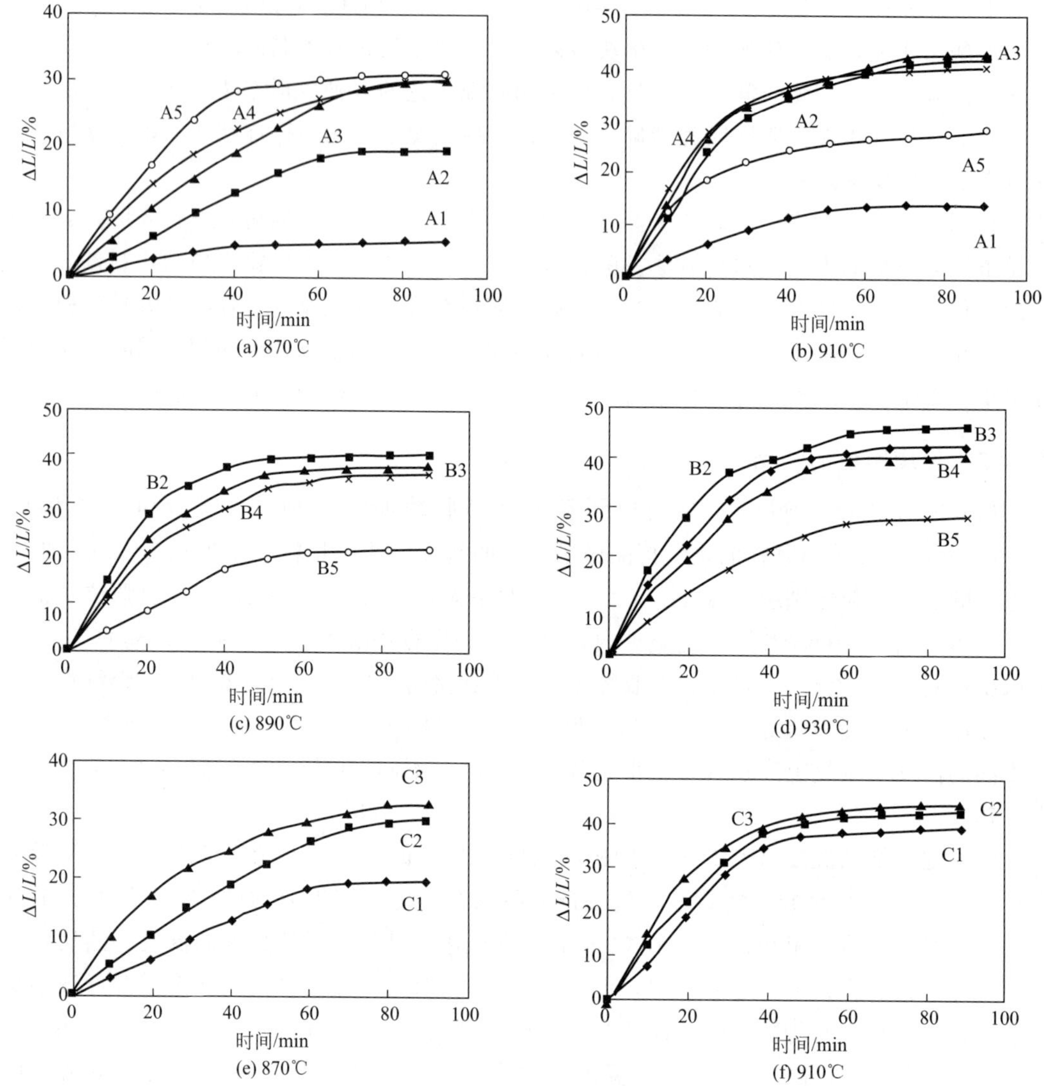

(a) 870℃

(b) 910℃

(c) 890℃

(d) 930℃

(e) 870℃

(f) 910℃

图4-7　部分试样玻璃在不同温度下的等温烧结收缩曲线

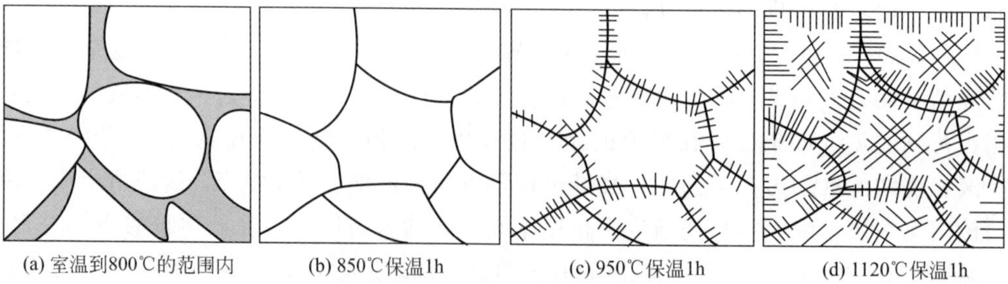

(a) 室温到800℃的范围内

(b) 850℃保温1h

(c) 950℃保温1h

(d) 1120℃保温1h

图4-8　玻璃颗粒的烧结过程示意图

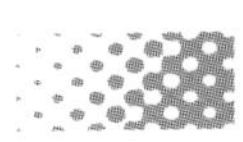

(4) $CaO-Al_2O_3-SiO_2$ 系统玻璃颗粒的烧结动力学　为考察玻璃烧结的动力学过程，假设玻璃颗粒的形状为球形，如图 4-9 所示。玻璃颗粒的烧结是在液相参与下进行的，而且固相在液相中有一定的溶解度。该烧结过程主要是部分固相的溶解与淀析，从而使材料的密度增大。当玻璃颗粒表面有液相存在，并且相互润湿、溶解时，致密化的驱动力就会来自于颗粒间液相的毛细管压力，这种毛细管压力非常大，它可以使玻璃颗粒中的质点不断地重排、迁移，结果使颗粒的中心相互靠近，并产生烧结收缩，图中黑色部分为液体。有液相出现的烧结，其过程比较复杂，但烧结收缩的速率比较快，效率较高。图 4-10 是玻璃颗粒在不同烧结阶段的照片。

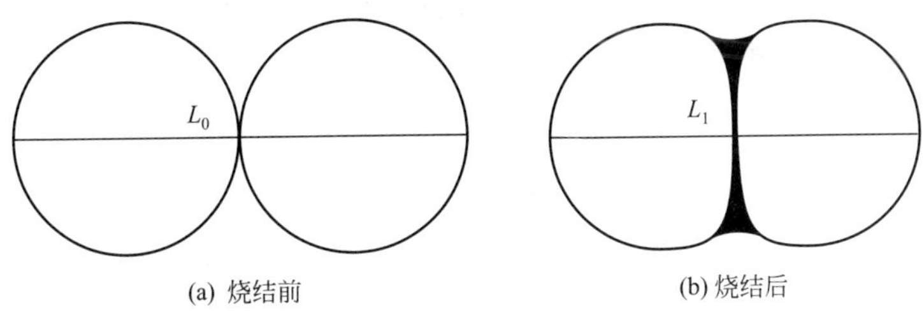


图 4-9　玻璃颗粒的烧结前后状态示意图

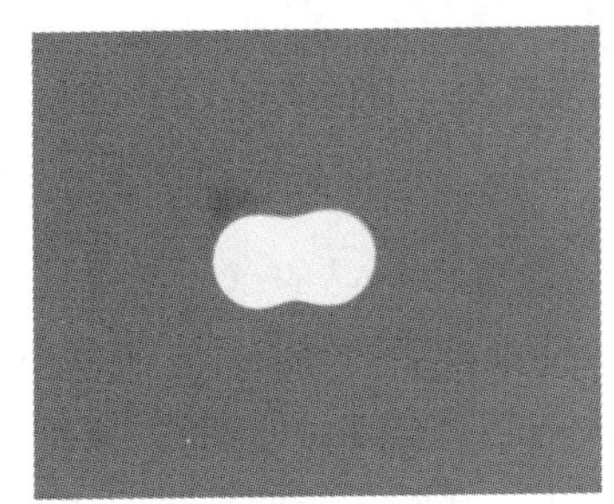
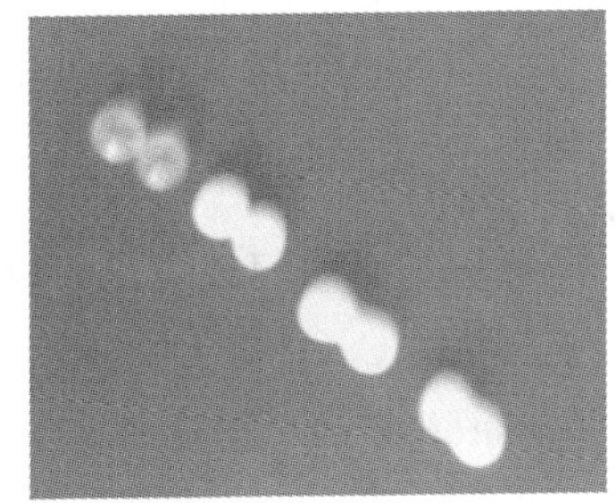

图 4-10　玻璃颗粒在不同烧结阶段的照片

为较为精确地表征出玻璃颗粒烧结机理，可以采用 Frenkel 以简化的双球模型导出了玻璃初期烧结动力学公式为：

$$\left(\frac{x}{r}\right)^2=\left(\frac{3\gamma}{2\eta\rho}\right)t \tag{4-2}$$

式中，$x$ 为两球圆形接触面的半径；$r$ 为球的半径；$\gamma$ 为表面张力；$\eta$ 为玻璃黏度；$\rho$ 为双球接触表面上曲率半径；$t$ 为烧结时间。设烧结前两球间的中心距离是 $L_0$，烧结后收缩值为 $\Delta L$，则收缩率为：

$$\frac{\Delta L}{L_0}\approx\frac{\rho}{r} \tag{4-3}$$

而

$$\rho=\frac{x^2}{4r} \tag{4-4}$$

考虑对于硅酸盐材料来说，组分改变时表面张力变化不大，可以近似认为是常数，同时假设玻璃的黏度只是温度的函数，则得：

$$\frac{\Delta L}{L}=\left[\frac{3\gamma}{8\eta_0\rho}\exp\left(-\frac{E_s}{RT}\right)\right]t \tag{4-5}$$

在一定温度下，烧结收缩是时间的线性函数，斜率为：

$$k=\frac{3\gamma}{8\rho_0\rho}\exp\left(-\frac{Q_s}{RT}\right) \tag{4-6}$$

改变烧结温度，得到一系列的曲线，对其中的直线取其斜率 $k$ 取对数得：

$$\ln k=-\frac{Q_s}{RT}+c_0 \tag{4-7}$$

式中，$Q_s$ 是玻璃黏性流动活化能，也就是烧结活化能；$R$ 是气体常数；$T$ 是热力学温度。由直线斜率的对数的负值 $-\ln k$ 对 $T^{-1}$ 作图，可求得烧结活化能。

吴鹏等研究发现，对于块状的不添加任何晶核剂的 $CaO-Al_2O_3-SiO_2$ 系统玻璃，其析晶也是由玻璃表面诱发的。图 4-11 为 $CaO-Al_2O_3-SiO_2$ 系统块状玻璃表面析晶微晶相随时间的生长趋势。

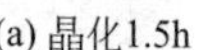
(a) 晶化1.5h

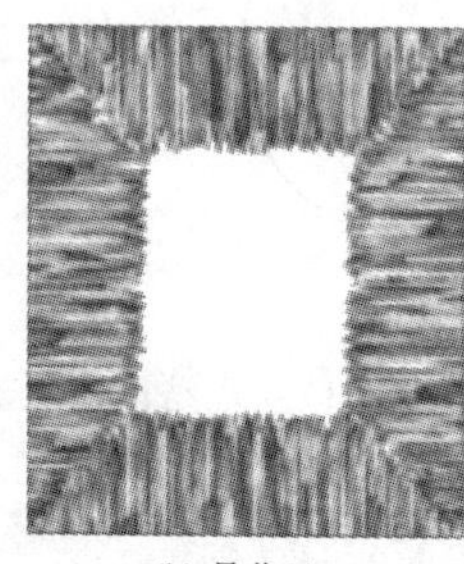
(b) 晶化3h

(c) 晶化5h

图 4-11　$CaO-Al_2O_3-SiO_2$ 系统块状玻璃表面析晶微晶相随时间的生长趋势

从图 4-11 可以看出，块状玻璃表面析晶的试样中晶体垂直于样品表面相内生长。对于块状的 $CaO-Al_2O_3-SiO_2$ 系统微晶玻璃，主要是在热处理的过程中，表面先进行加热，出现液相，离子的迁移速率变快，晶核在表面慢慢地生长；表面的各种缺陷也为晶核的生成提供了成核位，在烧结的过程中，缺陷能降低系统的表面成核能。从玻璃试样的断面可以看出，只有试样表面呈白色，经 XRD 测试，析出的晶相为 β-硅灰石，而试样内部是非晶态玻璃。

该系统中建筑装饰微晶玻璃已经得到国内外建筑师的青睐和广泛认同。也就使得微晶玻璃在建筑装饰中得到了广泛应用。其基础玻璃组成属于钙铝硅系统，是一种不含晶核剂的从表面向内部析出针状或枝状晶体的微晶玻璃。其表面性能非常近似花岗岩等天然石材，与天然石材相比有以下的优点：结构致密，高强，耐磨，耐侵蚀，在外观上纹理清晰，色泽鲜艳，无色差，不褪色，光洁典雅等。生产工艺过程为：原料称量→混合→高温熔化、澄清、均化→水淬→烘干、筛分→装模、铺料→烧结晶化、退火→表面研磨、抛光、切裁→检验。

建筑装饰微晶玻璃首先可作为内外墙贴面、墙基贴面或屋顶墙面装饰、隔墙的结构材料。因为微晶玻璃制品尺寸精度较高，可制作大规格产品，轻质高强，施工方便，隔断灵活，已用于宾馆、车站、机场、办公大楼、地铁、酒店等高档公用建筑和别墅等高档住宅场所。其次可用于建筑中的地板、电梯井内部等人流频繁区域，美观耐磨。除用于替代天然石材的装饰地砖，微晶玻璃板还可减少防水层数量。由于其吸水率为零的优良性能，使其可广泛应用于屋面材料。其他还有用于立柱贴面、大厅柜台面、卫生间台面、炊事案板等处的装饰材料，也可用作阳台、门窗的结构材料，各种高档家具、高档珍贵工艺品的制

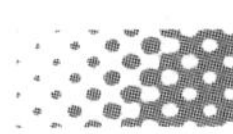

作材料，及其他各种用途的装饰材料。

#### 4.2.4.3　影响玻璃颗粒烧结的因素

（1）成分对烧结的影响　烧结法微晶玻璃装饰板材常见的成分见表 4-12。

表 4-12　烧结法微晶玻璃装饰板材常见的成分

| 成分 | $SiO_2$ | $CaO$ | $Al_2O_3$ | $ZnO$ | $BaO$ | $Na_2O$ | 其他 |
|---|---|---|---|---|---|---|---|
| 含量(质量分数)/% | 55～60 | 15～20 | 5～9 | 1～5 | 1～5 | 1～5 | 1～5 |

烧结总是在一定温度下进行的，因此温度对烧结起着非常重要的作用。起始烧结温度和起始析晶温度随着 CaO 含量的增加而降低。这是由于 CaO 在玻璃结构中起了两个方面的作用：一方面，CaO 会使网络断裂，使玻璃结构的连接程度降低，会使玻璃颗粒出现液相的温度下降；另一方面，CaO 在烧结法微晶玻璃装饰板材的生产中，与 $SiO_2$ 形成硅灰石（$\beta$-$CaSiO_3$）的概率提高，从而使起始析晶温度降低。说明 CaO 含量提高，烧结温度范围缩小。

起始烧结温度和起始析晶温度随着 $Al_2O_3$ 含量的增加而提高。玻璃的烧结温度范围随之而扩大，说明随 $Al_2O_3$ 含量的增加可以扩大烧结温度范围。这主要是由于 $Al_2O_3$ 增加玻璃的连接程度，从而抑制析晶所致。

起始烧结温度变化不大，只是起始析晶温度随 $B_2O_3$ 含量的增加而略有增加，说明 $B_2O_3$ 含量的增加使玻璃的连接程度增加。一般而言，试样玻璃的起始烧结温度与起始析晶温度相差较远，有利于烧结过程的控制。

当温度一定时，烧结收缩量随着 CaO 含量的增加而增加。CaO 含量增加，有利于玻璃颗粒中液相的产生，质点的迁移速率更快，从而使烧结加速。而当烧结温度高于起始析晶温度时，会出现烧结停滞的现象。另外，当 CaO 含量一定时，烧结温度越高，烧结收缩量也越大。

当温度一定时，烧结收缩量随着 $Al_2O_3$ 含量的增加而降低。这是由于 $Al_2O_3$ 含量增加，网络连接程度提高，液相出现温度提高所致。而 $Al_2O_3$ 含量一定时，烧结温度提高，烧结收缩量增加。烧结收缩量随着 $B_2O_3$ 含量的增加而提高。这是由于 $B_2O_3$ 含量增加，在它们所对应的烧结温度点的玻璃黏度下降。对于 $B_2O_3$ 含量一定时，烧结温度提高，烧结收缩量增加。

（2）烧结温度对烧结的影响　当玻璃颗粒的组分和烧结时间一定时，在低于起始析晶温度的前提下，玻璃试样随着烧结温度的提高，其收缩量明显增大。此现象说明烧结温度的提高有利于玻璃颗粒中液相的产生，在液相较多的情况下，质点的迁移速率更快，从而使烧结加速。

另外，当烧结温度高于起始析晶温度时，会出现烧结停滞的现象。这是由于此时玻璃中已经有大量的硅灰石晶体出现。晶体出现以后，将对质点的迁移起到阻碍作用，从而阻止烧结收缩，使烧结收缩曲线过早地出现偏离现象。选择烧结温度时应该在尽量提高的前提下，避开起始析晶温度。

（3）烧结时间对烧结的影响　当玻璃颗粒的组分和烧结温度一定时，玻璃试样的烧结收缩随着烧结时间的延长而经历了：收缩加速阶段→收缩减缓阶段→收缩停滞阶段。三者所占的收缩量分别为70%～80%、15%～18%、1%～5%，而完成烧结的时间在40～70min的范围内。图4-12为$CaO-Al_2O_3-SiO_2$玻璃颗粒的烧结收缩曲线。如果无限制地延长烧结时间是不利于实际生产的，首先会增加能量的消耗，其次对热工设备的要求更高，使设备投资增加，造成不必要的浪费。因此，在满足烧结质量的前提下，烧结时间应尽量缩短。

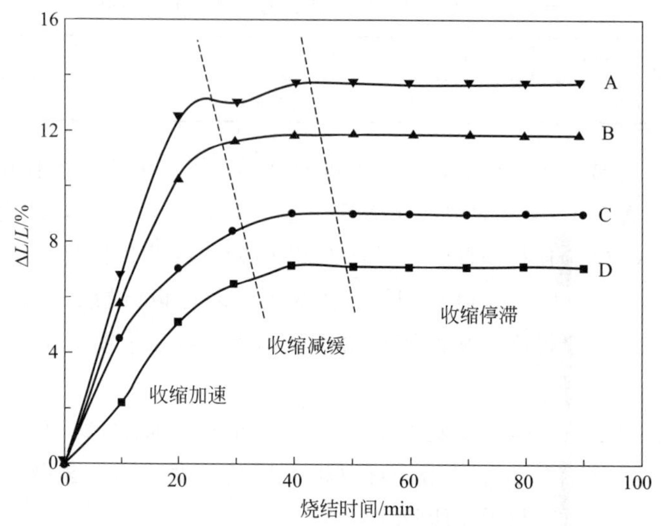


图4-12　$CaO-Al_2O_3-SiO_2$玻璃颗粒的烧结收缩曲线

总之，$CaO-Al_2O_3-SiO_2$玻璃颗粒的烧结经历了：收缩加速阶段→收缩减缓阶段→收缩停滞阶段。烧结时温度应该在尽量提高的前提下，但要避开起始析晶温度，烧结温度选择在低于起始析晶温度20℃的温度范围内为宜。较佳的烧结时间范围为60～80min。

图4-13　装模待烧的玻璃颗粒

（4）生产工艺过程　对于烧结法生产微晶玻璃，其较优的生产工艺是：由于考虑到各种颜色品种的生产，配合料的熔化可选用2～3座马蹄焰窑炉进行熔化，熔化温度为1500～1550℃，澄清温度为1380～1420℃，池深不宜过深。澄清、均化好的玻璃液经水淬成粒径为1～8mm的颗粒，烘干、筛分后以一定级配铺在耐火材料模框内，见图4-13。将装满玻璃颗粒的耐火材料模具送入隧道式或梭式晶化窑中进行烧结晶化、退火处理，见图4-14。可得到规格尺寸多样的毛坯板。毛坯板再经过粗磨、细磨、抛光、切裁后就得到了各规格板材。由于烧结法生产工艺特殊，在对玻璃颗粒进行铺料时，可将不同颜色的玻璃颗粒按任意比例进行混合辅料，所以其生产的花色品种非常繁多。产品颜色的可选择性、随意性都非常强，大大增强了其竞争能力。由烧结法制备的微晶玻璃装饰板成品见图4-15。

目前用烧结法制备的微晶玻璃体系有$CaO-Al_2O_3-SiO_2$系统、$MgO-Al_2O_3-SiO_2$系统和$Na_2O-CaO-MgO-Al_2O_3-SiO_2$系统等。

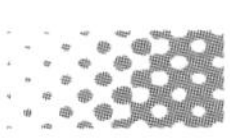

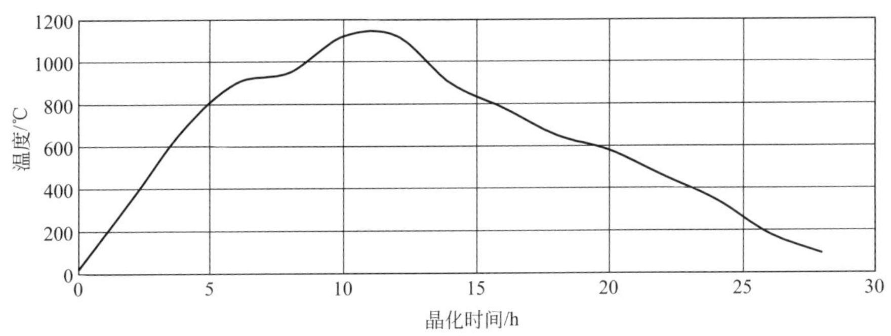


图 4-14　烧结法微晶玻璃装饰板材的晶化热处理制度

图 4-15　由烧结法制备的微晶玻璃装饰板成品

## 4.2.5　微晶玻璃的浮法制备

### 4.2.5.1　浮法玻璃工艺概述

1959 年，英国皮尔金顿公司经过以往长期的研究、探索、实验，终于研制成功浮法成形技术并获得专利。浮法制备微晶玻璃材料的基本工艺为，熔融的玻璃液从熔窑内连续流出后，漂浮在充有保护气体的金属锡液面上，形成厚度均匀、两表面平行、平整和抛光的玻璃带，再进行退火，如图 4-16所示。浮法玻璃应用广泛，分为着色玻璃、银镜玻璃、汽车挡风级浮法玻璃、各类深加工级浮法玻璃、扫描仪级浮法玻璃、镀膜级浮法玻璃、制镜级浮法玻璃。其中超白浮法玻璃具有广泛的用途及广阔的市场前景，主要应用在高档建筑、高档玻璃加工和太阳能光电幕墙领域以及高档玻璃家具、装饰用玻璃、仿水晶制品、灯具玻璃、精密电子行业、特种建筑等。

浮法玻璃生产的成形过程是在通入保护气体（$N_2$ 及 $H_2$）的锡槽中完成的。熔融玻璃从池窑中连续流入并漂浮在相对密度大的锡液表面上，在重力和表面张力的作用下，玻璃液在锡液面上铺开、摊平，形成上下表面平整，硬化、冷却后被引上过渡辊台。辊台的辊子转动，把玻璃带拉出锡槽进入退火窑，经退火、切裁，就得到浮法玻璃产品。浮法与其他成形方法相比较，其优点是：适合于高效率制造优质平板玻璃，如没有波筋、厚度均匀、上下表面平整、互相平行；生产线的规模不受成形方法的限制，单位产品的能耗低；成品利用率高；易于科学化管理和实现全线机械化、自动化，劳动生产率高；连续作业周期可长达几年，有利于稳定地生产；可为在线生产一些新品种提供适合的条件。

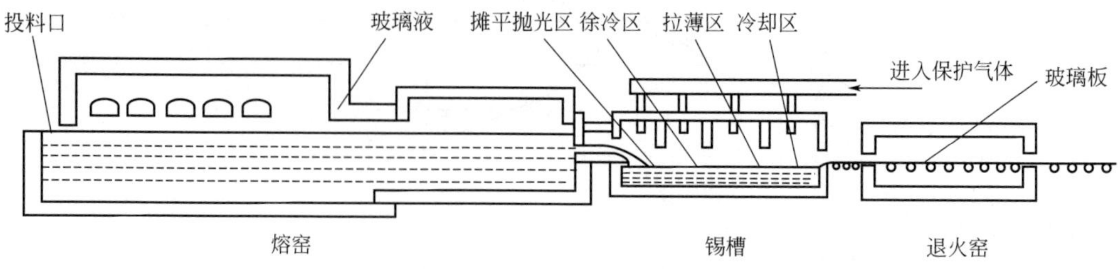


图 4-16 浮法工艺过程示意图

#### 4.2.5.2 浮法微晶玻璃

由于生产微晶玻璃的基本方法与普通玻璃在主要工艺上区别不大，而且最终结晶材料的密度在 2.8g/cm$^3$ 左右。目前虽然国内外已较成熟地运用了烧结法、压延法、压制法、浇铸法生产微晶玻璃制品，但对于平板微晶玻璃外观质量还存在一定的问题，有些制品都要二次加工才能达到用户的要求。

在微晶玻璃的成形过程中应特别强调黏度和温度的变化情况，如果压延成形的温度接近结晶温度，这样对于成形过程是极为不利的，甚至会无法生产出合格板材。因此寻求新的成形工艺以适合于在不同情况下都能生产出合格微晶玻璃板材仍是当务之急。在国内外已有不少研究单位试图将浮法成形工艺引入到微晶玻璃板材的生产中来，国内外有些研究部门已取得了初步成果。这种工艺与普通玻璃工艺相比，原则上区别不大，成形在锡槽中进行，但困难的是核化和晶化是在锡槽内完成还是在锡槽外完成。如果在锡槽内完成，对锡槽的结构要进行改造，拉边器的材料要相应地配套，温度场的变化要求严格，同时要分区规划，完成在锡槽中的热处理过程。

如果玻璃运行速度太慢，在工业生产中显得不经济；如果太快，锡槽和退火窑的长度要相应增加许多，这样一次投资会很高。因此要将这种工艺用于生产实际仍有很多问题有待于进一步解决。但是，这种工艺从理论和实践上是完全可以用于生产平板微晶玻璃的。在工业上的实际运用只是一个时间迟早而已。

目前浮法工艺主要用于 $Na_2O$-$CaO$-$SiO_2$ 系统玻璃的生产，其技术成熟，装备自动化程度高。有望利用浮法制备微晶玻璃的基础玻璃系统为 $CaO$-$MgO$-$Al_2O_3$-$SiO_2$（CMAS）系统，该系统微晶玻璃具有优良的力学性能。两者的化学组成对比见表 4-13。表 4-14 为浮法生产 $Na_2O$-$CaO$-$SiO_2$ 系统玻璃的工艺黏度与其所对应的操作温度范围。

**表 4-13 钠钙硅玻璃与钙镁铝硅玻璃的化学组成对比**

| 氧化物 | 化学组成(质量分数)/% | | | | | | |
|---|---|---|---|---|---|---|---|
| | $CaO$ | $MgO$ | $Al_2O_3$ | $SiO_2$ | $Na_2O$ | $K_2O$ | $TiO_2$ |
| 钠钙硅玻璃 | 5.9～8.8 | 3.1～4.2 | 2.1～3.4 | 71～73 | 13.5～14.3 | 0.9～1.7 | 0 |
| 钙镁铝硅玻璃 | 7.1～8.5 | 7.2～8.3 | 27～29 | 43～46 | 3.3～5.0 | 3.1～4.6 | 3.9～5.6 |

**表 4-14 浮法生产 $Na_2O$-$CaO$-$SiO_2$ 系统玻璃的工艺黏度与其所对应的操作温度范围**

| 浮法成形过程特征黏度点 | 工艺黏度/Pa·s | 操作温度范围/℃ |
|---|---|---|
| 浮抛开始 | $10^2$～$10^3$ | 1060～1100 |
| 抛光时 | $10^{2.7}$～$10^{3.2}$ | 990～1060 |
| 锡槽出口 | $10^{10}$ | 600～620 |

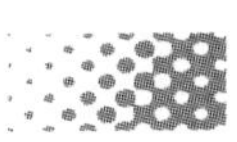

利用高温旋转黏度计对 $CaO-MgO-Al_2O_3-SiO_2$ 系统玻璃的高温黏度进行测试，用以考察浮法各关键工艺黏度所对应的操作温度范围。图 4-17 为钙镁铝硅玻璃的黏度-温度曲线。结合表 4-14 中的有关数据与图 4-17 中的生物黏度-温度曲线，可以明确地得出钙镁铝硅玻璃浮法成形过程中摊平抛光区的温度范围为 1120～1180℃，玻璃液流入锡槽的温度需要高于 1280℃，锡槽出口温度为 780℃。将以上数据进行比较，用浮法方式成形钙镁铝硅玻璃时，其抛光温度和玻璃带出锡槽的温度都将比钠钙硅玻璃所对应的温度高 150～180℃。当操作温度提高后，其平衡厚度、渗锡等都是值得关注和研究的问题。

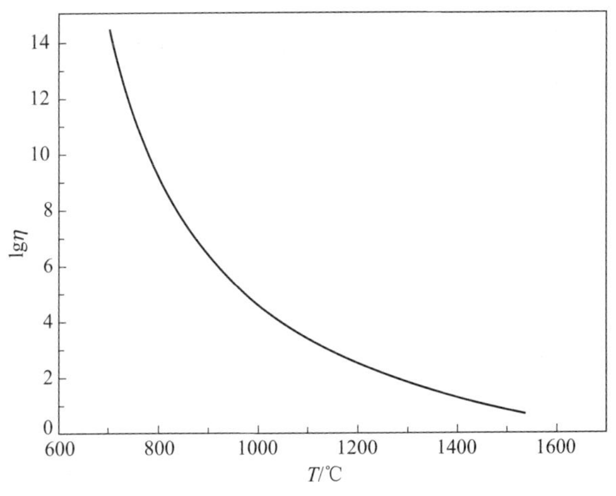


图 4-17 钙镁铝硅玻璃的黏度-温度曲线

### 4.2.5.3 钙镁铝硅浮法玻璃的平衡厚度

浮法玻璃的平衡厚度由玻璃的表面张力和重力两个因素决定，重力对浮法玻璃的平衡厚度起减薄的作用，而表面张力对浮法玻璃的平衡厚度起增厚的作用。钙镁铝硅玻璃与钠钙硅玻璃在相应的浮抛温度下保温一定时间，玻璃厚度随摊平时间的变化曲线如图 4-18 所示。

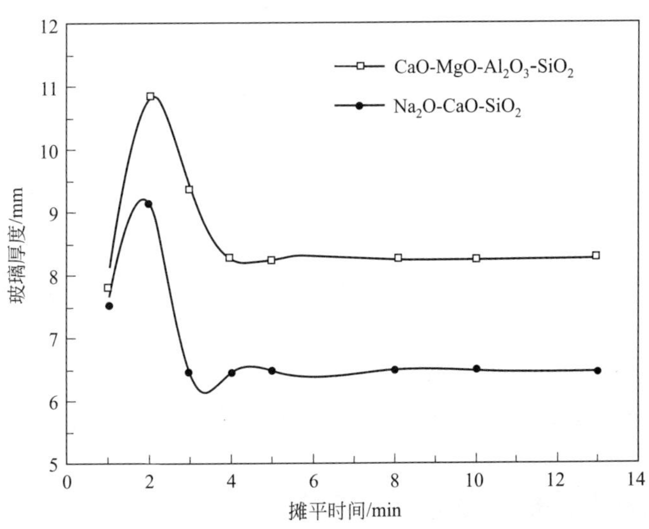


图 4-18 玻璃厚度随摊平时间的变化曲线

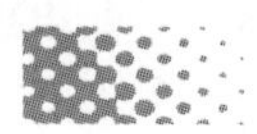



由图 4-18 可得，钠钙硅玻璃于 1100℃时浮抛 3min，平衡厚度达到 6.5mm。目前钙镁铝硅玻璃于 1160℃浮抛 4min 之后，其平衡厚度为 8.2mm，由此初步确定钙镁铝硅浮法玻璃于 1160℃最佳浮抛时间为 4min。

#### 4.2.5.4 钙镁铝硅浮法玻璃的渗锡

在生产浮法玻璃的过程中，浮法玻璃液自熔窑流经流道进入锡槽，在熔融金属锡液的上方平铺摊开而成形。在玻璃带沿锡槽前进的方向，玻璃的自身温度由进入锡槽时的 1280℃，冷却至离开锡槽进入退火窑时的 720℃。在这样的温度范围内，不可避免地会发生玻璃表面层与锡液之间的离子交换或离子扩散。离子交换反应的结果是玻璃表面层锡含量增加，碱金属和碱土金属含量降低。由化学分析得知，玻璃下表面的锡含量远高于上表面，致使上下表面之间的物理性质出现差异，如下表面的折射率和密度均高于上表面，而且下表面的渗锡量对深加工产品也会造成一定的影响。所以人们只是对玻璃下表面锡含量及其渗锡分布感兴趣，玻璃上表面的渗锡机理与下表面类似，只是渗锡量的不同而已。玻璃下表面渗锡的深度一般为 20～40μm。另外，由玻璃的渗锡分布曲线可知，在距玻璃下表面大约几微米处，有一富锡层，即渗锡量出现一个峰值，通常称为驼峰或卫星峰。图 4-19 为钙镁铝硅玻璃中 Sn 元素分布随样品深度的变化情况。

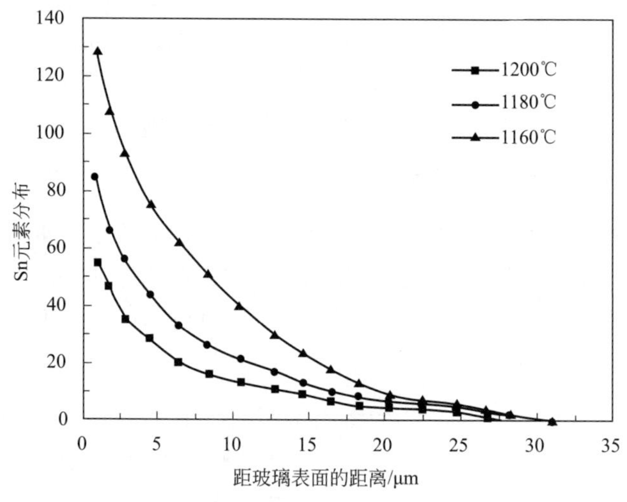


图 4-19 钙镁铝硅玻璃不同温度下的 Sn 分布情况

由图 4-19 可知，钙镁铝硅玻璃在浮抛温度分别为 1160℃、1180℃、1200℃时，其对应 Sn 元素分布最大计量数不断地提高，且其渗锡深度不断增加，最大渗锡深度由 20μm 提高到 35μm。在其他条件相同的情况下，样品最大渗锡量随温度的降低而减少。温度高于 1160℃时，样品渗锡深度明显增大。分析认为，温度越高，玻璃液的黏度减小导致阻力减小，同时玻璃样品的热扩散系数随温度的升高而增大，离子的扩散速率或离子交换反应速率加快，所以在相同时间内渗入玻璃体内的锡量增多，进入玻璃样品深度增大。

## 4.3 微晶玻璃的缺陷及质量控制

与其他的玻璃或陶瓷材料一样，在微晶玻璃的制备过程中，也会产生许多质量缺陷。

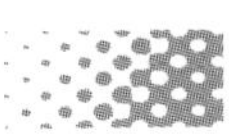

微晶玻璃中的缺陷产生与其生产工艺过程复杂、环节繁多有密切关系。在实际生产中，要得到理想的、均一的微晶玻璃是非常困难的。微晶玻璃中的缺陷种类和它产生的原因是多种多样的，对缺陷的消除也是非常困难的，因此，必须严格控制生产工艺过程，尽可能地防止缺陷的产生。

微晶玻璃是由基础玻璃态的材料经过受控晶化而制备出的同时含有晶相与玻璃相的复合材料。在其各制备环节中出现或存在的缺陷都可能保留至最终的制品当中。玻璃缺陷的形成与各工艺环节是否正常进行有密切关系，如配合料的质量、熔制过程、成形以及退火等都能产生各种玻璃缺陷。通常的所谓玻璃缺陷主要是指制品中的气泡、线道、节瘤及结石，这些缺陷的存在不仅影响玻璃的外观质量，而且也影响使用性能。有上述缺陷的制品，在使用过程中极易炸裂。不同的微晶玻璃品种对缺陷程度有各种不同的要求。例如，对光学微晶玻璃，即使肉眼看来不明显的条纹也是不允许存在的；在厚壁瓶罐微晶玻璃中，一般可容许一些条纹或尺寸小的气泡，但在器皿微晶玻璃中同样的条纹与气泡就要作为疵病来对待。微晶玻璃中的缺陷按其状态的不同，可以分成三大类，下面就微晶玻璃中常见的缺陷加以论述。

### 4.3.1　$CaO-Al_2O_3-SiO_2$ 系统烧结法微晶玻璃的缺陷与控制

$CaO-Al_2O_3-SiO_2$ 系统烧结法微晶玻璃作为一种新型高档建筑装饰材料，烧结法微晶玻璃装饰板材已经越来越受到广大玻璃工作者以及建筑设计师的青睐。在其生产中经常会遇到如“气孔”“鱼眼泡”“形变”“黑斑”等缺陷。如果这些缺陷不加以控制，将会对微晶玻璃装饰板的成品率产生严重的影响。下面就以上缺陷的产生原因与消除方法分别叙述。

#### 4.3.1.1　气孔

气孔作为烧结法微晶玻璃装饰板材的主要缺陷，直接影响到产品的质量。利用烧结法生产微晶玻璃装饰板材的工艺过程较为复杂，在实际生产中，可能产生气泡的原因比较多。气孔分为开口气孔和闭口气孔，其中开口气孔对 $CaO-Al_2O_3-SiO_2$ 系统烧结法微晶玻璃表面质量的影响更大。

烧结法微晶玻璃装饰板材是利用 $CaO-Al_2O_3-SiO_2$ 系统玻璃所具有的表面析晶特性，经烧结晶化处理而得到的一种表面具有天然花岗岩花纹的新型建筑装饰材料。作为一种装饰材料，其表面要进行研磨、抛光。在这一加工过程中，往往会在其表面产生一些孤立的气孔。对气孔所处位置进行观察，发现它们主要位于颗粒花纹的交界处和颗粒花纹的中心部位，如图 4-20 所示。经研究发现，这两种气孔产生的原因及出现的阶段各不相同。

(1) 烧结过程对气孔产生的影响　对于烧结法生产微晶玻璃，玻璃颗粒的烧结过程非常关键。起初玻璃颗粒接触处物质迁移，形成颈部，直至颈部互相冲突，随着颈部的生长，颗粒会发生重新排列，此时气孔位于颗粒与颗粒之间所包围的顶点，气孔之间相互连通，气孔形状十分复杂。进一步的物质迁移，使连通气孔收缩，同时气孔内部表面物质由曲率半径小的地方向曲率半径大的地方迁移，气孔的形状发生变化。由于气孔快速收缩，连通气孔被切断，成为孤立气孔。通过对已完成烧结过程的样品进行观察，发现除因玻璃未熔化好而使颗粒中带有气泡外，大多数的气孔均在玻璃颗粒交界处存在。

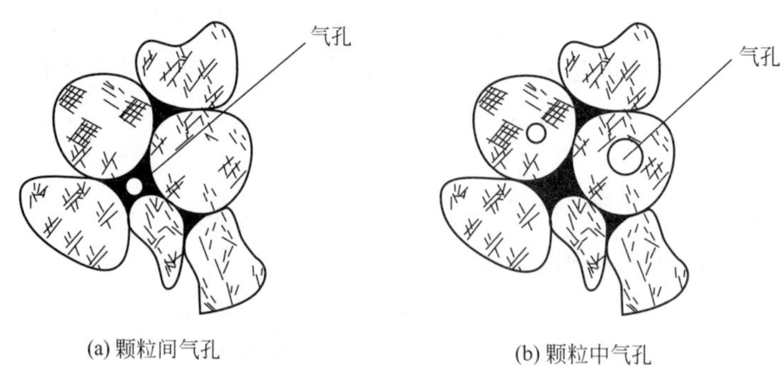


图 4-20 微晶玻璃板材中气孔所在位置示意图

实践表明，烧结过程是消除和减轻烧结法微晶玻璃中气泡的重要阶段。对有液相参与的烧结过程，烧结温度是对物质迁移起着决定性作用的因素。从玻璃烧结动力学角度看，为产生较多液相，烧结温度应尽可能提高，以使物质的迁移更充分，而最大限度地在烧结过程中消除或减轻气孔。实践研究结果还表明，玻璃颗粒的堆积状态直接关系到气孔的状况，显然，当采用粒子紧密堆积时，烧结体收缩情况明显优于松堆积的情况。所以为减少气泡，在实际生产中，铺粒时亦应采取不同颗粒混铺的密堆积方式。

（2）熔制过程对气孔产生的影响　在熔制过程中，若澄清时间不够，在基础玻璃颗粒中会带有一定量气泡，这些气泡在玻璃颗粒烧结与晶化过程中不可能被排除，而永久地存在于晶化颗粒花纹的中心部位，在研磨抛光后成为气孔，出现在微晶玻璃板材表面。因此要得到高质量的装饰板材，必须保证玻璃的熔制质量。

（3）晶化过程对气孔产生的影响　当玻璃颗粒的烧结过程结束便进入晶化阶段，由 $CaO\text{-}Al_2O_3\text{-}SiO_2$ 系统玻璃所具有的表面易析晶特性决定了晶体首先从颗粒边界面开始生长。随着晶体的析出，颗粒花纹边界处玻璃液黏度迅速增大，质点迁移受到限制，因此使烧结阶段带到晶化阶段的气孔更加难以消除。所以在微晶玻璃基础成分要进行适当选择的同时，要对晶化时间、晶化温度进行准确制定和严格控制。晶化温度对气孔的出现和其体积的扩大有很大影响。当基础玻璃成分一定时，玻璃颗粒经过比较充分的烧结后，带到晶化阶段的气孔一般以微细的针孔形式存在，这并不影响产品的质量。对于每一组分的玻璃都有其最佳的晶化温度范围，在此温度范围，析出的晶体得以长大，同时针孔的变化不大。但当温度偏离较佳温度范围后，温度过高会使针孔中气体出现体积扩大和上浮现象，而温度过低又将因液相产生量不足而使表面凹凸不平，结果均在微晶玻璃板材表面形成气孔或孔洞。同时过低的晶化温度还会使玻璃析晶不充分而影响产品的花纹及强度。因此为减少气孔或孔洞的出现，提高产品质量，晶化温度要适当，必须根据不同的物料，确定最佳的晶化温度范围。生产经验表明，晶化温度偏离最佳温度后，产品表面必将出现大量气孔或孔洞。与此同时，为保证晶体充分析出、长大，晶化时间一定要适当，否则都将不利于产品质量。

（4）外来杂质和气氛对气孔产生的影响　外来杂质也能产生气孔。在实际生产中，可能引入外来杂质的途径很多。从产品的外观看，几乎是有外来杂质的地方必有气孔或孔洞出现。在生产过程中，可能引入的主要杂质有：耐火材料的小颗粒，颗粒玻璃料在运输过程中掺入的泥土、机械铁及铁锈等，烧结过程中从风管中吹入的铁锈皮及其他杂质等。当

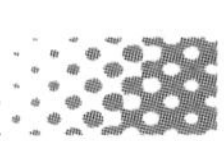

杂质引入后，在烧结过程中，杂质颗粒有的不能参与玻璃颗粒烧结，有的从表面上看已与玻璃颗粒发生烧结，但由于它们和玻璃体的密度以及烧结牢固程度不一致，在切磨过程中会从微晶板材上脱落下来，形成大的孔洞。如果杂质是难挥发或着火点很高的有机物时，也会在有机物处出现非常大的气孔。因此在实际生产中，应当保持整个生产线的洁净。在有杂质存在于玻璃颗粒中时，晶化窑内的气氛也会对微晶玻璃板材上气泡产生严重影响。在生产中，曾一度在板材表面出现了直径为 5～20mm 的大气泡，这些气泡周边大多伴有褐色物质，通过对气氛的调整，大气泡得以消除。分析原因可能是：在实际生产中，含铁、含碳等杂质通过运输或操作设备等引入玻璃颗粒间，在气氛不当时，会发生一系列的氧化还原反应，并放出大量气体，在一定温度下就导致在微晶玻璃表面形成较大气泡，从而影响板材质量。因此在避免杂质被引入生产线的同时，还必须注意晶化窑内气氛的控制。

#### 4.3.1.2　大气泡

在实际生产中，微晶玻璃板面上经常会出现尺寸比较大的气孔，这些气孔被形象地称为“鱼眼泡”。“鱼眼泡”的尺寸在 3～10mm 范围内不等。研究发现，“鱼眼泡”的产生与一些含铁的物质有关系，例如生产设备上所产生的铁锈、铁粉或含碳的材料如 SiC 等。由于铁锈中含有 $Fe_3O_4$、$Fe_2O_3$ 成分，在气氛的作用下，可能会发生 $Fe_3O_4 \longrightarrow Fe_2O_3 + O_2$、$Fe_2O_3 \longrightarrow FeO + O_2$ 等反应，导致气体的生成，此时玻璃的温度已经超过了玻璃软化温度（845℃左右），随着温度的升高，粒料软化，表面呈熔融流动性，表面开始摊平并迅速封闭。表面封闭以后，材料中由铁质所产生的气体很难逸出，逸出的将以开口泡形式保留下来，有的气泡由于力量不足刚好没穿透表面，结果以闭口的“鱼眼泡”形式保留下来。同样在微晶玻璃的烧结晶化过程中，若有 SiC 颗粒落入其中，SiC 会被氧化并分解产生大量气体。玻璃颗粒表面产生熔融流动，在表面张力的作用下形成连续的封闭表面后。SiC 氧化分解后的大量气体产生聚集，且被包裹在玻璃液相中，由此形成尺寸较大的缺陷。

#### 4.3.1.3　微晶玻璃板的形变

（1）建筑装饰微晶玻璃的形变现象　在微晶玻璃的生产中，特别是对于规格较大的平板，经常会有微晶玻璃板在由玻璃颗粒烧结晶化以后，出现板面变形的现象。具体表现有以下几种：①在微晶玻璃装饰板的变形中，最常见的变形是板的两头向下翘，而中间向上凸；②微晶玻璃装饰板的四个角向下翘，而中间向上凸，此类变形被形象地称为“乌龟背”，如图 4-21 所示；③由于棚板与横梁的变形所导致的微晶玻璃装饰板的变形。前面三种变形都与微晶玻璃装饰板的内部结构和工艺制度有密切的关系，也就是说，这三种变形是由微晶玻璃装饰板内的结构应力所引起的。而第四种变形仅与微晶玻璃装饰板的支撑材料有关系。

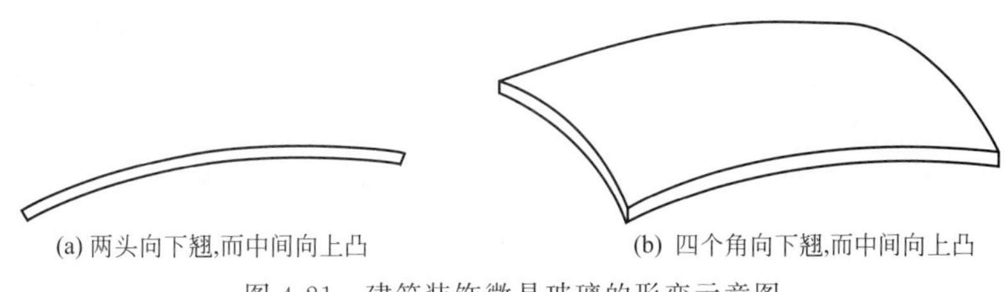

(a) 两头向下翘,而中间向上凸
(b) 四个角向下翘,而中间向上凸


图 4-21　建筑装饰微晶玻璃的形变示意图

(2) $CaO$-$Al_2O_3$-$SiO_2$ 系统微晶玻璃的应力形成　该系统微晶玻璃的主晶相为 β-$CaSiO_3$，根据其基础玻璃组分计算，微晶玻璃中 β-$CaSiO_3$ 晶体的理论生成量（质量）占整个微晶玻璃试样质量的 40%左右。所以该系统微晶玻璃中有大量的玻璃相存在。而在微晶玻璃的生产中，当玻璃颗粒烧结晶化以后，要进行退火、冷却处理。这一阶段的工艺制度对微晶玻璃中玻璃相结构影响很大。在微晶玻璃中，玻璃相与晶相相互咬合存在，结构比较复杂。在一般情况下，当晶体形成以后，其结构相对比较固定，而玻璃相在冷却过程中会有明显的结构调整。如果其温度下降过快，玻璃相的结构跟不上温度的变化，另外，由于有大量晶相存在，也会对玻璃相的结构调整起到阻碍作用，就使得玻璃相的调整更加困难，从而使应力残留在微晶玻璃当中。当残余应力大到一定的程度时，就会使微晶玻璃装饰板产生“形变”。

$CaO$-$Al_2O_3$-$SiO_2$ 系统微晶玻璃中，由于晶相与玻璃相结构不同，在经过高温处理后的冷却过程中，不可避免地会在微晶玻璃中产生应力。β-硅灰石晶体各向异性，在不同的晶向上热膨胀系数不同，冷却时造成应力。在退火过程中，微晶玻璃装饰板上表面直接和流动的气体接触，冷却较快，而下表面则与蓄热能力很强的耐火材料相接触，冷却速率相对较慢，装饰板表面和内部存在温差而在表面产生压应力。微晶玻璃装饰板在退火处理时，上下表面温差过大是造成微晶玻璃装饰板内应力不均匀的最重要的原因。消除微晶玻璃装饰板内应力是解决其形变问题的关键。

(3) $CaO$-$Al_2O_3$-$SiO_2$ 系统微晶玻璃的应力与形变消除　针对图 4-21 中所提及的两种形变，通过大量的观察与测试，我们发现：图 4-21(a) 所示形变，主要是由于微晶玻璃装饰板上下表面温差过大造成的，而且产生此形变时，上下表面的温度分别比较均匀，上表面温度高，下表面温度低；图 4-21(b) 所示的形变，也是由于微晶玻璃装饰板上下表面温差过大引起的，与图 4-21(a) 中形变相比，无论是上表面，还是下表面，在板的四角处与板的中心部位存在较大的温差，且四角处的温度要高于同面中心部位的温度。

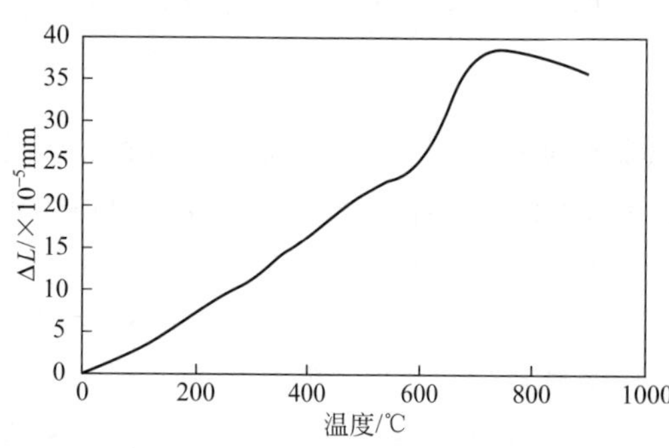

图 4-22　部分微晶玻璃试样的热膨胀曲线

微晶玻璃装饰板的形变与其生产过程中内应力的产生和消除有密切的关系。一般微晶玻璃装饰板的烧成温度在 1080～1130℃的范围内。在此温度下，玻璃的结构处于松弛状态。根据文献所提供的方法，可以测试得到微晶玻璃装饰板的热膨胀曲线，如图 4-22 所示。其 $T_g$ 为 644℃，$T_f$ 为 775℃，由此可见，微晶玻璃的结构松弛状态将保持在 800℃左右。

在 800℃以上的温度范围内，对其进行快速降温不会引起板面变形。400～800℃是微晶玻璃装饰板的退火温度范围，此阶段的工艺制度将决定微晶玻璃装饰板中是否有内应力的存在。在退火过程中，微晶玻璃装饰板上表面直接和流动的气体接触，冷却较快，而下表面则与蓄热能力很强的耐火材料相接触，冷却速率相对较慢，微晶玻璃装饰板的上下表面会出现温差，而使得上下表面产生不同的应力。要消除或减少应力和形变的存在，应当从以下几个方面入手。

(4) 制定合理的退火工艺制度　合理的退火工艺制度可以消除或减少应力的发生。

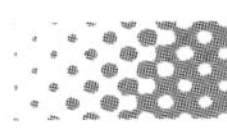

图 4-23是一条较好的微晶玻璃装饰板的退火曲线。

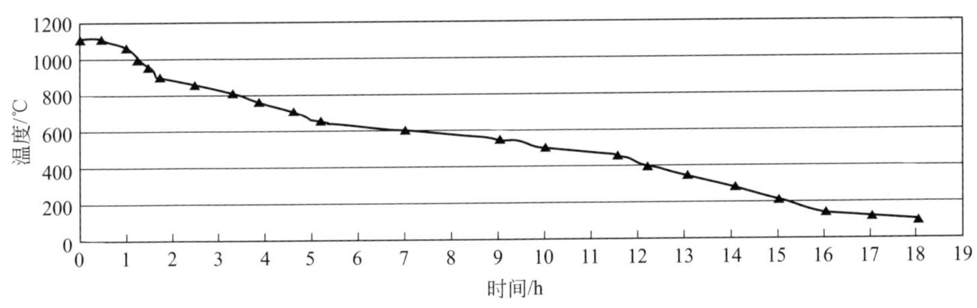


图 4-23 烧结法微晶玻璃装饰板的退火曲线

由曲线可以发现，从烧结晶化结束到退火结束一共需要 18h，其中，850～1120℃用时 1.5h，670～850℃用时 3.5h，480～670℃用时 6.5h，320～480℃用时 3.0h，100～320℃用时 3.5h。关键温度段是 670～850℃、480～670℃和 320～480℃，在几个温度段内，降温的速率在可能的情况下尽量慢一些。利用此曲线进行退火降温，书中所提到的微晶玻璃装饰板的变形问题可以得到很好的消除。

建筑装饰微晶玻璃属于 $CaO-Al_2O_3-SiO_2$ 系统微晶玻璃，其主晶相为 $\beta$-$CaSiO_3$。建筑装饰微晶玻璃的生产工艺过程非常复杂，其工艺覆盖玻璃制备、陶瓷烧成和石材加工。在微晶玻璃的生产中，微晶玻璃板在由玻璃颗粒烧结晶化以后会出现板面变形的现象，具体表现为四种。大多数的板面变形与微晶玻璃装饰板内的结构应力有关。由于微晶玻璃装饰板生产工艺的特殊性，就要求在其烧结晶化、退火的过程中尽量放慢冷却速率，以消除微晶玻璃装饰板中的应力。

#### 4.3.1.4 色斑

色斑在 $CaO-Al_2O_3-SiO_2$ 系统烧结法微晶玻璃的生产中是经常会出现的。作为一种装饰材料，它有丰富的品种和颜色。色斑产生的原因是由于在一种颜色的玻璃颗粒料里面掉入了其他颜色的玻璃颗粒料，它们一同被晶化处理与后期加工，这样就使得微晶玻璃装饰板产生色斑。色斑产生的原因非常简单，因此，解决起来相对比较容易。只要企业认真组织好生产，加强对不同颜色玻璃颗粒料的管理，防止不同颜色的玻璃颗粒料相互交叉污染，就能很好地解决色斑的问题。

#### 4.3.1.5 色差

色差不同于上面所提到的色斑，色差主要是指同一个颜色的微晶玻璃装饰板在颜色上会产生颜色差异的现象。色差产生的原因比较复杂，经研究分析在微晶玻璃装饰板的生产中，可以引起色差的原因非常多，过程也非常复杂。下面就几种色斑产生的原因加以叙述。

（1）原料　原料的化学组成不稳定，原料的化学组成会影响到微晶玻璃的析晶情况、析晶量的变化，析晶量的多少会对微晶玻璃的颜色产生一定的影响。另外，当原料的化学组成变化以后，很有可能会改变原料中杂质的含量。例如，砂岩中的 $Fe_2O_3$ 含量变化可直接影响微晶玻璃的颜色，因此要求原料中的 $Fe_2O_3$ 含量稳定。

（2）着色剂　在生产颜色微晶玻璃时，需要加入一定量的着色剂，着色剂的含量不同会直接导致微晶玻璃装饰板产生色差。另外，着色剂的批次不同，其中着色氧化物的含量有可能不同，也会导致微晶玻璃装饰板产生色差。要克服由着色剂引起的色差，可针对以上两个方面加以控制。

（3）晶化窑的气氛　微晶玻璃中使用的着色剂，常常是一些变价氧化物，有些氧化物对窑炉里的气氛非常敏感，当窑炉中的气氛发生变化时，着色剂的价态将会发生变化，对于着色剂离子，价态不同，其着色能力也有明显的差别。以下是几种变价氧化物价态变化对玻璃着色的影响。

（4）铬对玻璃的着色　在普通成分的玻璃中，铬总是以两种氧化价态存在，即 $Cr^{3+}$ 和 $Cr^{6+}$，其中三价离子通常占优势。在还原的熔炼条件下，当有能把六价铬还原成三价铬的 $As_2O_3$ 或 $Sb_2O_3$ 存在时，尤其是在碱含量低的玻璃中，$Cr^{6+}$ 的含量能降到最小值，这些玻璃可以认为是只被 $Cr^{3+}$ 着色的玻璃。它们的颜色为浅蓝绿色，透过极大值在550～560nm 处；在可见区具有特征的吸收带，其位置在光谱紫色区的 450nm 处和波长为 650nm 的红色区。铬的存在对红外光谱区的透过率一般不产生任何影响，而在紫外区的透过率，在很大程度上由少量的 $Cr^{6+}$ 所决定，它们即使有十万分之几，也能引起对紫外线的特征吸收。

在氧化条件下熔炼玻璃（特别是碱含量高的玻璃和铅玻璃）时，六价铬能比三价铬占有明显的优势。$Cr^{6+}$ 一般能生成二价阴离子 $CrO_4^{2-}$，它能使玻璃引起黄绿色或黄色着色。铅玻璃的橙色或红色色调是由所形成的复合铬酸盐阴离子 $Cr_xO_{3x+1}^{2-}$ 而引起的。$x$ 值越高，则红色越强。含 $Cr^{6+}$ 玻璃的光谱透过曲线的特点在于，紫外区的光透过率极低和吸收带的边缘很陡，该吸收带可随铬的含量和复合铬酸盐离子的形成，而从光谱短波的紫外区移向波长较长的（到 520nm）区域。$Cr^{6+}$ 的存在对光谱红色区和红外区的透过率没有什么影响。在普通成分的钠钙玻璃中，最多可以使 60％的铬保持在最高的氧化状态，从而能得到绿黄色着色。

用铬着色的玻璃对红光特征性透过的原因是，当被着成绿色玻璃的着色剂浓度高或玻璃层的厚度大时，如果利用低色温的光源进行观察，则能呈现出红色色调。因此，单独用铬着色的玻璃不能在光信号设备中使用。

铬的着色极为有效，当玻璃中含有 0.1％的 $Cr_2O_3$ 时便能看出浓厚的色彩。但是，铬的化合物在玻璃中的溶解度不高。当 $Cr_2O_3$ 的浓度大于 1.5％～2％和玻璃熔体冷却时，会析出碧绿色、绿色的 $Cr_2O_3$ 薄片，并形成铬金星玻璃。

铬的着色常常用来得到绿色，在严格遵守工艺规程的条件下，可以获得良好的着色再现性。

在铬的化合物中最常用的是重铬酸钾，因为它有下列优点：稳定，用它可引入百分率相当高的铬，在玻璃中比铬的氧化物或水化物更容易溶解。在很多玻璃厂还成功地使用了铬酸钡，有时与 $K_2Cr_2O_7$ 结合起来使用。

市场上的重铬酸钾中，$K_2Cr_2O_7$ 的含量一般不超过 98％；杂质当中往往有千分之几的硫酸钾，铁含量（$Fe_2O_3$）不超过 0.02％，其他着色金属氧化物（CuO、NiO、CoO、$Mn_2O_3$）只有痕量。

生产绿色的瓶子时，用含铬的矿料进行着色很经济，因为其中铁（$Fe_2O_3$）的高含量在该情况中并无妨碍。

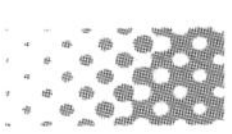

含铬矿渣（生产铬铁合金的废料，其中约含有 5.5%的 $Cr_2O_3$ 和 0.6%的 $Fe_2O_3$），也是生产有色瓶子的廉价着色剂。

（5）铁对玻璃的着色　铁对玻璃的着色非常普遍，因为 $Fe_2O_3$ 几乎含于一切玻璃原料中。尤其是含于砂子中。铁在玻璃中以 $Fe^{3+}$ 形式出现。二价铁能把玻璃着成浅蓝绿色，而三价铁则把玻璃着成浅黄绿色或黄色，但前者在可见光谱区的吸收能力约为 $Fe^{3+}$ 的 15 倍。

在还原条件下熔炼的 $Fe^{2+}$ 含量占优势的玻璃中，在 480nm、630nm 和 710nm 的波长处会出现弱吸收带，因此玻璃着色成浅蓝绿色。若玻璃中铁含量低，那么约有 60%的铁离子将以 $Fe^{2+}$ 的形式存在，从而出现纯蓝色着色。如果在氧化条件下熔炼的玻璃中 $Fe^{3+}$ 的含量占优势，而且玻璃在光谱的紫色区和红色区具有高吸收（透过率极大值在 550nm）的话，那么玻璃的色调将成为浅黄绿色。

在光谱的紫外区，含少量铁的玻璃的特点是呈现出强烈的吸收。此时，三价铁要比二价铁的吸收程度大。在红外区则发生相反的现象，$Fe^{3+}$ 比 $Fe^{2+}$ 的吸收小，$Fe^{2+}$ 在 1.1μm 的波长处具有强吸收带，这条吸收带随着铁含量的增大而加深和扩展。而用 FeO 着色的在可见区不产生吸收的磷酸盐玻璃，在红外区仍然有吸收。

玻璃中的铁以两种氧化价态存在。在最强的氧化条件下熔炼时，可使以 $Fe^{3+}$ 形式存在的铁多达 90%～95%，而在强还原条件下（如果有 80%左右的 $Fe^{3+}$ 被还原的话），当存在硫化物阴离子时，会出现强硫化着色，这种着色可受到引入玻璃中的 ZnO 的抑制。温度、玻璃成分和着色剂的浓度对平衡的移动都产生影响。较高的温度可以增大玻璃液中 $Fe^{2+}$ 的含量。砷能使铁氧化并依其 $Fe^{2+}$ 而提高 $Fe^{3+}$ 的含量。

在技术应用方面（滤光片、吸热玻璃和瓶罐玻璃），可用氧化铁来给玻璃着色，因为由于两种价态的铁及硫的存在，而引起的暗淡色调没有太大的作用。在氧化铁原料中，$Fe_2O_3$ 含量大于 95%的是优质品，$Fe_2O_3$ 含量低的氧化物能把玻璃着成浅红褐色或浅褐色，因此不用于玻璃着色。以配料用的矿石（花岗石、正长石）中所含的铁，可廉价地给某些类型的器皿玻璃（如啤酒瓶）着色。

氧化铁皮 $Fe_3O_4$ 主要用来制造电焊工用的防护玻璃和太阳镜玻璃，这种玻璃能保护视力不受非可见光的有害作用；它还可用来制造中性的灰色滤光片玻璃。

在玻璃制造实践中，把氧化铁皮称为氧化亚铁是不正确的；优质的氧化铁皮应含有 28%～31%的 FeO、66%～69%的 $Fe_2O_3$ 和小于 2.5%的酸不溶物。

用菱铁矿和氧化铁皮（小范围内）或草酸铁作为向玻璃中引入二价铁的原料，并用来制造吸热玻璃和透可见光的玻璃。例如，汽车用的玻璃、保护灵敏设备和材料（例如摄影材料）的玻璃、不受热辐射损伤的玻璃等均属此类。

（6）锰对玻璃的着色　锰在玻璃中有二价离子和三价离子两种状态。只含 $Mn^{2+}$ 的玻璃液几乎是无色的，但由于这种玻璃在冷却时已被氧化，因而最终的着色为黄色或褐色，其吸收带在 408～425nm 的范围内。$Mn^{2+}$ 的存在对紫外区和红外区的透过没有影响。

$Mn^{2+}$ 的着色强度不高。当还原剂的剂量适当时，可熔炼出 MnO 含量约 20%的玻璃。虽然成为褐色色调，但是该玻璃在可见光谱长波区的透过率可达到 80%左右。当还原剂量过剩时，会产生深褐色着色，但是，这种颜色不仅是由 $Mn^{2+}$ 引起，同时也是因为硫化着色而产生的。

$Mn^{3+}$可把玻璃着色成深紫色。吸收光谱在波长490～500nm处呈现出强吸收极大值，而在670～710nm处则有微弱的吸收峰。由于$Mn^{3+}$的存在，会使玻璃在紫外区的透过率有一定程度的下降，然而$Mn^{3+}$对光谱红外区的透过率几乎没有影响，只有在$Mn^{3+}$的浓度高时，在波长约为1$\mu$m的区域，透过率开始有少许的下降。在适度氧化条件下熔炼的玻璃，$Mn^{2+}$和$Mn^{3+}$之间会达到平衡，但这种平衡在很大程度上要向$Mn^{2+}$的方向移动。在锰的总量中，约有0.1%以较高的氧化价态存在。正是这一部分成了玻璃深紫色着色的原因。

氧化还原条件对着色有很大的影响。在炉子气体的作用下，$Mn^{3+}$很容易被还原，因此，颜色有时也要发生变化；甚至在制品冷却时，由于氧化作用而使着色的减弱显著加剧。除氧化还原条件外，基质玻璃的成分无疑地要影响色调，不过影响不大，正如已指出的，着色氧化物的引入量约为0.1%就要引起本身的着色。为了得到强烈的着色，必须使用2%～3% $MnO_2$。如果熔炼不是在良好的氧化气氛中进行，那么锰的着色能力就要降低，因此$MnO_2$的加入量必须提高到5%～6%，甚至有时氧化锰的引入量达到20%才能获得强着色。

用锰着色的再现性是难以实现的，特别是在获得较弱的色调时，锰的含量往往不太高，但这会促使$Mn^{2+}$生成。

锰的化合物是比较弱的着色剂，这是因为玻璃中的锰只有一小部分处于着色的三价形式。因此，窑炉内的氧化还原条件对着色强度具有相当大的影响。

由以上内容可以看出，在微晶玻璃的生产中，其晶化时窑炉内的气氛变化，将会导致着色离子价态的变化，价态的变化是使微晶玻璃产生色差的重要原因。针对上述情况，在微晶玻璃的生产时，应当努力控制窑炉内的气氛使之保持相对稳定。

### 4.3.2 透明微晶玻璃的缺陷与控制

以β-石英固溶体和β-锂辉石固溶体为主晶相的$Li_2O$-$Al_2O_3$-$SiO_2$系统（简写为LAS）微晶玻璃因具有优异的热学性能而成为微晶玻璃最大的应用领域之一。但由于原料成本高昂、玻璃熔化温度高而限制了大规模的工业化开发。天然锂辉石是用于提炼金属锂与其他锂产品的矿物原料，它本身具有满足玻璃形成要求的组成，可直接经高温熔化成玻璃液，但熔化温度较高，因此，需引入附加成分以降低熔化温度，同时调整相组成，MgO、ZnO、$B_2O_3$是该系统理想的辅助成分。

LAS玻璃在热处理中析出大量负膨胀或低正膨胀系数的微小晶相颗粒，如β-石英固溶体或β-锂辉石固溶体，从而使该类制品有良好的热稳定性和抗热震性，广泛应用于国防、工业技术和日常生活的各个领域。对LAS玻璃热处理时，在约900℃下有β-石英固溶体析出，继续升高温度，则β-石英固溶体消失，而β-锂辉石固溶体成长。采用熔融法，在较高的温度下，制备了以β-锂辉石固溶体为主晶相的微晶玻璃。由于其工艺特点和难点非常明显，故$Li_2O$-$Al_2O_3$-$SiO_2$系统微晶玻璃的生产中会出现大量的缺陷。$Li_2O$-$Al_2O_3$-$SiO_2$系统微晶玻璃制品按其光学性能分类，又可以分为透明微晶玻璃和非透明微晶玻璃两大类，下面就其中容易产生的缺陷分述如下。

微晶玻璃经熔化、成形、晶化、退火后得到各种微晶玻璃制品。制备各种微晶玻璃制

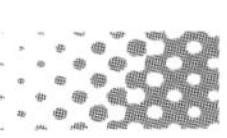

品的工艺过程对其质量与性能有重要影响，因此，必须严格控制工艺过程，尽可能防止缺陷的产生。不论是透明微晶玻璃还是非透明微晶玻璃，合格的玻璃液是制备微晶玻璃的前提和保证。由于 $Li_2O$-$Al_2O_3$-$SiO_2$ 系统微晶玻璃组成特殊，熔化温度高，要求条件苛刻，普通玻璃体中所存在的缺陷都有可能在 $Li_2O$-$Al_2O_3$-$SiO_2$ 系统微晶玻璃中产生，玻璃体被晶化以后，其缺陷仍将会保留在微晶玻璃当中。

与其他玻璃材料相似，在 $Li_2O$-$Al_2O_3$-$SiO_2$ 系统微晶玻璃中的缺陷按其状态不同，可以分为三大类：气泡（气体夹杂物）、结石（结晶夹杂物）、条纹和节瘤（玻璃态夹杂物）。

#### 4.3.2.1 气泡（气体夹杂物）

与普通玻璃一样，微晶玻璃制品中存在气泡（气体夹杂物）不仅影响制品的外观质量，更重要的是影响玻璃的透明性和机械强度。因此，它是一种值得注意的玻璃体缺陷。

按气泡尺寸大小可以分为灰泡（直径小于 0.8mm）和气泡（直径大于 0.8mm）。气泡有球形、椭圆形及线状，制品成形过程中易造成气泡变形。气泡的种类与成因主要有以下几个方面。

（1）一次气泡（配合料残留气泡） 配合料在熔制过程中，由于发生一系列化学反应和挥发物的挥发，放出大量气体，生成气泡。通过澄清作用，大部分气泡逸出，但还有部分气泡没有被排除，残留于玻璃液中，形成一次气泡。此外，配合料粒度不均匀，澄清剂用量不足，配合料和碎玻璃投料温度低，熔化、澄清温度低，澄清时间短，窑内气体介质组成不当等，都可能产生一次气泡。

一次气泡产生的主要原因是澄清不良，通过适当提高澄清温度和调节澄清剂用量，降低窑内气体压力，降低玻璃与气体界面上的表面张力等，可促使气体逸出。一次气泡一旦产生并未被消除时，它们将保留在玻璃体内部或表面。即使再对其进行核化、晶化也不能够消除。

（2）二次气泡（再生泡） 造成二次气泡的原因有物理的和化学的两种。玻璃液澄清后，处于气液平衡状态，此时玻璃液中不含气泡。如果降温后的玻璃液又一次升温超过一定限度，原来溶解于玻璃液的气体由于温度升高引起溶解度降低，析出十分细小、数量很多、均匀分布的二次气泡，这是物理原因产生的气泡。化学上的原因则与玻璃的化学组成和使用原料有关。

控制稳定的熔制温度制度，更换玻璃化学组成注意逐步过渡，合理控制窑内气氛与窑压，可以在一定程度上避免二次气泡的产生。二次气泡一旦产生并未被消除时，它们将保留在玻璃体内部或表面。即使再对其进行核化、晶化也不能够消除。制备光学用途的微晶玻璃时，即使二次气泡的尺寸非常小，也属于严重的质量缺陷，从而达不到合格产品的要求。若是制备非透明的耐热器皿微晶玻璃，在某些方面还可以利用二次气泡所产生的表面，促进玻璃的核化与晶化。

（3）耐火材料气泡 玻璃与耐火材料之间发生的物理化学作用，会产生许多气泡。这是由于耐火材料本身有一定气孔率，与玻璃液接触后，由于毛细管作用，玻璃液进入耐火材料空隙中，空隙中的气体被排到玻璃液中。还原法烧成或熔铸的耐火材料，由于耐火材料表面发生燃烧形成气泡。

为防止耐火材料气泡的产生，必须提高耐火材料质量，同时注意窑炉成形部耐火材料的选用，以及稳定熔窑作业制度。

此外，还有外界空气气泡，来源于配合料和成形操作过程。金属铁也会引发气泡。为避免这类气泡的产生，要注意配合料中不含金属铁质，成形工具尤其是浸入玻璃液内的部件质量要好。

#### 4.3.2.2 结石（结晶夹杂物）

结石是玻璃体内最危险的缺陷。它破坏了玻璃制品的外观与光学均匀性。同时由于结石与玻璃基体热膨胀系数不同而产生局部应力，会大大降低玻璃制品、微晶玻璃制品的机械强度和热稳定性，甚至会使制品自行炸裂。根据结石产生的原因，将其分为三类。

（1）配合料结石（未熔化的颗粒） 配合料结石是配合料中未熔化的颗粒组分，大多数情况下是石英颗粒，也有其他组分，如氧化铬、锡石、氧化铝等。常见的结石是方石英和鳞石英。

配合料结石的产生和配合料的制备质量，与熔制时的加料方式和熔制工艺制度有关。

（2）耐火材料结石 耐火材料受到侵蚀剥落或高温时与玻璃液作用，其碎屑及作用后的新矿物夹杂在玻璃制品中形成耐火材料结石。其滴落物夹带到制品中，也形成耐火材料结石。

为避免耐火材料结石的产生，必须合理选择优质耐火材料，避免熔化温度过高，助熔剂用量过大，避免易起反应的耐火材料砌筑在一起。

（3）析晶结石 玻璃在一定温度范围内，由于本身析晶而产生的结石称为析晶结石。

玻璃长期停留在有利于晶体形成和生长的温度范围内，玻璃中化学组分不均匀的部分，是使玻璃产生析晶的主要因素。

设计合理的玻璃化学组成，制定合理的熔化制度和成形制度，设置合理的熔窑结构，可以避免产生析晶结石。

常见的析晶结石有鳞石英和方石英（$SiO_2$）、硅灰石（$CaO \cdot SiO_2$）、失透石（$Na_2O \cdot 3CaO \cdot 6SiO_2$）、透辉石（$CaO \cdot MgO \cdot 2SiO_2$）、二硅酸钡（$BaO \cdot 2SiO_2$）等几种晶体。

#### 4.3.2.3 条纹和节瘤（玻璃态夹杂物）

玻璃主体内存在的异类玻璃夹杂物称为玻璃态夹杂物。它是一种比较普遍的玻璃不均匀性方面的缺陷。它与主体玻璃的组成与性质均不相同。根据其产生原因的不同，可以分为以下几种。

（1）熔制不均匀引起的条纹和节瘤 玻璃熔化过程中，由于均化进行不够完善，玻璃体存在一定程度的不均一性。配合料均匀度、料粉飞扬、碎玻璃质量与使用情况、熔制制度、窑内气氛都对其有一定影响。这些原因引起的条纹和节瘤往往富含 $SiO_2$。

（2）窑碹玻璃滴引起的条纹和节瘤 碹滴滴入或流入玻璃体中，会产生此类缺陷。由于它们富含 $SiO_2$ 或 $Al_2O_3$，其黏度很大，在玻璃体中扩散很慢，来不及溶解，形成条纹和节瘤。

（3）耐火材料被侵蚀引起的条纹和节瘤 玻璃熔体侵蚀耐火材料，被破坏的部分可能形成玻璃态物质溶解在玻璃体内，使玻璃熔体中增加了提高黏度和表面张力的组分，形成

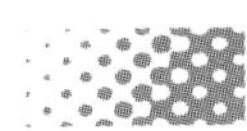

条纹。一般形成富氧化铝质条纹。

提高耐火材料质量是减少和避免这类条纹的有效途径。

（4）结石熔化引起的条纹和节瘤　结石有较大溶解度和在高温停留一定时间后，可以消失。结石溶解后的玻璃体与主体玻璃具有不同的化学组成，形成节瘤和条纹。

在玻璃熔体中，不同部分之间的表面张力对条纹和节瘤的消除有重要作用。

## 参考文献


[1] 西北轻工学院. 玻璃学工艺学 [M]. 北京:轻工业出版社，2006.

[2] [日]作花济夫. 玻璃非晶态科学 [M]. 蒋幼梅等译. 北京：中国建筑工业出版社，1986.

[3] 程金树，李宏，汤李缨，何峰. 微晶玻璃 [M]. 北京：化学工业出版社，2006.

[4] 干福熹,等. 光学玻璃 [M]. 北京：科学出版社，1982.

[5] 林宗寿，李凝芳，赵修建. 无机非金属材料工学 [M]. 武汉：武汉工业大学出版社，2004.

[6] 张战营，姜宏，黄迪宇，等. 浮法玻璃生产技术与设备 [M]. 北京：化学工业出版社，2005: 85-91.

[7] 陈正树. 浮法玻璃 [M]. 武汉：武汉理工大学出版社，1997: 63-72.

[8] Ye Chuqiao, He Feng, Shu Hao, Qi Hao, Zhang Qiupin, Song Peiyu, Xie Junlin. Preparation and properties of sintered glass-ceramics containing Au-Cu tailing waste [J]. Materials and Design, 2015, 86: 782-787.

[9] He Feng, Zheng Yuanyuan, Xie Junlin. Preparation and properties of $CaO-Al_2O_3-SiO_2$ glass-ceramics by Sintered frits particle from mining wastes [J]. Science of Sintering, 2014, 46: 353-363.

[10] 宁叔帆，何超,林宏飞,许淑惠. 压延法矿渣微晶玻璃成分的研究 [J]. 玻璃与搪瓷，2012, 28(4): 8-14.

[11] Boccaccini A R, Chatzistavrou X, Esteve D, et al. Sol-gel based fabrication of novel glass-ceramics and composites for dental applications [J]. Materials Science and Engineering C, 2010, 30(5): 730-739.

[12] Yang J, Zhang D, Hou J, et al. Preparation of glass-ceramics from red mud in the aluminium industries [J]. Ceramics International, 2008, 34(1): 125-130.

[13] 范仕刚，余明清，赵春霞，刘杰，何粲. 超低膨胀微晶玻璃应用及发展现状 [J]. 人工晶体学报，2012, 41(8): 210-214.

[14] 吕长征，彭康，杨华明. 尾矿制备微晶玻璃的研究进展 [J]. 硅酸盐通报，2014, 33(9): 2236-2241.

[15] 宁叔帆，何超，林宏飞，许淑惠. 压延法矿渣微晶玻璃成分的研究 [J]. 玻璃与搪瓷，2000, 28(4): 9-14.

[16] Weihong Zheng, Jingjing Cui, Li Sheng, Hua Chao, Zhigang Peng, Chunhua Shen. Effect of complex nucleation agents on preparation and crystallization of $CaO-MgO-Al_2O_3-SiO_2$ glass-ceramics for float process [J]. Journal of Non-Crystalline Solids, 2016, 450: 6-11.

[17] 桂濛濛，程金树，骞少阳，王沛钊，秦媛. 钙镁铝硅系浮法玻璃的渗锡与平衡厚度 [J]. 硅酸盐通报，2016, 35(2): 628-631.

[18] 李保卫，邓磊波，张雪峰，贾晓林，赵鸣，张明星. 矿渣微晶玻璃热处理制度的优化设计 [J]. 硅酸盐通报，2012, 31(6): 1549-1558.

[19] 肖汉宁，高朋召. 高性能结构陶瓷及其应用 [M]. 北京：化学工业出版社，2006: 215-234.

[20] 何峰，赵前. 氧化铝对微晶玻璃装饰板烧结及板晶的影响 [J]. 武汉工业大学学报，1998, 20(1): 30-34.

[21] 何峰，程金树,等. 烧结法微晶玻璃中气孔的产生与消除 [J]. 玻璃，1998, (4): 40-45.

[22] 何峰，许超,等. $CaO-Al_2O_3-SiO_2$ 系统微晶玻璃的成分、结构与性能 [J]. 武汉工业大学学报，1998, 20(2): 20-25.

[23] 何峰，王怀德，邓志国. CaO 对 $CaO-Al_2O_3-SiO_2$ 系统微晶玻璃的析晶程度及性能的影响研究 [J]. 中国陶瓷，2002, (4): 4-6.

[24] 何峰，邓志国. ZnO 对烧结法微晶玻璃装饰板材烧结、析晶性能的影响研究 [J]. 现代技术陶瓷，2002,（5）:16-19.

[25] He Feng, Li Qiantao, Cheng Jinshu. Study on application of fly-ash in CaO-$Al_2O_3$-$SiO_2$ glass-ceramic [C]. Shanghai:Proceedings of the International Conference on Energy and Envirnment,2003.

[26] 何峰，邓志国. CaO-$Al_2O_3$-$SiO_2$ 系统玻璃颗粒的烧结过程研究 [J]. 硅酸盐通报，2003,（1）: 26-29.

[27] 何峰，钮峰，程金树. 烧结法建筑装饰微晶玻璃冲蚀磨损研究 [J]. 武汉理工大学学报，2003, 25（3）: 17-19.

[28] 何峰，程金树，钮峰. $ZrO_2$ 对烧结法微晶玻璃颗粒高温摊平影响研究 [J]. 武汉理工大学学报，2003, 25（4）: 17-19.

[29] 何峰，程金树. CaO-$Al_2O_3$-$SiO_2$ 系统烧结建筑微晶玻璃颗粒的高温摊平影响因数研究 [J]. 硅酸盐通报，2004,（2）: 93-95.

[30] 何峰，谢俊. CaO-$Al_2O_3$-$SiO_2$ 系统微晶玻璃中的应力产生分析 [J]. 国外建材科技,2004, (1): 1-3.

[31] 娄广辉，何峰. $Li_2O$-$Al_2O_3$-$SiO_2$ 系统微晶玻璃的研究进展 [J]. 国外建材科技，2004, (2): 11-14.

[32] He Feng, Niu Feng, Lou Guanghui, Deng Zhiguo. Erosion resistance of CaO-$Al_2O_3$-$SiO_2$ system glass ceramic [J], Journal of Wuhan University of Technology,2004, 19（3）: 51-53.

[33] 何峰，娄广辉，钮峰，程金树. 建筑装饰微晶玻璃板中应力产生与形变关系分析 [J]. 玻璃与搪瓷，2005,（1）: 18-21.

[34] 何峰，钮峰. $ZrO_2$ 对 CaO-$Al_2O_3$-$SiO_2$ 系统微晶玻璃烧结过程的影响研究 [J]. 玻璃与搪瓷，2005,（2）: 14-17.

[35] 何峰，娄广辉，郝先成. CaO-$Al_2O_3$-$SiO_2$ 系统黑色装饰微晶玻璃的研究 [J]. 材料科学与工艺，2005, 13（2）:150-152.

[36] He Feng, Niu Feng, Lou Guanghui. Influence of $ZrO_2$ on Sintering and crystallization of CaO-$Al_2O_3$-$SiO_2$ glass-ceramics [J]. Journal of Central South University of Technology, 2005, 12（5）: 511-514.

[37] He Feng, Du Yong, Xie Junlin,Wang Wenju. Effect of the cool system on internal stress of CaO-$Al_2O_3$-$SiO_2$ glass-ceramic System [J]. Journal of Wuhan University of Technology, 2007, 22（4）:760-763.

[38] He Feng, Xie Junlin, Han Da. Preparation and microstructure of glass-ceramics and ceramic composite Materials [J]. Journal of Wuhan University of Technology, 2008, 23（4）:562-565.

[39] 何峰，谢俊，程金树. 建筑装饰微晶玻璃的发展动态 [J]. 国外建材科技，2008, 29（5）: 12-14.

[40] 何峰，邓志国. CaO-$Al_2O_3$-$SiO_2$ 系统微晶玻璃的冲蚀磨损研究 [J]. 硅酸盐通报，2012, 31（1）:19-23.

[41] He Feng, Fang Yu, Xie Junlin, Xie Jun. Fabrication and characterization of glass-ceramics materials developed from steel slag waste [J]. Materials and Design, 2012, 42: 198-203.

[42] 何峰，郑媛媛，邓恒涛，冯小平，乔勇. $Na_2O$-MgO-$Al_2O_3$-$SiO_2$ 建筑装饰微晶玻璃的研究 [J]. 玻璃，2013, 40（2）: 41-44.

[43] He Feng, Tian Shasha, Xie Junlin, Liu Xiaoqing, Zhang Wentao. Research on microstructure and properties of yellow phosphorous slag glass-ceramics [J]. Journal of Materials and Chemical Engineering, 2013, 1（1）: 27-31.

[44] He Feng, Zheng Yuanyuan, Xie Junlin. Preparation and properties of CaO-$Al_2O_3$-$SiO_2$ glass-ceramics by sintered frits particle from mining wastes [J]. Science of Sintering, 2014, 46: 353-363.

# 第 5 章

# 尾矿与矿渣微晶玻璃体系

# 5.1 尾矿与矿渣微晶玻璃概述

## 5.1.1 概述

微晶玻璃是用适当组成的基础玻璃控制析晶或诱导析晶而成。它含有大量［典型的为15%～98%（体积分数）］细小的（在1μm以下）晶体和少量残余玻璃相。矿渣微晶玻璃属于$CaO-Al_2O_3-SiO_2$系统、$MgO-Al_2O_3-SiO_2$系统、$CaO-MgO-Al_2O_3-SiO_2$系统、$R_2O-CaO-SiO_2$系统的微晶玻璃。主要原料为炼铁废渣、高炉渣、有色金属矿渣，如钢渣、铜渣、铅渣、铬渣、磷矿渣，以及各种尾矿，如钽铌尾矿、花岗岩尾矿、钼尾矿、金尾矿、铜尾矿、铁尾矿、稀土尾矿、高岭土尾矿等，还可用矿物原料。外观类似大理石、花岗石，颜色和色泽非常丰富，具有优良的耐磨性、耐腐蚀性，机械强度比天然石材高许多。

20世纪50年代末至60年代初，前苏联、欧美等国家工业化生产蓬勃发展，各种尾矿和废渣排放量也以惊人的速度增加。因此，这些国家的科学家，特别是前苏联科学家与工程技术人员，在以钢铁矿渣为主要原料制备微晶玻璃方面开展了许多研究工作。同时对矿渣微晶玻璃的基础理论与工艺技术进行了研究探索。解决了矿渣微晶玻璃的配料组成、核化与晶化机理及熔制技术等关键性问题。60年代初期至末期，材料科学家主要对矿渣微晶玻璃的半工业性生产和工业性生产实验进行研究。1971年世界上第一条矿渣微晶玻璃生产线在前苏联建成投产。很快，前苏联进一步推动其工业化成果，矿渣微晶玻璃迅猛发展。据报道，前苏联1971年矿渣微晶玻璃板材的产量为2万～3万吨，1973年的产量为8万吨，1975年的产量猛增至150万吨，为前苏联创造了巨大的经济效益。与此同时，欧美各国也广泛地开展矿渣和其他非金属矿利用的改质化工作，开发研制矿渣微晶玻璃和其他各种微晶玻璃。如西班牙利用针铁矿废料生产微晶玻璃，埃及利用玄武岩、石灰石、白云石研制微晶玻璃。美国康宁-欧文斯公司还先后推出了一系列的商品化的微晶玻璃产品。

在我国，利用矿渣开发研制微晶玻璃起步比较晚，最早的报道是武汉工业大学的宋审明在1983年发表的“钢炉渣微晶玻璃的研究”。在20世纪80年代开始有一些高校和科研院所与地方合作开发利用矿渣生产微晶玻璃，但在技术上都不是很成功。直到20世纪90年代后，随着我国矿冶工业和钢铁工业的快速发展，各科研单位也加大了矿渣微晶玻璃的研究力度，技术上进一步成熟，有关研究单位主要为武汉理工大学、中国科学院上海硅酸盐研究所、中国地质科学院尾矿利用中心等。

由于国外已经对微晶玻璃的产业化研究较为成熟，产品的成品率高，质量稳定与生产稳定，现在重心已经转移到利用矿渣、尾矿制备高附加值的微晶玻璃材料，以及其生产技术与装备的研发，或者进一步提高矿渣微晶玻璃的性能和矿渣用量上。当前，国内对于各种类别的矿渣微晶玻璃还处于研制开发阶段，还须对产业化的工程技术方面进行研究，解决矿渣成分波动、热工设备的设计、制造等关键技术问题，提高矿渣微晶玻璃制品的合格率，降低综合制备成本。

当前各种尾矿和废渣堆积如山，不仅占用大片土地，造成环境污染，而且对尾矿和废渣这一潜在的资源也是严重的浪费。尾矿和废渣含有制备微晶玻璃所需的CaO、MgO、

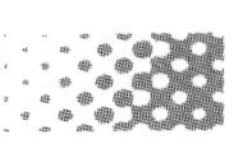

$Al_2O_3$、$SiO_2$ 等化学成分，因此，可以充分利用尾矿和废渣等二次资源制备各种性能的微晶玻璃。利用尾矿和废渣制备微晶玻璃，可以开发出高性能、低成本的高档建筑装饰或工业用耐磨损耐腐蚀材料，既使废弃资源获得了再生，有利于环境保护，又提高了材料的技术含量和附加值。因此，尾矿和废渣微晶玻璃可望成为 21 世纪的环境协调材料，并获得广泛应用。

在世界范围内，由于尾矿和矿渣的种类繁多，在组分、物性、相结构等方面各有特点，特别是在组分上往往会出现“偏析”的现象。例如，尾矿的组分中酸性氧化物含量高，导致在利用其直接制备玻璃时，熔化温度偏高，基础玻璃的析晶困难；而矿渣的组分中碱性氧化物含量占主导，导致在利用其直接制备玻璃时，高温熔体黏度低，对耐火材料的侵蚀严重，玻璃熔体的料性短，成形困难。在利用它们制备微晶玻璃时，需要进行相应的组分调整，使其更加适合于熔体成玻、成形与微晶化。其中的基本原则是，根据尾矿、矿渣的基本组分特点选择与之相适应的基础玻璃系统（相图）进行基础玻璃组分设计，完成组成—结构—性能的研究与微晶玻璃制备工艺的优化。

### 5.1.2　微晶玻璃的分类

（1）按玻璃的基础成分，一般可将微晶玻璃分为硅酸盐系统、铝硅酸盐系统、硼硅酸盐系统、硼酸盐系统和磷酸盐系统五大类。

（2）按所用原材料的来源，分为技术微晶玻璃和尾矿矿渣微晶玻璃。前者是用一般的玻璃材料所用的矿物与化工原料。后者是根据玻璃形成及微晶玻璃制备的需要，以矿渣、尾矿为主要原料，再配合一定量的其他矿物与化工原料。

（3）按晶化原理，分为利用激光处理而结晶光敏微晶玻璃、利用热处理而结晶热敏微晶玻璃，大多数的微晶玻璃产品的晶化原理属于后者。

（4）按微晶相的形貌尺寸，分为毫米级微晶玻璃、微米级微晶玻璃、纳米级微晶玻璃。

（5）按微晶玻璃的外观及光学性质，分为透明微晶玻璃和不透明微晶玻璃。

（6）按特征性能，分为耐高温、耐热冲击、高强度、高硬耐磨、易机械加工、易化学蚀刻、耐腐蚀、低膨胀、低介电损失、强介电性等各种微晶玻璃。

（7）按微晶玻璃的用途，又可分为建筑装饰微晶玻璃、光学微晶玻璃、器皿微晶玻璃、工艺与艺术微晶玻璃、工业用防腐内衬微晶玻璃、生物微晶玻璃、封接与结合剂微晶玻璃等。

目前，应用较广的有铝硅酸盐系统，低膨胀和高抗弯强度 $Li_2O$-$Al_2O_3$-$SiO_2$ 系统透明微晶玻璃是其中重要的一种，人们对该系统微晶玻璃的研究也最为透彻。此外，同属铝硅酸盐系统的 $CaO$-$Al_2O_3$-$SiO_2$ 系统硅灰石质烧结法建筑装饰用微晶玻璃 $Na_2O$-$CaO$-$SiO_2$ 系统、$MgO$-$Al_2O_3$-$SiO_2$ 系统和 $CaO$-$Al_2O_3$-$SiO_2$ 系统的矿渣微晶玻璃也被深入研究和广泛应用。尾矿和废渣微晶玻璃一般属于硅酸盐类，其析出的晶体一般主要为硅灰石（$CaSiO_3$）和透辉石［$CaMg(SiO_3)_2$］。

另外，应当强调的是铸石作为利用天然岩石如辉绿岩、玄武岩等或工业废渣为原料，加入一定的附加剂如角目岩、白云岩、萤石等，结晶剂如铬铁矿、钛镁矿等，经熔化、浇铸、结晶、退火等工序加工而成的一种非金属耐腐蚀材料，也可以纳入工业微晶玻璃的范畴。图 5-1 为微晶玻璃分类。

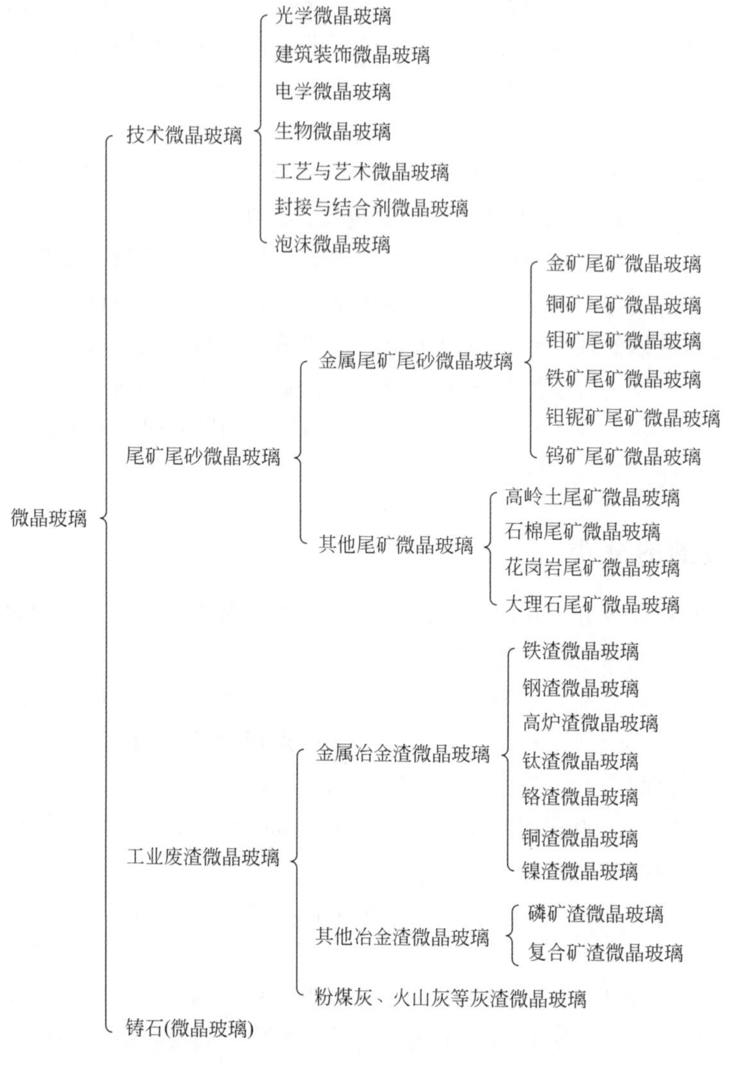


图 5-1　微晶玻璃分类

本章以现有的利用尾矿尾砂为主要原料制备微晶玻璃和利用工业废渣为主要原料制备微晶玻璃为主线，选择具有代表性的品种进行分析与论述。在品种的选择上，主要以作者所在的课题组前期与目前所开展的一些研究工作的成果总结以及国内外学者在以上两个方向上所开展的一些研究工作的总结为依据。

## 5.2　适用于矿渣微晶玻璃制备基础体系

近年来，随着世界及我国国民经济的飞速发展，我国的冶金制造业、采矿业发展迅猛。例如，我国钢铁总产量已达到 5 亿吨，每年产生的冶金渣超过 1 亿吨。在冶金渣中排量大的主要有高炉水淬矿渣、钢渣、高炉重矿渣等，其中高炉水淬矿渣和高炉重矿渣利用率较高，而钢渣利用率较低，仅有 20%左右。未得到利用的冶金渣长期堆放而未及时综合利用，一方面冶金渣逐渐失去活性难以再利用，另一方面占用大量土地、严重污染环境。

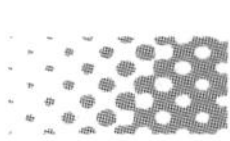

由于一些不合理的矿山开发和矿产资源利用，对矿山及其周围环境造成了污染并诱发多种地质灾害，破坏了生态环境。越来越突出的环境问题不仅威胁到人民生命安全，而且严重地制约国民经济的发展。当前，环境问题、废弃资源的利用等问题越来越引起人们的注意。

矿山环境保护及其产业化研究方面的研究内容很多，如矿床开采、选矿、冶炼、矿产资源综合利用、尾矿的再利用、土地复垦等。如果从广义上讲，还包括资源替代技术等，这方面的研究成果，不但能降低矿产开发利用的成本，而且可保护环境，有些方面的产业化，如尾矿再利用产业化，具有巨大的经济效益和环境效益、社会效益，是拉动经济增长的理想投资领域。因此国家应当重点支持这些方面的研究，通过科研上的突破，带动环境的改善和经济效益提高。

虽然尾矿和废渣的种类非常繁多，但就尾矿和废渣中的氧化物组成而言，大多属于含有 CaO、MgO、$Al_2O_3$、$SiO_2$ 等无机化学成分的物质。在制备某些微晶玻璃材料时，或者研究开发某种微晶玻璃材料时，可以有针对性地对上述组分加以利用。况且就目前开展研发的微晶玻璃产品中就需要 CaO、MgO、$Al_2O_3$、$SiO_2$ 等化学成分，因此，可以充分利用尾矿和废渣等二次资源制备各种性能的微晶玻璃。

## 5.2.1 CaO-$Al_2O_3$-$SiO_2$ 系统微晶玻璃

### 5.2.1.1 CaO-$Al_2O_3$-$SiO_2$ 系统微晶玻璃概述

CaO-$Al_2O_3$-$SiO_2$ 系统微晶玻璃作为一类非常有代表性的微晶玻璃，在于该系统微晶玻璃对原料的包容性，及其结晶花纹的可以达到微米级甚至是毫米级，解理纹可以用肉眼直接观察到。CaO-$Al_2O_3$-$SiO_2$ 系统微晶玻璃的产品种类繁多，可以应用于许多领域。

（1）作为装饰材料，广泛地用于建筑装饰，同时可以作为天然石材的替代材料，减少人们对天然石材的过度开采，减少环境压力。

（2）作为耐磨耐腐蚀材料，可以用于电力、煤炭、矿山、冶金、化工、建筑等工业部门的严重磨损、腐蚀部位。用作防腐蚀、耐磨材料，如酸碱储罐、反应罐、酸洗池（槽）的防腐蚀衬里，各种矿石、灰渣、尾矿的溜槽和输送管道，以及球磨的耐磨衬板等。

（3）作为可以进行雕塑加工的微晶玻璃材料，用于城市雕塑、装饰品、首饰等。

CaO-$Al_2O_3$-$SiO_2$ 系统微晶玻璃的起源在于 Wada 和 Ninomiya 等的研究，他们的研究发现 CaO-$Al_2O_3$-$SiO_2$ 系统相图中有非常广泛的结晶范围，如图 5-2 所示。

在 CaO-$Al_2O_3$-$SiO_2$ 系统中可以用于制备微晶玻璃的区域包括硅灰石（CaO・$SiO_2$）区域、钙铝黄长石（2CaO・$Al_2O_3$・2$SiO_2$）区域、钙长石（CaO・$Al_2O_3$・2$SiO_2$）区域，甚至可以扩展到硅钙石（3CaO・2$SiO_2$）区域。Wada 和 Ninomiya 等以 59% $SiO_2$、7% $Al_2O_3$、17% CaO、6.5% ZnO、4% BaO、3% $Na_2O$、2% $K_2O$、1% $B_2O_3$、0.5% $Sb_2O_3$ 为基础玻璃组成，制备出了以硅灰石为主晶相的微晶玻璃。由以上基础玻璃组成可以发现，其中并未添加任何晶核剂成分。该系统之所以可以制备出析晶性能优良的微晶玻璃，与其基础玻璃的组成设计和材料的制备方法密切相关。

Meda 等研究出了一种 β-硅灰石微晶玻璃的整体核化和析晶机理。这种微晶玻璃中加入了一些金属盐作为晶核剂，如 Ru、Rh、Pd、Ir、Pt 的氯化物或 $AgNO_3$，以 $Sb_2O_3$ 和

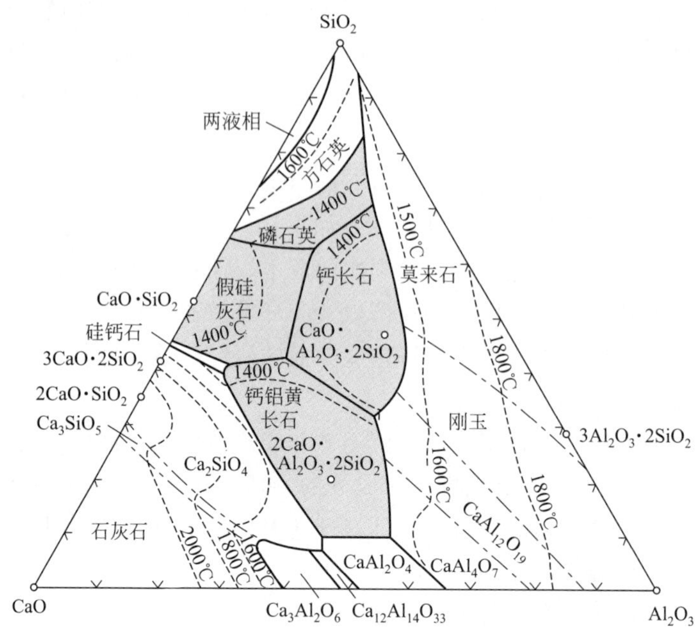


图 5-2　$CaO-Al_2O_3-SiO_2$ 系统相图

SnO 作为还原剂，由于非均匀成核，在玻璃中形成金属胶体，为整体析晶提供了成核位。

何峰等对 $CaO-Al_2O_3-SiO_2$ 系统微晶玻璃进行了非常系统的研究。利用玻璃颗粒的烧结工艺制备出了性能优良的建筑装饰微晶玻璃。该微晶玻璃具有自然光泽和清晰纹理，质地均匀细腻，色调纯正，有黑、灰、白、红、橙、黄、绿、蓝等多种颜色，还可以任意组合配色。更重要的是，这种微晶玻璃无色差、无放射性污染，而且耐风化、耐磨、抗压等理化性能指标均优于天然花岗岩，远高于天然大理石，可用作建筑物的内、外墙及地面、楼梯的饰面材料。经过二十多年的不断研究和探索，工艺技术已经成熟，配套装备日益完善，生产过程容易控制，产品质量稳定。

Susuki 等用下水道废渣作原料制备了 $CaO-Al_2O_3-SiO_2$ 系统微晶玻璃。在其中加入了少量的 FeS 来促进成核，最终获得了具有良好机械强度、良好耐化学腐蚀性的钙长石微晶玻璃。这种微晶玻璃可以应用在工业建筑上。

随着冶金工业和电力工业的发展，所产生的各种矿渣、粉煤灰等工业废料的利用对 $CaO-Al_2O_3-SiO_2$ 系统微晶玻璃的研究提供了很好的机遇。国内外对用高炉渣、尾矿和粉煤灰制备高强度微晶玻璃进行了大量的研究。

尾矿、矿渣微晶玻璃具有良好的力学性能，如硬度高、耐磨损等。可以用高强度的刀具对其进行加工，如成形后，可以按需要切割成精确尺寸和形状。此外，矿渣微晶玻璃具有良好的化学稳定性。由于尾矿、矿渣中的成分复杂、杂质太多，在微晶玻璃中所形成微晶相种类较多。在晶化过程中固态反应和同类副反应是非常复杂的。

#### 5.2.1.2　$CaO-Al_2O_3-SiO_2$ 系统微晶玻璃的组成与结构

依据 $CaO-Al_2O_3-SiO_2$ 系统相图，在进行该系统微晶玻璃的基础相的选择时，可以考虑硅灰石区域、钙铝黄长石区域、钙长石区域或硅钙石区域。由此可以利用的 $CaO-Al_2O_3-SiO_2$ 系统微晶玻璃主要的基础氧化物组成范围见表 5-1。

表 5-1　$CaO-Al_2O_3-SiO_2$ 微晶玻璃主要的基础氧化物组成

| 组成 | $SiO_2$ | CaO | $Al_2O_3$ | MgO | $R_2O(Na_2O、K_2O)$ | $Sb_2O_3$ |
|---|---|---|---|---|---|---|
| 含量(质量分数)/% | 50～65 | 15～25 | 5～15 | 2～6 | 5～15 | 0.5～1 |

在基础玻璃的组分设计上，依据玻璃形成学的观点，在基础玻璃的组分中引入少量的 $B_2O_3$。正是由于在该系统玻璃的基础组分中同时存在 $SiO_2$、$Al_2O_3$ 和 $B_2O_3$ 三个玻璃形成体氧化物，就使得玻璃结构中有可能存在三个玻璃网络中心四面体。何峰等利用傅里叶红外光谱研究了 $CaO-Al_2O_3-SiO_2$ 系统微晶玻璃的结构，表征出了 $Al^{3+}$、$B^{3+}$ 在玻璃相中的配位状态，见图 5-3。

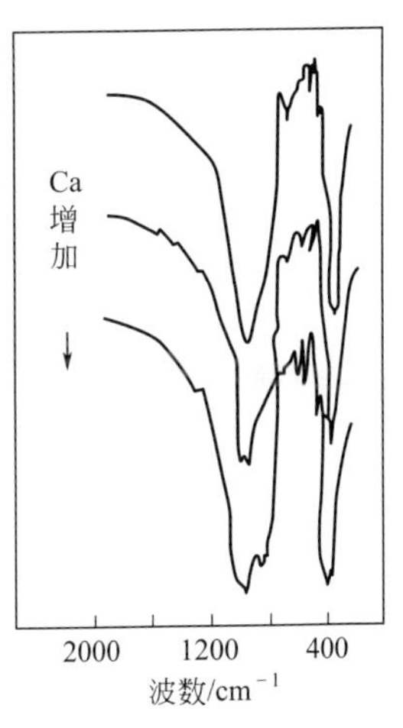

图 5-3　$CaO-Al_2O_3-SiO_2$ 系统微晶玻璃的红外光谱图

在其红外吸收光谱图中，主要将注意力集中在 1000～1100$cm^{-1}$、900～970$cm^{-1}$、700～850$cm^{-1}$ 和 550～700$cm^{-1}$ 等波数范围内。观察这些峰的形状、频率和强度变化情况，随着玻璃组分中 CaO 含量的增加，硅灰石晶体中的基团振动吸收峰均明显增强，且变得更尖更窄，这表明更多的 CaO 与 $SiO_2$ 结合生成硅灰石晶体，使晶体结构紧密程度、有序程度以及析晶的完整程度增加，同时可以看到 1000～1100$cm^{-1}$之间的漫散峰强度变强，且较大吸收峰位由 1080$cm^{-1}$向 1020$cm^{-1}$低频方向移动，说明未形成晶相的部分 CaO 进入玻璃相，提供更多的游离氧，使更多的 $Al^{3+}$、$B^{3+}$ 以 $[AlO_4]$、$[BO_4]$ 加入玻璃中的 $[SiO_4]$ 链中，使断开的 $[SiO_4]$ 链连接起来，使结构中的 Si—O—$Al_{Ⅳ}$、Si—O—$B_{Ⅳ}$ 键加强，由于 Si—O—$Al_{Ⅳ}$、Si—O—$B_{Ⅳ}$ 的伸缩振动，引起的吸收带相对于 Si—O—Si 伸缩振动而言向长波低频方向移动，在 750～800$cm^{-1}$之间的漫散峰强度减弱，峰位由 794$cm^{-1}$移至 798$cm^{-1}$，且峰有分裂的趋势，说明进入玻璃相中的 $Ca^{2+}$ 起到积聚作用，使 $[SiO_4]$ 的 Si—O—Si 键对称伸缩成分减弱，而反对称伸缩成分增多，使峰位向高频方向移动，同时使玻璃相结构的对称性降低，导致峰出现分裂谱带。正是由于在该系统玻璃中存在多种网络形成体氧化物，导致该系统玻璃易于分相，并有可能在结构中形成富硅相、富硼相区域。

就 $CaO-Al_2O_3-SiO_2$ 系统玻璃而言，在其晶化过程中经历了分相和析晶两个过程，且分相在先，析晶在后。对分相现象进行的研究表明，玻璃分成了富硅相和富钙相两相，$Al_2O_3$、$R_2O$ 主要分布在富硅相中，而 MgO 等二价离子氧化物主要存在于富钙相中，析晶主要由富钙相开始。杨晓晶、李家治对 $CaO-Al_2O_3-SiO_2$ 系统玻璃的分相研究表明，基础玻璃较易产生分相，对分相后的玻璃成分进行分析，发现约有 91.3%的 CaO、41.2%的 $SiO_2$ 进入富钙相中，8.7%的 CaO、58.8%的 $SiO_2$ 进入富硅相中。这样也就进一步证明分相在 $CaO-Al_2O_3-SiO_2$ 系统玻璃中起着关键的作用。需要特别指出的是，在制备以硅灰石为主晶相的微晶玻璃时，可以考虑增加 ZnO、BaO 等氧化物，它们能够显著地改善玻璃的料性，提高微晶玻璃的光泽。在制备以硅碱钙石为主晶相的微晶玻璃时，基础玻璃系统中 $K_2O$ 的含量应当高于 $Na_2O$ 的含量，$K_2O$ 的含量高于 8%为好。同时还需要在系统中引入 F 成分，F 可在促进基础玻璃分相的同时，促进硅碱钙石微晶相的形成。

利用 $CaO-Al_2O_3-SiO_2$ 系统设计与制备微晶玻璃材料，大概可以分为两种方法，即利用玻璃颗粒烧结的方法和压延的方法。以上两种方法分别对应表面析晶机制和整体析晶机制。采用玻璃颗粒烧结法制备 $CaO-Al_2O_3-SiO_2$ 系统微晶玻璃材料时，利用的是基础玻璃表面析晶机理控制下晶化而得到的微晶玻璃。

图 5-4 是以烧结法制备的 $CaO-Al_2O_3-SiO_2$ 系统微晶玻璃的 X 射线衍射谱图。在热处理过程中玻璃颗粒烧结在一起，并通过表面进行析晶。晶相的析出，一方面增加了玻璃的黏度，减缓甚至阻止玻璃颗粒烧结，另一方面可提高烧结体的强度。当微晶玻璃颗粒在高温作用下相互黏结并填充颗粒的间隙时，同时也是晶核产生的过程，随着热处理温度继续提高，晶核生长，析出β-硅灰石晶体。随着晶体的大量析出，使制品密实并产生足够的强度。当玻璃颗粒在高温作用下相互黏结并填充玻璃颗粒间隙时，也是晶核形成的过程，随着温度继续提高，晶核长大，析出大量β-硅灰石晶体。随着晶体的析出，使制品密实，并产生足够的强度。

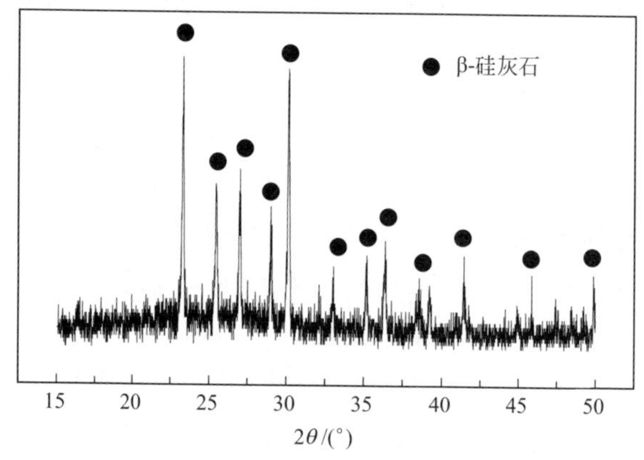


图 5-4 烧结法 $CaO-Al_2O_3-SiO_2$ 系统微晶玻璃的 X 射线衍射谱图

图 5-5 是β-硅灰石为主晶相的 $CaO-Al_2O_3-SiO_2$ 系统微晶玻璃的块柱状结构。具有互锁的柱状或类叶状链形显微结构的硅酸盐晶体的微晶玻璃有着较高的强度和断裂韧性。显微结构具有类似于晶须补强陶瓷的随机排列柱晶的特征。研磨后测得这种材料的抗弯强度高达 100MPa 以上。试样是经过 HF 侵蚀处理过的，其中的玻璃相部分已经被溶解出来，因此，晶相部分就被突显出来。从图中可以看出，试样的结晶都比较充分，晶体的外形为柱状，晶体的生长比较完整，微观结构致密，而且玻璃相和晶相是相互咬合存在的。这样有利于提高材料本身的整体强度、耐磨性等。以β-硅灰石为主晶相的烧结法 $CaO-Al_2O_3-SiO_2$ 系统微晶玻璃装饰板材，与天然石材相比有以下优点：结构致密、高强、耐磨、耐侵蚀，在外观上纹理清晰、色泽鲜艳、无色差、不褪色等。

### 5.2.2 $MgO-Al_2O_3-SiO_2$ 系统微晶玻璃

$MgO-Al_2O_3-SiO_2$ 系统微晶玻璃是一类重要的无机非金属材料，也是被研究的几种微晶玻璃之一，从 $MgO-Al_2O_3-SiO_2$ 的相图来看，如图 5-6 所示。该系统微晶玻璃能析出性能优越的多种晶相，结晶相有堇青石（$2MgO \cdot 2Al_2O_3 \cdot 5SiO_2$）、镁橄榄石（$2MgO \cdot SiO_2$）、莫来石（$MgO \cdot 2SiO_2$）、尖晶石（$MgO \cdot Al_2O_3$）及石英相（$SiO_2$）等，其中以堇青石相微晶玻璃最受关注。$MgO-Al_2O_3-SiO_2$ 系统微晶玻璃具有机械强度

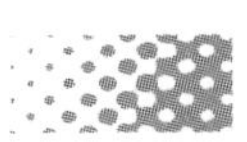

高、抗热冲击性好等优良特性。更重要的是，这类微晶玻璃可以完全不含碱金属离子，从而可获得优异的电性能，包括低介电损耗和高电阻率。不过有时也会引入少量的碱金属氧化物以及其他组分，以改善其性能。目前，人们正积极开展 $MgO-Al_2O_3-SiO_2$ 系统建筑装饰微晶玻璃和利用尾矿制备该系统微晶玻璃的研究。

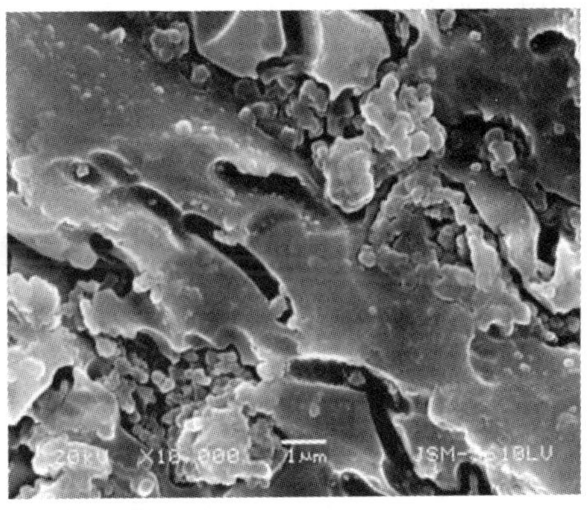

图 5-5　$CaO-Al_2O_3-SiO_2$ 系统微晶玻璃的块柱状结构

（主晶相为β-硅灰石）

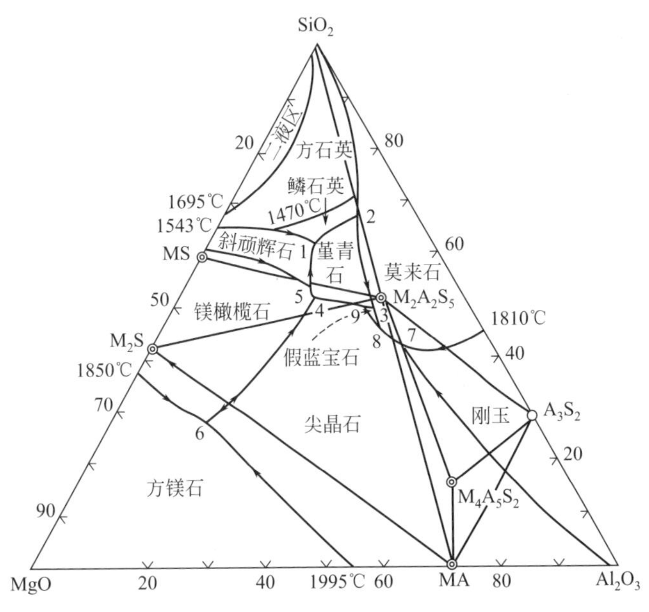


图 5-6　$MgO-Al_2O_3-SiO_2$ 三元系统相图

$MgO-Al_2O_3-SiO_2$ 三元系统相图包括：2 个三元化合物，堇青石（$2MgO\cdot2Al_2O_3\cdot5SiO_2$），简写为 $M_2A_2S_5$，假蓝宝石（$4MgO\cdot5Al_2O_3\cdot2SiO_2$），简写为 $M_4A_5S_2$；4 个二元化合物，斜顽辉石（$MgO\cdot SiO_2$），简写为 MS，镁橄榄石（$2MgO\cdot SiO_2$），简写为 $M_2S$，尖晶石（$MgO\cdot Al_2O_3$），简写为 MA，莫来石（$3Al_2O_3\cdot2SiO_2$），简写为 $A_3S_2$。

无变量点为 9 个，它们的性质如下：1 点为共熔点，$L\longrightarrow SiO_2+MS+M_2A_2S_5$；2 点为转熔点，$L+A_3S_2\longrightarrow SiO_2+M_2A_2S_5$；3 点为转熔点，$L+A_3S_2\longrightarrow M_2A_2S_5+M_4A_5S_2$；4 点为转熔点，$L+MA\longrightarrow M_2A_2S_5+M_2S$；5 点为共熔点，$L\longrightarrow MS+$

$M_2S+M_2A_2S_5$；6 点为共熔点，$L\longrightarrow M_2S+MgO+MA$；7 点为转熔点，$L+Al_2O_3\longrightarrow MA+A_3S_2$；8 点为双转熔点，$L+A_3S_2+MA\longrightarrow M_4A_5S_2$；9 点为转熔点，$L+M_4A_5S_2\longrightarrow M_2A_2S_5+MA$。

所选成分点的析晶过程为：高温熔体 L 温度下降到 $A_3S_2$ 与 L 界面时，$A_3S_2$ 开始析出，同时 L 沿液相线变化。

$$L\longrightarrow A_3S_2+L_1$$

继续降低温度，当 L 成分到达 $M_2A_2S_5$ 与液相共存线时，L 成分变化为 $L_1$，此时 $L_1$ 中开始析出 $M_2A_2S_5$，液相成分沿着 $S_5$ 相与液相交线变化。

$$L_1\longrightarrow M_2A_2S_5+L_2$$

当液相成分在 3 点 $L_2$ 时，液相与 $A_3S_2$ 发生转熔反应生成 $M_2A_2S_5$ 和 $M_4A_5S_2$。

$$L_2+A_3S_2\longrightarrow M_2A_2S_5+M_4A_5S_2\text{（液相点到达 3 点）}$$

温度进一步继续降低，$A_3S_2$ 反应完全后，液相成分变化到 9 点，同时析出 $M_2A_2S_5$ 和 $M_4A_5S_2$。

$$L_3\longrightarrow M_2A_2S_5+M_4A_5S_2\text{（}A_3S_2\text{ 反应完全后）}$$

到达 9 点后，$M_4A_5S_2$ 发生转熔反应同时生成 $M_2A_2S_5$ 和 MA。

$$L_4+M_4A_5S_2\longrightarrow M_2A_2S_5+MA\text{（液相点到达 9 点）}$$

$M_4A_5S_2$ 反应完全后，温度继续降低，液相成分变化到 4 点，过程中析出 $M_2A_2S_5$ 和 MA，当液相成分到达 4 点 $L_5$ 时，MA 发生转熔反应生成 $M_2A_2S_5$ 和 $M_2S$。

$$L_5+MA\longrightarrow M_2A_2S_5+M_2S\text{（液相点到达 4 点）}$$

MA 反应完全后，温度继续降低，液相成分变化到 5 点，过程中析出 $M_2S$ 和 $M_2A_2S_5$，当液相成分到达 5 点 $L_6$ 时，发生共熔同时生成 MS、$M_2S$ 和 $M_2A_2S_5$，反应结束。

$$L_6\longrightarrow MS+M_2S+M_2A_2S_5\text{（液相点到达 5 点）}$$

堇青石的化学式为 $2MgO\cdot 2Al_2O_3\cdot 5SiO_2$，如果按照堇青石的化学计量成分，堇青石微晶玻璃的理想组成（质量分数）为：13.8% MgO，34.9% $Al_2O_3$，51.3% $SiO_2$。通常，以堇青石为主晶相的 $MgO-Al_2O_3-SiO_2$ 系统微晶玻璃的基本组成点选择在 $MgO-Al_2O_3-SiO_2$ 三元系统相图的堇青石区域内。在许多碱性炉渣、尾矿中，含有相当数量的 MgO、$Al_2O_3$、$SiO_2$ 等成分，从玻璃形成学和相图的角度判断，$MgO-Al_2O_3-SiO_2$ 系统微晶玻璃中同样可以引入相当数量的炉渣、尾矿，制备成性能优良的微晶玻璃材料。不过炉渣、尾矿在 $MgO-Al_2O_3-SiO_2$ 系统中的应用还有待于进行研究与开发。

在 $MgO-Al_2O_3-SiO_2$ 三元系统的基础上，人们在其中引入 F 的成分，又形成了一类非常有特色的 $MgO-Al_2O_3-SiO_2-F$ 系统微晶玻璃。该系统微晶玻璃同样属于铝硅酸盐体系，该体系基础玻璃因热处理制度的不同可析出三种常见的晶体类型，主要包括堇青石（$2MgO\cdot 2Al_2O_3\cdot 5SiO_2$）、莫来石（$MgO\cdot 2SiO_2$）以及云母晶体［$KMg_3(Si_3Al)O_{10}F_2$］。而以氟金云母为主晶相的 $MgO-Al_2O_3-SiO_2-F$ 系统微晶玻璃因具有可加工性、低膨胀系数和高电绝缘性等，特别是其可加工性，一直受到人们的关注。

#### 5.2.2.1 堇青石微晶玻璃

（1）堇青石微晶玻璃的组成　主晶相为堇青石的 $MgO-Al_2O_3-SiO_2$ 系统微晶玻璃具

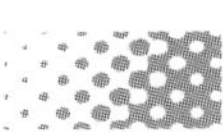

有重要的商业价值。这种微晶玻璃最早由美国 Corning 玻璃公司开发。堇青石型微晶玻璃具有较高的机械强度、优良的介电性、良好的热稳定性和抗热冲击性。常用的 $MgO-Al_2O_3-SiO_2$ 系统微晶玻璃基础组成并不是堇青石的化学计量组成，而是偏向于富含 MgO 或者 $Al_2O_3$ 的组成，主要是为了优化基础玻璃黏度和制备工艺，提高微晶玻璃性能。通常为了促进其他晶相的析出，组成点常选择靠近堇青石组成区域的边界。同时，添加其他氧化物和晶核剂来调整微晶玻璃结构和析晶。

该类微晶玻璃基础组成为：40%～70% $SiO_2$，9%～35% $Al_2O_3$，8%～32% MgO。此外，微晶玻璃还含有晶核剂，如 7%～15% $TiO_2$、3%～14% $ZrO_2$ 或 0.5%～6% $P_2O_5$。其中几种重要的组成见表 5-2。

从表 5-2 的组成可以看出，在设计材料基础组成时，主要应考虑材料的性能和应用。即对于堇青石型 $MgO-Al_2O_3-SiO_2$ 微晶玻璃组成而言，组成通常都富含 MgO、$Al_2O_3$ 或者富含 $SiO_2$，主要是出于控制析晶和改善微观结构而考虑的。

**表 5-2　$MgO-Al_2O_3-SiO_2$ 微晶玻璃组成**

| 编号 | 组成(质量分数)/% | | | | | | | | | |
|---|---|---|---|---|---|---|---|---|---|---|
| | MgO | $Al_2O_3$ | $SiO_2$ | CaO | ZnO | $Li_2O$ | $K_2O$ | $TiO_2$ | $ZrO_2$ | $P_2O_5$ |
| ① | 14.7 | 19.8 | 56.1 | 0.1 | — | — | — | 8.9 | — | — |
| ② | 25.0 | 5.4 | 58.0 | — | — | 0.9 | — | — | 10.7 | — |
| ③ | 33.0 | — | 54.0 | — | — | — | — | — | 13.0 | — |
| ④ | 14.0 | 30.2 | 42.8 | — | — | — | — | 13.0 | — | — |
| ⑤ | 24.4 | 20.3 | 52.3 | — | — | — | — | — | — | 3.0 |
| ⑥ | 13.3 | 28.9 | 46.7 | — | — | 0.9 | — | 10.2 | — | — |

研究组成偏离堇青石的 $MgO-Al_2O_3-SiO_2$ 系统微晶玻璃的转变动力学和微观结构，发现它们主要是由最原始的玻璃成分决定的。组成富含 MgO 和 $SiO_2$ 而不是按堇青石的化学计量组成，这样就抑制了 $\mu$-堇青石的形成，从而促进了 $\alpha$-堇青石的形成。相反，组成富含 $Al_2O_3$ 而不是堇青石的化学计量组成对 $\alpha$-堇青石的晶化没有影响。这样，在一定的玻璃组成范围内，大多数晶体成为 $\alpha$-堇青石，只有少量的 $\alpha$-堇青石晶相转变成为 $\mu$-堇青石晶相，这就可以得到 $\mu$-堇青石相含量很低的微晶玻璃。这是因为 $\alpha$-堇青石的力学性能远远优于 $\mu$-堇青石，故 $\mu$-堇青石相含量很低的微晶玻璃具有很好的力学性能。

而对于富含 $Al_2O_3$ 的组成，在玻璃中，$Al^{3+}$ 以四配位状态与［$SiO_4$］形成统一的网络，使网络的连接程度增强，且 $Al_2O_3$ 含量越高，则玻璃的网络稳定性越强，在主晶相形成时，例如：

$$MgO+Al_2O_3 \longrightarrow MgAl_2O_4$$

则需要更多的能量。同时，随着 $Al_2O_3$ 含量的升高，使得玻璃的黏度增大，析晶活化能升高。这样使得微晶玻璃的热处理制度较易控制，通过精确控温，降低升温速率，降低核化或晶化温度，增加保温时间，使制备的微晶玻璃具有较小的晶粒和合理的晶相，从而提高了微晶玻璃力学性能。对于微晶玻璃而言，其力学性能（如抗折强度等）不仅取决于微晶玻璃的晶相，也取决于玻璃相。随着 $Al_2O_3$ 含量的升高，使得微晶玻璃中玻璃相强度也增强，因此使得微晶玻璃的力学性能增强。

堇青石型 $MgO-Al_2O_3-SiO_2$ 系统微晶玻璃通常使用的氧化物晶核剂是 $TiO_2$，当

$TiO_2$ 质量分数在 2%～20%时，其对微晶玻璃的晶化有促进作用。$TiO_2$ 在玻璃熔体中有较大的溶解度，但是在冷却或重新加热时，在玻璃中析出大量的亚微观粒子，这些粒子显然有助于从玻璃中析出晶相。表 5-3 是 Corning 玻璃公司 9606 微晶玻璃析晶过程中的相组合。

**表 5-3　Corning 玻璃公司 9606 微晶玻璃析晶过程中的相组合**

| 温度/℃ | 相组合 | 温度/℃ | 相组合 |
|---|---|---|---|
| 700 | 玻璃 | 1010 | 二钛酸镁,β-石英,假蓝宝石,顽辉石,金红石 |
| 800 | 玻璃,二钛酸镁 | 1260 | 二钛酸镁,堇青石固溶体,金红石 |
| 900 | 二钛酸镁,β-石英固溶体 | | |

Corning 玻璃公司提出了堇青石微晶玻璃的改进组成（质量分数）为：48%～53% $SiO_2$，21%～25% $Al_2O_3$，15%～18% MgO，9.5%～11.5% $TiO_2$，0～1% $As_2O_3$。其特点是采用增强方法后机械强度超过 210MPa，而膨胀系数比 9606 微晶玻璃要低。较好的组成（质量分数）为：49.9% $SiO_2$，23.2% $Al_2O_3$，15.8% MgO，10.7% $TiO_2$，0.4% $As_2O_3$。将基础玻璃于 1600℃保温 6h 熔化，浇铸后在 750℃退火。玻璃在 800℃保温 2h 核化，在 1240℃保温 8h 晶化。增强处理的目的是去除表面微裂纹，方法是先用浓度为 5%的 NaOH 溶液浸泡 25min，溶出石英，然后再用浓度为 5%的 $H_2SO_4$ 溶液浸泡 10min，溶出残余玻璃相，反复 6 次，表面形成厚度为 0.25～0.375mm 的多孔层，起到增强作用。

此外，为了控制 $MgO-Al_2O_3-SiO_2$ 系统微晶玻璃的析晶或者为了获得其他优良的性能，通常在微晶玻璃中引入稀土元素。在对应于堇青石（$2MgO \cdot 2Al_2O_3 \cdot 5SiO_2$）化学计量组成的 $MgO-Al_2O_3-SiO_2$ 系统微晶玻璃中掺杂 $CeO_2$，研究其晶化过程。发现加入 $CeO_2$ 后的玻璃转变温度 $T_g$ 变低了，并且可促进 α-堇青石晶相的析出，使之成为主晶相。以堇青石为主晶相的微晶玻璃具有较高的机械强度和硬度以及较低的膨胀系数。

（2）堇青石微晶玻璃的结构　图 5-7 是 $MgO-Al_2O_3-SiO_2$ 系统玻璃进行晶化后所得到的微晶玻璃材料的 X 射线衍射谱图。其工艺制度为：以 5℃/min 从室温升至 780℃，保温 120min；以 3℃/min 升至 1000℃，保温 120min；以 5℃/min 升至 1250℃，保温 120min。玻璃样品的主晶相为堇青石（$2MgO \cdot 2Al_2O_3 \cdot 5SiO_2$），且其特征峰强度较高，说明样品在热处理过程中的析晶性能较好，结晶化程度越高，晶体发育越完全。

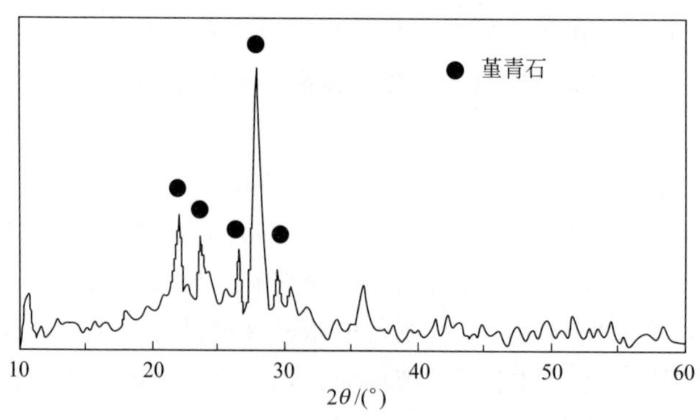


图 5-7　$MgO-Al_2O_3-SiO_2$ 系统微晶玻璃的 X 射线衍射谱图

在利用 $MgO-Al_2O_3-SiO_2$ 系统制备堇青石微晶玻璃时，$MgO/Al_2O_3$ 比例变化将会

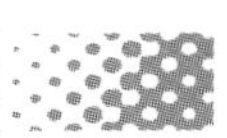

对其主晶相产生直接的影响。图 5-8 分别是不同 $MgO/Al_2O_3$ 比例的微晶玻璃显微结构照片。当 $MgO/Al_2O_3>1$ 时。试样中有大量针柱状体的堇青石晶体析出，同时析出少量聚粒状的尖晶石晶体。从图 5-8(a) 中可以很明显地看出，此时晶体的生长较完全，但试样的部分区域出现了针柱状堇青石晶体的富聚。$MgO/Al_2O_3=1$，微晶玻璃的显微结构如图 5-8(b) 所示。试样中析出致密块状的堇青石晶体，同时析出少量细小聚粒状的尖晶石晶体，但是晶体的分布是杂乱无章的且很不均匀。$MgO/Al_2O_3<1$，从图 5-8(c) 来看，此时试样中析出大量细小聚粒状的尖晶石晶体和致密块状的堇青石晶体，此时的晶体粒度都较小且分布较为均匀。同时玻璃相和晶相紧密绞合在一起。

由此可见，基础玻璃组分的改变，会直接影响到微晶玻璃中的主晶相的形成，在某些热处理条件下还会有多种晶相形成。在图 5-8 中微晶玻璃以不同形貌的主晶相出现，会使得其性能特点发生相应的改变。有大量针柱状体的堇青石出现时，微晶玻璃的抗折强度会明显提高，而颗粒状的微晶相含量较多时，微晶玻璃的耐磨损性能会显著改善。

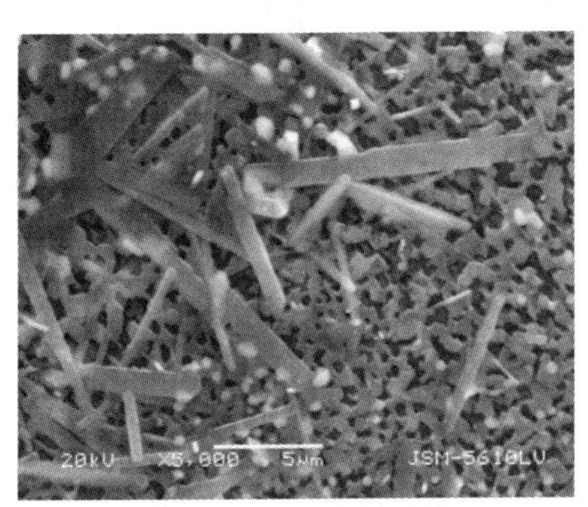


(a) $MgO/Al_2O_3>1$

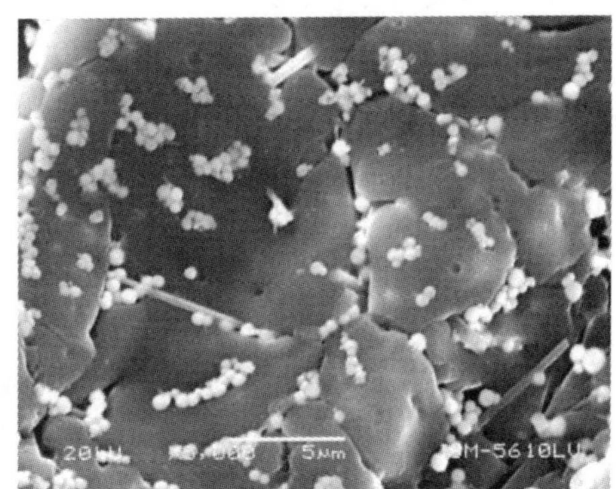


(b) $MgO/Al_2O_3=1$

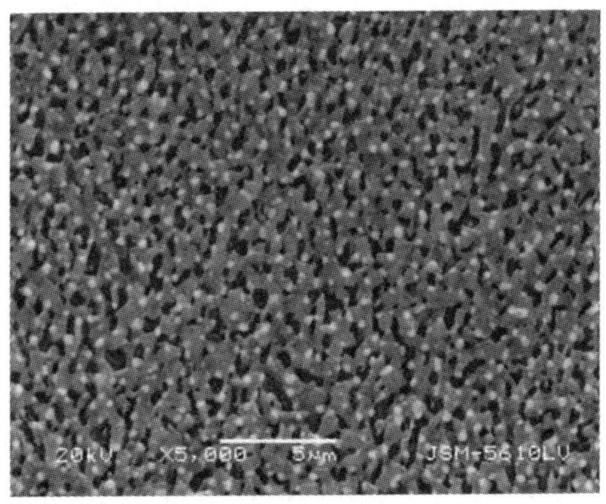


(c) $MgO/Al_2O_3<1$

图 5-8 不同 $MgO/Al_2O_3$ 比例的微晶玻璃显微结构照片

#### 5.2.2.2 云母可加工微晶玻璃

(1) $MgO-Al_2O_3-SiO_2-F$ 系统云母微晶玻璃　由化学成分属堇青石及莫来石液相区的三元基础 $MgO-Al_2O_3-SiO_2$ 组成的玻璃在显微结构中仅表现出很小的液-液相变趋势。在随后的热处理过程中，热力学稳定相如堇青石、莫来石在很早阶段就产生了。如果在这种玻璃中添加 5%～15%的 $Na_2O$、$K_2O$、$P_2O_5$、F 等成分，则在热处理时，将发生可控析晶，生成云母晶体。随着其他晶相的首先析出，通过增大相变趋势，出现云母析晶。在微晶玻璃材料的制备过程中，由于基础玻璃组分的变化，或者热处理制度的变化，往往会出现晶相转变的现象。晶相转变的发生使得微晶玻璃的结构与性能发生相应的改变。

（2）云母微晶玻璃的结构　微晶玻璃的可切削性主要来源于玻璃中析出的云母晶相，而云母具有独特的层状结构，双层群与双层群之间通过钾离子或钠离子相互松懈地连接，云母晶体结构如图 5-9 所示。而双层群又由相互牢固连接的单层群 $[Si_2O_5]^{2-}$ 组成，由六元环构成的四面体中，每四个四面体（垂直于［001］面层）有一个是 $[AlO_4]$ 四面体。

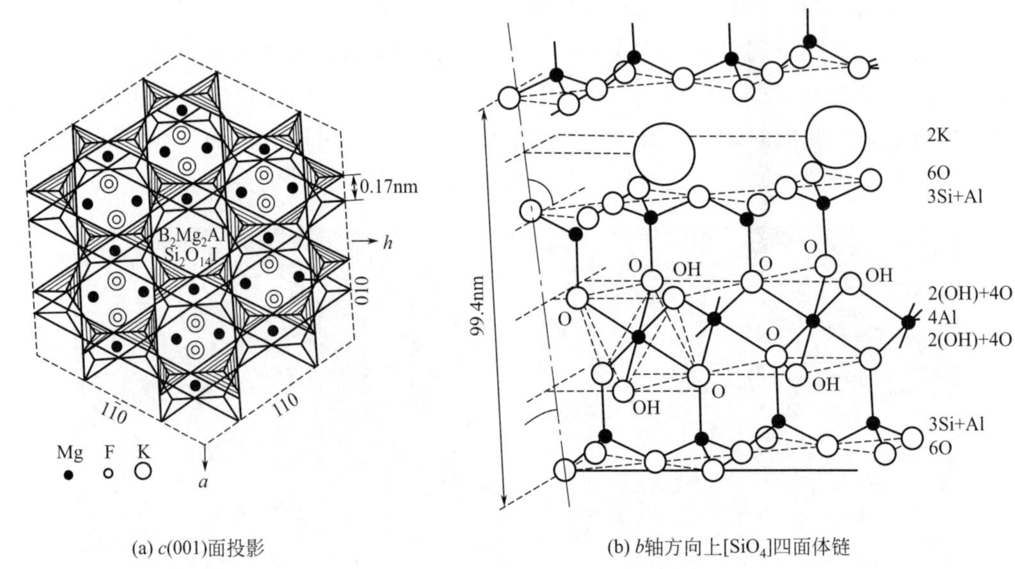

(a) c(001)面投影　(b) b轴方向上$[SiO_4]$四面体链

图 5-9　云母晶体结构示意图

双层群内部依靠 $Mg^{2+}$ 和 $F^-$ 键合在一起，$Mg^{2+}$ 与四面体角上的 $O^{2-}$ 直接相连，同时还与嵌在六节环中心的 $F^-$ 键合。$Mg^{2+}$ 的位置可以由 $Fe^{2+}$ 占据，$F^-$ 的位置可由 $OH^-$ 占据。从图中可以看出，$Mg^{2+}$ 均为六配位，而碱金属离子全都如图 5-9 所示处于十二配位，其中 6 个 $O^{2-}$ 属于一个双层群，另外 6 个 $O^{2-}$ 属于另一个双层群，双层群的两个四面体层之间有些错位。

在云母晶体中（001）面通常以碱金属或碱土金属结合，结合力十分薄弱。在外力的作用下裂纹很容易沿晶体结构薄弱面（001）进行扩展和传播，而相互交错的晶体框架又控制着裂纹运行方向，抑制裂纹的自由扩展，使其可以切削而不致破碎，使裂纹在刀具周围扩展，实现加工精度。J. Sindel 对 Dicor MGC 微晶玻璃加工表面进行了研究，加工破坏主要是类似片状的脱落和晶粒碎裂。钙云母微晶玻璃钻削表面残余加工屑也为片状，故解理是加工破坏的主要形式，云母晶体的特性及其相互交错的晶体结构是可加工的微晶玻璃的内在本质。

云母基微晶玻璃的可切削性取决于云母晶体的显微组织形态、体积分数及晶体间的交错程度等因素。随着微晶玻璃中云母晶体的结晶率和交错程度的增加，材料的可切削性显著提高。一般认为，微晶玻璃中云母晶体的体积分数至少需达到 1/3，材料才具有良好的可切削性。云母晶体的交错程度与云母晶体的长径比有关，长径比越大，云母晶体的交错程度越高，可切削性也越好。采用适当的玻璃成分及热处理制度，可得到具有理想显微组

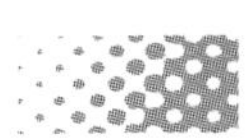

织的云母基微晶玻璃，保证具有良好的可切削性，图 5-10 所示为云母微晶玻璃的两种典型的显微组织。在这两种典型的显微组织中，都有明显的片状的具有可解离特征的形貌。在受到剪切方向的外力作用时，被切削的部分可以整齐地从材料的表面切割下来。未被切割的部分，由于结构的相互交错性与包裹性而仍然保持整体性。

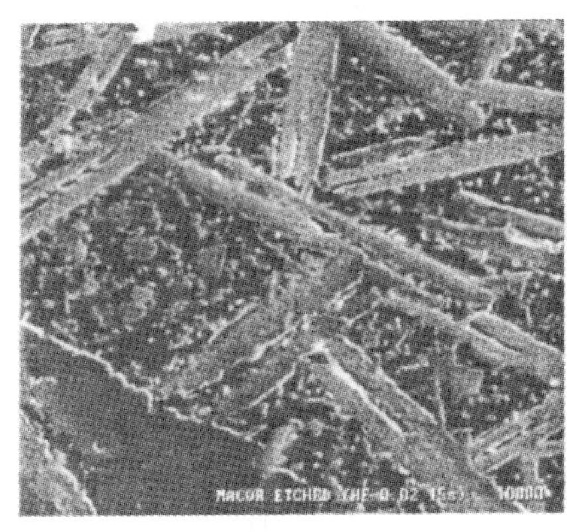


(a) 卡片状组织

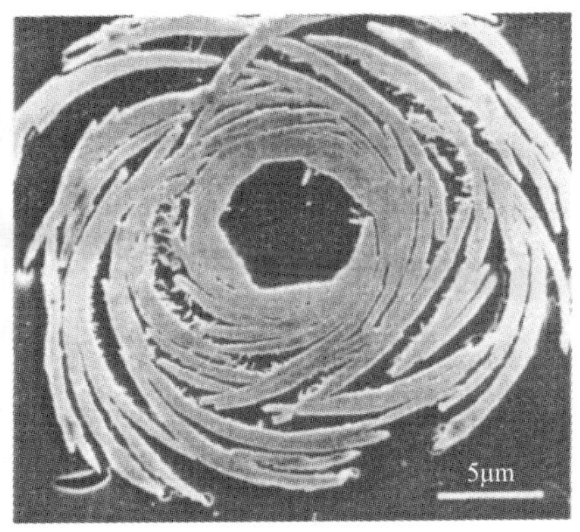


(b) 卷心菜状组织

图 5-10　云母微晶玻璃的两种典型的显微组织

图 5-11 是云母微晶玻璃的 X 射线衍射谱图，其主晶相为氟金云母。云母晶体在（001）晶面的衍射峰强度很强，说明其在该晶面方向上的生长较为完整。这也就给云母晶体在该方向上的解理提供了结构上的条件。

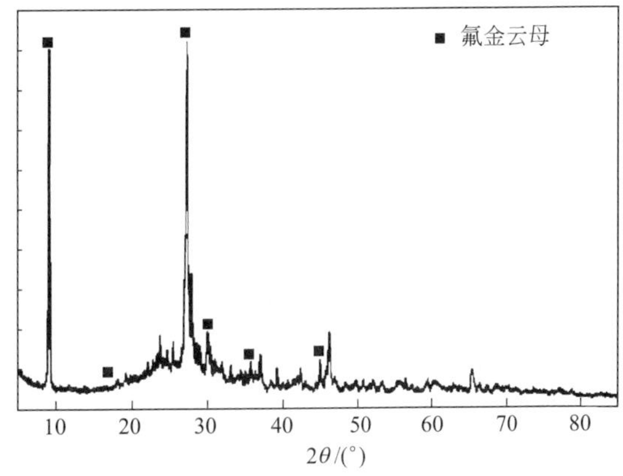


图 5-11　云母微晶玻璃的 X 射线衍射谱图

由于云母微晶玻璃具有非常优异的可机加工性能，除具备一般微晶玻璃共有的优异性能外，又具有独特的可切削特点，该材料与金属相似，能不同程度地借用加工金属的工具进行切削加工，即可以用一般机床进行车、铣、刨、磨、锯、钻孔或攻螺纹等传统的加工手段制成具有精密尺寸、精密配合和复杂形状的构件，这是其他微晶玻璃材料所不具备的，其工程应用前景和发展领域十分广阔，越来越受到人们的重视。目前，可切削加工的微晶玻璃材料主要作为生物材料、密封材料、润滑材料使用。

正是由于 $MgO-Al_2O_3-SiO_2-F$ 微晶玻璃的组成以 MgO、$Al_2O_3$、$SiO_2$ 为基础，其基础玻璃组分可以由尾矿中的相对应成分提供，在成分上对尾矿利用具有很强的适应性。同时该材料具有非常优异的可加工、雕刻等性能，可以将以尾矿和矿渣为主要原料的 $MgO-Al_2O_3-SiO_2-F$ 微晶玻璃浇铸成坯块，通过后期切削、雕刻加工制备成城市雕塑、回廊、石阶等用材。在替代天然石材的同时，可使尾矿和矿渣的使用量大幅度提高。

在日本，燧石储藏量十分丰富，除一部分用于生产建筑材料外，大部分碎屑因得不到有效利用被当作废料废弃。近来，日本某公司便利用火山灰玻璃质特性的燧石废屑为主要原料，配合其他辅助原料，快烧生产氟金云母微晶玻璃获得成功，在提高其机械加工性能的同时，实现了低成本、低能耗生产。经测定，用燧石废屑生产的氟金云母微晶玻璃，其尤为吸引人的是，这种氟金云母微晶玻璃的切入速度较硅砂制成的氟金云母微晶玻璃的提高 60%，不仅使氟金云母微晶玻璃加工性进一步提高，还降低机械加工费用。另外，它不像原品种那样仅局限于白色，还可着色成褐色，用于工艺品生产。

### 5.2.3 $Na_2O$-CaO-$SiO_2$ 系统微晶玻璃

$Na_2O$-CaO-$SiO_2$ 系统微晶玻璃属于一种非常有特点的微晶玻璃，其基础玻璃的氧化物主要包括 $SiO_2$、$Al_2O_3$、$Na_2O$、CaO 等组分，以上四种氧化物占基础玻璃氧化物组分的 90%以上。$Na_2O$-CaO-$SiO_2$ 系统的相图如图 5-12 所示。该系统微晶玻璃析出的主晶相为 $Na_2O \cdot CaO \cdot 3SiO_2$ 结晶。

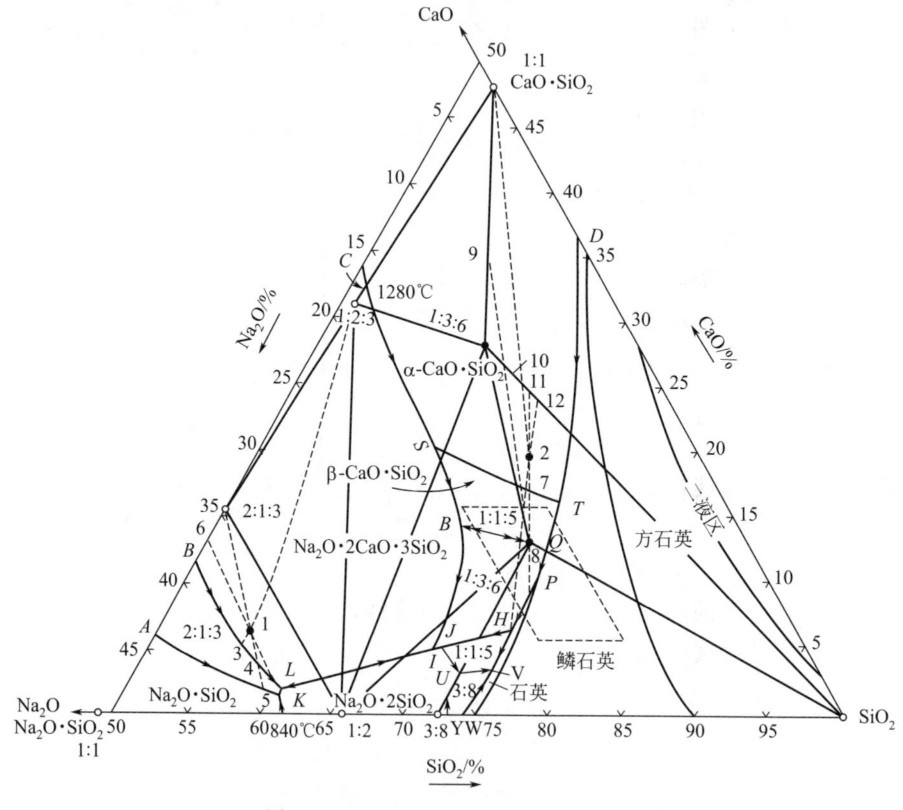


图 5-12 $Na_2O$-CaO-$SiO_2$ 系统的相图

## 5.3 尾矿与矿渣微晶玻璃的基础组分设计

### 5.3.1 尾矿与矿渣的组分特点

选矿中分选作业的产物之一，其中有用目标组分含量最低的部分称为尾矿。在当前的技术经济条件下，已不宜再进一步分选。但随着生产科学技术的发展，有用目标组分还可能有进一步回收利用的经济价值。尾矿并不是完全无用的废料，往往含有可作其他用途的

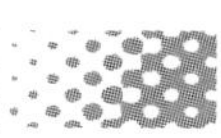

组分，可以综合利用。实现无废料排放，是矿产资源得到充分利用和保护生态环境的需要。

不同种类和不同结构构造的矿石，需要不同的选矿工艺流程，而不同的选矿工艺流程所产生的尾矿，在工艺性质上，尤其在颗粒形态和颗粒级配上，往往存在一定的差异。

随着经济的发展，对矿产品需求大幅度增加，矿业开发规模随之加大，产生的选矿尾矿数量将不断增加；加之许多可利用的金属矿品位日益降低，为了满足矿产品日益增长的需求，选矿规模越来越大，因此产生的选矿尾矿数量也将大量增加，而大量堆存的尾矿，给矿业、环境及经济等造成不少难题。

目前我国金属尾矿大多属于硅酸盐类尾矿，多数情况下尾矿中 $SiO_2$、$Al_2O_3$ 和 CaO 的含量占 80%以上。由于矿源的地域不同，其中的 $SiO_2$、$Al_2O_3$ 和 CaO 等氧化物的含量也有所不同，使得金属尾矿酸度系数差异较大。含 $SiO_2$ 多的尾矿为酸性尾矿，含 $Al_2O_3$ 和 CaO 多的尾矿为碱性尾矿。如何最大限度地利用尾矿中的氧化物需要依据微晶玻璃的酸度系数以及各系统相图中的目标晶相进行成分的调制与改性。

冶金废渣是指冶金工业生产过程中产生的各种固体废弃物，也属于一大类固体废弃物。主要指炼铁炉中产生的高炉渣、钢渣，有色金属冶炼产生的各种有色金属渣，如铜渣、铅渣、锌渣、镍渣等，从铝土矿提炼氧化铝排出的赤泥，以及轧钢过程中产生的少量氧化铁渣。每炼 1t 生铁排出 0.3～0.9t 铁渣，每炼 1t 钢排出 0.1～0.3t 钢渣，每炼 1t 氧化铝排出 0.6～2t 赤泥。

冶炼后的残余物又称矿渣。矿渣的来源不同，其中的 $SiO_2$、$Al_2O_3$ 和 CaO 等氧化物的含量也有所不同。通常情况下冶金渣中的 $Al_2O_3$ 和 CaO 含量较高，而 $SiO_2$ 含量相对较低，从而使得冶金渣为碱性矿渣。矿渣的碱性可以用碱度来表示，碱性矿渣的活性比酸性矿渣高。矿渣由于具有一定的自身水硬性，不宜长期存放。

## 5.3.2　尾矿与矿渣基础组分的改性

### 5.3.2.1　酸度系数

为了对尾矿与矿渣的成分进行有效的调制与改性，使之更加适合于制备微晶玻璃，可用酸度系数对它们的酸碱性进行描述。所谓酸度系数是指物料中的酸性氧化物与碱性氧化物物质的量之比（用 C. A 表示）。即：

$$\text{C. A}=\frac{n_{RO_2}}{n_{R_2O}+n_{RO}+3n_{R_2O_3}} \tag{5-1}$$

式中　$n_{RO_2}$——酸性氧化物物质的量；

$n_{R_2O}$，$n_{RO}$，$n_{R_2O_3}$——碱性氧化物物质的量。

### 5.3.2.2　微晶玻璃的酸度系数

依据以往人们在微晶玻璃方面的研究成果，基础玻璃的设计非常关键。通过计算发现，无论是 $CaO-Al_2O_3-SiO_2$ 系统微晶玻璃、$MgO-Al_2O_3-SiO_2$ 系统微晶玻璃，还是 $Na_2O-CaO-SiO_2$ 系统微晶玻璃，它们的酸度系数都在 1.00～1.30 的范围内。酸度系数小于 1.00 时，基础玻璃的硬化速率快，料性偏短，不利于玻璃的压延或压制成形。当利用烧结法制备微晶玻璃时，由于酸度系数小，玻璃颗粒的析晶速率快，不利于玻璃颗粒的烧结与表面的摊平，微晶玻璃的表面会留下凹凸不平的疙瘩和孔洞，产品的结构与性能会大幅度下降。酸度系数大于 1.30 时，基础玻璃中 $SiO_2$ 的含量较高，玻璃的成玻性能非常好，其硬化速率慢，料性偏长，$SiO_2$ 具有抑制玻璃析晶的作用，不利于玻璃的析晶。

具体的调整方法如下。

(1) 计算所选用基础系统微晶玻璃的酸度系数。

(2) 对尾矿与矿渣的氧化物成分进行分析。

(3) 计算尾矿或矿渣的酸度系数，并与基础系统微晶玻璃的酸度系数相比较。

(4) 根据所选定基础系统中的目标结晶相，对尾矿或矿渣的酸度系数进行调整。

(5) 确定在尾矿或矿渣中添加的调制氧化物，进行基础玻璃与微晶玻璃的制备。

下面分别以已经商品化的微晶玻璃、尾矿渣、冶金矿渣的氧化物组成为例，计算其酸度系数。

**【例 5-1】** 某 $CaO-Al_2O_3-SiO_2$ 系统微晶玻璃的基础氧化物组成见表 5-4，计算其酸度系数。

**表 5-4　某 $CaO-Al_2O_3-SiO_2$ 系统微晶玻璃的基础氧化物组成**

| 氧化物 | $SiO_2$ | $Al_2O_3$ | CaO | MgO | BaO | ZnO | $R_2O(Na_2O、K_2O)$ | $Sb_2O_3$ |
|---|---|---|---|---|---|---|---|---|
| 含量(质量分数)/% | 62.00 | 7.00 | 18.00 | 1.00 | 5.00 | 1.00 | 5.50 | 0.50 |

将表 5-4 中的参数代入酸度系数的计算式中，可计算出其酸度系数。

$$C.A=\frac{n_{RO_2}}{n_{R_2O}+n_{RO}+3n_{R_2O_3}}=\frac{62}{5.5+18+1+5+1+3\times7}=\frac{62}{51.5}=1.2$$

由此计算出该微晶玻璃的酸度系数为 1.2。

**【例 5-2】** 某黄金尾矿的氧化物组成见表 5-5，计算其酸度系数。

**表 5-5　某黄金尾矿的氧化物组成**

| 氧化物 | $SiO_2$ | $Al_2O_3$ | CaO | MgO | $K_2O$ | $Na_2O$ | $Fe_2O_3$ | $TiO_2$ | $P_2O_5$ |
|---|---|---|---|---|---|---|---|---|---|
| 含量(质量分数)/% | 72.32 | 11.42 | 2.28 | 0.61 | 5.89 | 1.77 | 1.74 | 0.20 | 2.77 |

将表 5-5 中的参数代入酸度系数的计算式中，可计算出其酸度系数。

$$C.A=\frac{n_{RO_2}}{n_{R_2O}+n_{RO}+3n_{R_2O_3}}=\frac{72.32}{7.66+2.28+0.61+1.74+0.20+3\times11.42}=\frac{72.32}{46.75}=1.55$$

由此计算出该黄金尾矿的酸度系数为 1.55，其酸度系数偏高，虽然可以很好地形成玻璃，但玻璃的析晶性能很差，需要对其进行改性，降低其酸度系数。

**【例 5-3】** 某高炉钛渣的氧化物组成见表 5-6，计算其酸度系数。

**表 5-6　某高炉钛渣的氧化物组成**

| 氧化物 | $SiO_2$ | $Al_2O_3$ | CaO | $TiO_2$ | MgO | FeO | MnO | $V_2O_5$ | $K_2O$ | $Na_2O$ |
|---|---|---|---|---|---|---|---|---|---|---|
| 含量(质量分数)/% | 24.10 | 13.20 | 26.10 | 23.80 | 8.10 | 3.10 | 0.50 | 0.30 | 0.30 | 0.40 |

将表 5-6 中的参数代入酸度系数的计算式中，可计算出其酸度系数。

$$C.A=\frac{n_{RO_2}}{n_{R_2O}+n_{RO}+3n_{R_2O_3}}=\frac{24.1}{0.7+26.1+8.1+3.1+23.8+0.50+0.3+0.3+3\times13.2}$$

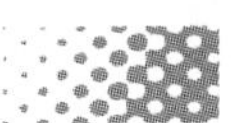

$$=\frac{24.1}{102.5}=0.24$$

由此计算出该黄金尾矿的酸度系数为 0.24，其酸度系数很低，成玻性能非常差，很难制备出微晶玻璃，需要对其进行改性，大幅度提高其酸度系数。

以上三个实例说明，对于尾矿、矿渣的利用需要根据其酸度系数进行相应的料性改变，以满足不同原料制备微晶玻璃的要求，即需要同时考虑其成玻性能与析晶性能。

## 参考文献


[1] Corning. Corning Develops New Ceramic Material [J]. Bull Am Ceram Soc, 1957, 36: 279.

[2] [英] 麦克米伦 P W. 微晶玻璃 [M]. 王仞千译. 北京：中国建筑工业出版社，1988.

[3] 程金树，李宏，汤李缨，何峰. 微晶玻璃 [M]. 北京：化学工业出版社，2006.

[4] 张联盟，黄学辉，宁晓岚. 材料科学基础 [M]. 武汉：武汉理工大学出版社，2008.

[5] 曾燕伟. 无机材料科学基础 [M]. 武汉：武汉理工大学出版社，2015.

[6] 谢峻林，何峰，顾少轩，王琦. 无机非金属材料工学 [M]. 北京：化学工业出版社，2011.

[7] 潘志华. 无机非金属材料工学 [M]. 北京：化学工业出版社，2016.

[8] 田英良，孙诗兵. 新编玻璃工艺学 [M]. 北京：中国轻工业出版社，2013.

[9] 西北轻工学院. 玻璃学工艺学 [M]. 北京：轻工业出版社，2006.

# 第 6 章

# 尾矿微晶玻璃

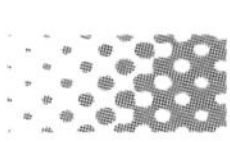

近年来，随着人类社会的文明与经济的发展，对环境资源的需求与开采负荷不断提高。但随之而来也出现了诸多问题，如人类赖以生存的环境日益恶化。作为“三废”之一的固体废弃物给环境造成了严重的污染和危害，同时也带来占用土地、浪费资源的问题。因此，将固体废弃物转化成为二次资源，实现人类和环境协调发展显得尤为重要。

金属尾矿大多属于硅酸盐类尾矿，这些尾矿大多作为硅酸盐类固体废料被废弃。我国硅酸盐类固体废弃物每年的产生量巨大，特别是金属尾矿的种类繁多，累计排放量惊人。仅 2013 年，各类金属尾矿的排放总量约为 16.5 亿吨，并且以每年 1.8%的速度增加。目前，我国每年处理、利用的金属尾矿量在 3.12 亿吨左右，利用率约为 18.9%。金属尾矿排放方式简单、粗放，主要以堆放的形式存放，占用大量土地，严重破坏生态环境，极易诱发地质灾害。同时，尾矿中含有的铅、锌等重金属可以通过雨水扩散到土壤、河流中，对人类生存环境构成严重威胁。

## 6.1　金矿尾矿微晶玻璃

金矿尾矿，又称黄金尾矿，是含金矿石经粉碎，采用浮选法提炼黄金过程中产生的废渣。它的大量堆积，占用土地资源，渗入地下污染地下水，污染环境，给人类的生存环境带来了严重的威胁，并造成矿产资源的浪费。金矿尾矿的主要组成为 $SiO_2$ 和 $Al_2O_3$，且含有一定量的 MgO、$Na_2O$、$K_2O$ 等成分，这些是制备硅酸盐玻璃的必需成分，含有少量的 $Fe_2O_3$、$TiO_2$ 可作为制备微晶玻璃的有效晶核剂。因此，开发利用金矿尾矿制备微晶玻璃是一条有效的途径。

### 6.1.1　烧结法制备金矿尾矿微晶玻璃

#### 6.1.1.1　基础玻璃的组分设计与微晶玻璃的制备

采用浮选法所产生的黄金尾矿废渣，是以粉末形式被排放、堆积，不同地域的黄金尾矿的性状和组分会有所不同。何峰、郑媛媛等以河南灵胡黄金尾矿为主要原料，通过添加其他化学成分，利用烧结法制备出了 $CaO-Al_2O_3-SiO_2$ 系统微晶玻璃。灵胡黄金尾矿砂的化学组成见表 6-1。根据其组分特点，利用 $SiO_2$、CaO、ZnO、BaO 和 $B_2O_3$ 对其进行组分调整，改善其成玻性能与料性。表 6-2 为灵胡黄金尾矿砂被调整后的几种典型的基础玻璃的氧化物组成。

**表 6-1　灵胡黄金尾矿砂的化学组成**

| 氧化物 | $SiO_2$ | $Al_2O_3$ | CaO | MgO | $K_2O$ | $Na_2O$ | $Fe_2O_3$ | $TiO_2$ | $P_2O_5$ |
|---|---|---|---|---|---|---|---|---|---|
| 含量(质量分数)/% | 72.32 | 11.42 | 2.28 | 0.61 | 5.89 | 1.77 | 1.74 | 0.20 | 2.77 |

**表 6-2　灵胡黄金尾矿砂被调整后的几种典型的基础玻璃的氧化物组成**

| 氧化物 | 组成/% | | | | | | | | | | | |
|---|---|---|---|---|---|---|---|---|---|---|---|---|
| | $SiO_2$ | $Al_2O_3$ | CaO | MgO | $K_2O$ | $Na_2O$ | $Fe_2O_3$ | $TiO_2$ | $P_2O_5$ | ZnO | BaO | $B_2O_3$ |
| $G_1$ | 56.91 | 7.90 | 16.09 | 0.42 | 4.07 | 1.22 | 1.20 | 0.14 | 1.88 | 3.46 | 5.67 | 1.03 |
| $G_2$ | 55.38 | 7.68 | 18.36 | 0.41 | 3.96 | 1.19 | 1.17 | 0.14 | 1.82 | 3.36 | 5.51 | 1.01 |
| $G_3$ | 53.90 | 7.48 | 20.48 | 0.40 | 3.86 | 1.16 | 1.14 | 0.13 | 1.77 | 3.33 | 5.37 | 0.98 |

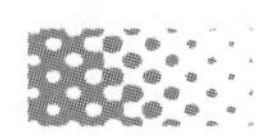


玻璃配合料的熔化温度为1500℃，在此温度下保温2h以上的时间，使得玻璃熔体充分澄清、均化后水淬为颗粒。玻璃颗粒经过烘干后进行研磨、筛分，得到的玻璃粉末颗粒粒径范围为0.5～2mm。对所得到的基础玻璃粉末进行DTA测试，图6-1是黄金尾矿砂制备的几种基础玻璃的DTA曲线。由曲线可以看出，$G_1$、$G_2$、$G_3$玻璃的转变温度分别是$T_{g1}$=686℃、$T_{g2}$=675℃、$T_{g3}$=664℃，析晶温度分别是$T_{c1}$=975℃、$T_{c2}$=969℃、$T_{c3}$=959℃。玻璃的转变温度和析晶温度都随着CaO含量的增加有所降低。玻璃组分中的$Fe_2O_3$、CaO、MgO、$K_2O$和$Na_2O$都有降低玻璃的转变温度和析晶温度的能力。由此所确定出玻璃颗粒的热处理的制度为：选取核化温度为750℃，保温1h，晶化温度为1000℃，保温2h。将玻璃颗粒装入涂有脱模高岭土浆料的耐火材料模具中，铺平并压实。在所选取的热处理制度下进行烧结与微晶化处理，经过冷却、退火后得到板状的具有颗粒花纹的微晶玻璃板块。微晶玻璃板块表面具有非常明显的玻璃光泽，玻璃相和微晶相相互嵌合在一起，形成了两相混合的无机复合材料。说明采用玻璃颗粒烧结法可以制备出黄金尾矿微晶玻璃。

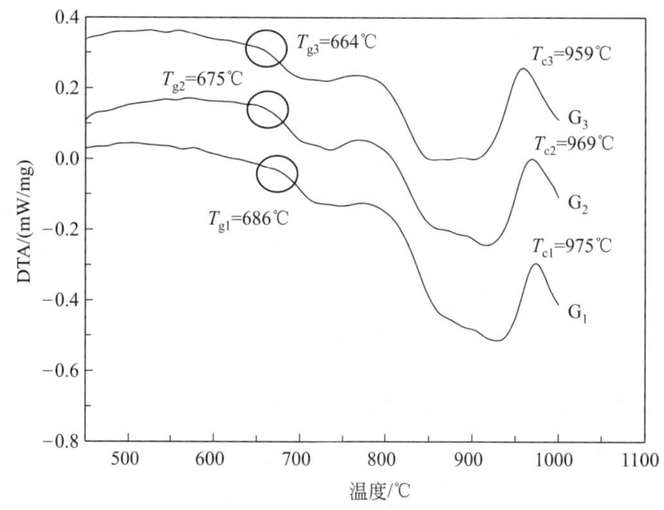


图6-1　黄金尾矿砂制备的几种基础玻璃的DTA曲线

#### 6.1.1.2　烧结法金矿尾矿微晶玻璃的结构与性能

图6-2是黄金尾矿砂制备的基础玻璃经过微晶化处理后的微晶玻璃的X射线衍射谱图，由图可以发现微晶玻璃试样中析晶出了硅灰石微晶相。图6-3为几种黄金尾矿砂微晶玻璃的SEM照片和EDS分析，SEM照片显示试样中出现了大量的板块状的微晶相。试样的断面被HF酸侵蚀，玻璃相被侵蚀、清洗已经脱离试样基体，而留下的部分是板块状的微晶相。在照片中随着CaO含量的增加，试样中板块状微晶相的尺寸明显地长大，说明CaO可以很好地促进硅灰石相的生成，且微晶相的生长更加完整。微晶相结构形貌的改善可以显著提高微晶玻璃的密度和耐磨性能。对其中的一个块状微晶相区域进行EDS分析，Ca元素的含量为33.64%，Si元素的含量为25.28%，O元素的含量为41.08%，与硅灰石的元素含量相一致。

在利用黄金尾矿砂制备微晶玻璃的研究方面，陈维铅、高淑雅等利用陕西汉阴金矿尾矿、方解石为主要原料，硼砂、ZnO、$Sb_2O_3$、$Na_2SiF_6$等为辅助原料，采用粉末烧结法

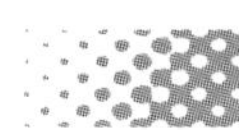

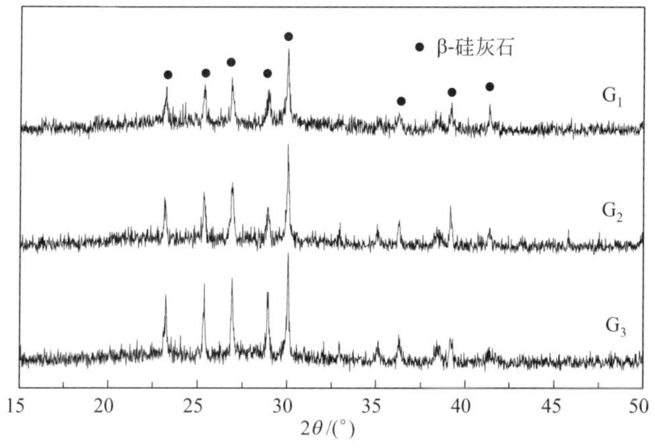


图 6-2　黄金尾矿砂制备的基础玻璃经过微晶化处理后的微晶玻璃的 X 射线衍射谱图

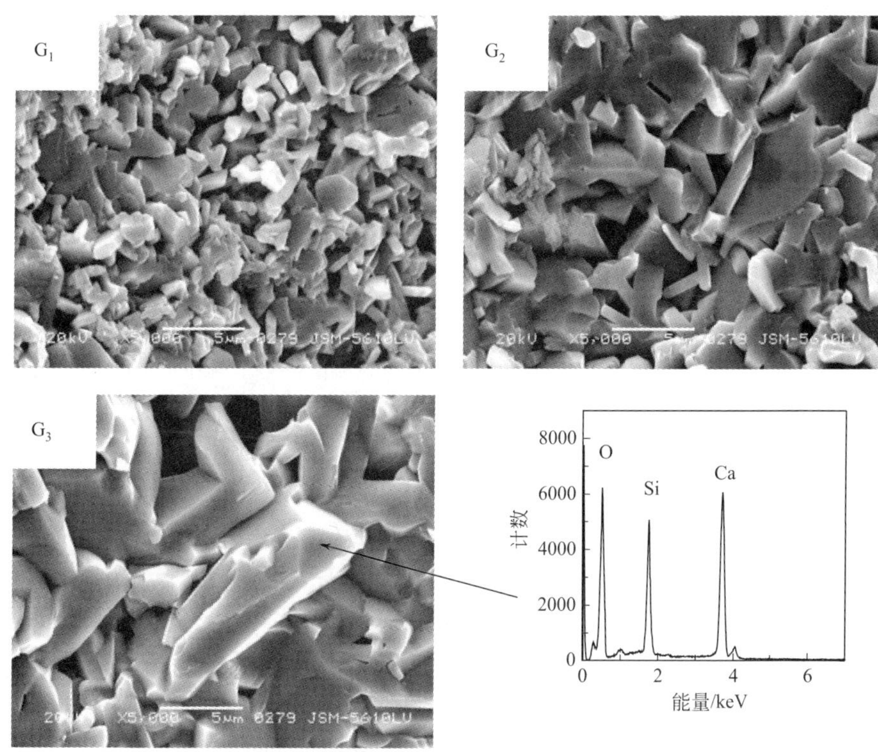


图 6-3　几种黄金尾矿砂微晶玻璃的 SEM 照片和 EDS 分析

制备 $CaO-Al_2O_3-SiO_2$ 系统微晶玻璃。分别研究了不同烧结温度和保温时间对金矿尾矿微晶玻璃性能的影响。粉末烧结法黄金尾矿砂微晶玻璃的基础玻璃的化学组成见表 6-3，其中金矿尾矿的用量接近 65%。

**表 6-3　粉末烧结法黄金尾矿砂微晶玻璃的基础玻璃的化学组成**

| 氧化物 | $SiO_2$ | $Al_2O_3$ | CaO | $Fe_2O_3$ | $K_2O$ | $Na_2O$ | $B_2O_3$ | ZnO |
|---|---|---|---|---|---|---|---|---|
| 含量(质量分数)/% | 52.74 | 10.52 | 18.73 | 4.67 | 2.45 | 3.20 | 1.81 | 1.60 |

按各原料质量比，称取原料，充分研磨使其混合均匀，在 1300℃条件下保温 3h，使

其充分熔化、澄清和均化，将熔制好的玻璃液水淬成玻璃颗粒；由于所设计的基础玻璃的组分中 $Al_2O_3$ 与 $SiO_2$ 的含量较低，因此使得玻璃配合料可以在相对较低的1300℃条件下进行比较好的熔化。采用球磨机将玻璃颗粒研磨通过 120 目筛（筛孔直径为 125μm），由于研磨、筛分后的玻璃为粉状，利用压机和成形模，采用粉末压制法将玻璃粉末压制成条块状样品也就成为其制备微晶玻璃的一个特点。与其他的有关微晶玻璃研究相似，根据DSC 的测试结果，确定烧结晶化温度为 900℃，保温时间分别为 1h、2h、3h、4h，考察不同烧结时间对金矿尾矿微晶玻璃结构和性能的影响。通过分析得到较佳的保温时间，确定烧结温度分别为 800℃、850℃、900℃、950℃、1000℃，研究不同烧结温度对样品结构和性能的影响。

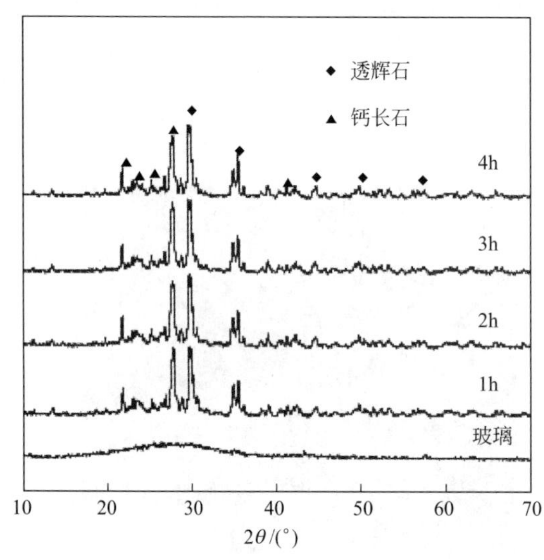


图 6-4　烧结晶化温度 900℃时，不同保温时间微晶玻璃样品的 X 射线衍射谱图

图 6-4 是烧结晶化温度 900℃时，保温时间分别为 1h、2h、3h、4h 制备金矿尾矿微晶玻璃样品的 X 射线衍射谱图。从图可见，不同保温时间下，微晶玻璃的主晶相为透辉石（$CaMgSi_2O_3$）和钙长石（$CaAl_2Si_2O_8$），保温时间的改变并没有使得黄金尾矿砂微晶玻璃的晶相种类发生变化。随着保温时间延长，样品的密度和抗折强度均呈先增大后减小趋势。保温时间为 1～3h 时，随着保温时间的延长，主晶相的衍射峰强度逐渐增强，表明试样内部晶相含量随着保温时间的延长而提高。当保温时间延长至 4h 时，主晶相衍射峰的强度有降低趋势，表明试样内部晶体含量降低。由此可知，保温时间为 3h，金矿尾矿微晶玻璃试样的晶体含量较高。

随着保温时间延长，微晶玻璃的密度和抗折强度均呈先增大后减小趋势。当保温时间为 3h 时，样品的密度和抗折强度达到较大值分别为 $2.61g/cm^3$ 和 154MPa。是由于随着保温时间延长，样品的结晶度提高，晶粒分布均匀，致密性提高，所以样品的密度和抗折强度随保温时间延长呈增大趋势。当保温时间较长（3h）时，样品内部晶粒长大，析出大量的气孔，使其结晶度和致密性降低，导致其密度和抗折强度呈降低趋势。由此可知，保温时间为 3h 时，样品具有较好的性能。与其他的利用烧结法制备微晶玻璃的抗折强度相比，陈维铅、高淑雅等利用陕西汉阴金矿尾矿为主要原料制备微晶玻璃具有比较高的抗折强度，这可能与细粉末制备微晶玻璃时材料的烧结更加致密，其中的缺陷较少有关。

图 6-5 为保温时间 3h 时，烧结温度分别为 800℃、850℃、900℃、950℃、1000℃制备金矿尾矿微晶玻璃样品的 X 射线衍射谱图。烧结晶化温度为 800℃时，试样的衍射峰仍为典型的无定形散射峰，说明样品没有析晶，以液相的黏滞流动为主。烧结温度为850～1000℃时，微晶玻璃样品的主晶相为透辉石和钙长石，晶相种类没有发生变化。但随着烧结温度的升高，钙长石相的主衍射峰强度逐渐减小，透辉石相的主衍射峰强度逐渐增大，表明提高烧结温度，不利于钙长石相的形成，有利于透辉石相的形成。钙长石微晶属于三

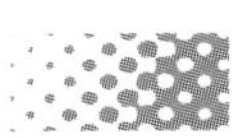

斜晶系，其晶体参数与钾长石中的微斜长石很接近，是长石的一种，为钙铝硅酸盐矿物。呈白色或灰色晶体，比较脆，对微晶玻璃的力学性能影响较大。透辉石结晶属于单斜晶系，$[SiO_4]$ 四面体以两角顶相连成单链，平行 $c$ 轴延伸，链间由中小阳离子 $M_1$（Mg、Fe，6 次配位）和较大阳离子 $M_2$（Ca，有时有少量 Na，8 次配位）构成的较规则的 $M_1$—O 八面体和不规则的 $M_2$—O 多面体共棱组成的链联结。在空间上，$[SiO_4]$ 链和阳离子配位多面体链皆沿 $c$ 轴延伸，在 $a$ 轴方向上作周期堆垛。在富铝的辉石中，6 次配位的 Al 将使晶格常数 $a_0$、$b_0$ 减小，4 次配位的 Al 将使晶格常数增大，透辉石结晶通常呈柱状。

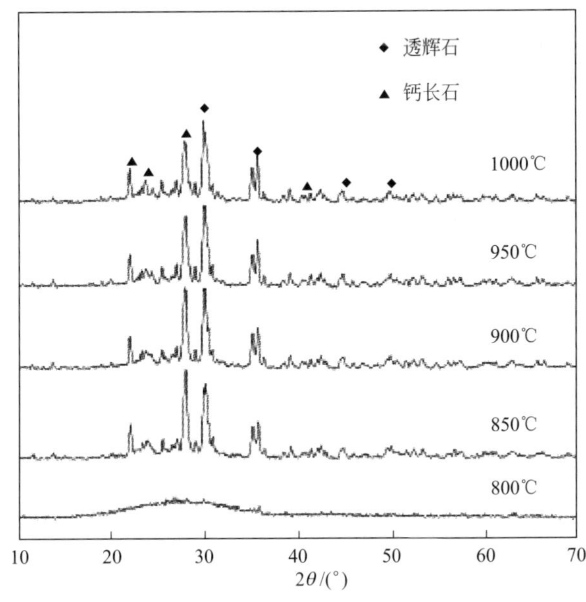


图 6-5　保温时间为 3h，不同烧结晶化温度样品的 X 射线衍射谱图

在 850～950℃烧结时，随着烧结温度的升高，主晶相的衍射峰强度逐渐增大，表明样品的结晶度提高。烧结温度为 950℃时，样品的结晶度达到较大值。由此可知，在烧结温度为 950℃、保温时间为 3h 的条件下，获得金矿尾矿微晶玻璃样品的结晶度较高。在每一种微晶玻璃的制备过程中，微晶化的过程就是质点进行有序排列和质点从有序格点处获得能量离开平衡位置溶解到液相中的平衡过程，不同的温度对应着不同的平衡状态。因此，在系统一定时，其最佳的析晶温度就已经确定。

图 6-6 为保温时间 3h 时，烧结晶化温度分别为 800℃、850℃、900℃、1000℃制备金矿尾矿微晶玻璃样品 SEM 照片。可以发现烧结晶化温度作为微晶玻璃制备的重要因素，对样品的微观结构具有较大的影响。烧结晶化温度为 800℃时，由于温度相对较低，样品中玻璃相的含量较高，在玻璃相界面处析出少量的晶粒，并沿着相界方向生长，而在玻璃相内部没有晶体析出。是由于烧结温度较低时，样品内部以玻璃粉末的软化摊平、黏滞流动为主，大量气泡均匀地溶解在玻璃相中。在中温（850～950℃）烧结时，玻璃相界面处和玻璃相内部同时析出形貌呈棒状、块状和颗粒状的晶体。此时玻璃内部质点已经可以进行调整，且按照预先设计好的主晶相逐渐析出，形成微晶相。随着烧结温度升高，微晶化的进程得到了促进，晶体生长完全，分布趋于均匀，样品的致密性提高。随

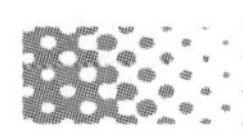


着热处理温度的升高，玻璃颗粒之间的黏结程度提高，烧结收缩率逐渐减小。玻璃相（液相）的黏滞流动促进了颗粒之间的相互聚集，迫使气体沿晶界排除，最终使样品达到致密化。当烧结温度为 950℃时，样品的微观结构和致密性最好。但当烧结温度继续升高到 1000℃时，样品内部晶体长大，且分布不均匀，结晶度降低。同时玻璃相内部聚集着大量的微小气孔，晶体之间出现了较大的空洞，降低了样品的致密性。这是由于玻璃粉体的烧结是一个有大量液相参与的烧结过程，烧结温度较高有利于玻璃的析晶，析晶导致玻璃黏度增大，气泡被封闭在颗粒之间，难以继续排除。烧结温度较高时在样品内部存在大量的气孔。在组分相对固定系统中某一晶相形成，随着热处理温度的升高，一方面促进了微晶相的异常长大，另一方面又会使得一些已经形成的微小晶相重新溶解在液相当中，使得体系的结晶度反而下降。因此，在 950℃烧结，金矿尾矿微晶玻璃的微观结构较致密。

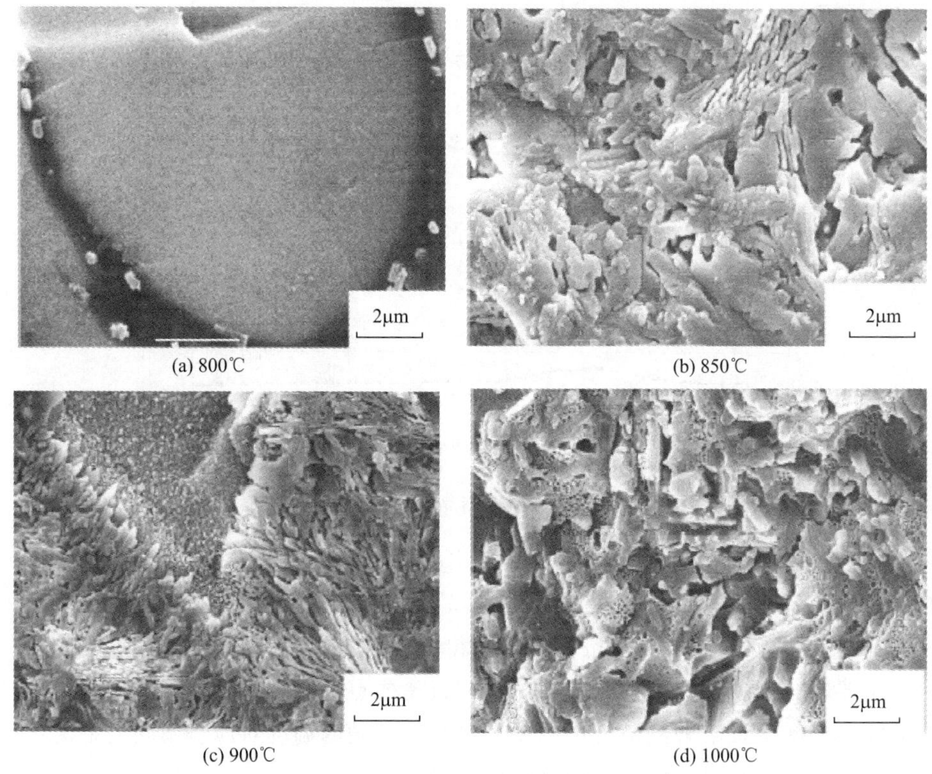


图 6-6　保温时间为 3h，不同烧结晶化温度样品的 SEM 照片

由以上研究可以看出，无论是利用玻璃粉末压制成形后进行烧结晶化，还是利用玻璃颗粒进行烧结晶化，都可以制备出性能、结构良好的微晶玻璃材料。由以上方法制备的微晶玻璃材料可用于建筑的装饰。

以金矿尾矿、方解石为主要原料，硼砂、ZnO、BaO、$Sb_2O_3$ 等为辅助原料，采用玻璃颗粒烧结法或玻璃粉末压坯烧结法都可以制备出 $CaO-Al_2O_3-SiO_2$ 系统微晶玻璃，所制备的微晶玻璃都具有较好的力学性能，可用于建筑装饰和机械工业等领域。制得金矿尾矿微晶玻璃的主晶相可以是透辉石和钙长石，随着烧结温度的提高，有利于透辉石相的形成，而不利于钙长石相的形成。

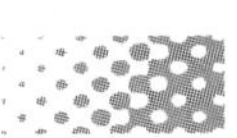

### 6.1.2 熔融浇铸法制备金矿尾矿微晶玻璃

#### 6.1.2.1 基础玻璃的组分设计、玻璃与微晶玻璃的制备

熔融浇铸法是制备微晶玻璃的重要方法之一，具有成形方法多样、便于生产形状复杂的制品、所得制品的结构致密、力学性能较好等优点。由于熔融法制备微晶玻璃属于玻璃整体析晶，在基础玻璃的组分设计时，需要考虑增加一些容易促进玻璃分相的组分，如 $P_2O_5$、$B_2O_3$、F 等，或者添加一些能够促进玻璃析晶的组分，如 $TiO_2$、$ZrO_2$、$Fe_2O_3$ 等，也可在基础玻璃组分设计时，提高玻璃中 CaO 的含量。一般利用熔融法制备微晶玻璃时，其基础玻璃组成和目标结晶相多参考 CaO-$Al_2O_3$-$SiO_2$ 系统相图，而多数的目标结晶相都与 CaO 有密切的关系。由此设计和调整 CaO 的含量是非常重要的，在许多的研究与产品的设计时都体现着这一理念。黄金尾矿砂中的 $Fe_2O_3$ 含量，有时会影响到黄金尾矿砂的用量，这是由于 $Fe_2O_3$ 的含量会严重影响到微晶玻璃的颜色。$Fe_2O_3$ 含量较高时无法生产出浅色调的微晶玻璃，生产较深颜色的微晶玻璃则不会受到影响。

陈维铅、高淑雅等利用陕西汉阴金矿尾矿，采用熔融法设计制备了装饰微晶玻璃。将金矿尾矿中含有的 $Fe_2O_3$、$TiO_2$ 等金属氧化物作为有效晶核剂，使得制品在热处理过程中容易析晶，弥补了熔融法制备微晶玻璃难以析晶的缺陷。表 6-4 为熔融法黄金尾矿砂微晶玻璃的基础玻璃组分。

表 6-4 熔融法黄金尾矿砂微晶玻璃的基础玻璃组分

| 氧化物 | $SiO_2$ | $Al_2O_3$ | CaO | MgO | $Fe_2O_3$ | $K_2O$ | $Na_2O$ | $TiO_2$ | $B_2O_3$ | ZnO | $Cr_2O_3$ | $Sb_2O_3$ |
|---|---|---|---|---|---|---|---|---|---|---|---|---|
| 含量(质量分数)/% | 50.1 | 10.1 | 20.6 | 2.0 | 4.8 | 2.5 | 3.5 | 0.7 | 2.2 | 2.0 | 1.0 | 0.5 |

根据上述氧化物各组分的质量比，称取原料，将原料充分研磨混合均匀后得到混合料。将混合料在 1350℃条件下，熔炼保温 4h，使玻璃液充分熔化，无可见气泡，然后将熔好的玻璃液浇铸到预热后的不锈钢模具上，成形成方板状的基础玻璃。成形后的玻璃板在电炉中进行退火、冷却得到玻璃试样。

图 6-7 为金矿尾矿基础玻璃的 DSC 曲线。温度低于 720℃，玻璃的 DSC 曲线整体呈上升趋势，说明在玻璃受到加热的过程中，试样中的质点吸热产生振动，系统内部需要不断地补充热量。在 580℃左右出现了一个吸热谷，这可能是由于玻璃中其他物质之间发生反应或者其他杂质熔化引起的。玻璃在 800～900℃有一个吸热平台，在 918℃及 960℃左右有两个放热峰。放热峰的面积较小，表明玻璃整体析晶能力较弱。玻璃是一种无规则结构的非晶态，它的微晶化需要经历晶核形成和晶体长大两个阶段。微晶玻璃的最佳成核温度一般为玻璃转变点以上 50℃，最佳晶化温度在放热峰对应温度附近。当温度达到玻璃的转变温度（$T_g$），玻璃基体中的原子开始重新排列，需要消耗能量，差热曲线呈吸热趋势。从图 6-7 可知，玻璃的转变点温度 $T_g$ 在 800℃左右。玻璃化转变伴随着结构松弛。温度足够接近 $T_g$ 时，最终能使热焓越来越接近（且高于）热力学平衡状态。在这个温度或低于这个温度开始升温扫描时，在接近 $T_g$ 之前，因为加热速率使热焓改变的动能跟不上当时温度应有的平衡热焓的缘故，使得材料的热焓反而转为低于热力学平衡热焓，在通过 $T_g$ 时，刚好链结构也变软了，有足够的运动能力急着返回热力学平衡态，这时就会跟外界夺取能量来满足这个需求，因此我们在分析谱图时看到的结果就是一个伴有吸热峰

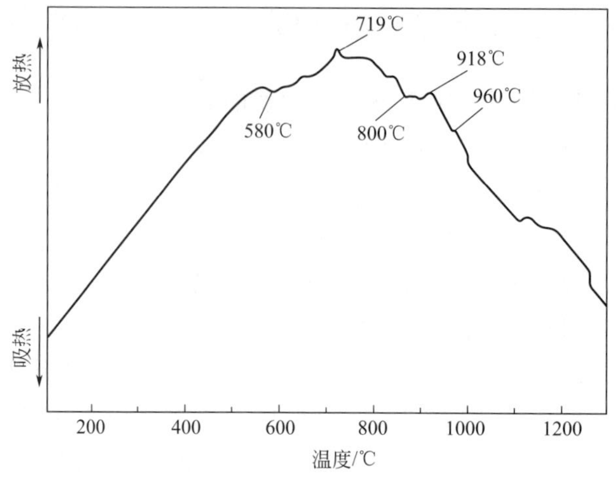


图 6-7　金矿尾矿基础玻璃的 DSC 曲线

的 $T_g$。

因此，可选择金矿尾矿微晶玻璃较佳的热处理制度为：在 820℃保温 2h 进行核化处理，分别在 850℃、900℃、950℃、1000℃保温 3h 对基础玻璃进行晶化处理，从而考察不同晶化温度对微晶玻璃结构与性能的影响。

#### 6.1.2.2　熔融浇铸法金矿尾矿微晶玻璃的结构与性能

图 6-8 为不同晶化温度下制得微晶玻璃的 X 射线衍射谱图。金矿尾矿微晶玻璃的主晶相为辉石［(Mg,Fe,Al,Ti)(Ca,Mg,Fe,Na)$(Si,Al)_2O_6$］和透辉石固溶体［$(Mg_{0.922}Fe_{0.078})(Ca_{0.718}Na_{0.261}Fe_{0.021})(Si_{1.74}Al_{0.26}O_6)$］，次晶相为铁钾硅酸盐（$KFeSi_2O_6$）。随着晶化温度的升高，主晶相的结构没有发生变化，当温度高于 900℃时，微晶玻璃内部析出少量的铁钾硅酸盐。由图可知，在 850～950℃，衍射峰的强度随着晶化温度的升高而逐渐增强，表明微晶玻璃的结晶度随着晶化温度的升高而逐渐增大。当晶化温度升高到 1000℃时，样品衍射峰的强度下降，表明微晶玻璃的结晶度降低。从所制得微晶玻璃的 X 射线衍射谱图来看，利用熔融浇铸法制备的金矿尾矿微晶玻璃衍射峰强度普遍偏低，这是由于基础玻璃为块状，其借助界面、表面析晶的概率降低。

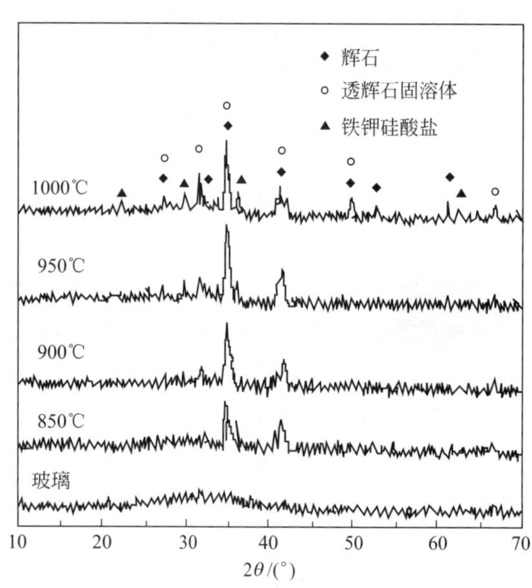


图 6-8　不同晶化温度下制得微晶玻璃的 X 射线衍射谱图

金矿尾矿微晶玻璃中辉石结构主晶相的析出，是由于金矿尾矿中含有一定量的 MgO、$Fe_2O_3$、$TiO_2$ 等，这些成分有利于辉石结构的形成。而且，配合料中添加 $Cr_2O_3$ 作为晶核剂，当玻璃熔制和微晶化热处理过程在氧化气氛中进行，铬主要以 $Cr^{3+}$ 的形式存在玻

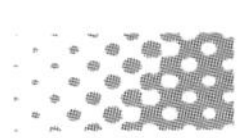

璃基体中，也有利于辉石族晶体的形成。

图 6-9 为不同晶化温度下制得金矿尾矿微晶玻璃样品的 SEM 照片。从图可知，不同晶化温度下微晶玻璃试样的微观形貌明显不同，晶体呈整体析出。850℃下晶化试样，晶体形貌为针状、块状、片状集合体，且发育不完全，玻璃相含量较高；晶化温度升高到 900℃时，玻璃基体中晶体形貌多为针状、层状、粒状集合体；晶化温度继续升高到 950℃时，晶体形貌变为棒状、团聚颗粒，晶体分布均匀，样品的结晶度提高。这是由于辉石族晶体的结构为每一个硅氧四面体的两个顶角与相邻的硅氧四面体连接，形成沿一个方向延伸的单链，链与链之间借 Mg、Fe、Ca、Al 等金属离子相连。它的晶形多呈柱状延伸，沿｛110｝晶面生长，发育不完全时生长成纤维状或者针状集合体，断裂面沿结晶学方向有较好的柱面解理。当温度较高时，组成成分不同的辉石之间混溶，而到低温阶段不混溶时，会沿不同方向形成有规律的连生体。结合 XRD 的分析结果，在 850～950℃下，随着晶化温度的升高，金矿尾矿微晶玻璃的结晶度逐渐提高，晶体分布趋于均匀，晶体含量逐渐提高。当晶化温度为 1000℃时，玻璃基体中晶体之间出现互溶现象，同时出现了较大的空洞，降低了样品的结晶度和致密性。

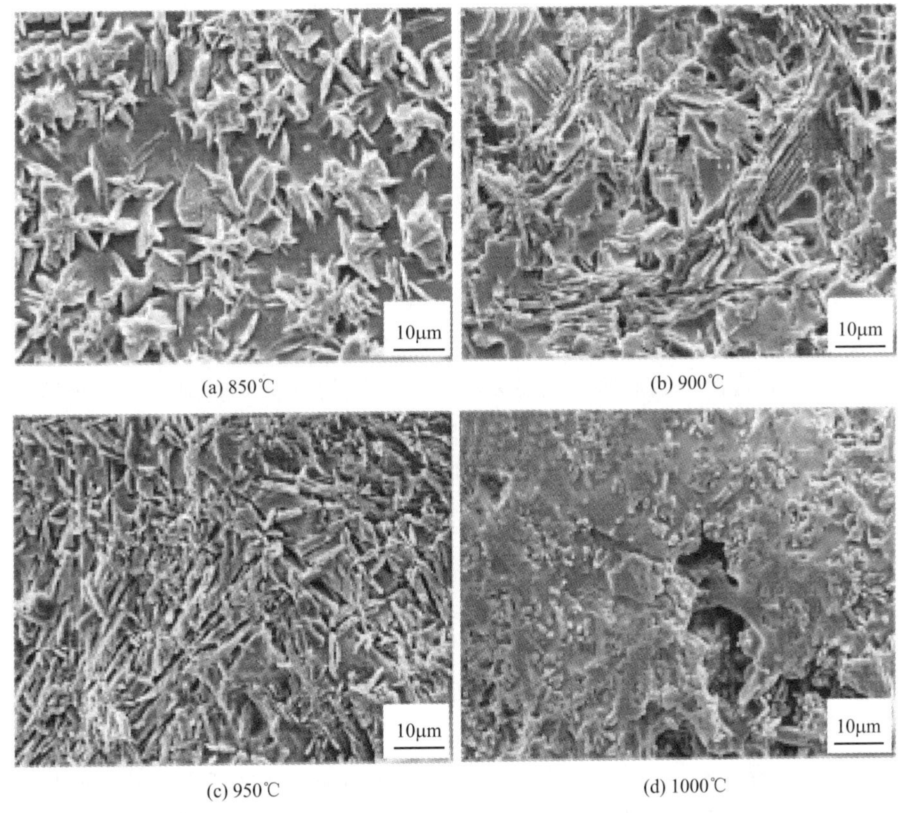


(a) 850℃　(b) 900℃　(c) 950℃　(d) 1000℃

图 6-9　不同晶化温度下制得金矿尾矿微晶玻璃样品的 SEM 照片

对于熔融浇铸法制备的微晶玻璃而言，随着晶化温度的升高，微晶玻璃的热膨胀系数呈现先减小后增加的趋势，在 950℃达到最小值 $68.7\times10^{-7}$℃$^{-1}$。这是由于微晶玻璃热膨胀系数的大小主要取决于晶体种类及晶相含量，析出晶相的热膨胀系数小于基础玻璃相的热膨胀系数，850℃时样品的晶相含量较低，所以其热膨胀系数较大。在 850～950℃，随着晶化温度的升高，热膨胀系数的变化比较复杂，总体呈减小趋势。950℃热膨胀系数较小，可能与试样内部析出较多的辉石晶体有关。1000℃时，可能是由于晶化温度过高，试样内部晶体之间出现混溶现象，导致样品内部玻璃相含量提高，使其热膨胀系数增大。

随着晶化温度的升高，微晶玻璃的抗折强度和密度均呈先增大后减小的趋势。对于微晶玻璃材料来说，晶粒内部强度比晶界高，材料的断裂破坏多沿晶界断裂。试样内部晶粒越小，分布越均匀，数量越多，材料沿晶界破坏时，裂纹扩展要走的路程就越长，所需要的能量就越大，材料的抗折强度越高。试样在950℃下，内部析出大量棒状、粒状晶体，且分布均匀，提高了其抗折强度。测得基础玻璃的密度为2.603g/$cm^3$，试样内部析出辉石结构的密度为3.15～3.38g/$cm^3$，所以析出晶相的量越多，样品的密度越大。在950℃下，样品的晶相含量较高，获得较大密度为2.836g/$cm^3$。

以金矿尾矿为主要原料，采用熔融与整体析晶法制备了主晶相为辉石和透辉石固溶体、次晶相为铁钾硅酸盐的$CaO-Al_2O_3-SiO_2$系统微晶玻璃。在850～1000℃范围内，随着晶化温度的升高，微晶玻璃的结晶性提高，晶体形貌逐渐转变为聚集的棒状，其热膨胀系数呈先减小后增大的趋势，抗折强度和密度呈先增大后减小的变化。当核化温度为820℃保温2h，晶化温度为950℃保温3h时，制得微晶玻璃样品的力学性能较好，其抗折强度为122MPa，可应用于建筑装饰和机械工业领域。微晶玻璃作为一种具有晶相和玻璃相相互咬合的复合材料，其抗折强度与玻璃相和晶相的比例、晶相的结构与性质、玻璃相的结构与性质有着密切的关系，并非晶相尺寸越大、含量越多为好。

## 6.2 铜矿尾矿微晶玻璃

我国铜矿资源开发利用历史悠久，铜矿尾矿以其庞大的数量及规模，在尾矿领域比较具有代表性。我国铜矿尾矿资源分布区域广泛，铜矿尾矿中的铜平均品位估计不低于0.077%。铜矿尾矿资源中铜的赋存状态复杂多样、铜的嵌布粒度细、铜的解离度低，而且铜矿尾矿中含泥量大，这些特点影响铜矿尾矿回收利用率，加大铜矿尾矿回收利用难度，制约铜矿尾矿有效综合利用技术的发展进步。

据统计，到2007年为止，全国铜矿尾矿的排放总量约为24亿吨，且年排放量呈逐年增加的态势。尤其是近几年随着社会经济的不断发展和工业化进程的持续加速，尾矿排放速度持续增加，我国2013年尾矿产量达16.49亿吨，其中铜矿尾矿3.19亿吨，占尾矿产量的19.3%。根据我国铜矿尾矿资源组分含量及其基本特征，目前我国铜矿尾矿主要利用方式为尾矿回选与提取有价成分、填充矿山采空区以及用于制备建筑材料等方面，其中尾矿填充矿山采空区约占尾矿利用总量的53%，尾矿制备建筑材料约占尾矿利用总量的43%，尾矿回选与提取有价成分约占尾矿利用总量的3%。根据铜矿尾矿目前利用途径及所占比例分析，我国铜矿尾矿利用存在综合利用率不高、利用深度浅、利用方式单一等诸多问题。根据铜矿尾矿的产量以及其物化特性分析，目前简单单一的利用方式并不能满足日益加剧的资源压力与环保要求，只有开展高效、高附加值、深度循环的资源化综合利用，才能真正地变废为宝，彻底解决尾矿堆积危害。

铜矿尾矿的主要化学成分主要有Cu、Ca、Si、Al、Fe，以及Mn、Ti、Ni、Mo、Ba、Be、W等多种微量元素。表6-5为我国主要铜矿产区地区的铜矿尾矿化学成分。铜

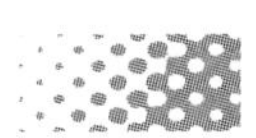

矿尾矿含有一定含量的原矿和多种脉石矿物，是丰富的二次资源，也是复杂的氧化物和硅酸盐的共熔体。铁橄榄石是其主要成分，其次为磁铁矿、玻璃质、石英、冰铜微珠、钙铁辉石、含铁硅灰石等，矿物含量以显微镜下鉴定和 XRD 分析为基础，矿物相复杂，主要有辉石、白云石、白钨矿、橄榄石、云母、角闪石、方解石、绿泥石、蒙脱石、硅线石、硫化物、硫酸盐、萤石等。主要的金属矿物为黄铁矿、磁铁矿。

表 6-5　铜矿尾矿化学成分

| 铜矿尾矿来源 | 化学成分(质量分数)/% | | | | | | | |
|---|---|---|---|---|---|---|---|---|
| | Cu | $SiO_2$ | Fe | CaO | $Al_2O_3$ | MgO | $K_2O$ | $Na_2O$ |
| 新疆哈密 | — | 50.73 | 2.22 | 15.55 | 6.14 | 22.84 | 1.38 | 1.15 |
| 山东昌乐 | — | 69.82 | 2.78 | 6.63 | 17.91 | 2.86 | 0.00 | 0.00 |
| 江苏无锡 | — | 56.37 | 10.48 | 19.69 | 9.32 | 4.13 | 0.00 | 0.00 |
| 湖北大冶 | — | 45.03 | 17.37 | 29.06 | 4.97 | 3.57 | 0.00 | 0.00 |
| 湖北阳新 | — | 47.68 | 10.77 | 30.34 | 8.76 | 2.45 | 0.00 | 0.00 |

目前，关于利用铜矿尾矿制备微晶玻璃方法方面，仅有采用熔融浇铸法制备的报道，本节就此方法进行叙述。

### 6.2.1　基础玻璃的组分设计、玻璃与微晶玻璃的制备

何峰、郑敏栋、张文涛以湖北大冶铜矿尾矿和石英砂为主要原料，采用熔融浇铸法研究制备出了微晶玻璃。从表 6-5 中可以看出，铜矿尾矿的主要成分为 $SiO_2$、CaO、$Fe_2O_3$ 以及 $Al_2O_3$、MgO，具有低硅、高钙、高铁的特征，一般属于 $CaO-MgO-Al_2O_3-SiO_2$ 体系。在这个体系中容易析出辉石、硅灰石、黄长石等。硅灰石（$\beta$-$CaSiO_3$）因其结构相当稳固，化学性能、力学性能及热学性能优异；黄长石力学性能等较差；辉石属于类质同象系列，是钙、镁、铁、铝的偏硅酸盐矿物，其中透辉石具有较高的机械强度、良好的耐磨性、化学稳定性和热稳定性，是理想的主晶相。由于辉石相中 $Mg^{2+}$ 与 $Fe^{2+}$ 的关系也相对比较简单，是完全类质同象关系，两者可以相互替代。有研究表明，主晶相随着 $Fe^{3+}$ 含量的增加会发生转变，当 $Fe^{3+}$ 含量较高时，大量的 $Fe^{3+}$ 以网络外体形式存在，易导致析出的晶相为透辉石。此外，由于铜矿尾矿中含有大量的 $Fe_2O_3$ 以及少量的 $TiO_2$，是理想的晶核剂，所以在配方组成设计中不再外加晶核剂。参考 $Al_2O_3$ 质量分数固定为 5%的 $CaO-MgO-SiO_2$ 系统相图，得到如表 6-6 所示的基础玻璃的组成设计。

表 6-6　铜矿尾矿基础玻璃组成

| 配方 | 组成(质量分数)/% | | 配方 | 组成(质量分数)/% | |
|---|---|---|---|---|---|
| | 铜矿尾矿 | 石英砂 | | 铜矿尾矿 | 石英砂 |
| $C_1$ | 70.00 | 30.00 | $C_3$ | 80.00 | 20.00 |
| $C_2$ | 75.00 | 25.00 | $C_4$ | 85.00 | 15.00 |

按照表 6-6 配方对两种原料进行准确称量并均匀混合，以 3℃/min 的速率升温至 1400℃，保温 2h，随后将澄清、均化后的玻璃液采用重力浇铸法，直接浇铸到已预热到 300℃的金属模具中，待稍微冷却成形后，脱模，放入 600℃的退火炉中保温 1h 后随炉退火，得到基础玻璃试样。基础玻璃进行 DSC 分析来确定核化温度、晶化温度，其中升温

速率为 10℃/min，参比样为 $\alpha$-$Al_2O_3$。DSC 分析测试结果如图 6-10 所示。由各配方基础玻璃的 DSC 曲线可以看出，四组配方在相同的熔制制度下，由于化学成分不同，曲线各有差异。$C_1$～$C_4$ 配方，随着尾矿含量的增加，即网络外体离子增加，网络形成体离子减少，峰值温度有所降低，放热峰越发尖锐，玻璃的成玻性能降低，更加容易析晶。根据微晶玻璃析晶和晶核长大理论，参考 DSC 曲线上的峰值温度与峰谷温度，采用阶梯温度制度，最终确定的热处理制度见表 6-7。

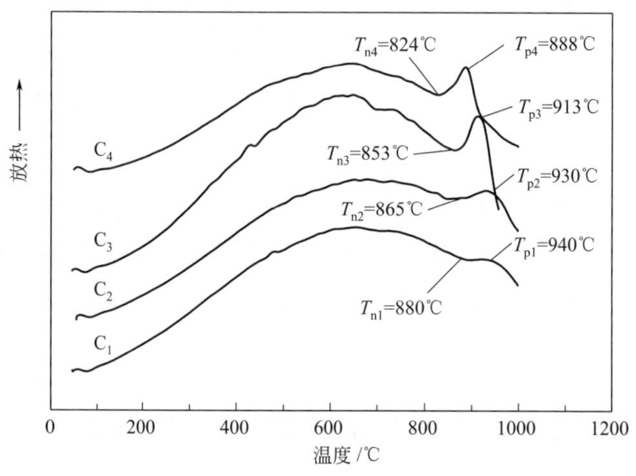


图 6-10　基础玻璃的 DSC 曲线

**表 6-7　基础玻璃的热处理实验方案**

| 试样 | $T_n$/℃ | $t_n$/h | $T_c$/℃ | $t_c$/h |
|---|---|---|---|---|
| $C_1$ | 880 | 1.0 | 940 | 2.0 |
| $C_2$ | 860 | 1.0 | 930 | 2.0 |
| $C_3$ | 850 | 1.0 | 915 | 2.0 |
| $C_4$ | 825 | 1.0 | 890 | 2.0 |

## 6.2.2　熔融浇铸法铜矿尾矿微晶玻璃的结构与性能

图 6-11 是微晶玻璃试样的 X 射线衍射谱图，试样的主晶相都为透辉石 [$(Mg_{0.6}Fe_{0.2}Al_{0.2})Ca(Si_{1.5}Al_{0.5})O_6$]，且伴有少量钙铁辉石 [$Ca(Fe_{0.821}Al_{0.179})(SiAl_{0.822}Fe_{0.178}O_6)$] 出现，析出的晶相与组成设计相一致，衍射峰多且强度高，说明样品析晶性能较好，晶化率较高。同时图 6-11 表明组分的变化没有引起主晶相的变化，都落在了辉石的初晶区内。透辉石与钙铁辉石两者为完全类质同象，钙铁辉石是类质同象系列中富铁的单元，两者的晶形与物理性质基本上相似，为一个矿物种类，这有利于提高试样的力学性能。而钙铁辉石是辉石的一种，它与透辉石很相似，为含钙和铁的硅酸盐矿物。透辉石和钙铁辉石，则是所有辉石中最富钙的矿物种类。单从 X 射线衍射谱图中可以看出，衍射峰强度相差无几，通过进一步定量分析，得到 $C_1$、$C_2$、$C_3$、$C_4$ 试样的晶相含量分别为 74.39%、79.56%、82.66%、85.79%，虽然通过 Jade 软件分析求得的晶相含量数值存在一定的误差，但是从上面的数据可以看出，随着尾矿含量的增加，晶相含量略微增加。

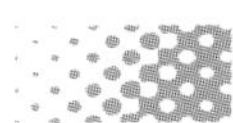

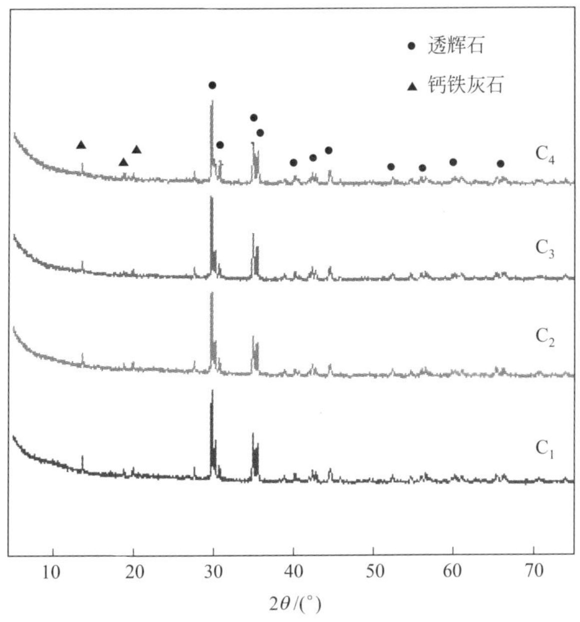


图 6-11　微晶玻璃试样的 X 射线衍射谱图

图 6-12 是不同配方微晶玻璃试样在既定的热处理制度下得到的 SEM 照片。由图可见，微晶玻璃的晶相整体上均匀分布，多呈颗粒状，大小多在 0.5～1.5μm 之间，已经属

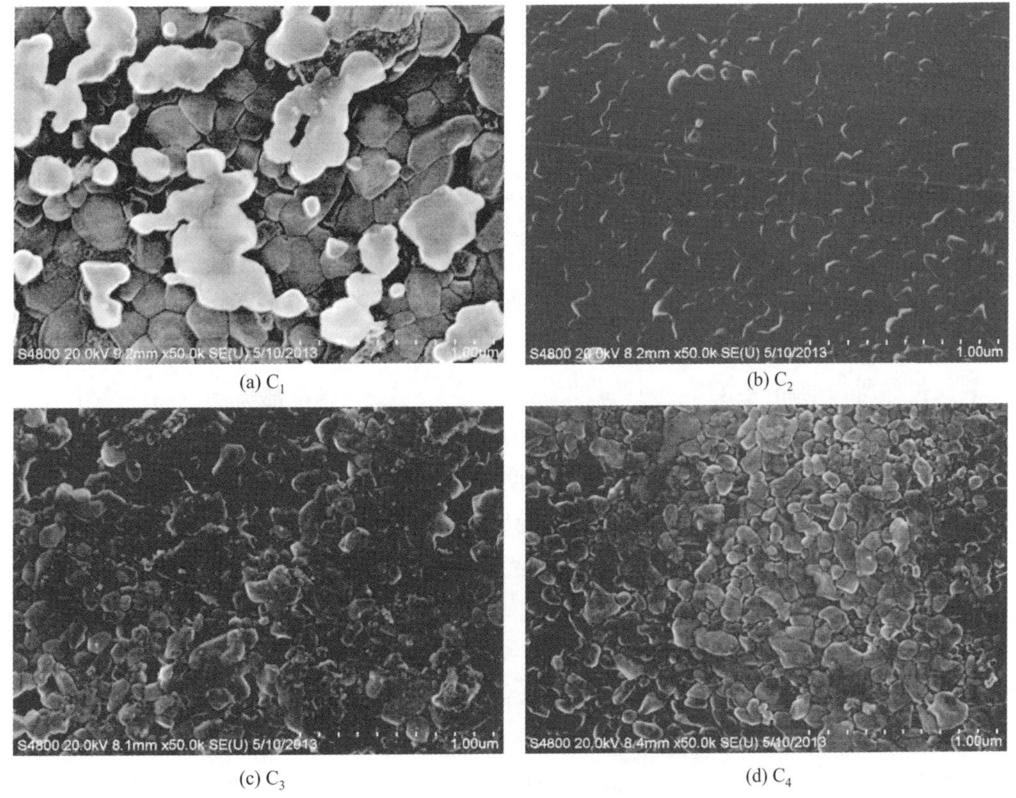


(a) $C_1$　(b) $C_2$

(c) $C_3$　(d) $C_4$

图 6-12　铜矿尾矿微晶玻璃的 SEM 照片

于微晶玻璃范围。从 $C_1$～$C_4$ 微晶玻璃的 SEM 图中可以看出，随着尾矿含量增加，晶体颗粒越多，晶粒尺寸越小，玻璃相含量越少。原因是网络外体离子含量增加，网络形成体离子减少，导致玻璃的析晶活化能下降，并且充当晶核剂的铁离子的含量增加，在析晶过程中易于富集，促进熔体内部的晶体析出。这是因为在一定条件下，形成的晶核越多，晶体数目就越多，然而共晶生长的空间有限，则供单个晶体长大的空间越小，晶体生长就受到限制，使得晶粒被细化。因此通过 SEM 观察，从微观结构上看，铜矿尾矿含量的增加，不仅提高了尾矿的利用率，还对成核、晶粒细化起到促进作用，有利于提高微晶玻璃的性能。

铜矿尾矿微晶玻璃试样最终颜色呈现墨绿色，表观颜色略微发黄，这是由于试样的主晶相为透辉石以及伴有少量钙铁辉石，透辉石颜色随着 Mg 被 Fe 代替量的增大，由无色逐渐变为绿色，钙铁辉石也呈现暗绿色及绿黑色，而表观颜色略微发黄与气氛有关。

对不同配方微晶玻璃试样进行密度、抗折强度、显微硬度、线膨胀系数等测试，测试结果见表 6-8。

**表 6-8　铜矿尾矿微晶玻璃的物理性能**

| 试样 | 密度<br>$\rho/(g/cm^3)$ | 抗折强度<br>$K/MPa$ | 显微硬度<br>$HV/(kgf/mm^2)$ | 线膨胀系数<br>$\alpha/K^{-1}$ |
|---|---|---|---|---|
| $C_1$ | 3.03 | 110.28 | 881.8 | $7.03\times10^{-6}$ |
| $C_2$ | 3.10 | 133.76 | 918.9 | $7.41\times10^{-6}$ |
| $C_3$ | 3.17 | 200.66 | 921.1 | $7.83\times10^{-6}$ |
| $C_4$ | 3.23 | 209.56 | 1007.9 | $7.93\times10^{-6}$ |

注：1. 线膨胀系数温度区间为 25～300℃。

2. $1kgf/mm^2=9.80665MPa$。

由表 6-8 中可以看出，铜矿尾矿微晶玻璃的体积密度随着尾矿含量的增加呈现上升趋势，说明密度的变化趋势随着成分的变化较为明显，并且与各自基础配方玻璃（$2.90g/cm^3$、$2.94g/cm^3$、$2.97g/cm^3$、$3.03g/cm^3$）相比，析晶过程中，体积收缩，密度均有所提高。随着尾矿含量的增加，抗折强度增加。从 XRD 定量分析以及扫描电镜分析可知，尾矿含量的增加使得晶相含量增加，晶粒尺寸变小，而晶粒增加，晶体颗粒变小，裂纹扩展所需的路径越长，因此强度越大。

微晶玻璃材料的硬度与其耐磨性有很好的相关性，即硬度越大，耐磨性越强。从测试结果可以看出，铜矿尾矿微晶玻璃整体上硬度较高，均高于同组分玻璃的显微硬度，能够满足微晶玻璃行业对耐磨性的要求，并且随晶体透辉石含量的增加，晶体颗粒的减小，材料硬度提高。铜矿尾矿含量的增加也伴随着线膨胀系数的增加，不利于微晶玻璃的热稳定性，且略高于一般微晶玻璃的线膨胀系数，但仍在使用范围内。

另外，根据国家行业标准 JC/T 258—1981，对微晶玻璃试样进行耐酸性、耐碱性测试，结果均高于 99.0%，远远大于以下微晶玻璃行业颁布的耐酸、耐碱行业标准：硫酸溶液［20%（质量分数）］≥96.0%，氢氧化钠溶液［20%（质量分数）］≥98%。说明透辉石为主晶相的微晶玻璃化学稳定性好，另外也有可能是此种配方中碱金属离子含量较低（$1\% < Na_2O+K_2O < 1.5\%$），一般情况下，碱金属离子含量越低，化学稳定性越高。

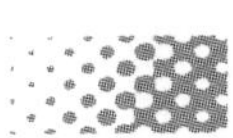

## 6.3 钼矿尾矿微晶玻璃

近年来，随着我国钼产量的增加，我国的钼深加工能力也具有一定的规模，并建立了一批设备先进、技术力量雄厚的钼制品、钼合金、钼化工的科研、生产单位。但是钼矿经精选后所产生的尾矿粉的大量排出，给社会发展和环境保护带来了巨大的压力。我国已成为最大的钼矿及钼材料生产基地。钼矿在开采、加工后产生了大量的尾矿。尾矿的产生与堆放占用了大量的土地、堵塞河流，造成了严重的环境污染。为此，国内多家研究单位致力于钼矿尾矿的应用研究，并取得了良好的经济效益和社会效益。在积极借鉴国外成功经验的基础上，积极开展尾矿利用研究并取得了很多成果，主要集中在以下几个方面：利用尾矿生产墙体材料；利用尾矿生产水泥；利用尾矿生产玻璃与玻璃质制品；利用尾矿生产建筑陶瓷制品；利用尾矿制作无机人造大理石；利用尾矿生产耐火材料；用作混凝土粗细骨料和建筑用砂；用于铺筑路基、基础垫层材料和路面沥青掺混料等。

金堆城钼业集团有限公司所排放的钼矿尾矿中含有大量的 $SiO_2$、$Al_2O_3$、CaO、MgO、$K_2O$、$Na_2O$ 等氧化物，都可以应用于玻璃材料或微晶玻璃材料的制备，在钼矿尾矿的成分中，唯一的遗憾是其中 $Fe_2O_3$ 的含量较高，使它的使用受到了一些限制。根据钼矿尾矿的成分特点，何峰、谢峻林和叶楚桥等选用 $CaO-Al_2O_3-SiO_2$ 系统微晶玻璃作为研究对象，以钼矿尾矿为主要原料制作微晶玻璃，探讨钼矿尾矿用于生产建筑装饰微晶玻璃的可行性以及生产工艺和性能特点等。

目前，关于利用钼矿尾矿制备微晶玻璃方法方面，仅有采用熔融浇铸法制备的报道，本节就此方法进行叙述。

### 6.3.1 基础玻璃的组分设计、玻璃与微晶玻璃的制备

研究选用金堆城钼业集团有限公司排放的钼矿尾矿作为主要原材料，其成分见表 6-9，采用整体析晶法制备 $CaO-R_2O-Al_2O_3-SiO_2-F$ 系统微晶玻璃，选取 $CaF_2$ 作为此次实验的晶核剂，通过改变玻璃配合料中的钼矿尾矿掺量带来的组分变化来研究其对微晶玻璃试样结构及性能的影响。不同钼矿尾矿掺量的组分及氧化物组成设计见表 6-10。

表 6-9 钼矿尾矿的主要化学成分

| 成分 | $SiO_2$ | $Al_2O_3$ | CaO | $K_2O$ | $Na_2O$ | $MoO_3$ | 其他 | 总量 |
|---|---|---|---|---|---|---|---|---|
| 含量(质量分数/)% | 68.9 | 11.4 | 2.3 | 5.1 | 0.4 | 0.03 | 11.8 | 100 |

表 6-10 不同钼矿尾矿掺量的微晶玻璃配合料组分

| 编号 | 组分(质量分数)/% | | | | | | |
|---|---|---|---|---|---|---|---|
| | 钼矿尾矿 | $SiO_2$ | $CaCO_3$ | $K_2CO_3$ | $Na_2CO_3$ | $CaF_2$ | $Sb_2O_3$ |
| $M_1$ | 30.0 | 37.7 | 24.3 | 6.7 | 11.2 | 13.2 | 0.5 |
| $M_2$ | 38.7 | 31.6 | 23.9 | 6.0 | 11.1 | 13.2 | 0.5 |
| $M_3$ | 47.5 | 25.5 | 23.6 | 5.4 | 11.1 | 13.2 | 0.5 |
| $M_4$ | 56.3 | 19.4 | 23.2 | 4.7 | 11.0 | 13.2 | 0.5 |

从表 6-10 可以看出，$M_1$～$M_4$ 号样品的基础玻璃配合料中钼矿尾矿含量从 30.0%逐渐增加到 56.3%，其他的分析纯消耗量依次减少。表 6-11 是表 6-10 中的氧化物组成，可

以看到，钼矿尾矿的增加主要改变了玻璃组分中 $Al_2O_3$ 的含量。不同钼矿尾矿掺量对微晶玻璃结构、性能的影响将主要来自尾矿中 $Al_2O_3$ 的含量变化。

**表 6-11　不同钼矿尾矿掺量的微晶玻璃配合料氧化物组成**

| 编号 | 组成(质量分数)/% | | | | | | | | |
|---|---|---|---|---|---|---|---|---|---|
| | $SiO_2$ | $Al_2O_3$ | CaO | $K_2O$ | $Na_2O$ | $CaF_2$ | $Sb_2O_3$ | $Fe_2O_3$ | $TiO_2$ |
| $M_1$ | 58.0 | 3.4 | 14.0 | 6.0 | 6.0 | 13.2 | 0.50 | 1.52 | 0.36 |
| $M_2$ | 58.0 | 4.4 | 14.0 | 6.0 | 6.0 | 13.2 | 0.50 | 1.96 | 0.46 |
| $M_3$ | 58.0 | 5.4 | 14.0 | 6.0 | 6.0 | 13.2 | 0.50 | 2.41 | 0.57 |
| $M_4$ | 58.0 | 6.4 | 14.0 | 6.0 | 6.0 | 13.2 | 0.50 | 2.85 | 0.67 |

按照表 6-10 所列玻璃配合料组分配方准确称取原料并进行混合，在 1400℃条件下，保温 2h 以上，使玻璃充分澄清、均化。将熔制好的玻璃熔体倒入钢制模具中，浇铸成板块状玻璃。将浇铸好的玻璃块放入退火炉中在 600℃条件下保温 1h 以消除玻璃的应力，然后随炉降至室温，得到钼矿尾矿基础玻璃。依据对基础玻璃 DSC 的测试结果，制定相应的热处理制度，对其进行热处理制备出相应的微晶玻璃。制备的 $CaO-R_2O-Al_2O_3-SiO_2-F$ 系统微晶玻璃采用整体析晶法的制备工艺，这种热处理方法一般分为两个步骤：基础玻璃先在受控的成核温度区间保温一段时间完成晶核的形成与生长，再升温到析晶温度完成晶化过程。该方法的优点是玻璃析晶充分，样品中气孔含量极少，因而微晶玻璃的性能优良，具有较高的抗折强度。

图 6-13 为 $M_1$～$M_4$ 号样品升温速率为 10℃/min 的 DSC 测试谱图。由图可见，四个玻璃样品均出现了两个析晶放热峰，其中，温度较低的析晶衍射峰（$T_{p1}$）较弱，而温度较高的析晶衍射峰（$T_{p2}$）更强。玻璃转变点温度（$T_g$）与两个析晶峰温度（$T_{p1}$、$T_{p2}$）分别列于表 6-12 中，根据 DSC 测试结果，玻璃转变点温度分布在 487～602℃之间，第一析晶峰温度介于 650～720℃之间，第二析晶峰温度则在 754～790℃之间。从表 6-12 可以发现，玻璃转变点温度与析晶峰温度随着钼矿尾矿含量的增加均呈现一个先增加后降低的趋势，且在 $M_3$ 号样品出现最大值。出现这种情况的原因是氧化铝（$Al_2O_3$）属于中间体氧化物，$Al^{3+}$ 作为网络中间体离子在玻璃网络中起着重要的作用，$Al^{3+}$ 与 $O^{2-}$ 既能形成四配位的［$AlO_4$］四面体，也能形成六配位的［$AlO_6$］八面体。为了保证电中性，每个［$AlO_4$］结构中都会含有一个碱金属离子，同时，这些碱金属离子往往处在四面体基团的空隙中。由于 $Al^{3+}$ 具备较强的夺氧能力，当玻璃配合料中氧化铝与碱金属氧化物比较低时，便会形成网络形成体离子，玻璃熔体中的 $Al_2O_3$ 可以形成连续的三维网络结构（［$AlO_4$］四面体），并通过桥氧（$O_b$）离子加强玻璃网络的相互连接性，这种网络结构可以起到促进玻璃热稳定性、化学稳定性及增加玻璃机械强度的作用。但它同时也使基础玻璃网络的聚合度增加，导致黏度变大，降低了玻璃的析晶倾向并使析晶温度提高，随着原料中 $Al_2O_3$ 含量的增加，这种作用越发明显。而当 $Al_2O_3$ 含量达到 6.4%（钼矿尾矿掺量为 56.3%）时，玻璃的转变点温度与析晶峰温度均出现降低，这可以解释为玻璃中的修饰体氧化物如 $Na_2O$、$K_2O$ 及 CaO 的比重出现降低，而这些碱金属离子的夺氧能力远低于 $Al^{3+}$，导致网络结构中的桥氧（$O_b$）离子含量降低，$Al^{3+}$ 形成八面体［$AlO_6$］作为网络外体而处于硅氧结构网的空穴中，玻璃网络的聚合度开始降低，同时，网络修饰体离子（$Al^{3+}$）与网络形成体离子（$Si^{4+}$）对 $O^{2-}$ 的争夺加剧也使玻璃网络结构更加不

稳定。这一现象使玻璃的黏度降低，促进了玻璃的析晶。因此，当钼矿尾矿含量增加到56.3%时，玻璃的转变点温度与析晶峰温度均出现降低。

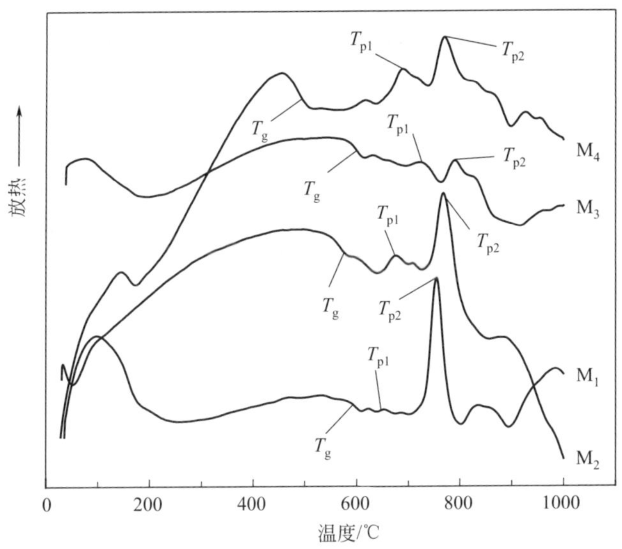


图 6-13　不同钼矿尾矿含量的 $CaO\text{-}R_2O\text{-}Al_2O_3\text{-}SiO_2\text{-}F$ 系统基础玻璃的 DSC 曲线

**表 6-12　不同钼矿尾矿含量 $CaO\text{-}R_2O\text{-}Al_2O_3\text{-}SiO_2\text{-}F$ 系统基础玻璃的玻璃转变点及析晶峰温度**

| 编号 | 玻璃转变点温度 $T_g$/℃ | 第一析晶峰温度 $T_{p1}$/℃ | 第二析晶峰温度 $T_{p2}$/℃ |
|---|---|---|---|
| $M_1$ | 589.8 | 649.9 | 753.9 |
| $M_2$ | 559.6 | 675.6 | 767.3 |
| $M_3$ | 602.0 | 720.3 | 789.5 |
| $M_4$ | 486.6 | 689.9 | 770.3 |

根据已有结论，介于 650～720℃之间的第一析晶峰温度对应的是玻璃分相形核阶段 $CaF_2$ 微晶的形成。在 754～790℃之间的较强衍射峰则是主晶相的析晶峰温度。从图 6-13 中还可以看到，$M_1$～$M_3$ 号样品的第二析晶峰的强度随着钼矿尾矿含量的增加而减弱，这说明钼矿尾矿中的 $Al_2O_3$ 起到了抑制玻璃析晶的作用，而到了 $M_4$ 号样品，由于氧化铝与碱金属氧化物含量增加，玻璃网络聚合度下降，析晶衍射峰再次增强，此时玻璃中 $Al_2O_3$ 含量的增加反而起到了促进析晶的作用。由于晶核的形成温度分别为 650℃、676℃、720℃与 690℃，在实际热处理过程中，统一采用 680℃作为核化温度；第二析晶峰温度处于 754～790℃之间，最终确定晶化温度为 810℃。

利用整体析晶法制备微晶玻璃时，将切割好的玻璃条状样放入高温电阻炉内，根据 DSC 测试结果：从室温升至 680℃保温 1h，使玻璃中的 $CaF_2$ 晶核充分析出；升温至 810℃保温 2h，保证主晶相充分生长。表 6-12 为不同钼矿尾矿含量 $CaO\text{-}R_2O\text{-}Al_2O_3\text{-}SiO_2\text{-}F$ 系统基础玻璃的玻璃转变点温度及析晶峰温度。

## 6.3.2　熔融浇铸法钼矿尾矿微晶玻璃的结构与性能

在制备 $CaO\text{-}R_2O\text{-}Al_2O_3\text{-}SiO_2\text{-}F$ 系统玻璃的过程中，通过控制玻璃配合料的组成与制备工艺能够制得产生分相的乳浊玻璃材料。根据不同的乳浊机理，乳浊玻璃可以分为分

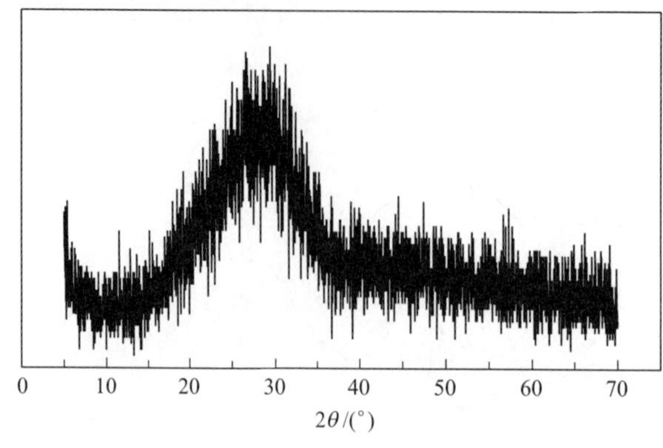


图 6-14　$CaO-SiO_2-Na_2O-F$ 系统玻璃的X射线衍射谱图

相乳浊、微小气泡乳浊、未熔透颗粒乳浊与晶粒乳浊。通常情况下，玻璃一般发生晶粒乳浊和分相乳浊。何峰等设计的钼矿尾矿玻璃中碱金属与碱土金属氧化物含量较高，同时还引入了相当含量的氟，使得玻璃出现了分相现象。分相有利于玻璃的晶化，但是，为了分辨玻璃发生的是晶粒乳浊还是分相乳浊，选取了少量基础玻璃磨粉做 XRD 测试，结果见图 6-14。从图中可以看到，基础玻璃的衍射谱图仅在 20°～40°出现了一个明显的代表玻璃相的馒头峰，没有其他的衍射峰，这说明退火后的过冷液体并未发生析晶现象，仍然是玻璃相。另外，郭兴中等研究发现，当 F 作为晶核剂引入玻璃中时，对退火后的玻璃进行 SEM 测试，结果显示玻璃发生了明显的分相，但照片中还发现了纳米级的晶核，对基础玻璃进行 620℃保温 1h 的核化处理后再做 SEM 测试分析，发现试样中析出了更多的晶核。这说明退火后的玻璃虽然没有析晶依旧保持为玻璃相，但是已经析出了一定数量的晶核。

图 6-15 显示的是不同钼矿尾矿含量的玻璃先在 680℃保温 1h 再升温至 810℃ 保温 2h 的 $CaO-R_2O-Al_2O_3-SiO_2-F$ 系统微晶玻璃样品的 X 射线衍射谱图。由图 6-15 可以看出，不同钼矿尾矿含量样品的析晶峰共含有三种晶相，分别是单斜晶系的枪晶石（$Ca_4Si_2O_7F_2$，JCPDS-PDF41-1474）、置换出部分 F 的类枪晶石［$Ca_4(F_{1.5}(OH)_{0.5})Si_2O_7$，JCPDS-PDF76-624］及萤石（$CaF_2$，JCPDS-PDF65-635）。在使用 search-match 检索过程中，发现仅有 $M_1$ 号样品的 X 射线衍射谱图能准确匹配，其主晶相为 $Ca_4Si_2O_7F_2$，与 JCPDS 卡片 41-1474 一致，同时，少量氟化钙（JCPDS-PDF65-635）作为次晶相也在微晶玻璃中析出。但是，$M_2$～$M_4$ 号样品的衍射峰均出现了一定程度的偏移，其中 $M_4$ 号样品偏移了 0.1555°。根据 XRD 分析的经验，当出现所观察的谱图图形十分接近某一种已知晶体的图形，但又不完全相同。一方面，可能是由于玻璃在热处理过程中，析晶生成的晶体并不完全是纯的，因为晶体结构中有的离子可能部分被其他尺寸及电荷相近的离子所置换；另一方面，可能是有的晶体很容易形成固溶体，从而改变X射线衍射谱。经过匹配，发现枪晶石（$Ca_4Si_2O_7F_2$，JCPDS-

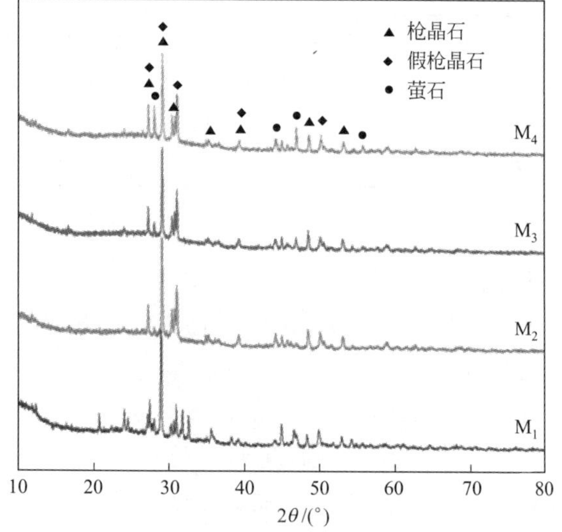


图 6-15　不同钼矿尾矿含量的 $CaO-R_2O-Al_2O_3-SiO_2-F$ 系统微晶玻璃的 X 射线衍射谱图

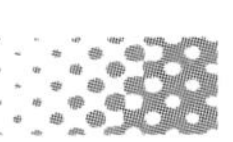

PDF41-1474）中的 $F^-$ 被羟基（$OH^-$）部分替代形成类枪晶石［$Ca_4(F_{1.5}(OH)_{0.5})Si_2O_7$，JCPDS-PDF76-624］，两者的析晶衍射峰基本重合，区别仅在 31°左右的强衍射峰对应的是类枪晶石。这说明 $M_2$～$M_4$ 号样品中衍射峰的偏移确实是由于析晶过程中晶体结构中离子部分被其他尺寸及电荷相近的离子所置换。一般来讲，枪晶石属于一种氟硅酸盐的单斜晶体。其局部结构特征体现为两个硅氧四面体间以桥氧相接，同时还和四个钙八面体以共角或共边的方式相连；枪晶石类晶体的网状硅酸盐骨架结构基本相同，其区别主要在于晶体骨架之间的阴离子或阳离子的种类及位置。即矿物学上的类质同象现象。研究发现，$F^-$ 与 $OH^-$ 彼此相互替代，这种替换对结构的影响一般不大，因此其 XRD 测试结果比较相似。因此可将此类晶体统称为枪晶石类晶体。

通过图 6-15 还能看到，随着钼矿尾矿含量的增加，微晶玻璃中的主晶相从枪晶石向类枪晶石发生了转变。其中 $M_1$ 号样品的主晶相为枪晶石，$M_2$ 号样品中开始出现类枪晶石，到了 $M_4$ 号样品时，主晶相已经由类枪晶石替代。另一方面，由于钼矿尾矿中 $Al_2O_3$ 的影响，$M_1$ 号样品的析晶衍射峰最强，但是由于晶化温度（810℃）高于所有样品的析晶峰温度，所以这种影响并不大。与此相反的是，萤石的析晶衍射峰强度从 $M_1$ 到 $M_2$ 号样品先是出现减弱，在 $M_2$～$M_4$ 号样品又随之增加，分析原因，这可能是因为钼矿尾矿中 $Al_2O_3$ 起到的是抑制析晶的作用，而从 $M_2$ 号样品开始，样品中开始出现羟基（$OH^-$）部分替代枪晶石中 $F^-$ 的现象，这使得被析出的 $F^-$ 重新结晶成萤石（$CaF_2$），因此从 $M_2$ 号样品开始，$CaF_2$ 的析晶衍射峰强度出现增加。此外，图中同样出现了较多的晶体衍射峰，且衍射强度较高，而在 20°～40°之间标志玻璃相的馒头峰也几乎不可见，这说明样品的析晶性能良好，晶化率高，这表明钼矿尾矿的引入在给定的热处理制度下虽然抑制了析晶，但是这种影响并不十分明显，微晶玻璃同样具有较好的成核析晶度。

图 6-16 显示的是不同钼矿尾矿含量的玻璃先在 680℃保温 1h 再升温至 810℃保温 2h 的 $CaO-R_2O-Al_2O_3-SiO_2-F$ 系统微晶玻璃样品的显微结构图。从图中可以看到，经过 HF 酸腐蚀后的微晶玻璃样品的晶体骨架清晰、析晶充分，这说明微晶玻璃中的残余玻璃相较多，被腐蚀后晶相凸显出来。其中，$M_1$ 号样品的晶相主要呈岛状排列，从放大 5000 倍的显微结构图能够发现，晶体是由一个核心点向四周发散生长，这个核心可能就是 $CaF_2$ 微晶相，在热处理过程中玻璃相中的 Ca、O、Si 等离子向晶相迁移，长大为枪晶石（$Ca_4Si_2O_7F_2$）晶体。这种生长方式使得晶相与玻璃相呈现一种互锁结构，使得微晶玻璃材料具备优良的机械强度。

与 $M_1$ 号样品的显微结构相反，$M_2$、$M_3$ 号样品中的晶体从岛状枪晶石（$Ca_4Si_2O_7F_2$）结构转变成网状类枪晶石［$Ca_4(F_{1.5}(OH)_{0.5})Si_2O_7$］结构，这种结构能使晶体更加紧密地连接在一起，相比于岛状结构，具有更好的抗弯强度和断裂韧性。这一结果在后面的硬度与抗折强度测试中得到印证。由图 6-16 中 $M_2$ 与 $M_3$ 号样品的放大 20000 倍的显微结构图还可以看到，$M_2$ 号样品的结晶相尺寸主要在 100～150nm 之间，而 $M_3$ 号样品的晶体尺寸则达到了 200～300nm。这主要是因为增加玻璃中钼矿尾矿的掺量使得 $Al_2O_3$ 含量也得到了增加，抑制了玻璃热处理过程中 $CaF_2$ 微晶的形成（DSC 测试中对应阶段的析晶放热峰出现减弱），这导致 $M_3$ 号样品中的 $CaF_2$ 晶核含量更少，在第二个保温阶段类枪晶石的晶体数量也就较少，这样在同体积的玻璃样品中 $M_3$ 号样品的主晶相具有更多的空间长大，由此出现了 $M_3$ 号样品中晶体数量比 $M_2$ 号样品少而晶粒尺寸

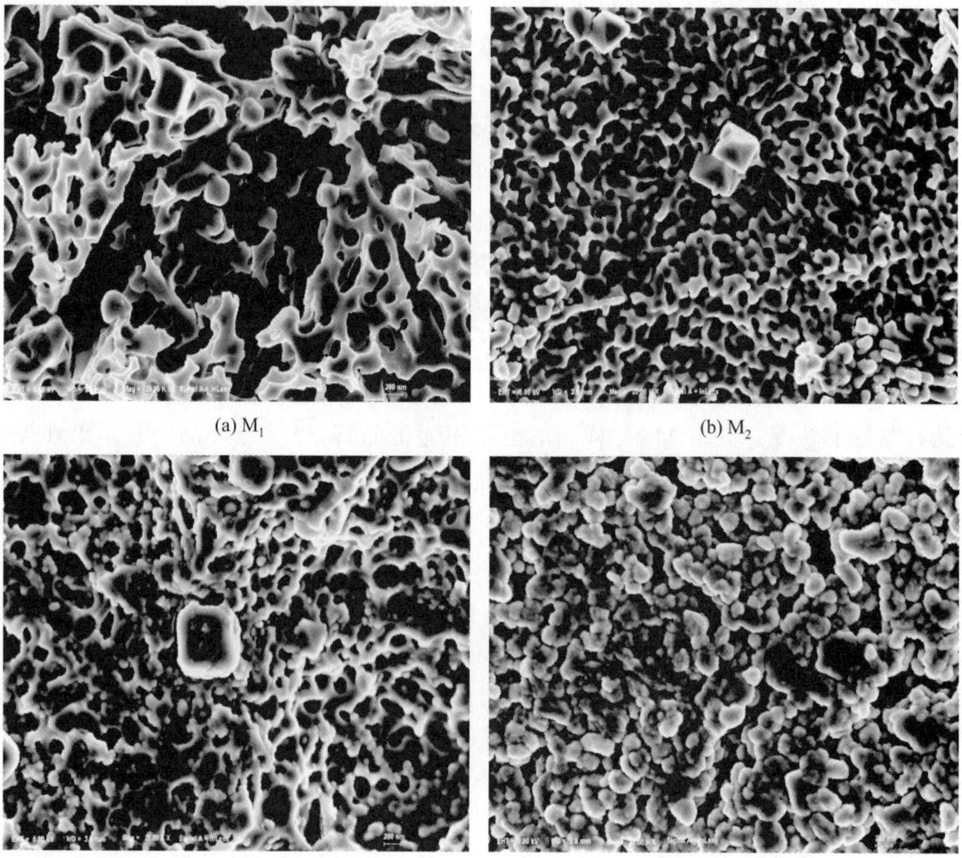

(a) $M_1$　　(b) $M_2$

(c) $M_3$　　(d) $M_4$

图 6-16　不同钼矿尾矿含量微晶玻璃的 SEM 图像

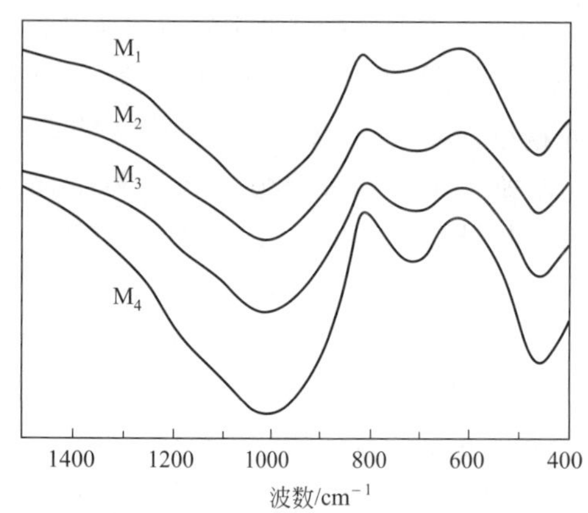


图 6-17　不同钼矿尾矿掺量基础玻璃的红外谱图

更大的情况。

$M_4$ 号样品与其他微晶玻璃的显微结构均不相同，晶粒尺寸较大，达到了 500nm，同时晶体不再是网络状结构，而是许多球状晶粒聚集在一起，相互之间还出现了比较大的裂纹。这可能是由于钼矿尾矿中的 $Al_2O_3$ 在 $M_4$ 号样品中出现了分相，这部分玻璃相不参与晶相的形成，在 HF 酸腐蚀后可以看到样品中的晶粒尺寸虽然更大，但是出现了较多的裂纹，这说明晶体间的连接不再紧密，这种结构对微晶玻璃的抗弯强度和断裂韧性会构成不利影响。

图 6-17 显示的是不同钼矿尾矿含量的基础玻璃的红外谱图。从图中可以看到，基础玻璃的吸收带基本位于红外区的中段部分（400～1400$cm^{-1}$），其中最强的吸收带出现于 800～1200$cm^{-1}$ 区间。此外，在 600～800$cm^{-1}$ 与 400～600$cm^{-1}$ 出现了两个较弱的吸收带：850～1300$cm^{-1}$ 属于［$SiO_4$］四面

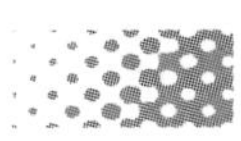

体中的 Si—O—Si 伸缩振动；400～600$cm^{-1}$ 处的吸收带则对应玻璃网络结构中的 Si—O—Si与 Si—O—Al 的弯曲振动；而在 600～800$cm^{-1}$ 区域的吸收带对应的是玻璃网络中［$TiO_4$］四面体的 Ti—O—Ti（Ti＝Si，Al）对称伸缩振动。

在 CaO-$R_2O$-$Al_2O_3$-$SiO_2$-F 系统玻璃中引入 $CaF_2$ 作为晶核剂，能够促进玻璃的晶化，在高温条件下，玻璃熔体中硅氧负离子团内部主要通过 Si — O 键结合，外部则与网络修饰体离子形成离子键结合，由于 Ca—O 键是离子键，键强远小于 Si—O 共价键，这就使得 Ca—O 键中的 $O^{2-}$ 易与 $Si^{4+}$ 结合，从而导致桥氧键断裂，使结构单元中的 $[Si_4O_{10}]^{4-}$ 发生转变，形成 $CaSiO_3$，当添加 $CaF_2$ 以后，由于 $F^-$ 的离子半径与 $O^{2-}$ 十分接近（$R_F$＝0.136nm，$R_O$＝0.138nm），$F^-$ 很容易替换 $CaSiO_3$ 中的 $O^{2-}$ 并析出枪晶石。

图 6-18 显示的则是不同钼矿尾矿含量的玻璃先在 680℃保温 1h 再升温至 810℃保温 2h 的 CaO-$R_2O$-$Al_2O_3$-$SiO_2$-F 系统微晶玻璃的红外谱图。可以看到，微晶玻璃的红外吸收带与图 6-17 中的基本一致，而且，经过热处理后的样品只分裂出了少数的几个吸收峰 1030$cm^{-1}$、985$cm^{-1}$、856$cm^{-1}$、716$cm^{-1}$、653$cm^{-1}$、540$cm^{-1}$，这说明经过 2h 的晶化，基础玻璃发生了析晶行为。由于无定形玻璃态中引入了规则的晶体结构，新的规则结构导致测试结果中出现了新的吸收峰。通常情况下，枪晶石的吸收带可以通过几种［$SiO_4$］四面体相应的伸缩振动来表征。760～1220$cm^{-1}$ 区间的不同吸收峰分别对应含不同非桥氧（$O_{nb}$）的 Si—O 振动，其中 1031～1100$cm^{-1}$ 表示的是含有 1 个 $O_{nb}$ 的［$SiO_4$］四面体振动，985$cm^{-1}$、856$cm^{-1}$ 则分别对应 2 个、4 个 $O_{nb}$ 的［$SiO_4$］四面体振动。另外，716$cm^{-1}$ 处的吸收峰表示的是 $[Si_2O_7]^{6-}$ 结构；510～555$cm^{-1}$ 区间的吸收峰同样代表的是 Si—O 振动。仅在 $M_1$ 号样品上出现的明显吸收峰是在 653$cm^{-1}$ 处，这个吸收峰表示的是一种复杂的 $[SiF_6]^{2-}$ 八面体，这可能是因为 $M_2$～$M_4$ 号样品中的枪晶石结构有一部分 $F^-$ 被 $OH^-$ 替代，所以没有出现明显的吸收峰。以上这些吸收峰说明了微晶玻璃中枪晶石的存在，同时还有部分 $F^-$ 与 $OH^-$ 互相替代形成类枪晶石。

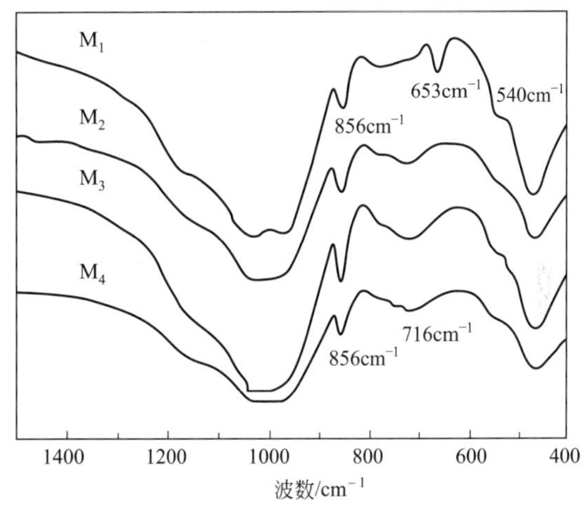


图 6-18　不同钼矿尾矿掺量微晶玻璃的红外谱图

图 6-19 显示的是不同钼矿尾矿含量的玻璃先在 680℃保温 1h 再升温至 810℃保温 2h 的 CaO-$R_2O$-$Al_2O_3$-$SiO_2$-F 系统微晶玻璃样品的力学性能。从图中可以看到，随着钼矿尾矿含量的增加，微晶玻璃的密度分别为 2.61$g/cm^3$、2.60$g/cm^3$、2.60$g/cm^3$ 和 2.58$g/cm^3$，即微晶玻璃的密度呈一个下降的趋势，这是由于钼矿尾矿中的 $Al_2O_3$ 起到了抑制微晶玻璃析晶的作用，由此使得微晶玻璃中的晶相含量减少，而枪晶石密度大于玻璃材料，所以微晶玻璃的密度出现降低。

另外，CaO-$R_2O$-$Al_2O_3$-$SiO_2$-F 系统微晶玻璃的抗折强度与显微硬度变化规律基本一致，两者均是随着钼矿尾矿含量的增加而先增强后减弱，并在 $M_2$ 号样品达到最大值，

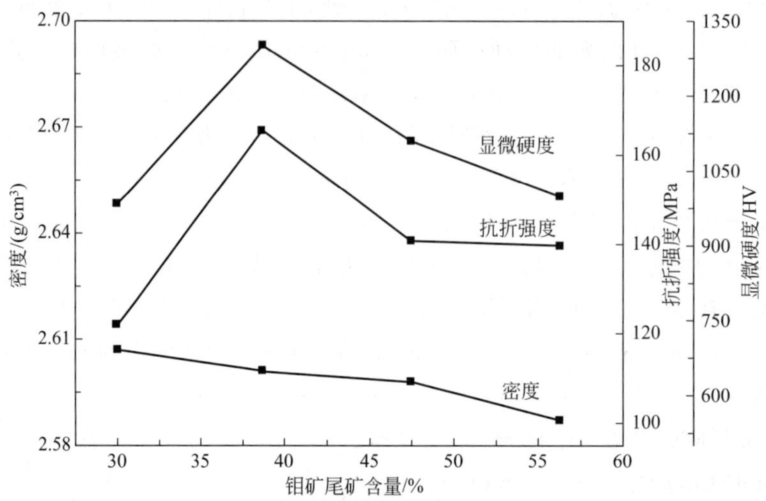


图 6-19　不同钼矿尾矿掺量的 $CaO-R_2O-Al_2O_3-SiO_2-F$ 系统微晶玻璃的机械强度

分别为 165.53MPa 与 1301.3HV。在前面的 XRD 测试分析中已经知道，微晶玻璃材料中的主晶相从 $M_1$ 号样品中的枪晶石（$Ca_4Si_2O_7F_2$）转变为 $M_2$～$M_4$ 号样品中的类枪晶石［$Ca_4(F_{1.5}(OH)_{0.5})Si_2O_7$］，同时结构也由岛状结晶相转变为网状结构，使得晶体具有更好的结构强度，与玻璃相之间的联系也更紧密，因此，$M_2$～$M_4$ 号样品的抗折强度与显微硬度相较 $M_1$ 号样品为大。对于 $M_2$～$M_4$ 号样品的机械强度变化规律，则主要取决于钼矿尾矿中 $Al_2O_3$ 含量的增加带来的影响。在前面对四组微晶玻璃显微结构的分析中已经提到，$M_2$ 号样品中的网状晶体数量更多，但是尺寸较小；与此相反，$M_3$ 号样品中的晶体数量较少，但是尺寸更大。对于抗折强度而言，微晶玻璃中晶体更为完整的网络结构对强度影响更显著，因此 $M_2$ 号样品的抗折强度更高。到了 $M_4$ 号样品，虽然晶体尺寸进一步增大，且 $Al_2O_3$ 的分相促进了析晶，但是微晶玻璃中已经出现裂纹，这给材料的机械强度带来不利的影响，因此其机械强度并没有 $M_3$ 号样品高。最后，从图 6-19 的结果可以看到，实验制备的 $CaO-R_2O-Al_2O_3-SiO_2-F$ 系统微晶玻璃具有很好的机械强度，抗折强度与显微硬度均达到 121.87MPa 与 982.8HV 以上。同时，掺加 38.7%的钼矿尾矿，分别在 680℃保温 1h 再升温至 810℃保温 2h 的微晶玻璃材料具备较佳的性能。

以钼矿尾矿作为主要原料可制备出 $CaO-R_2O-Al_2O_3-SiO_2-F$ 系统微晶玻璃，得到以单斜晶系的枪晶石为主晶相的微晶玻璃材料，同时还伴有少量萤石析出。其中，析晶过程中还发生了 $OH^-$ 对 $F^-$ 的替代，随着钼矿尾矿含量的增加，微晶玻璃中的主晶相变为类枪晶石。所制备的 $CaO-R_2O-Al_2O_3-SiO_2-F$ 系统微晶玻璃中，钼矿尾矿的最高掺量可以达到 56.3%。该系统微晶玻璃中通过掺入 13.2%的 $CaF_2$ 作为晶核剂，在退火阶段玻璃出现了强烈的分相，借助 DSC 测试分析发现玻璃在微晶化过程中先形成 $CaF_2$ 晶核，在此基础上逐渐生长出枪晶石晶体。随着钼矿尾矿含量的增加，$Al_2O_3$ 起到了抑制玻璃析晶的作用。

## 6.4　铁矿尾矿微晶玻璃

我国目前尾矿堆积量近 50 亿吨，年排出的尾矿量高达 5 亿吨以上，其中铁矿尾矿排

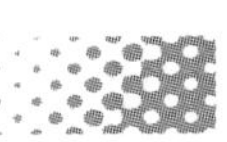

放量达 1.5 亿吨。长期以来尾矿采用大部分露天堆放，既占用了大量的土地，还容易造成粉尘污染，其中有害物质经过风化、雨淋、地表径流的腐蚀，极容易污染水体，危害环境。随着矿产资源的大量开发和利用，矿产资源日益枯竭。尾矿废渣的处理和再利用也是我国当前资源环境保护亟待解决的问题。尾矿是选矿后的废弃物，工业固体废弃物的主要组成部分。尾矿也是一种潜在的矿物资源。合理开发利用尾矿不仅可以解决环境污染，而且可以弥补资源的不足。但是，由于尾矿数量大、类型多、性质复杂等，在我国其利用率非常低。随着用尾矿制备微晶玻璃获得了成功，为尾矿的合理开发利用提供了一个有效的途径。

与其他尾矿相比，铁矿尾矿有其自身的特点，组分也比较复杂，铁矿尾矿按照伴生元素的含量分为两大类。一类是单金属类铁矿尾矿，其按矿物组成一般分为四种类型：高硅型、高铝型、高钙镁型和低钙镁铝硅型（简称低硅型）。划分的依据是其存在的主要元素，并有利于选择不同的利用途径。另一类是多金属类的铁矿尾矿，主要有攀钢铁矿尾矿和白云鄂博铁矿尾矿，此类铁矿尾矿的特点是矿物成分复杂，伴生元素多。

以铁矿尾矿为主要原料制备建筑装饰材料，可以扩大其应用范围，并能生产出高附加值的产品，对其进一步开发利用有很强的促进作用。东北大学的李彬利用鞍山大孤山的铁矿尾矿及工业废渣的混合物为原料制成黑色玻璃。北京科技大学利用石人沟选矿厂细粒尾矿研制成轻骨料仿花岗岩系列制品。中国地质科学院尾矿利用中心，利用马鞍山矿山研究院回收铁以后的梅山铁矿选矿厂的细粒铁矿尾矿，研制成了黑色、蓝色等四种深色微晶玻璃高级装饰材料。本钢的沙德昌等使用本钢歪头山和南芬高硅尾矿也研制出彩色路面砖。武汉理工大学陈吉春等利用程潮铁矿低硅铁矿尾矿为主要原料，在尾矿利用率达到 65% 的条件下，成功研制出高性能彩色路面砖制品。

## 6.4.1 熔融浇铸法制备铁矿尾矿微晶玻璃

### 6.4.1.1 基础玻璃的组分设计、玻璃与微晶玻璃的制备

由于铁矿尾矿的种类繁多、成分复杂，选矿的技术与工艺也各不相同，由于选矿的需要，多数矿石都会被研磨成非常细小的粉末。经过选矿后的铁矿尾矿也不例外，其粒度较细，尾矿粒度一般在－0.074mm 的占 50%～75%。王长龙、魏浩、李春、韩茜等分别以煤矸石＋铁砂尾矿、铁尾矿渣为主要原料，研究制备了相应的微晶玻璃材料。

王长龙、魏浩选择七台河矿业精煤集团富强煤矿的煤矸石和北京首云公司密云铁矿的尾矿，根据两种尾矿各自的组分特点，通过基础玻璃的组分设计，辅助原料的加入，采用浇铸法制备出了普通辉石为主晶相的微晶玻璃。他们所选用的煤矸石和铁矿尾矿的化学成分见表 6-13。

表 6-13 煤矸石和铁矿尾矿的化学成分

| 原料 | 化学成分(质量分数)/% | | | | | | |
|---|---|---|---|---|---|---|---|
| | $SiO_2$ | $Al_2O_3$ | MgO | CaO | $Fe_xO_y$① | $TiO_2$ | 其他 |
| 煤矸石 | 55.05 | 30.00 | 1.48 | 6.78 | 2.60 | 1.31 | 2.78 |
| 铁矿尾矿 | 68.96 | 7.68 | 3.64 | 4.35 | 6.79 | 0.63 | 7.95 |

① $Fe_xO_y$ 表示 FeO 和 $Fe_2O_3$。

煤矸石为预先破碎至小于 2mm，而后采用球磨机粉磨至 0.08mm，方孔筛筛余小于 8%，经 800℃煅烧 2h 后去除有机杂质的原料。由表 6-13 可知，煤矸石和铁矿尾矿的氧化物组成存在相近之处，其中 $SiO_2$ 及 $Al_2O_3$ 组分总量分别为 85.05%和 76.64%，属于高硅铝原料，而且 CaO 的含量较低，在 $CaO-Al_2O_3-SiO_2$ 相图中很难找到辉石类的结晶相。两种原料中都含有一定量的 $TiO_2$，为微晶玻璃晶体成核提供了条件，不需外加晶核剂。煅烧后煤矸石的矿物成分以石英和钙长石为主，伴有少量白云母、赤铁矿和磁铁矿，铁矿尾矿的矿物成分以石英为主，伴有角闪石、钙长石等。煤矸石和铁矿尾矿组分中 CaO 的含量相对较低，若设计、制备普通辉石为主晶相的微晶玻璃，需要增加系统中的 CaO 含量。

由于所选用的煤矸石和铁矿尾矿属于高硅铝原料，原料中含有少量其他金属氧化物，因此以多组分硅酸盐体系作为基础玻璃比较适合，依据 $CaO-MgO-Al_2O_3-SiO_2$ 四元体系进行基础微晶玻璃配方的设计，见图 6-20。依据玻璃形成学的基本理论，为降低玻璃的熔融和析晶温度，基础玻璃成分选择为普通辉石区域，具体组成为：煤矸石 66%，铁矿尾矿 13%，其他化学原料 21%（其中 CaO 为 11%，MgO 为 10%）。为改善微晶玻璃使用性能和工艺性能，外加入配料总量 2%的 $CaF_2$ 作为助熔剂，以及 3%的澄清剂［$NaNO_3$：$Sb_2O_3$（质量比）为 3：1］，调整微晶玻璃的基础结构。熔制后玻璃的主要成分为：$SiO_2$ 45.30%，$Al_2O_3$ 20.80%，CaO 16.04%，MgO 11.45%，$Fe_xO_y$ 2.60%，$TiO_2$ 0.95%，其他 2.86%。

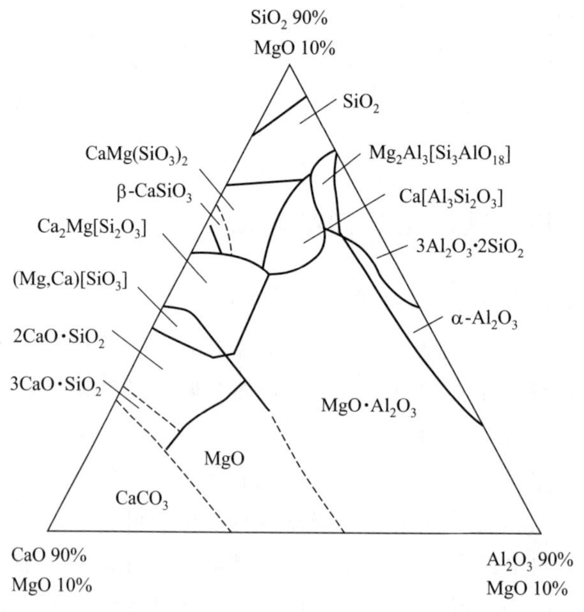


图 6-20 添加 10% MgO 的 $CaO-Al_2O_3-SiO_2$ 相图

将一定配比的煤矸石、铁矿尾矿与其他需要添加的助熔剂、澄清剂等原料混合均匀，从室温升至 1500℃（升温速率为 1℃/min）并保温 5h，使混合料充分熔融。将少量的熔融浆体急冷水淬得到玻璃颗粒，通过烘干、球磨制成玻璃粉（小于 0.074mm），得到基础玻璃粉末，作为 DSC 试样。将剩余大部分熔融玻璃液浇铸成正方体大块并迅速放入 650℃的条件下保温 5h，以 1℃/min 的速率降至室温以消除玻璃内应力，从而得到基础玻璃。

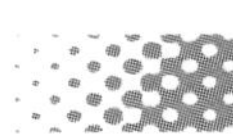

在得到基础玻璃后，是否能够实现目标结晶相的析出，还需要精细的热处理工艺制度。利用 DSC 对基础玻璃粉末进行差热分析，在此基础上可以进行玻璃微晶化制度的制定。DSC 曲线可以有效地反映出基础玻璃在加热过程中的吸放热变化，发生吸热和放热的温度及效应大小为微晶玻璃的核化温度（$T_g$）和晶化温度（$T_c$）的确定提供了重要依据。图 6-21 为煤矸石和铁矿尾矿基础玻璃的 DSC 曲线，可以发现有 2 处明显与吸热或放热相关的反应温度点，即 747℃处首先出现的吸热峰，在 893℃处出现的放热峰。747℃的吸热现象并不是由于核化吸热引起的，而是转变温度，是基础玻璃粉末在热处理中微观结构重排吸热发生的软化变形。实际上，玻璃的转变温度是一个温度区间（700～800℃），为讨论微晶玻璃制备中核化温度的影响，选择核化温度为 697℃、893℃处尖锐的放热峰为玻璃的析晶放热反应，放热效应非常明显。由于所测试试样为粉末样，而熔融浇铸法制备铁矿尾矿微晶玻璃时的基础玻璃为块状样，块状样的析晶较粉末样的析晶困难，前者的析晶温度肯定会高于后者。为讨论微晶玻璃制备中晶化温度的影响，选择晶化温度为 890℃、940℃、990℃、1030℃和 1090℃，由此制备出了不同结构与性能的微晶玻璃材料。

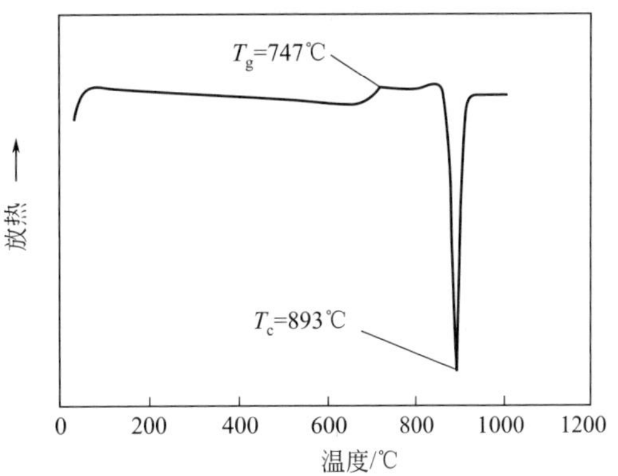

图 6-21　煤矸石和铁矿尾矿基础玻璃的 DSC 曲线

#### 6.4.1.2　熔融法煤矸石和铁矿尾矿微晶玻璃的结构与性能

基础玻璃的成分控制着微晶玻璃主晶相的种类和数量，而热处理工艺影响微晶玻璃的结构和性能。为优化玻璃的热处理制度，得到结构和性能都非常优异的微晶玻璃，根据 DSC 的结果，对基础玻璃采用的热处理制度为：697℃下核化 2h，然后在 890℃、940℃、990℃、1040℃、1090℃下晶化 2h。对基础玻璃粉末和不同核化温度与晶化温度微晶玻璃进行 X 射线衍射分析，结果如图 6-22 所示。图中曲线 a 为通过急冷处理基础玻璃粉末的 X 射线衍射谱图，$2\theta$ 在 16°～40°范围内有较明显的“馒头峰”，曲线呈现一个完整的无定形物质，说明通过急冷处理的基础玻璃粉末中含有一定的玻璃相。曲线 b 为在 697℃核化温度下保温 2h 得到的玻璃基体，和曲线 a 相似，含有一定的玻璃相，同时在 $2\theta$＝29.658°处，可以看见少量的普通辉石［$Ca(Mg,Al)(Si,Al)_2O_6$］

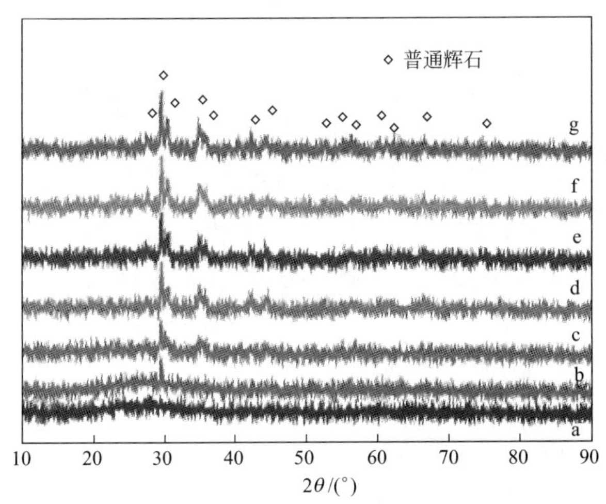

图 6-22　基础玻璃粉末和不同核化温度与晶化温度微晶玻璃 X 射线衍射谱图

的主晶相衍射峰，说明玻璃基体中已经有部分晶核的形成。将玻璃样品在697℃核化2h后，分别在890℃、940℃、990℃、1040℃和1090℃晶化处理2h，X射线衍射结果为曲线c～g。可以看出，在5种不同的晶化温度下，微晶玻璃样品析出晶相种类相对于曲线b没有发生变化，均为普通辉石，但是随着晶化温度从890℃升高到1090℃，普通辉石晶相的衍射峰呈逐渐增强趋势，曲线f中微晶玻璃在1040℃晶化处理后，其主晶相衍射峰最强，当晶化处理温度升高到1090℃时，曲线g中的晶体衍射峰减弱。

利用扫描电子显微镜观测微晶玻璃中微晶相的形貌时，为使得其能够清晰显现，将所制得的微晶玻璃试样用体积分数为5%的HF酸进行表面侵蚀，以使得试样的微晶相结构更加有利于观察。图6-23为基础玻璃粉末及固定697℃核化温度核化处理2h，而后经过不同晶化温度890℃、940℃、990℃、1040℃和1090℃晶化处理2h的微晶玻璃样品的显微形貌。其中图6-23(a)中微晶玻璃的视域内可见少量粒径小于40nm的颗粒状晶体结构，说明在此晶化温度下，由于温度较低，虽然有微晶相的析出，但是析出的量较少，尺寸偏小，试样中的玻璃相占结构的主导地位。图6-23(b)中微晶玻璃中可见颗粒状晶体结构的尺寸在增大，颗粒分散无序，颗粒尺寸从30nm到100nm不等，有少量颗粒形貌清晰可见的小颗粒团聚在一起。图6-23(c)中微晶玻璃中晶体尺寸较小，数量较多，微小颗粒是未发生团聚的结晶相。随着晶化温度的升高，图6-23(d)中微晶玻璃中晶粒似链状排列有序，晶粒尺寸均匀，约100nm。图6-23(e)中微晶玻璃中一些40～60nm的微小

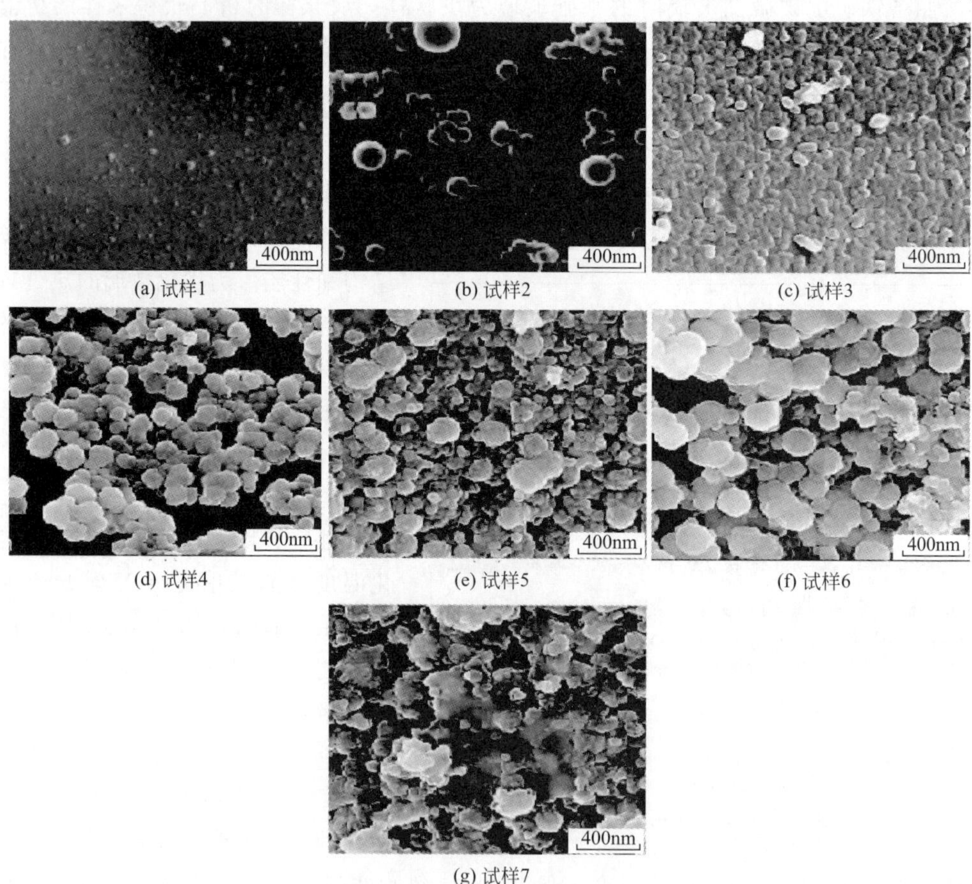

(a) 试样1　(b) 试样2　(c) 试样3
(d) 试样4　(e) 试样5　(f) 试样6
(g) 试样7

图6-23　基础玻璃粉末和不同核化温度与晶化温度微晶玻璃SEM图像

颗粒结晶相团聚成 100～200nm 的晶粒，彼此紧密排列。图 6-23(f) 中微晶玻璃中大部分颗粒形貌更接近于圆形，颗粒间界限明确，一些颗粒尺寸大于 100nm 的颗粒团聚在一起，微晶相尺寸进一步长大，排列紧密，这有利于微晶玻璃物化性能的提高，是比较理想的晶化处理结果。图 6-23(g) 中微晶玻璃中晶体尺寸变小，相对数量减少，晶体结构变得疏松。这是由于此时的晶化温度较高，出现了部分晶体回收熔在一起的现象，即系统内质点扩散到微晶相表面进行规则排列，离子数已经小于有微晶相表面重熔的离子数所致。从图 6-23(b) ～(g) 中微晶玻璃可以看出，随着晶化温度升高、晶体尺寸增大，其形状和分布更趋向规则化，结构更加致密，在晶化温度为 1040℃时处理效果最好，但随着温度升高到 1090℃，部分晶体已发生重熔，影响微晶玻璃的物化性能。因此，由 XRD 与 SEM 结果可以确定最佳的晶化温度为 1040℃。

对核化温度为 697℃与不同晶化温度为 890℃、940℃、990℃、1040℃、1090℃的微晶玻璃进行抗弯强度和耐酸性测试，测试结果见表 6-14。

**表 6-14 煤矸石和铁矿尾矿微晶玻璃性能**

| 试样 | 制备条件 | 抗弯强度/MPa | 耐酸性/% |
|---|---|---|---|
| 2 | 697℃核化 2h | 59.60 | 91.32 |
| 3 | 697℃核化 2h,890℃晶化 2h | 168.48 | 98.56 |
| 4 | 697℃核化 2h,940℃晶化 2h | 199.21 | 98.67 |
| 5 | 697℃核化 2h,990℃晶化 2h | 208.57 | 99.20 |
| 6 | 697℃核化 2h,1040℃晶化 2h | 216.49 | 99.21 |
| 7 | 697℃核化 2h,1090℃晶化 2h | 157.62 | 98.14 |

晶化热处理对煤矸石微晶玻璃的抗弯强度影响较大。当微晶玻璃仅在 697℃核化 2h 时，抗弯强度为 59.60MPa。在相同的核化条件下，随着晶化温度的提高，微晶玻璃抗弯强度大大增加，其中晶化温度为 1040℃时，抗弯强度最大，达到了 216.49MPa。当晶化温度为 1090℃时，微晶玻璃的抗弯强度会严重降低，这是由于晶化温度较高时，已经析晶的微晶相会发生晶粒回收的重熔现象，导致微晶相的含量减少，微晶玻璃结构产生了缺陷所致。与之相似，晶化热处理也会很大程度地影响微晶玻璃的耐酸性。如仅核化处理的微晶玻璃耐酸性为 91.32%，晶化处理微晶玻璃后，耐酸性最高可达 99%以上。然而，在 1090℃晶化 2h 后，微晶玻璃的耐酸性呈现出下降，这是由于微晶相回熔、玻璃相增多的缘故。多数情况下，微晶玻璃的玻璃相首先被侵蚀，因为玻璃相中的阳离子和 $H^+$，尤其是玻璃相中小半径碱金属离子与其他同类的离子相比比较活泼，容易从玻璃内部析出，发生离子交换（$\equiv Si—O—R^+ + H^+ \longrightarrow \equiv Si—O—OH + R^+$），从而易被侵蚀。

利用煤矸石和铁矿尾矿为主要原料，利用熔融浇铸法可以制备出高性能的微晶玻璃材料。煤矸石和铁矿尾矿在原料中的含量可以达到 70%以上，微晶玻璃的主晶相为普通辉石，其中晶化温度为 1040℃时，抗弯强度最大，达到了 216.49MPa，耐酸性为 99.21%。该微晶玻璃完全可以满足建筑装饰、耐磨耐腐蚀领域的需要。需要指出的是，煤矸石和铁矿尾矿中都含有相当数量 FeO、$Fe_2O_3$ 和 $TiO_2$，它们将对微晶玻璃产生一定着色，由此在制备棕色、绿色微晶玻璃时是非常有益的。

### 6.4.2 烧结法制备铁矿尾矿微晶玻璃

李春、韩茜、刘红玉、孙元元等分别利用烧结法制备了铁矿尾矿微晶玻璃。李春、韩茜对铁矿尾矿的组分特点进行了仔细分析，提出在不添加其他原料的情况下，直接对商洛井边沟铁矿尾矿渣进行熔化，得到合格的玻璃液后将其水淬成玻璃颗粒，然后对玻璃粉末颗粒进行成形、烧结、晶化，再对晶化后的材料进行退火、冷却，最终制得微晶玻璃材料。从商洛井边沟铁矿尾矿渣的基本氧化物组成看，其中的 $SiO_2$、$Al_2O_3$、RO（CaO、MgO）、$R_2O$（$Na_2O$、$K_2O$）、$Fe_2O_3$ 的含量高达 95%以上，且各氧化物之间的比例关系比较符合基础玻璃中玻璃形成的要求。若利用烧结法制备微晶玻璃，可以借助玻璃颗粒粉末的表面微裂纹处的界面进行玻璃的成核与晶化。

为考察铁矿尾矿玻璃的烧结与晶化性能，在热处理制度上将烧结与晶化温度分别设定为 1050℃、1100℃、1150℃和 1200℃。在升温过程中，室温至 500℃升温速率为10℃/min，500～1000℃升温速率为 5℃/min，保温时间定为 1.5h。在烧结与晶化过程结束以后，对微晶玻璃进行退火与冷却。

作为建筑装饰用微晶玻璃，其力学性能和化学稳定性能备受人们的关注。李春等制备的烧结法铁矿尾矿微晶玻璃具有非常显著的特点。微晶玻璃的硬度和抗压强度均随着烧结和晶化温度的升高呈现出先增大后减小的变化趋势。当烧结和晶化温度为 1150℃时，其抗压强度最高，为 135.75MPa。微晶玻璃的力学性能取决于晶相的种类、尺寸与数量，残余玻璃相的性质与含量，以及裂纹、气泡、杂质等因素。随烧结温度的升高，微晶玻璃的结晶度增大，晶体分布趋于均匀，致密性提高，但烧结温度过高时，样品内部微小气泡凝聚形成较大的气孔，导致样品的致密性下降。在 1050～1150℃温度范围内析出晶相的量逐渐增多，样品的硬度和抗压强度也随之增大。当温度高于 1150℃，由于该温度超出了析晶量最大温度，在高温区部分已析出的晶相又会重新熔融为玻璃相，晶相的比例相对降低，同时将会在样品中形成气孔，致使微晶玻璃的力学性能下降。

利用颗粒粉末烧结制备微晶玻璃时，其烧结晶化制度对最终产品的性能影响非常明显。随着烧结温度的升高，试样的密度呈先增大后减小的趋势。依据玻璃颗粒的烧结动力学原理，在烧结与晶化的过程中，玻璃颗粒粉末烧结致密化，液相的产生和微晶相形成几乎是相伴进行的。高温低共熔的物质易于渗透到各晶体的颗粒间隙之中，使得吸附材质的颗粒结构趋于致密，同时在高温作用下还将形成表面气孔。随着烧结与晶化温度的进一步升高，颗粒内部的致密组织将会进一步增加，微晶玻璃中的孔隙率下降，使得其密度增大。但烧结与晶化温度过高，将会出现过烧膨胀，在玻璃相和晶界处产生裂纹，使得密度有所下降。在 1150℃时，样品的晶相含量较高，获得较大密度为 $2.817g/cm^3$。

将试样分别用浓度为 1%的 $H_2SO_4$ 溶液和 1%的 NaOH 溶液浸泡 24h，然后用蒸馏水清洗，通过测定其浸泡前后质量的变化，得到不同烧结温度下微晶玻璃的耐酸碱失重率。随着烧结温度的升高，其耐酸失重率呈现出先减小后增大的趋势，而耐碱失重率呈先减小后增大的趋势。显微结构是影响微晶玻璃耐酸碱性能的主要因素，而烧结温度又直接影响着微晶玻璃微观组织及结构。

采用浓度为 1%的 $H_2SO_4$ 溶液和 1%的 NaOH 溶液作为腐蚀剂，绝大多数情况下，微晶玻璃的侵蚀首先从玻璃相开始。酸或碱首先经水解后获得 $H^+$ 和 $OH^-$，然后 $H^+$ 与

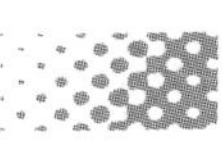

玻璃相中的碱金属的阳离子发生反应(6-1)，从而使得微晶玻璃受到侵蚀。而碱水解后的 $OH^-$ 与玻璃相发生反应(6-2)。此反应主要是破坏硅氧骨架，使得 Si—O 断裂，网络解体后溶解于碱液中。

$$\equiv Si—O—R^+ + H^+ \longrightarrow \equiv Si—O—OH + R^+ \quad (6\text{-}1)$$

$$\equiv Si—O—Si \equiv + OH^- \longrightarrow \equiv Si—O^- + HO—Si \equiv \quad (6\text{-}2)$$

制得的铁矿尾矿微晶玻璃的耐酸性比耐碱性要好。赵彦钊等认为酸性溶液中生成的 $Si(OH)_4$ 是一种极性分子，它能够使周围的水分子极化，而定向地附着于自己周围，成为 $Si(OH)_4 \cdot nH_2O$，形成一个高度分散的 $SiO_2$-$H_2O$ 系统，通常称为硅酸凝胶，除了有一部分溶于水外，其余大部分附着在玻璃表面，形成一层抗水和抗酸能力较强的硅胶保护膜，这种保护膜缓解了碱金属离子与 $H^+$ 的交换作用，从而使得离子交换反应速率逐渐减慢，因此，微晶玻璃的耐酸能力比耐碱能力强。

通过以上研究发现，直接用铁矿尾矿作为微晶玻璃制备的原料，采用烧结法制备微晶玻璃虽然可行，但还需要对原料的配比进行优化调整。随着烧结温度的升高，烧制成的样品密度和力学性能均呈现出先增大后减小的变化趋势，而耐酸碱性呈先减小后增大的变化趋势。当烧结与晶化温度为 1150℃、烧结时间为 1.5h 时，其密度为 2.817g/$cm^3$，莫氏硬度为 5.75，抗压强度为 135.75MPa，耐酸失重率为 0.06%，耐碱失重率为 0.27%。

## 6.5 钽铌尾矿微晶玻璃

钽铌尾矿与其他金属尾矿相比，$SiO_2$ 含量相近，而 $Na_2O$、$K_2O$ 和 $Al_2O_3$ 含量高，$Fe_2O_3$ 含量很低，因含有一定量的 $Li_2O$，可降低玻璃熔化温度和降低玻璃黏度。钽铌尾矿的矿物组成为钠长石、锂云母和高岭土。表 6-15 中的钽铌尾矿，经过简单过筛处理后可直接应用。

表 6-15 钽铌尾矿的粒度组成

| 粒度/mm | >0.7 | 0.57～0.7 | 0.16～0.56 | 0.126～0.15 | 0.11～0.125 | <0.1 |
|---|---|---|---|---|---|---|
| 含量(质量分数)/% | 0 | 1.0 | 42.8 | 14.1 | 9.9 | 32.3 |

目前，关于利用钽铌尾矿制备微晶玻璃方法方面，仅有采用玻璃颗粒烧结法制备的报道，本节就此方法进行叙述。

### 6.5.1 基础玻璃的组分设计、玻璃与微晶玻璃的制备

随着一次资源的日益减少，工业废渣的综合利用显得更为重要。钽铌尾矿是采矿工业的废渣之一，目前急需解决再利用问题。如何更有效地利用钽铌尾矿，变废为宝，开发出使用价值更高的材料，是一个重要的课题。烧结法微晶玻璃装饰板材作为一种新型建筑装饰材料已经越来越受到青睐，其基础玻璃组成属于 CaO-$Al_2O_3$-$SiO_2$ 系统，是一种不含晶核剂的从表面向内部析出块柱状晶体的微晶玻璃。其表面性能非常近似花岗岩等天然石材。烧结法微晶玻璃装饰板材生产工艺为：原料称量→混合→熔化→水淬→烘干→烧结→晶化→表面研磨、抛光。何峰、刘凤娟、匡敬忠等分别利用烧结法制备出了装饰用微晶玻璃。

由于钽铌尾矿中 $Al_2O_3$ 的含量较高，在微晶玻璃的成分设计中，利用它引入玻璃中

的 $Al_2O_3$。何峰等所设计的钽铌尾矿基础玻璃的主要成分见表 6-16，钽铌尾矿的引入量占总原料的比例分别是 34.98%、43.72%、52.47%、61.22%。不足部分和钽铌尾矿中不含的成分均由相应的矿物原料与化工原料引入。由于钽铌尾矿的使用，玻璃中将会多引入 $Li_2O$ 的量分别是 0.38%、0.48%、0.58%、0.68%。

表 6-16　钽铌尾矿基础玻璃的主要成分

| 试样 | 成分(质量分数)/% | | | | | | |
|---|---|---|---|---|---|---|---|
| | $SiO_2$ | $Al_2O_3$ | CaO | $Na_2O+K_2O$ | $B_2O_3$ | $Li_2O$ | 其他 |
| $T_1$ | 64.04 | 6.00 | 18.00 | 4.66 | 0.92 | 0.38 | 6.00 |
| $T_2$ | 62.04 | 7.50 | 18.00 | 4.66 | 0.92 | 0.48 | 5.90 |
| $T_3$ | 60.04 | 9.00 | 18.00 | 4.66 | 0.92 | 0.58 | 5.80 |
| $T_4$ | 58.04 | 10.50 | 18.88 | 4.66 | 0.92 | 0.68 | 5.70 |

玻璃中所用各种原料，经准确称量，充分混合，置于陶瓷坩埚中，放入硅钼炉，工艺制度为：1450～1520℃，保温 2～3h 后，水淬成 0.5～5mm 的颗粒料，烘干备用。

### 6.5.2　$Al_2O_3$ 对玻璃颗粒的起始烧结和起始析晶的影响

当 $Al_2O_3$ 含量变化时，玻璃颗粒的起始烧结温度（$T_s$）和起始析晶温度（$T_c$）是确定热处理制度的关键。取 10g 粒径为 2～3mm 不同 $Al_2O_3$ 含量的试样玻璃颗粒，放入不同的瓷舟中，将电炉以 10～15℃/min 的升温速率升至所需保温温度，然后将瓷舟直接放入电炉中，保温 0.5h 后取出，冷却至室温，观察烧结情况，当颗粒之间有黏结时，即认为玻璃颗粒开始烧结，此时温度定位 $T_s$。此实验从 760℃开始，每升 10℃为一个保温温度点，重复上述过程，并确定各试样玻璃颗粒的起始烧结温度。同时将各试样置于正交偏光显微镜下观察，看到晶相出现则认为析晶开始，记录起始析晶温度，结果见表 6-17。

表 6-17　试样玻璃的起始烧结温度和起始析晶温度

| 项目 | $H_1$ | $H_2$ | $H_3$ | $H_4$ |
|---|---|---|---|---|
| 起始烧结温度/℃ | 790 | 790 | 790 | 790 |
| 起始析晶温度/℃ | 880 | 900 | 910 | 920 |

将玻璃颗粒料装入涂有脱模剂的模具中，以 300～400℃/h 的升温速率从室温升至 850～900℃保温 1.0h 使之烧结，然后升温至 1120℃保温 2.0h，使玻璃颗粒晶化并摊平，经退火冷却至室温，制得微晶玻璃。

玻璃颗粒的起始烧结温度和起始晶化温度随着 $Al_2O_3$ 加入量的变化没有明显的变化。说明 $Al_2O_3$ 的引入对玻璃颗粒的起始烧结温度和起始晶化温度没有明显的影响。烧结过程非常复杂，玻璃颗粒的烧结是在有液相参与的情况下进行的。但在我们的研究中发现，当烧结温度 $T>T_c$ 或 $T<T_c$ 时有所不同。具体的现象为：当烧结温度 $T<T_c$ 时，玻璃颗粒间的烧结非常紧密，而且玻璃颗粒花纹呈明显的球形或近似于球形。说明在此烧结温度下玻璃颗粒在其表面张力的作用下，有向球形收缩的趋势。此过程有液相参与，是在高温下接触熔融现象。当烧结温度 $T<T_c$ 时，体系可以简化为玻璃颗粒的烧结，此时完全是在表面张力的作用下的液相流变，呈牛顿流体行为，即属于黏性流动机理。在材料的制备过程中，液相烧结比固相烧结的应用范围更广泛。液相烧结的推动力是表面能，烧结过程是由颗粒重排、气孔填充等阶段所组成。由于流动传质速率快，因而液相烧结致密化速率高。

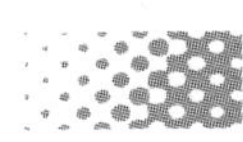

当烧结温度 $T > T_c$ 时，玻璃颗粒的烧结就比较困难，具体表现为：有大量的带有多棱角的玻璃颗粒花纹出现，而且在试样的表面有明显的突起颗粒出现。表面摊平比较困难，要使试样达到摊平的效果，必须提高热处理温度。究其原因是由于，体系中出现了大量晶体，质点迁移受到了限制，此时系统已属多相系统，其烧结接近于陶瓷中有液相参与的烧结。此烧结过程的颗粒重排难度加大，流动传质速率慢，烧结致密化速率低。纯粹的固相烧结实际上是不易实现的。

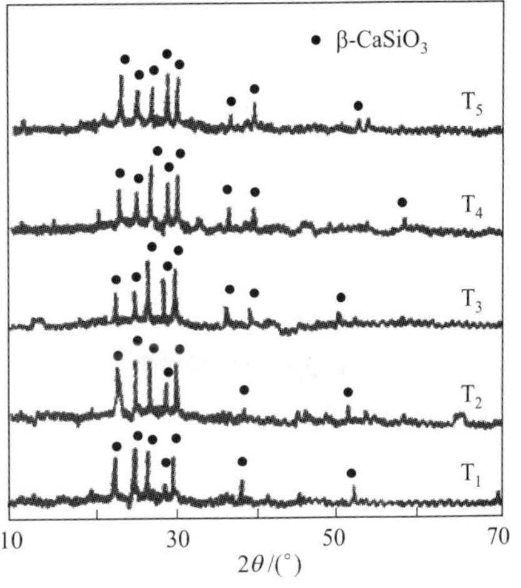


图 6-24　不同钽铌尾矿掺量微晶玻璃的 X 射线衍射谱图

## 6.5.3　烧结法钽铌尾矿微晶玻璃的结构与性能

图 6-24 为不同钽铌尾矿掺量微晶玻璃的 X 射线衍射谱图。从谱线上可以看出，微晶玻璃的非晶体散射特征很弱，主要表现为晶体的衍射特征，说明在相应的微晶化热处理条件下，玻璃的结晶程度很高。通过对照 JCPDS 卡片，发现微晶玻璃试样的主晶相为 β-$CaSiO_3$。随着钽铌尾矿掺量的变化，对 β-$CaSiO_3$ 晶体的析出没有明显的影响，说明钽铌尾矿可以用于微晶玻璃的生产。

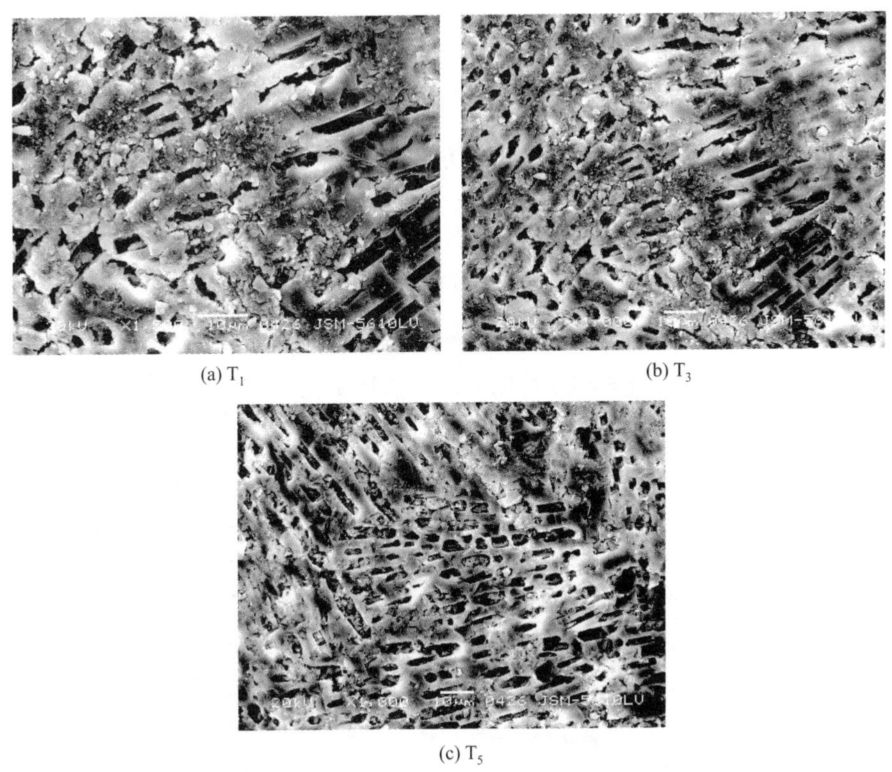

(a) $T_1$　(b) $T_3$　(c) $T_5$

图 6-25　钽铌尾矿微晶玻璃的 SEM 照片

图 6-25 为钽铌尾矿微晶玻璃的 SEM 照片。从图中可以看出，试样的结晶都十分充分，这与 XRD 分析结果是一致的。晶体的外形为块柱状，晶体的生长比较完整，微观结构致密，而且玻璃相和晶相是相互咬合存在的。这样有利于提高材料本身的整体强度、耐磨性等。

以钽铌尾矿为原料引入 $Al_2O_3$，可以熔制出均匀透明的玻璃，热处理后可制得以β-硅灰石为主晶相的微晶玻璃。玻璃颗粒在 800～900℃烧结、核化 0.5～1h，在 1080～1150℃晶化、摊平 1～2h，可制成花纹清晰的微晶玻璃。晶体生长比较完整，且玻璃相和晶相相互咬合共存。$Al_2O_3$ 含量的增加，对微晶相的长大起到抑制作用。

## 6.6 钨矿尾矿微晶玻璃

尾矿中包含有大量的可以利用的成分，利用尾矿开发建材是实现其再利用的有效途径。国外一直非常重视尾矿利用和环境保护，利用尾矿可以有效地开发多种建筑材料，微晶玻璃就是其中最为具有代表性的一种。20 世纪 60 年代初，前苏联就进行了尾矿微晶玻璃的研究和生产，后来在许多国家得到了迅速发展，并形成了规模化生产。我国对于尾矿微晶玻璃的研究则相对较晚，但经过多年的不懈努力，发展速度很快。钨矿尾矿是钨矿开采、选矿后所产生的粉状物料，一般采用堆放的形式处理，由此占用了大量的田地，对环境造成不利的影响。利用钨矿尾矿制备微晶玻璃的研究相对较少，而对浇铸成形晶化法则研究也少。匡敬忠、熊淑华研究利用钨矿尾矿为主要原料，添加其他不足组分，不添加晶核剂，利用浇铸成形晶化法研制出了色泽美观、花纹清晰的微晶玻璃块状装饰板，这种装饰板具有耐磨、耐腐蚀、耐候性能好及抗折、抗压强度高等优点，是一种性能优良的装饰建材。该研究的成功对于合理利用钨矿尾矿、综合治理环境、降低生产成本具有较好的经济效益和社会效益。

目前，关于利用钨矿尾矿制备微晶玻璃方法方面，仅有采用熔融法制备的报道，本节就此方法进行叙述。

### 6.6.1 基础玻璃的组分设计、玻璃与微晶玻璃的制备

匡敬忠、熊淑华选择江西西华山钨矿的尾矿为主要原料，采用熔融浇铸法制备微晶玻璃。钨矿尾矿的化学组成见表 6-18。可以看出，该尾矿化学成分主要以 $SiO_2$ 和 $Al_2O_3$ 为主，两者的含量高达 90%，而碱金属、碱土金属氧化物 $Na_2O$ 的含量较少，CaO 的含量很低，这非常不利于硅灰石或辉石类微晶相的形成。根据微晶玻璃的基础组成与钨矿尾矿的成分特点，选择 $CaO\text{-}Al_2O_3\text{-}SiO_2$ 系统作为配方依据，其组成点位于硅灰石初相区。CaO 以 $CaCO_3$ 引入，MgO 以 $MgCO_3$ 引入，$Na_2O$ 以 $Na_2CO_3$ 引入。引入相当数量 CaO 的目的是为了形成硅灰石型微晶玻璃，引入 MgO 的目的是改变玻璃的料性和脆性，引入 $Na_2O$ 的目的是降低玻璃的熔点和改善玻璃的成形性能。钨矿尾矿基础玻璃的组成见表 6-19。从表中可以看出，钨矿尾矿基础玻璃中未添加晶核剂。

表 6-18 钨矿尾矿的化学组成

| 组分 | $SiO_2$ | $Al_2O_3$ | CaO | $K_2O$ | $Na_2O$ | $Fe_2O_3$ | 其他 |
|---|---|---|---|---|---|---|---|
| 含量(质量分数)/% | 81.50 | 8.03 | 0.22 | 2.36 | 1.91 | 1.51 | 4.47 |

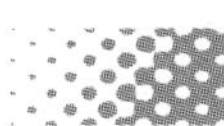

**表 6-19　钨矿尾矿基础玻璃的组成**

| 编号 | 组成(质量分数)/% | | | | |
|---|---|---|---|---|---|
| | 钨矿尾矿 | $Al_2O_3$ | CaO | MgO | $Na_2CO_3$ |
| $W_1$ | 74.22 | 0.80 | 15.08 | 2.01 | 7.89 |
| $W_2$ | 68.40 | 1.31 | 20.16 | 2.02 | 8.11 |
| $W_3$ | 62.55 | 1.82 | 25.27 | 2.02 | 8.34 |
| $W_4$ | 56.70 | 2.33 | 30.38 | 2.03 | 8.56 |

对粉状的钨矿尾矿进行筛选，选取 30 目和 120 目方孔筛过筛，得到的钨矿尾矿作为备用原料，按基础玻璃的化学组成称量各种原料，然后混合均匀得到玻璃配合料，玻璃配合料的熔制温度为 1400℃。将熔制好的玻璃液浇铸在模具中，成形成板块状的试样，并进行退火与冷却，得到基础玻璃样品。基础玻璃热处理制度为：900℃下保温 2h 进行核化，然后再以 5℃/min 的升温速率升温至 1110℃下保温 45min 进行晶化，最后得到钨矿尾矿微晶玻璃试样。

### 6.6.2　熔融法钨矿尾矿微晶玻璃的结构与性能

利用粉末法对钨矿尾矿微晶玻璃试样进行研究，图 6-26 是不同钨矿尾矿掺量微晶玻璃的 X 射线衍射谱图。从图中可以看出，钨矿尾矿微晶玻璃中析出的晶相是 β-硅灰石。随着钨矿尾矿掺量的减少，X 射线衍射的强度有所提高，说明微晶相的析出量随之增加。这是由于钨矿尾矿掺量的减少导致 $SiO_2$ 的含量降低，CaO 的含量提高，更有利于两者形成硅灰石相。研究还发现，当晶化温度高于 950℃时生成的晶相为 β-硅灰石，这与实验设计的析晶相一致。硅灰石成分为 $Ca_3(Si_3O_9)$，属于三斜晶系，通常呈白色微带灰色的片状、放射状或纤维状集合体，具有玻璃光泽，解理面上有珍珠光泽。硅灰石的热膨胀性和热稳定性好，是钨矿尾矿微晶玻璃的理想晶相。同时钨矿尾矿用量的增加对主晶相的析出并无明显的影响。

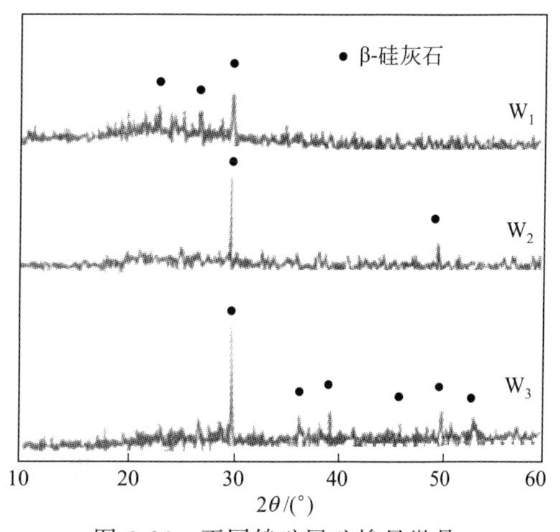

图 6-26　不同钨矿尾矿掺量微晶玻璃的 X 射线衍射谱图

对所得到的钨矿尾矿微晶玻璃进行性能测试可以得到其参数范围，见表 6-20。

**表 6-20　钨矿尾矿微晶玻璃的性能**

| 性能 | 指标 | 备注 |
|---|---|---|
| 抗折强度/MPa | 56.3～98.1 | |
| 抗压强度/MPa | 575.6～753.9 | |
| 密度/($g/cm^3$) | 2.490～2.632 | |
| 莫氏硬度 | 6.42～6.85 | |
| 吸水率/% | 0 | $H_2O$ |
| 耐酸性/% | 99.04～99.57 | 浓度与介质:1mol/L $H_2SO_4$ |
| 耐碱性/% | 99.18～99.79 | 浓度与介质:1mol/L NaOH |

以钨矿尾矿为主要原料，不添加晶核剂，采用浇铸成形晶化法能制备出尾矿微晶玻璃，其主晶相为β-硅灰石，其核化析晶机理本质上属于表面成核析晶。钨矿尾矿的用量为55%～75%，钨矿尾矿微晶玻璃最合适的基础玻璃组成为：$SiO_2$ 47%～65%，$Al_2O_3$ 6%～9%，CaO 15%～30%，MgO 2%～2.5%，$K_2O$ 1.3%～2.1%，$Na_2O$ 6%～9%。钨矿尾矿在原料中的掺量对微晶玻璃的显微结构会产生较大的影响，且存在着玻璃分相现象，其核化和晶化的具体过程还有待于进一步研究。采用二级热处理制度较为合理，最佳的热处理制度为900℃保温2h，1100℃保温45min。采用浇铸成形晶化法制备微晶玻璃，其工艺简单，成本低廉，有利于尾矿的大批量使用，为钨矿尾矿的综合利用提供了有效的途径。

## 6.7 高岭土尾矿微晶玻璃

采矿工业的迅速发展使尾矿的排放量逐年增加，我国尾矿累积堆存量大，利用率偏低，因此，开展尾矿的综合利用是一项长期的艰巨任务，这也是我国经济可持续健康发展的必然要求。高岭土以其优异的性能和广阔的应用领域，被不断地开发利用。高岭土尾矿是高岭土矿经选矿后排放的固体废弃物。长期以来，很多单位只致力于高岭土矿的开采、加工，对高岭土尾矿的回收利用研究较少，大都是将尾矿露天堆放，或者用作铺路、返田和夯实地基等，随着尾矿的不断堆积，侵占了大量的土地，污染水质，并造成植被破坏及水土流失，甚至造成泥石流，严重影响生态环境，同时也造成了高岭土等不可再生资源的过分消耗。因此，如何综合利用高岭土尾矿，将其回收利用，变废为宝，保护环境，造福于社会，显得尤为重要。

我国高岭土矿分布广泛，根据地区不同，高岭土及其尾矿的共伴生矿物的成分和数量差异较大，一般其主要成分为 $SiO_2$ 和 $Al_2O_3$，而 $Fe_2O_3$、$TiO_2$、$K_2O$、$Na_2O$、CaO、MgO 等含量较低，如能根据尾矿中铝硅酸盐矿物的物化性能合理、充分地利用，便能取得良好的经济效益、环保效益和社会效益。目前我国对于高岭土尾矿的综合利用有较多的研究和应用。大概有以下几个方面。

（1）高岭土尾矿中仍含有石英、白云母、长石及残余高岭土等矿物成分，通过重选、脱泥、筛分、浮选、机碓等分选手段，采用合适的工艺流程，可以得到高岭土精矿、云母精矿、长石精矿、石英精矿等，甚至可以做到无尾矿选矿。

（2）往高岭土尾矿中添加粗骨料、粉煤灰或者某些化学活化剂等作为原料制备建筑材料，有些尾矿经水洗后就已达到了建筑用砂的要求。

（3）利用高岭土尾矿中含有的 $SiO_2$、$Al_2O_3$、$K_2O$、$Na_2O$、CaO、MgO 等有用组分的特点，再添加其他必要组分，然后通过熔制、水淬、装模、热处理、脱模、抛光等深加工处理制备陶瓷玻璃制品。

（4）以高岭土尾矿制备高分子絮凝剂，一般是运用粉磨、焙烧、酸溶、水解、聚合等手段，达到有效地利用尾矿中含有的 $Al_2O_3$ 成分的目的。

汤李缨、赵前、程金树以高岭土尾矿为主要原料，通过玻璃颗粒烧结制备了建筑装饰微晶玻璃。陈国华、刘心宇等利用高岭土尾矿制备出玻璃粉末，该玻璃粉末通过低温烧结与微晶化可用于电子封接。

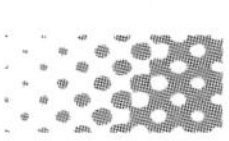

### 6.7.1 烧结法制备高岭土尾矿装饰微晶玻璃

#### 6.7.1.1 基础玻璃的组分设计、玻璃与微晶玻璃的制备

汤李缨、赵前等采用 $CaO\text{-}Al_2O_3\text{-}SiO_2$ 系统，易于析出 $\beta\text{-}CaO\cdot SiO_2$ 晶相，制备的微晶玻璃具有强度高、表面花纹清晰、光泽度好、色泽鲜艳等特点，成为一种高级建筑装饰材料。为满足玻璃成分设计要求，配合料中另外添加其他玻璃常用原料，如海砂、石灰石、硼砂、碳酸钙等，尽量多用高岭土尾矿，其用量占配合料总量的 50%～70%。配合料在 1550℃条件下，保温 2h，将玻璃液迅速放入水中急冷、水淬，水淬玻璃经干燥、破碎、筛分后得到 0.5～5mm 的玻璃颗粒。汤李缨等所用高岭土尾矿的化学成分见表 6-21，所设计的基础玻璃的化学组成见表 6-22。高岭土作为陶瓷工业的主要原料，其伴生尾矿的成分也有其特点，主要表现为，其中的 $SiO_2$、$Al_2O_3$ 含量之和就高达 94%以上，属于高硅铝酸性原料。根据这一特点，高岭土尾矿可以作为 $CaO\text{-}Al_2O_3\text{-}SiO_2$ 系统中用于替代引入 $SiO_2$、$Al_2O_3$ 的原料，实现降低原料成本和对尾矿的利用。

表 6-21 高岭土尾矿的化学成分

| 成分 | $SiO_2$ | $Al_2O_3$ | $K_2O$ | $Na_2O$ | MgO | CaO | $Fe_2O_3$ |
|---|---|---|---|---|---|---|---|
| 含量(质量分数)/% | 83.92 | 10.23 | 3.25 | 0.08 | 1.75 | 0.04 | 0.18 |

表 6-22 基础玻璃的化学组成

| 组分 | $SiO_2$ | $Al_2O_3$ | CaO(MgO) | $R_2O$ | ZnO | BaO | $B_2O_3$ |
|---|---|---|---|---|---|---|---|
| 含量(质量分数)/% | 59.00 | 7.00 | 17.50 | 5.00 | 6.00 | 4.00 | 1.00 |

将所得到的玻璃颗粒装入涂有脱模剂的模具中，根据以往的研究，在所设定的热处理制度下对玻璃颗粒进行烧结与微晶化。烧结是指把粉状物料转变为致密体，是一个传统的工艺过程。利用烧结工艺可以用于制备微晶玻璃、陶瓷、粉末冶金、耐火材料、超高温材料等。一般来说，玻璃粉体或颗粒经过烧结得到的致密体是一种多晶材料，其显微结构由晶体、玻璃体和气孔组成。烧结过程直接影响显微结构中的晶粒尺寸、气孔尺寸及晶界形状和分布，进而影响材料的性能。玻璃颗粒的表面密布裂纹，为玻璃的微晶化提供了丰富的表面与界面，在烧结与微晶化过程中，在裂纹所提供的界面处率先形成晶核，长出晶体，并且在玻璃液相的作用下使玻璃颗粒致密化。

#### 6.7.1.2 烧结法高岭土尾矿微晶玻璃的结构与性能

温度对烧结有着本质的影响，高温下伴随烧结发生的主要变化是玻璃颗粒中液相的产生，颗粒间接触界面的扩大并逐渐形成晶界，气孔从连通状态逐渐变成孤立状态并缩小，最后气体大部分从样品中排除，使玻璃成形体的致密度和强度增加，在一定温度下系统析出晶体，最后成为具有一定性能和几何外形的整体。玻璃颗粒集合体在一定温度下出现液相，具有牛顿型流体的流动性质，烧结主要是通过黏性流动完成的。

图 6-27 为玻璃颗粒在不同烧结温度下微晶玻璃的 X 射线衍射谱图。温度低于 840℃，样品的收缩率随着温度的升高而增加，但变化不太显著，X 射线衍射谱图显示，在 840℃以下样品具有典型的无定形散射峰。这时因温度相对较低，玻璃黏度较大，因而烧结速率

不高。温度在840～900℃，样品烧结收缩率随温度的升高发生急剧变化，这时样品中仍无晶相产生，此温度范围内玻璃黏度大大降低，促进了黏性流动，使烧结速率迅速提高，样品表面非常平整，断面气孔也较少。温度高于920℃，样品的收缩率随温度的升高而降低。X射线衍射谱图及光学显微镜观察结果表明，940℃、960℃时样品中有少量晶相产生。由此可知，析晶导致玻璃黏度增大，抑制了黏性流动所控制的致密化过程，气体被封闭在颗粒之间难以继续排除。因此，对于具有一定表面析晶倾向的玻璃颗粒，并非烧结温度越高越好，只有当玻璃在保持相对较低的黏度但又不至于很快析晶的温度下烧结，才能获得密度较高、表面平整度较好的样品。

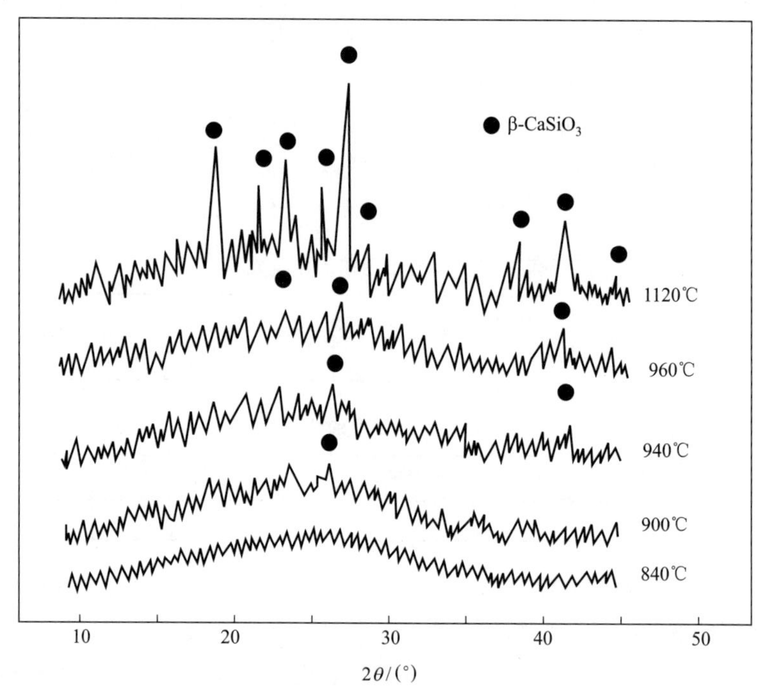


图6-27 玻璃颗粒在不同烧结温度下微晶玻璃的X射线衍射谱图

一般来说，延长烧结时间会不同程度地促使烧结完成。当颗粒尺寸和烧结温度不变时，气孔率随烧结时间的延长而线性地降低，样品的致密度提高。玻璃颗粒烧结60min后，收缩曲线变得十分平坦，表明致密化速率减慢，其原因可能是多方面的，其中的机理主要是由于随着烧结的进行，玻璃颗粒之间的气体包入液相形成了孤立的闭气孔，使烧结速率减慢甚至趋于停止，采用烧结法制备微晶玻璃，如何处理烧结与晶化之间的关系，是能否获得性能优良的微晶玻璃的关键。首先应选择合适的玻璃成分，玻璃既要有一定的表面析晶倾向，又不能有太快的析晶速率，组分中CaO含量的多少影响尤为显著。其次是选择合理的热处理制度，即只有在晶相开始大量析出之前烧结接近完成，再升温至较高温度使玻璃析晶，才能获得气孔率低、密度高、表面平整、光泽度好的微晶玻璃。利用玻璃颗粒烧结法制备的微晶玻璃的主要性能为：主晶相是β-硅灰石，密度为2.69g/cm$^3$，抗折强度为50MPa，热膨胀系数（30～380℃）为65×10$^{-7}$℃$^{-1}$。

以$CaO$-$Al_2O_3$-$SiO_2$系统为基础、高岭土为主要原料，用烧结法可以制备主晶相为硅灰石的微晶玻璃。玻璃颗粒在系统未大量析晶而保持黏度较低的温度下烧结，可获得气孔

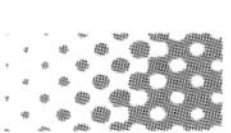

率较低、表面平整的样品。

## 6.7.2 高岭土尾矿低温烧结微晶玻璃

### 6.7.2.1 基础玻璃的组分设计、玻璃与微晶玻璃的制备

陈国华、刘心宇等利用广西北海的高岭土尾矿，其化学组成见表 6-23。该尾矿的化学成分主要以 $SiO_2$ 和 $Al_2O_3$ 为主，CaO、MgO、$Fe_2O_3$ 等的含量很少。根据电子封装微晶玻璃的性能要求和以尽量提高尾矿的利用率作为配方依据，选用玻璃的组成位于 MgO-$Al_2O_3$-$SiO_2$ 系统相图中堇青石区内，且富含氧化镁组分。MgO 以化学纯氧化镁引入，不足的 $Al_2O_3$ 以化学纯氧化铝引入，$SiO_2$ 全部由尾矿引入，为了降低熔化温度和有利于玻璃的澄清、均化，分别引入少量的硼酸和磷酸二氢铵。在玻璃组成中碱金属氧化物应尽可能少，以免影响材料的电学性能。表 6-24 为基础玻璃的原料配方。从表 6-24 中可见，高岭土尾矿的利用率已达约 55%。

表 6-23 高岭土尾矿的化学成分

| 成分 | $SiO_2$ | $Al_2O_3$ | CaO | MgO | $K_2O$ | $Na_2O$ | $Fe_2O_3$ | $TiO_2$ | 烧失量 |
|---|---|---|---|---|---|---|---|---|---|
| 含量(质量分数)/% | 83.34 | 10.04 | 0.01 | 0.18 | 1.90 | 0.10 | 0.41 | 0.20 | 2.73 |

表 6-24 基础玻璃的原料配方

| 配方 | 高岭土尾矿 | 氧化镁 | 氧化铝 | 硼酸 | 磷酸二氢铵 |
|---|---|---|---|---|---|
| 含量(质量分数)/% | 55.6 | 18.8 | 16.9 | 4.9 | 3.8 |

高岭土尾矿砂先经 50 目标准筛过筛，以除去杂物和粗颗粒。然后按照配方准确称量各种原料，配合料充分混合均匀后置于刚玉坩埚内，于 1560℃的硅钼棒电炉中熔融 4h，熔化好的玻璃液倒入水中淬冷成细小颗粒，烘干破碎并通过 50 目筛（筛孔尺寸 0.355mm），将筛下的玻璃颗粒放入玛瑙球磨罐内，采用乙醇作球磨助剂球磨 50h，然后烘干并通过 100 目筛（筛孔尺寸 0.150mm），经粒度分析，粉体的平均直径约为 3μm。经 XRD 分析证实，玻璃粉体为非晶态。图 6-28 是高岭土尾矿玻璃的差热分析曲线。由图可知，玻璃的转变温度和晶化放热峰温度分别为 873℃和 985℃，这说明玻璃粉体能够在低于 1000℃烧结致密化。

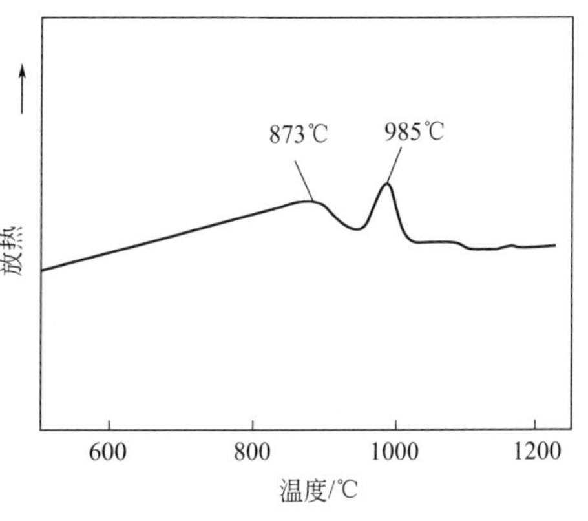


图 6-28 高岭土尾矿玻璃的差热分析曲线

### 6.7.2.2 低温烧结微晶玻璃的结构与性能

图 6-29 为样品在不同温度烧结 2h 的 X 射线衍射谱图。随着热处理温度的提高，玻璃从非晶态到晶态发生转变。从图可知，在 850℃玻璃中析出的主晶相为 α-堇青石，此时还有一定量的 μ-堇青石，到了 900℃，试样的晶相为单一的 α-堇青石。堇青石是一种硅酸盐矿物，属于斜方晶系，多以短柱状、嵌粒状或块状存在，密度为 2.57～2.66g/cm$^3$，莫氏

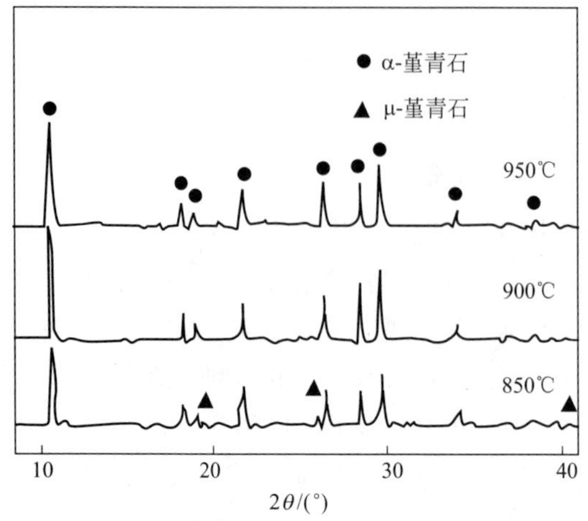


图 6-29 基础玻璃在不同温度烧结 2h 的 X 射线衍射谱图

硬度为 7～7.5，通常具有浅蓝色或浅紫色，玻璃光泽，透明至半透明。堇青石还具有一个特点，即具有明显的多色性（三色性），在不同的方向上发出不同颜色的光线。品优色美的堇青石被当作宝石，除此以外，堇青石由于耐火性好、热膨胀率低，在微晶玻璃材料中析出堇青石晶相可以显著改善其结构与性能。950℃时玻璃的主晶相仍为 α-堇青石，而且析出晶体的数量有所增加，表现为 X 射线衍射谱图强度的增加。DTA 曲线上唯一的放热峰对应于 α-堇青石的析晶。在整个析晶温度区域没有发现方石英、莫来石等杂相的析出。这是因为：偏离堇青石化学计量组成的玻璃有利于堇青石晶相的析出；玻璃组分中的 $B_2O_3$ 和 $P_2O_5$ 可以促进 μ-堇青石向 α-堇青石的转变，最终有利于 α-堇青石晶相的生成。与 μ-堇青石晶体相比，α-堇青石晶体具有更优异的热学和电学性能。一般认为，用熔融法制备的 $MgO\text{-}Al_2O_3\text{-}SiO_2$ 体系玻璃在 1046～1050℃温度范围内析出 α-堇青石晶相，并且 α-堇青石晶相只稳定存在于 1450℃以上，可见采用传统的熔融工艺，以高岭土尾矿为主要原料，通过改进玻璃的组成，并添加合适的组分在低温下烧结，可以获得主晶相为 α-堇青石的微晶玻璃。

图 6-30 为样品的密度、气孔率与烧结温度的关系。通过对微晶玻璃烧结密度进行测试的情况来看，随着烧结温度的提高，样品的密度呈明显增加趋势，气孔率由 33.2%迅速下降至 0.7%，在 900℃时微晶玻璃的密度最大，气孔率最低。继续提高烧结温度，样品的密度有少许的降低，此时相应的气孔率有少许的提高。这是因为温度的升高使得基础玻璃容易析晶，而析晶的出现将会导致玻璃相的黏度急剧增加，阻止了玻璃颗粒的黏结聚合，最终抑制了玻璃的烧结致密化。

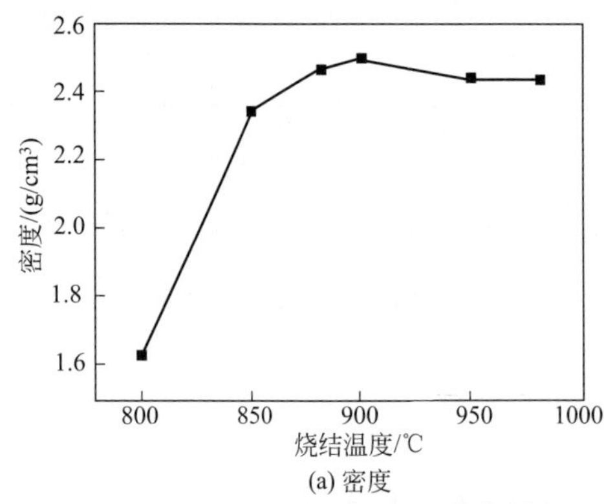


(a) 密度

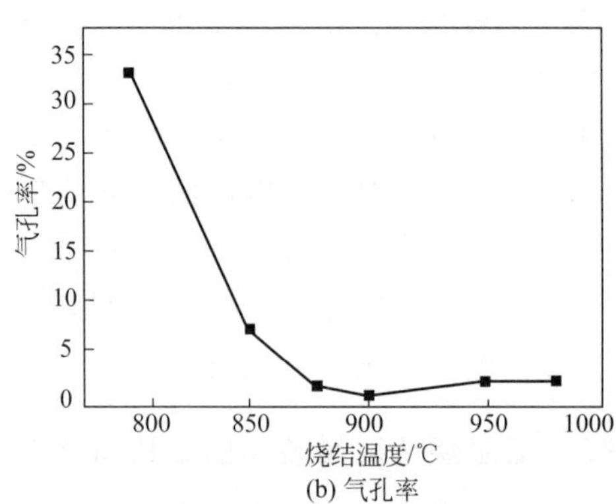


(b) 气孔率

图 6-30 样品的密度、气孔率与烧结温度的关系

从图 6-31 中我们可以明显观察到低温下（800℃）玻璃颗粒间的聚合过程，但此时有大量的气孔存在，且大多数为开口气孔，贯穿于微晶玻璃试样中。烧结温度为 900℃时，

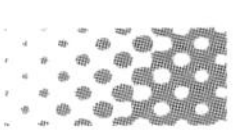

颗粒间的聚合程度更加显著，气孔数量急剧减少，且由开口气孔变为闭口气孔，试样基本达到致密化。结合图 6-30 和图 6-31 可以说明，微晶玻璃试样的表观测试结果是和其内部显微结构相吻合的。

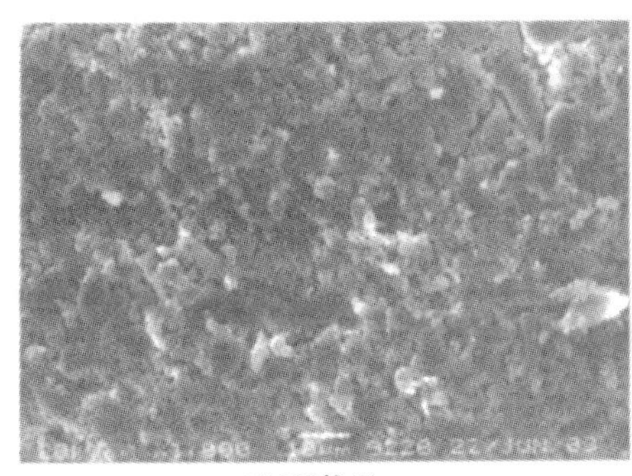

(a) 800℃,2h

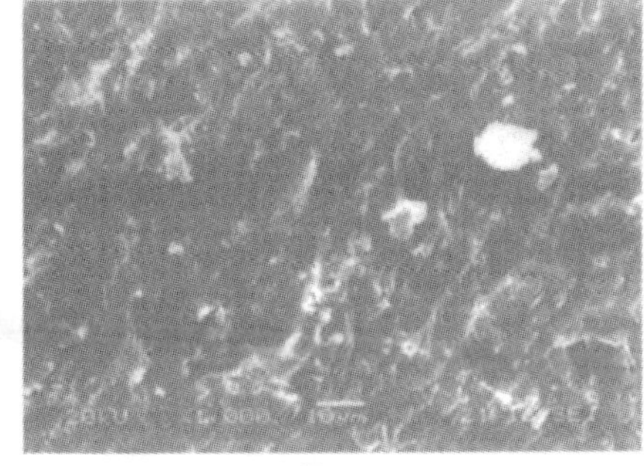

(b) 900℃,2h

图 6-31　在不同烧结温度下微晶玻璃的 SEM 照片

表 6-25 给出了高岭土尾矿微晶玻璃的主要性能。所制得的微晶玻璃具有低的介电常数、低的介电损耗角正切、低的热膨胀系数和高的电阻率，其主要性能都能够满足微电子封装的要求。

**表 6-25　高岭土尾矿微晶玻璃的主要性能**

| 烧结温度 /℃ | 密度 /(g/cm³) | 介电常数 (1MHz) | 介电损耗角正切(1MHz) | 电阻率 /Ω·cm | 热膨胀系数 /$K^{-1}$ |
|---|---|---|---|---|---|
| 900 | 2.5126 | 5.34 | 0.0026 | $>10^{13}$ | $3.45\times10^{-6}$ |

以高岭土尾矿为主要原料，并添加其他的组分，采用烧结法能够制备出性能优良的尾矿微晶玻璃。高岭土尾矿的引入量可达 55%。在 900℃烧结可获得致密的单相 α-堇青石的微晶玻璃，其性能满足微电子封装的要求。

## 6.8　花岗岩尾矿微晶玻璃

近年来，世界石材的产量保持增长态势，全世界天然石材的年产量已达到 12 亿平方米。世界石材的生产和应用已形成以欧洲为中心而亚洲紧随其后的发展格局。我国石材工业经过改革开放三十年的迅速发展，作为世界石材主要生产国和主要消费国的意大利和德国已分别被中国和美国取代，中国稳守第一，而其他国家的石材工业发展也早已步入了快车道。我国石材产量总计超过 3.63 亿平方米。在内需扩大拉动国内市场回升的条件下，近年我国城市基础设施、住宅建设的总量明显增加。城市改造用石再也不是过去只铺铺地面、路缘就行了，而是朝着艺术的设计、美观的拼接、多形式的构造、整体效果的和谐、反映文化内涵的方向转变。这种转变其实是对石材内在美的合理、科学地应用，也促使石材向着高附加值方向发展。公共设施大规模的建设，个人住房需求的上扬，都对石材消费起到了积极的推动作用。

对天然石材的开采会产生大量的废弃石料。通常情况下，天然石材的开采率仅为 25%左右。也就是说，开采 1m³ 合格石材同时需要废弃 3m³ 的边角废料和由于开采爆破过程中所产生的碎石。这些碎石废料往往被丢弃在开采现场，或堆弃在山谷之中，由此会造成河流堵塞与环境破坏，带来严重的土地和水资源污染。天然石材中非常具有代表性的是花岗岩，其开采也会造成大量的废弃物。花岗岩废渣中含有大量 $SiO_2$、$Al_2O_3$、$Na_2O$ 和 $K_2O$，利用其生产微晶玻璃可以替代大部分矿物原料，就近处理还可以节省大量的运输费用。汤李缨、程金树、黄永前等分别用烧结法和熔融浇铸法制备出了花岗岩废渣微晶玻璃，并对其结构与性能进行了研究和分析。

## 6.8.1 烧结法制备花岗岩尾矿微晶玻璃

### 6.8.1.1 基础玻璃的组分设计与玻璃的制备

汤李缨等选择 $CaO-Al_2O_3-SiO_2$ 为基础玻璃系统，采用产自四川雅安的花岗岩尾矿为主要原料，利用烧结法制备出了性能优良的装饰微晶玻璃。花岗岩尾矿化学成分见表 6-26。尾矿微晶玻璃化学组成及尾矿掺量见表 6-27。样品 $G_0$ 不引入尾矿，$G_1$、$G_2$、$G_3$、$G_4$ 分别为花岗岩尾矿引入量质量分数 40%、50%、60%、70%。随着花岗岩尾矿掺量的增加，$G_3$、$G_4$ 基础玻璃中引入的 $Al_2O_3$、$Na_2O$ 和 $K_2O$ 的含量均已超过最初设计值，因而将组成中 $SiO_2$ 的含量相应减少，其他成分保持不变。

表 6-26　花岗岩尾矿化学成分

| 组成 | $SiO_2$ | $Al_2O_3$ | $Fe_2O_3$ | CaO | MgO | $K_2O$ | $Na_2O$ | $TiO_2$ | $SO_3$ | $P_2O_5$ | 其他 |
|---|---|---|---|---|---|---|---|---|---|---|---|
| 含量(质量分数)/% | 75.98 | 11.90 | 1.42 | 0.31 | 0.19 | 5.89 | 3.56 | 0.08 | 0.15 | 0.01 | 0.51 |

表 6-27　尾矿微晶玻璃化学组成及尾矿掺量

| 项目 | $G_0$ | $G_1$ | $G_2$ | $G_3$ | $G_4$ |
|---|---|---|---|---|---|
| $SiO_2$/% | 61.22 | 60.64 | 60.50 | 59.54 | 57.26 |
| $Al_2O_3$/% | 7.14 | 7.07 | 7.06 | 7.18 | 8.36 |
| CaO/% | 18.37 | 18.19 | 18.15 | 18.10 | 18.06 |
| $Na_2O$/% | 1.92 | 1.91 | 1.90 | 2.15 | 2.50 |
| $K_2O$/% | 3.18 | 3.15 | 3.14 | 3.55 | 4.13 |
| BaO/% | 4.08 | 4.04 | 4.03 | 4.02 | 4.01 |
| ZnO/% | 2.55 | 2.53 | 2.52 | 2.51 | 2.51 |
| $B_2O_3$/% | 1.02 | 1.01 | 1.01 | 1.01 | 1.00 |
| $Sb_2O_3$/% | 0.51 | 0.51 | 0.50 | 0.50 | 0.50 |
| $Fe_2O_3$/% | 0 | 0.57 | 0.71 | 0.85 | 0.99 |
| 其他/% | 0 | 0.38 | 0.48 | 0.59 | 0.68 |
| 花岗岩尾矿掺量/% | 0 | 40.00 | 50.00 | 60.00 | 60.00 |

按表 6-27 计算配合料，充分混合，放置在刚玉坩埚内，经 1540℃熔化，保温 1.5h 后，水淬成玻璃颗粒，烘干。

### 6.8.1.2 烧结法花岗岩尾矿微晶玻璃的制备

取各试样玻璃颗粒装入瓷舟，置于梯温炉中，观察样品表面情况来判定摊平温度。基础玻璃的差热曲线如图 6-32 所示。

从 DSC 曲线上可看出，5 个基础玻璃化转变温度（$T_g$）为 695～710℃，选择核化温度为 760℃。与空白样品 $G_0$ 相比，$G_1$ 样品的 $T_g$、$T_p$ 略微降低。这可能是因为尾矿中引

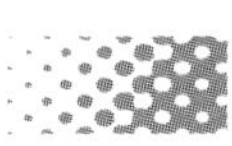

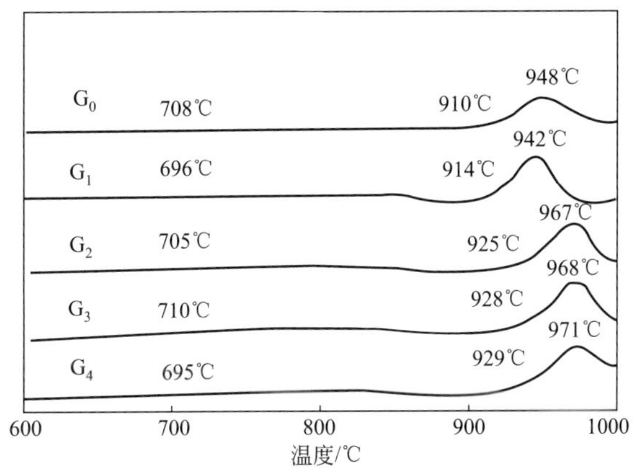


图 6-32 基础玻璃的差热曲线

入的 $Fe_2O_3$ 的影响。铁元素具有二价和三价两种形态，它们在玻璃结构网络中作用却完全不同。$Fe^{3+}$ 既可以形成四面体配位，又可以形成八面体配位，而 $Fe^{2+}$ 只能以八面体配位形式存在，当 $Fe^{2+}$ 和 $Fe^{3+}$ 以八面体形式存在时，其作用等同于网络外体离子，能够破坏玻璃中硅氧网络结构，进而降低玻璃的黏度（即 $T_g$ 降低），有利于原子、离子等的扩散迁移，最终导致基础玻璃的成核温度和晶体长大温度降低。随着花岗岩尾矿掺量增加（40%～60%），$G_2$、$G_3$ 的 $T_g$ 分别提高至 705℃和 710℃。而当尾矿掺量达到 70%时，$T_g$ 降低至 695℃，这主要是因为尾矿中引入的 $Na_2O$ 和 $K_2O$ 增加，提供游离氧促使硅氧网络断裂，使玻璃结构疏松，黏度降低。随着尾矿掺量的增加，$G_2$、$G_3$、$G_4$ 的 $T_p$ 增加至 970℃左右。5 个基础玻璃的起始析晶温度 $T_x$ 随着尾矿掺量的增加略微提高。还可以看出，基础玻璃均只有一个相似的析晶放热峰，这说明随着花岗岩尾矿掺量的变化，析出的可能是同一种晶相。根据 DSC 的测试结果，将烘干后的玻璃颗粒筛分，装入模具中，放入热处理炉中，以 3℃/min 的升温速率，从室温升至 760℃ 保温 0.5h，然后升至 1140℃保温 1h 进行晶化，随炉冷却至室温，制得板状的装饰微晶玻璃。

### 6.8.1.3 烧结法花岗岩尾矿微晶玻璃的结构与性能

花岗岩尾矿掺量对玻璃颗粒的摊平和微晶玻璃表面会产生直接的影响，就玻璃颗粒的摊平温度范围而言，$G_0$、$G_1$ 样品的摊平温度范围为 1080～1160℃；而随着花岗岩尾矿掺量的增加（40%～70%），摊平下限温度从 1080℃提高到 1120℃，摊平温度范围变窄。微晶玻璃表面光滑而有光泽，但随着花岗岩尾矿掺量的增加，微晶玻璃颜色出现变化，$G_0$ 呈白色，$G_1$ 呈浅绿偏白色，$G_2$ 为浅绿色，$G_3$、$G_4$ 均为灰绿色。这主要是因为样品中铁离子含量随花岗岩尾矿掺量增加逐渐升高，铁离子着色使微晶玻璃颜色从浅绿色向灰绿色变化。

图 6-33 为花岗岩尾矿微晶玻璃试样的 X 射线衍射谱图，从谱图上可以确定，花岗岩尾矿微晶玻璃的主晶相为 β-硅灰石（β-$CaSiO_3$），微晶玻璃的非晶体散射特征很弱，主要表现为晶体的衍射特征。

从图 6-33 可以看出，随着花岗岩尾矿掺量的变化，对微晶玻璃主晶相的种类没有明显影响，不过晶相的衍射峰强度有所改变，说明样品中晶相含量有所改变。随着花岗岩尾

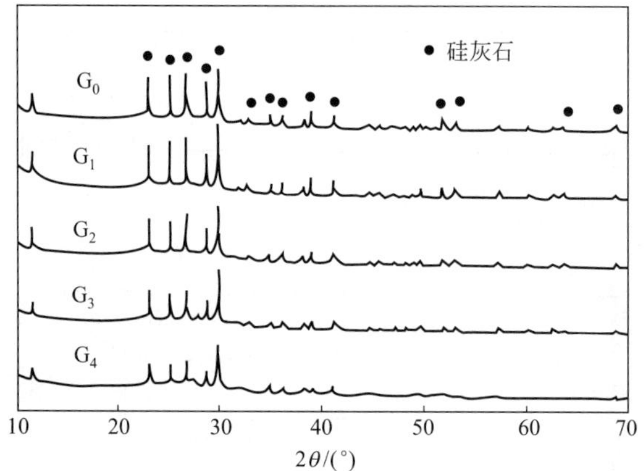


图 6-33 花岗岩尾矿微晶玻璃试样的 X 射线衍射谱图

矿掺量的增加，主晶相的衍射峰强度呈现先增强后减弱的趋势。$G_1$ 的衍射峰强度较空白样品 $G_0$ 略高，这可能是因为尾矿中引入的 $Fe_2O_3$ 的影响。由于 Fe—O 的键能（397.48kJ/mol）比 Al—O（481.16kJ/mol）与 Si—O（774.04kJ/mol）的键能小，在热处理时将有一部分的 Fe—O 键断裂，从而降低了玻璃的黏度，有利于 Fe 从玻璃网络中脱离出来而富集分相，促进了晶体的成核生长，提高了析晶能力。但当花岗岩尾矿掺量达到 50%，$G_2$ 的衍射峰强度低于 $G_0$，这说明 $G_2$ 的析晶能力降低。而随着尾矿掺量的增加，$G_3$ 和 $G_4$ 中的 $Al_2O_3$、$Na_2O$ 和 $K_2O$ 取代 $SiO_2$ 量增加，对 β-硅灰石晶体的析出有一定的抑制作用，衍射峰的强度逐渐降低。这是由于随着 $Al_2O_3$ 含量的增加，试样中游离氧不足，[$AlO_4$] 向 [$AlO_6$] 转化。[$AlO_4$] 处于玻璃网络结构中，[$AlO_6$] 处于玻璃网络外。[$AlO_6$] 体积小，场强大，有较强的积聚作用，可使其周围的玻璃结构紧密，从而阻碍 CaO 质点的迁移，起到抑制析晶的作用。而 $Na_2O$ 和 $K_2O$ 含量在一定范围内增加，虽然有利于降低玻璃黏度，降低起始析晶温度，但在高温段加速了晶相的重熔，对析晶造成不利影响。

图 6-34 为花岗岩尾矿微晶玻璃的扫描电镜照片。试样是经过 HF 侵蚀处理过的，其中的玻璃相部分已经被溶解出来，因此，晶相部分就被突显出来。如图 6-34 所示，晶相由矩形方框标示出；玻璃相被溶解后留下的孔洞部分由圆形框标示出。由图 6-34 可见，$G_0$ 与不同花岗岩尾矿掺量（40%～70%）微晶玻璃试样中的结晶都比较充分，晶体的外形为柱状，晶体的生长比较完整，微观结构紧密，且玻璃相和结晶相相互咬合，形貌规则，分布均匀。从图 6-34 中还可以看出，微晶玻璃样品的晶相含量发生改变，相较于空白样品 $G_0$，$G_1$ 样品中玻璃相减少，析出晶体增多。随着花岗岩尾矿掺量的增加，$Na_2O$ 和 $K_2O$ 含量增加，导致部分晶体重熔，玻璃相增多，使得 $G_2$、$G_3$、$G_4$ 晶相含量降低。这与 X 射线衍射谱图的变化规律相一致。

对花岗岩尾矿微晶玻璃热膨胀系数进行研究，随着花岗岩尾矿掺量的增加，与空白样品 $G_0$ 相比，$G_1$ 样品热膨胀系数略微减小，$G_2$、$G_3$、$G_4$ 热膨胀系数持续增大。微晶玻璃的热膨胀系数取决于其化学组成、晶相种类及含量。花岗岩尾矿微晶玻璃的主晶相均为 β-$CaSiO_3$。因此，热膨胀系数的改变主要是由于主晶相含量和化学组成的改变。相较于 $G_0$，$G_1$ 的主晶相含量略高，且尾矿中引入的铁在微晶玻璃相结构中处于网络改性体的位

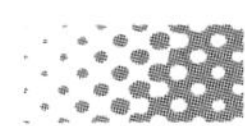

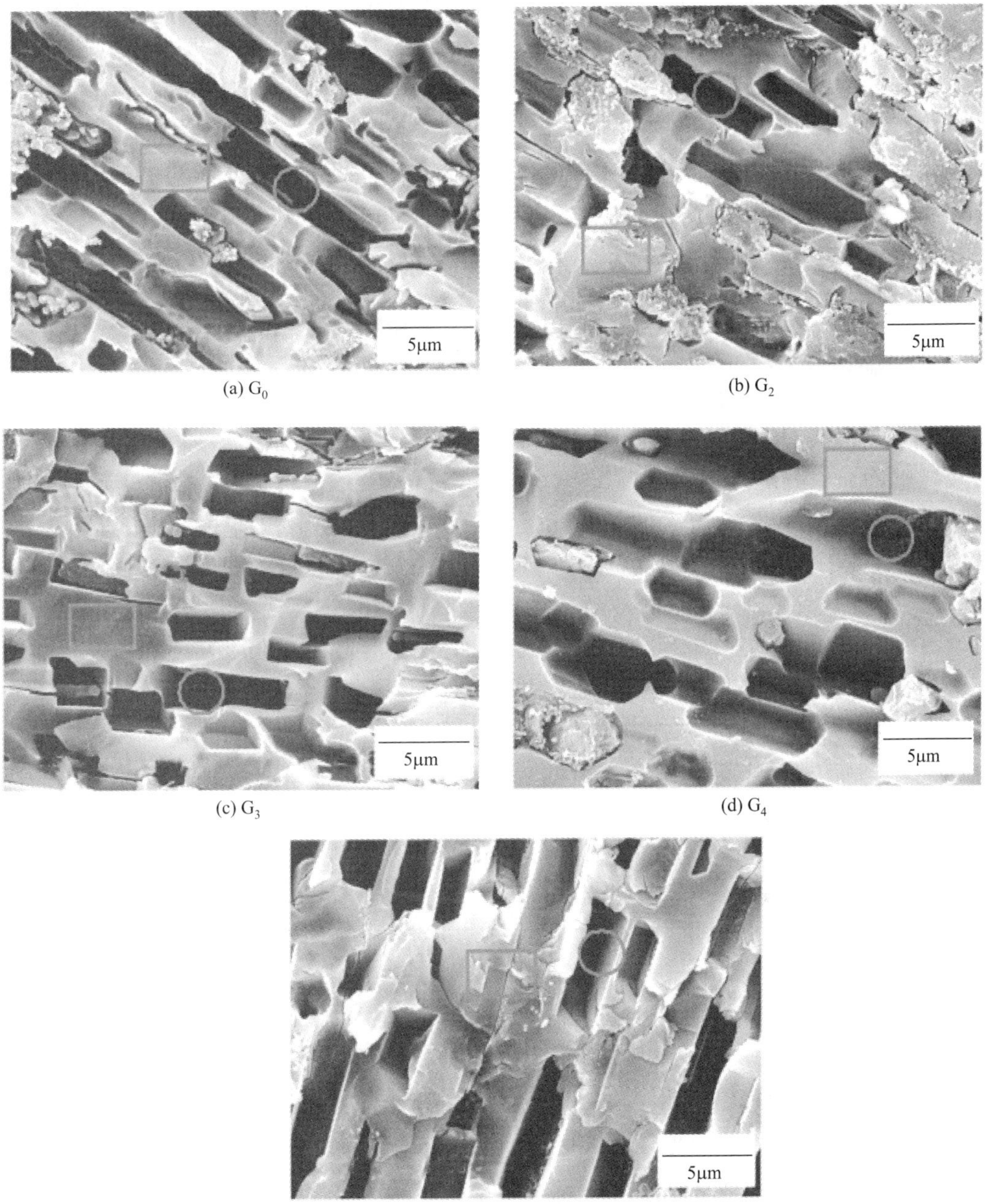

(a) $G_0$

(b) $G_2$

(c) $G_3$

(d) $G_4$

(e) $G_5$

图 6-34 花岗岩尾矿微晶玻璃的扫描电镜照片

置，可以提高产品的热膨胀性能，但由于与氧的键强较大，对热膨胀性能影响并不明显。而随着花岗岩尾矿掺量的增加，析出的 β-$CaSiO_3$ 晶体明显减少，尽管组成中掺入的 $Fe_2O_3$、$Al_2O_3$ 等可以略微降低热膨胀系数，但最终呈现的是较高的热膨胀系数。

随着花岗岩尾矿掺量的增加，微晶玻璃的体积密度降低。微晶玻璃的密度是其中出现的各种晶相以及玻璃相密度的加和函数，它与玻璃的组分有关，更与热处理制度有关。从玻璃态向微晶玻璃转变，所发生的体积变化通常较小，因此各组分对玻璃密度的影响与对微晶玻璃的影响是相仿的。但对微晶玻璃密度的影响起重要作用的，是微晶玻璃中析出晶体的晶相及晶相量。花岗岩尾矿微晶玻璃均为$CaO-Al_2O_3-SiO_2$系统，采用相同热处理制度，析出的晶体均为$\beta$-$CaSiO_3$（密度2.9～3.2g/cm$^3$，明显大于玻璃相密度）。随着花岗岩尾矿掺量的增加，析出$\beta$-$CaSiO_3$晶相含量逐渐降低，而且组成中增加的$Na_2O$和$K_2O$其阳离子半径较网络间空隙更大，加入网络使网络结构扩张，结构密度下降。所以微晶玻璃的密度随着花岗岩尾矿掺量的增加而降低。而$G_1$与$G_0$相比，析晶量略微提高，但密度从2.636g/cm$^3$降低至2.635g/cm$^3$。

## 6.8.2 熔融法制备花岗岩尾矿微晶玻璃

### 6.8.2.1 基础玻璃的组分设计、玻璃与微晶玻璃的制备

程金树等选择$CaO-MgO-Al_2O_3-SiO_2$为基础玻璃系统，采用产自四川雅安的花岗岩尾矿为主要原料，分别利用熔融浇铸法制备出了性能优良的装饰微晶玻璃。添加一定量的MgO、$CaCO_3$、$Na_2CO_3$和$Al_2O_3$将其补充为$CaO-MgO-Al_2O_3-SiO_2$体系，另外加一定量的$ZrO_2$和$Fe_2O_3$作为晶核剂，考察$ZrO_2$和$Fe_2O_3$的变化对玻璃的微晶化、微晶玻璃的结构与性能的影响。基础玻璃的配方组成见表6-28。按设计的化合物配比准确称量，混合均匀后，放置于刚玉坩埚内，在1550℃保温2h熔化。熔化后的玻璃液快速浇铸到预热过的模具中，然后在680℃的退火炉中保温1h退火，随炉冷却至室温。

表6-28 基础玻璃的配方组成

| 编号 | 配方组成(质量分数)/% | | | | | | |
|---|---|---|---|---|---|---|---|
| | 组成花岗岩 | MgO | $Al_2O_3$ | $CaCO_3$ | $Na_2CO_3$ | $ZrO_2$ | $Fe_2O_3$ |
| $Z_1$ | 62.4 | 6.5 | 15.1 | 13.2 | 2.8 | 0 | 0 |
| $Z_2$ | 62.4 | 6.5 | 15.1 | 13.2 | 2.8 | 4 | 0 |
| $Z_3$ | 62.4 | 6.5 | 15.1 | 13.2 | 2.8 | 0 | 4 |
| $Z_4$ | 62.4 | 6.5 | 15.1 | 13.2 | 2.8 | 4 | 4 |

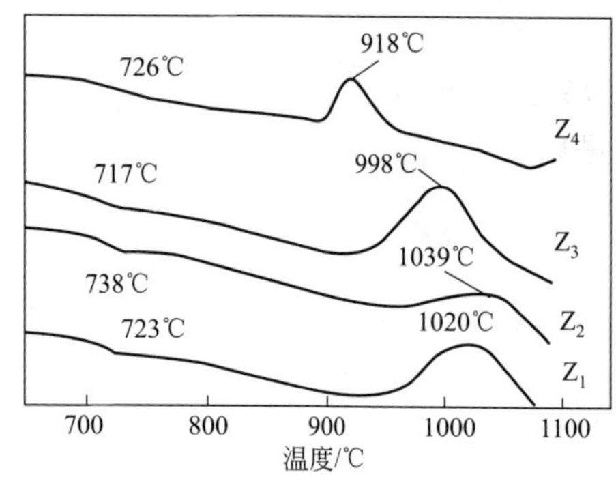


图6-35 花岗岩尾矿玻璃的DSC曲线

图6-35为花岗岩尾矿玻璃的DSC曲线。样品$Z_1$的玻璃转变温度$T_g$为723℃，析晶峰温度$T_p$为1020℃。玻璃$Z_2$的玻璃转变温度$T_g$和析晶峰温度$T_p$都提高，分别为738℃和1039℃，并且析晶峰强度降低，析晶范围变宽。这是因为$Zr^{4+}$的电荷多，半径小，作用力大，总是倾向于形成更为复杂的阴离子基团，使玻璃黏度增大。因此$ZrO_2$的加入提高了玻璃转变温度$T_g$和析晶峰温度$T_p$，抑制玻璃的析晶。与$Z_1$相比，$Z_3$的玻璃转变温度$T_g$和析晶峰温度$T_p$都降低，分别为717℃和998℃。当碱金属离子或碱土金属离子大量存在时，$Fe^{3+}$会像$Al^{3+}$那样代替$Si^{4+}$形成［$FeO_4$］四面体加入硅氧网络中。由于Fe—O的键能比Al—O与Si—O的键能小，热处理时将有一部分的Fe—O键断裂，从而降低了玻璃的黏度，导致玻璃转变温度和析晶峰温度都降低。$Z_4$的玻璃转变温度为726℃，与$Z_1$相比变化不大，而析晶峰温度降低了近100℃，并且析晶峰变得更加尖锐，表明复合晶核剂$ZrO_2$和$Fe_2O_3$可以有

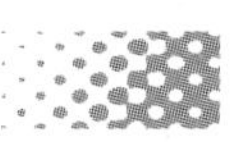

效地促进玻璃析晶。

根据花岗岩尾矿玻璃的 DSC 分析，确定出 $Z_1$、$Z_2$、$Z_3$ 和 $Z_4$ 的微晶化热处理制度。将制备好的 $Z_1$、$Z_2$、$Z_3$ 的玻璃条都在 770℃保温 2h 核化，在 1000℃保温 2h 晶化，将得到的微晶玻璃切开后，发现内部仍为玻璃相，都只发生表面析晶。$Z_4$ 的玻璃条在 770℃保温 2h 核化、920℃保温 2h 晶化后，样品表面和内部一致，为整体析晶。

#### 6.8.2.2　熔融法花岗岩尾矿微晶玻璃的结构与性能

对微晶化处理后的微晶玻璃进行 XRD 测试，结果显示，样品 $Z_1$ 微晶化后，主要析出的主晶相为斜长石（plagioclase），次晶相为镁橄榄石（forsterite）。斜长石晶体属于三斜晶系的架状结构硅酸盐晶相，晶形主要呈板状或板条状，颜色多呈灰白色，莫氏硬度为 6～6.52，密度为 2.61～2.76g/cm$^3$，具有玻璃光泽。镁橄榄石是一种岛状结构硅酸盐结晶，属于斜方晶系。晶体形态常呈短柱状，集合体多为不规则粒状。颜色多为橄榄绿色、黄绿色。莫氏硬度为 6.5～7.0，密度为 3.27～3.48g/cm$^3$，具有玻璃光泽，脆性较大，韧性较差，极易出现裂纹。$Z_2$ 微晶化后基本为玻璃态，只有少量斜长石析出。和 $Z_1$ 相比，$Z_2$ 的析晶峰强度大大降低，表明在玻璃中添加 $ZrO_2$ 能够在一定的程度上抑制玻璃的析晶。据相关的研究报道，在 $R_2O$-$Al_2O_3$-$SiO_2$ 和 RO-$Al_2O_3$-$SiO_2$ 体系中，只有当 $Al_2O_3$ 大量存在时［$Al_2O_3/(R_2O+RO)=1$］，$ZrO_2$ 才能有效地促进析晶。高温下 $Zr^{4+}$ 以四配位的形式存在，进入硅氧网络中，但是它的离子半径大于 $Si^{4+}$，在低温下会从网络结构中脱离出来，促进玻璃分相，从而诱导析晶。由于所研究的基础玻璃组成中含有大量的碱金属和碱土金属氧化物［$Al_2O_3/(R_2O+RO)<1$］，有大量的非桥氧存在，$Zr^{4+}$ 将会结合氧离子进入网络结构中，在重新加热的过程中配位数不会发生变化。因此，$ZrO_2$ 并没有从基础玻璃中析出，没能有效地促进玻璃整体析晶。$Z_3$ 微晶化后，和 $Z_1$ 析出的晶相相同，主晶相为斜长石，次晶相为镁橄榄石。但与 $Z_1$ 相比，晶体的衍射峰强度明显增强，表明在玻璃中添加 $Fe_2O_3$ 能促进晶体的形成。这是因为此时 $Fe_2O_3$ 能有效地降低玻璃的高温黏度，有利于离子的扩散迁移和玻璃结构的调整，从而促进晶体的生长。$Z_4$ 微晶化后析出的主晶相为透辉石（diopside），次晶相为尖晶石（spinel）和镁黄长石（akermanite）。$Fe_2O_3$ 和 $ZrO_2$ 复合晶核剂可以有效地促进玻璃整体析晶。

图 6-36 为 $Z_1$、$Z_2$、$Z_3$ 在 770℃核化 2h、1000℃晶化 2h 后的 SEM 照片。照片所反映的是微晶玻璃试样的断面，由上向下依次为表面层和内部。发现晶体垂直于微晶玻璃表面向内部生长，微晶相呈白色，为典型的表面析晶。$Z_3$ 的表面析晶厚度最大，约为 510.5$\mu$m，$Z_2$ 的表面析晶厚度最小，约为 121.1$\mu$m，说明 $Z_3$ 表面晶体的生长速率最大，$Z_2$ 表面晶体的生长速率最小，$Fe_2O_3$ 促进晶体的生长，而 $ZrO_2$ 抑制晶体的生长，这与 XRD 检测结果相一致。

图 6-37 为 $Z_4$ 在 770℃保温 2h 核化后的 SEM 照片。可以看到，玻璃内部有大量尺寸为 100nm 左右的球状物体析出。将核化后的玻璃样品粉磨至粒度小于 45$\mu$m 进行 XRD 检测，结果显示，只有代表玻璃相特征的“馒头状”衍射峰出现，说明在此条件下没有明显的晶体析出，可以认为这些球状物体是由液-液分相造成的。在热处理过程中，Fe—O 键的断裂打破了硅氧网络结构，降低了玻璃的黏度，$Zr^{4+}$ 则将能够提供非桥氧的 $Ca^{2+}$ 和 $Mg^{2+}$ 吸引到自己周围导致玻璃分相。玻璃分相后导致组成上与母相有所不同，成分的变

化必然引起成核热力学和动力学势垒的改变，最终影响成核速率。其次，分相产生的界面使非均匀成核势垒降低。另外，少量组分在界面上富集也改变了局部成核势垒、扩散速率及界面能，这些都有利于成核速率的提高，为整体析晶提供了条件。

当 $Z_4$ 在770℃保温2h核化、920℃保温2h晶化后，玻璃出现整体析晶，图6-38为相应的SEM照片。可以看到500～600nm的球状晶体均匀地分布在玻璃内部。因此，在所研究的 $CaO-MgO-Al_2O_3-SiO_2$ 系统玻璃中，添加 $Fe_2O_3$ 和 $ZrO_2$ 复合晶核剂可以有效地促进玻璃整体析晶。

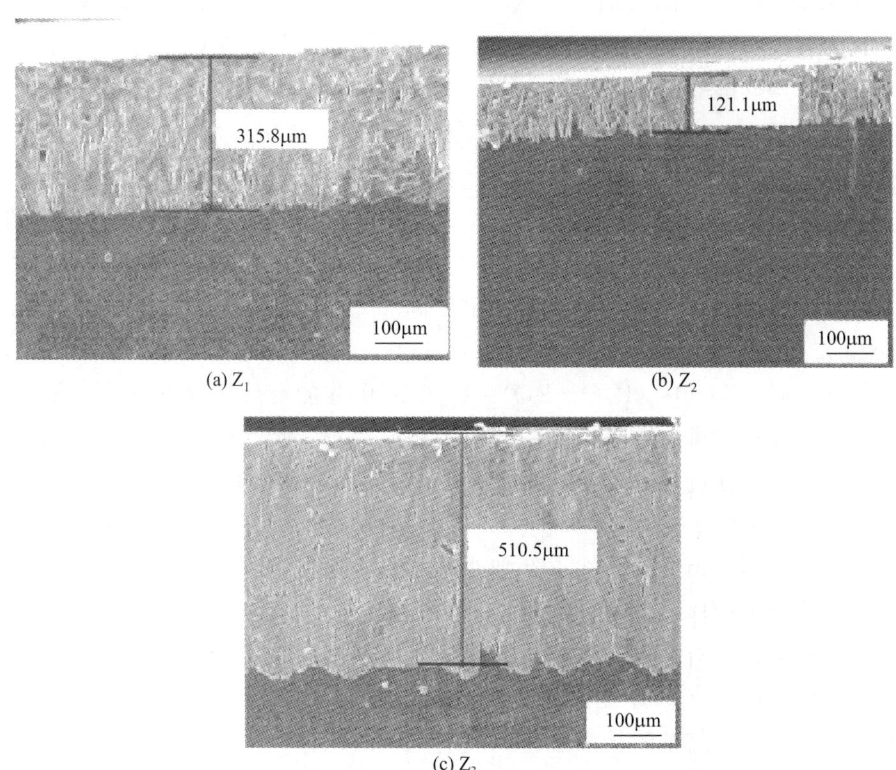


图6-36　$Z_1$、$Z_2$、$Z_3$ 在770℃核化2h、1000℃晶化2h后的SEM照片

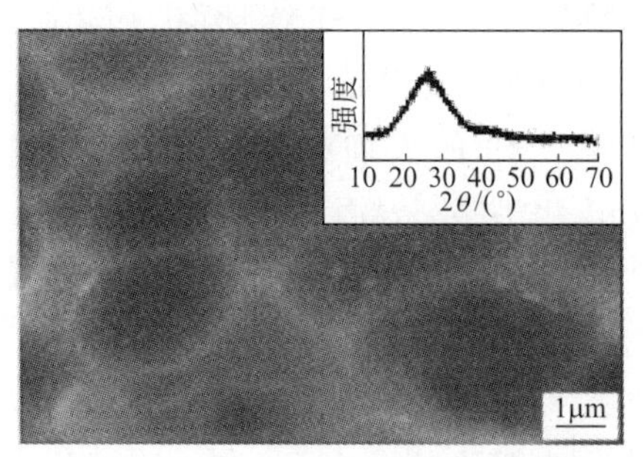


图6-37　$Z_4$ 在770℃保温2h核化后的SEM照片

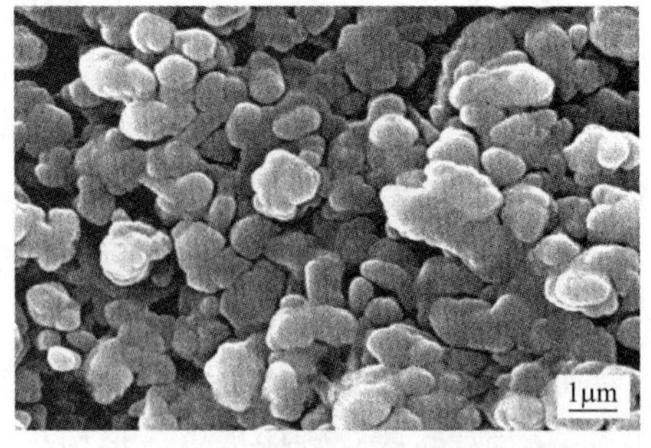


图6-38　$Z_4$ 微晶玻璃的SEM照片

以 $CaO-MgO-Al_2O_3-SiO_2$ 系统为基础，以花岗岩为主要原料，可以制备出建筑装饰微晶玻璃，$Fe_2O_3$ 可以降低玻璃转变温度和析晶峰温度，促进玻璃析晶，$ZrO_2$ 可以提高玻璃转变温度和析晶峰温度，抑制玻璃析晶，在 $ZrO_2$ 和 $Fe_2O_3$ 复合添加的情况下，玻璃

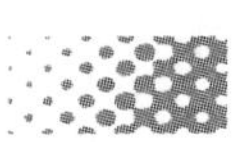

转变温度和析晶峰温度达到最低值，析晶峰最尖锐，析晶能力最强。未加晶核剂与单独添加 4%的 $ZrO_2$ 和 4%的 $Fe_2O_3$ 的玻璃以表面析晶为主，主晶相为斜长石。在 $Fe_2O_3$ 和 $ZrO_2$ 复合添加的情况下，玻璃在 770℃核化后发生分相，内部有大量尺寸为 100nm 左右的球状液滴出现。在 920℃晶化后出现整体析晶，析出的主晶相为透辉石，次晶相为尖晶石和镁黄长石。

黄永前等同样以花岗岩尾矿为主要原料，在确保花岗岩废渣用量大于 60%的条件下，以 $CaO-MgO-Al_2O_3-SiO_2$ 系统为基础，设计出基础玻璃的化学组成，见表 6-29。通过添加白云石、轻烧氧化镁、磷酸氢钙、碳酸钠和二氧化钛等原料，按玻璃计算配方，称取原料并混合，玻璃配合料在 1550℃的条件下熔制 2h；熔制好的玻璃液在 1260℃浇铸于经过预热的模具中，成形板块状的玻璃；浇铸成形所得的玻璃在 650℃条件下按 30℃/h 的降温速率退火，得到基础玻璃。

**表 6-29　基础玻璃的化学组成**

| 组成 | $SiO_2$ | CaO | MgO | $Al_2O_3$ | $Na_2O+K_2O$ | $P_2O_5$ | $TiO_2$ |
|---|---|---|---|---|---|---|---|
| 含量(质量分数)/% | 62.4 | 13.2 | 6.5 | 15.1 | 2.8 | 4 | 4 |

图 6-39 是 $C_0$ 基础玻璃的 DSC 曲线。由图可见，在 734℃处存在一个吸热峰，对应的是玻璃转变温度 $T_g$；885℃、1007℃和 1076℃处出现的放热峰，是由于玻璃从无序的网络结构向长程有序的晶体结构转变，系统熵值降低而放热，说明有新相产生。值得指出的是，在 885℃处出现了一个非常强烈的吸热峰，说明玻璃微观结构中出现了相当程度的有序相。

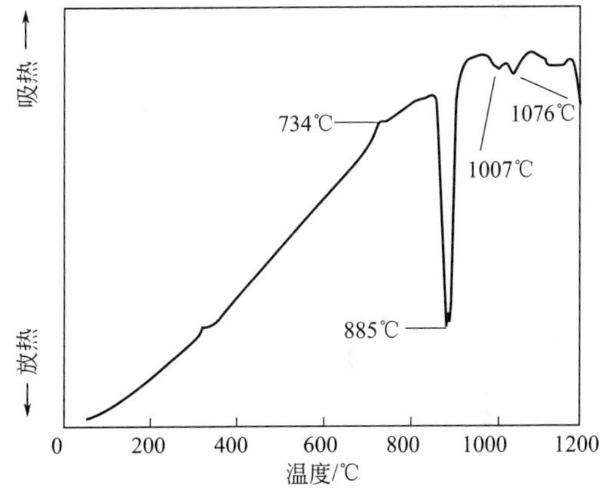


图 6-39　$C_0$ 基础玻璃的 DSC 曲线

通常，微晶玻璃的最佳成核温度一般介于 $T_g$ 和 $T_g+50$℃之间，最佳晶化温度位于放热峰处。经过退火的基础玻璃样品放入马弗炉中在 740℃下核化 60min，所得样品记为 $C_0$。玻璃 $C_0$ 于 950℃下分别晶化 20min、40min、60min、80min 和 120min，得到微晶玻璃，所得样品依次记为 $C_{20}$、$C_{40}$、$C_{60}$、$C_{80}$、$C_{120}$。在此基础上，根据 DSC 分析结果，核化温度定为 740℃，核化 60min 分别在 880℃、900℃、950℃、1000℃和 1080℃晶化 80min。观察发现，880℃和 900℃晶化的样品不发生变形，折断后其断面呈较强的玻璃光泽；950℃晶化的样品也不变形，但折断后其断面呈亚光状态且均匀细致；1000℃晶化的样品出现明显的变形；1080℃晶化的样品变形更为严重。因此，基础玻璃晶化温度确定为 950℃。

对基础玻璃表面进行观察，可以发现其表观上呈现出微乳浊状态。图 6-40 是基础玻璃的 TEM 图像及其 SAED 花样。由图 6-40(a) 可见，原始玻璃的微观形貌存在交错分布的蠕虫状结构，长度为 100～200nm，宽度约 50nm，个别连通结构的长度在 300nm 左右，宽度在 80nm 左右。蠕虫状结构对应的 SAED 花样［图 6-40(b)］为典型的无定形光晕环，表明基础玻璃中未出现析晶。

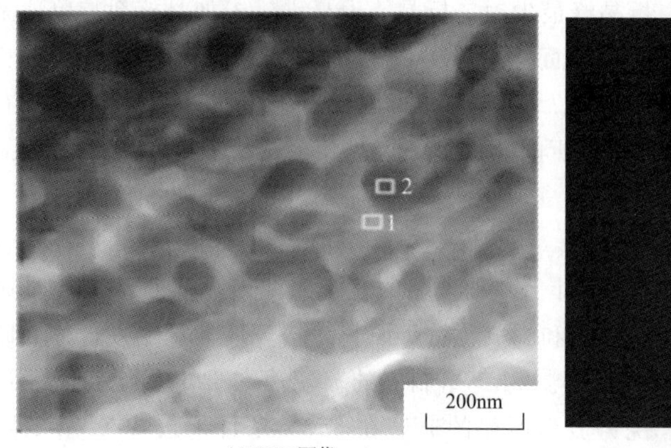


(a) TEM图像

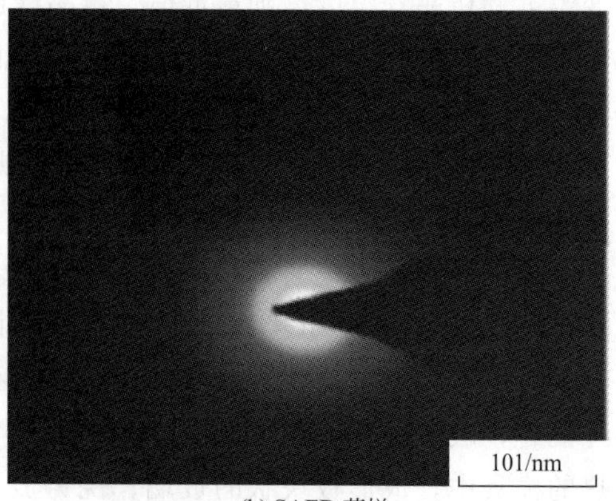


(b) SAED 花样

图 6-40　基础玻璃的 TEM 图像及其 SAED 花样

$P_2O_5$ 作为一种常用的乳浊剂，主要作用为使得均匀的玻璃相出现分相，即形成一种为基础玻璃、另一种为分散的玻璃相微粒的两相结构，两者化学组成和折射率不同，也可产生光散射而引起乳浊。另外，由于相界面的存在，在某种程度上可以促进玻璃的析晶。具体的过程为：在玻璃熔融温度降低时，析出 10～100nm 的结晶或无定形的微粒，与周围玻璃的折射率不同，产生光散射，使玻璃形成不透明的乳浊状态。由于基础玻璃中并无晶体出现，因此其乳浊是由分相引起，当硅酸盐玻璃中引入电荷高、场强大的阳离子时，由于其对玻璃结构有较大的积聚作用，可加速玻璃分相的进行。$P^{5+}$ 的电场强度大于 $Si^{4+}$ 的电场强度，引入 $P^{5+}$ 后，在玻璃网络结构中出现了两种中心离子，两者都希望按照自己的结构要求约束氧离子，这就形成了两种中心离子对氧离子争夺的局面。正是由于硅酸盐网络中的部分桥氧被 $P^{5+}$ 夺取，使 Si—O—Si 键断裂，形成富磷硅氧聚集体。这些聚集体与基质硅酸盐玻璃相的组成、密度相差较大，难以与基质形成均匀的玻璃，而是以液滴状均匀分散在基质硅酸盐玻璃中。而在黏度大的系统中，液液分相形成的球滴可能会合并粘连，结合成蠕虫状的形貌。基础玻璃的成形温度在 1260℃左右，玻璃液黏度大，因而形成了如图 6-40(a) 所示的蠕虫状结构。在 740℃核化 60min 的样品 $C_0$ 较之于未热处理的基础玻璃，两者微观形貌相似说明核化后的玻璃依然未出现晶体。

图 6-41 为 740℃核化 60min、不同晶化时间处理后微晶玻璃的 X 射线衍射谱图。样品 $C_0$ 仅存在一个玻璃相特征的“弥散”峰，说明此时玻璃中出现析晶。950℃晶化 20min 的样品 $C_{20}$ 出现一个微弱的衍射峰，对应的晶相为含钛辉石相［$Ca(Ti,Mg,Al)(Si,Al)_2O_6$］；同时也可观察到明显的“弥散”衍射峰，说明样品中仍存在较多的玻璃相。当微晶化时间为 40min 时，样品 $C_{40}$ 中出现了较强的钛辉石微晶相，说明钛辉石相增多。同时样品 $C_{40}$ 中还析出了镁橄榄石（$Mg_2SiO_4$）和少量透辉石［$Ca(Mg,Al)(Si,Al)_2O_6$］。当微晶化时间为 60min 时，样品 $C_{60}$ 中钛辉石相的衍射峰逐渐消失，透辉石衍射峰强度增加，出现了亚稳含钛辉石相消失并转变成透辉石的现象。样品 $C_{60}$ 中透辉石已成为主晶相。在玻璃中添加 $TiO_2$ 作为晶核剂，$Ti^{4+}$ 在核化和晶化时往往以含钛化合物或其固溶体的形式析出；这类亚稳的含钛化合物的析出，能够促进玻璃主晶相的成核与析晶，并在晶化过程中转化为其他稳定的晶相。当微晶化时间为 80min 时，样品 $C_{80}$ 中透辉石衍射峰强度增大，表明其含量增加，透辉石晶相团聚长大。晶化时间延长至 120min 时，透辉石相的衍射峰强度

进一步增强，此时主晶相为透辉石，次晶相为镁橄榄石，并伴有极少量含钛辉石相，透辉石晶体发育完全，并长大聚集，与镁橄榄石密集地排列在基体相中。

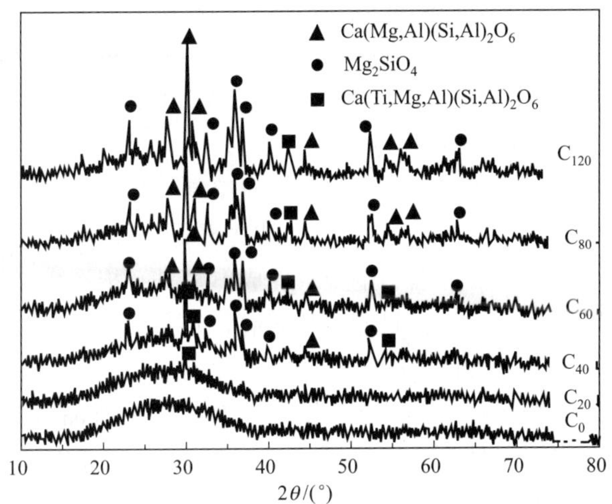


图 6-41 740℃核化 60min、不同晶化时间处理后微晶玻璃的 X 射线衍射谱图

不同的微晶化时间对微晶玻璃的力学性能有非常明显的影响。当晶化时间为 20min 时，玻璃中析出亚稳含钛辉石相，此时样品晶化程度不高，玻璃相较多，因此抗弯强度较低，为 37.55MPa。当晶化时间为 40min 时，含钛辉石相团聚堆积，同时析出了枝状镁橄榄石晶相，样品 $C_{40}$ 抗弯强度有所提高，为 50.46MPa。当晶化时间为 60min 时，含钛辉石相转变为柱状及短棒状的透辉石，同时镁橄榄石相含量增加，因而样品 $C_{60}$ 的抗弯强度进一步增大。当晶化时间延长为 80min 和 120min 时，样品中透辉石和镁橄榄石的晶体含量增加，晶相结构排列趋于致密，同时柱状及短棒状的透辉石与枝状的镁橄榄石存在共生的现象，两者相互交错咬合，结构趋于精密，导致微晶玻璃的抗弯强度逐渐增大。当晶化时间为 120min 时，抗弯强度达到 70.19MPa。

从以上多个研究团队的研究可以得出，以花岗岩尾矿为主要原料，分别利用玻璃颗粒烧结法和熔融浇铸法均可以制备出性能优良的建筑装饰微晶玻璃材料。利用玻璃颗粒烧结法制备的微晶玻璃的主晶相为硅灰石，利用熔融浇铸法制备的微晶玻璃的主晶相为透辉石和镁橄榄石。花岗岩尾矿在配合料中的占比都超过了 60%。

## 6.9 石棉尾矿微晶玻璃

我国温石棉矿产资源丰富，储量占世界第三位，产量占世界第四位。我国石棉矿产资源因开采矿床品位低，由此会产生大量的尾矿，其运输、堆放不仅需要巨额投资和管理费用，消耗大量能源，占用大量土地，而且雨季形成泥石流及尾矿有毒性造成环境污染，形成公害。因此，如何综合利用尾矿作为二次资源，变废为宝，改善生态环境等，已引起人们的关注。利用尾矿制备各种建筑装饰材料，国内外已有一定的研究，而利用石棉尾矿制备微晶玻璃方面的研究尚未见报道。微晶玻璃装饰板材作为一种新颖的高档装饰材料，美观大方，装饰效果好，制作工艺简单，生产成本低，性能优越，因而受到人们的普遍欢迎。用它来替代天然大理石或花岗石等饰面材料已逐步成为趋势。

石棉尾矿含有 MgO、$SiO_2$ 等组分，可作为制备微晶玻璃的原料。以温石棉尾矿为主要原料制备微晶玻璃，一方面可以降低微晶玻璃的生产成本，另一方面由于具有良好的化学稳定性，可对尾矿中重金属离子具有晶格固化作用，是一种绿色材料。微晶玻璃的性能主要取决于微晶相的种类、晶粒尺寸和数量、残余玻璃相的性质和数量，而所有这些又取决于原始玻璃的组成及热处理制度。

廖其龙、卢忠远等以石棉尾矿为主要原料，经熔制、成形、热处理和磨光等工序制备了微晶玻璃装饰板，尾矿掺量可高达 60%，产品物理化学性能指标优于天然大理石和花岗石。制备方法工艺简单、参数合理、生产条件成熟，是石棉尾矿开发利用的一条有效新途径。蒋文玖以石棉尾矿为主要原料制造微晶玻璃，研究了石棉尾矿掺量及微晶玻璃的熔制、成形、热处理等制度，以及该系统玻璃的析晶性能。彭同江、丁文金等研究了核化温度和晶化温度对 CaO-MgO-$SiO_2$ 系统温石棉尾矿微晶玻璃析晶行为的影响。通过 DTA 分析初步确定基础玻璃成核和晶化温度范围，采用 X 射线衍射和扫描电镜分析微晶玻璃的物相组成和显微形貌。随着核化和晶化温度的升高，微晶玻璃样品主晶相由铁橄榄石转变为黄长石，且样品的析晶能力逐渐增强；次晶相镁橄榄石和透辉石逐渐消失；且通过热处理过程使石棉纤维相变为对环境无害的硅酸盐矿物。

## 6.9.1 烧结法制备石棉矿尾矿微晶玻璃

### 6.9.1.1 基础玻璃的组分设计、玻璃与微晶玻璃的制备

彭同江、丁文金等研究所选用的温石棉尾矿的化学成分和确定基础玻璃的化学组成见表 6-30 和表 6-31。从温石棉尾矿的氧化物组成上看，其中 MgO 的含量非常高，且烧失量大。从物料性质上分析属于少有的偏碱性硅酸盐尾矿。根据这一特点，基础玻璃系统选定为 CaO-MgO-$SiO_2$ 系统，以最大限度地提高 MgO 的含量，从而达到对温石棉尾矿的利用最大化。以温石棉尾矿、石灰石、石英砂为主要原料，再辅以助熔剂（$Na_2CO_3$）、结构调整剂（$Al_2O_3$）和晶核剂（$CaF_2$），采用熔融烧结法制备 CaO-MgO-$SiO_2$ 系统微晶玻璃。在晶化烧结过程中通过确定不同的核化和晶化温度，探讨热处理制度对 CaO-MgO-$SiO_2$ 系统温石棉尾矿微晶玻璃析晶行为的影响。

表 6-30 温石棉尾矿的化学组成

| 组分 | $SiO_2$ | $Al_2O_3$ | $Fe_2O_3$ | MgO | CaO | $K_2O$ | 烧失量 |
|---|---|---|---|---|---|---|---|
| 含量(质量分数)/% | 37.69 | 0.48 | 7.75 | 40.31 | 0.40 | 0.06 | 13.37 |

表 6-31 基础玻璃的化学组成

| 组分 | $SiO_2$ | $Al_2O_3$ | MgO | CaO | $Na_2CO_3$ | $CaF_2$ |
|---|---|---|---|---|---|---|
| 含量(质量分数)/% | 40 | 3 | 20 | 19 | 6 | 6 |

玻璃配合料置于高温炉中升温（室温至 1000℃，10℃/min；1000～1450℃，5℃/min），在 1450℃下保温 90min，将熔化好的玻璃熔体快速倒入水中，水淬成玻璃颗粒，将其烘干、球磨至 100 目（$-74\mu m$）。称取 98.5g 的基础玻璃粉末和 1.5g 的 5%聚乙烯醇溶液，将其混合均匀，放入压片模具中，在 10MPa 压力下压制成形。依据基础玻璃

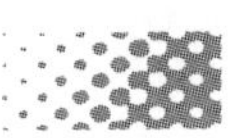

样品 A 的差热分析（DTA）确定基础玻璃的热处理制度，采用阶梯温度制度对基础玻璃样品进行核化和晶化处理，所得微晶玻璃样品编号为 A-c。

微晶玻璃的烧结与微晶化过程是使微晶体从玻璃基体中析出，并按照自身的微晶相结构长大的过程。此过程一般分为核化和晶化两个阶段：核化是一个新相的形成过程，需要一定能量来建立新相与母相之间的表面，使体系的自由能上升；而晶化是玻璃基体内部质点有序化的过程，需要放出能量使体系的自由能最小。研究表明，成核过程是吸热过程，晶化过程是放热过程，根据著名的塔曼曲线，玻璃成核速率和晶化速率都有一个温度分布。对于微晶玻璃，经过成分调整可以把成核速率和晶化速率的温度曲线分开，这样在差热分析曲线上呈现出吸热峰和放热峰，与基础玻璃的核化温度和晶化温度相对应。

图 6-42 为基础玻璃样品的 DTA 曲线，在 707～800℃范围内的吸热效应是基础玻璃样品的玻璃转变温度；核化过程在玻璃的晶相转变过程中具有重要作用，一般认为核化温度出现在高于玻璃转变温度 50～100℃范围内，该温度点与 843℃附近的吸热效应相对应；在 909℃有一个放热峰，为晶核结晶作用所致，该放热峰比较尖锐且面积较大，表明基础玻璃的晶化作用显著；当基础玻璃样品加热到 1156℃时发生了主晶相的重熔。为了探讨核化和晶化温度对微晶玻璃样品析晶行为和显微形貌的影响，设定出了基础玻璃样品的热处理制度，其中核化温度为 800℃和 850℃，晶化温度为 1100℃、1120℃和 1150℃。

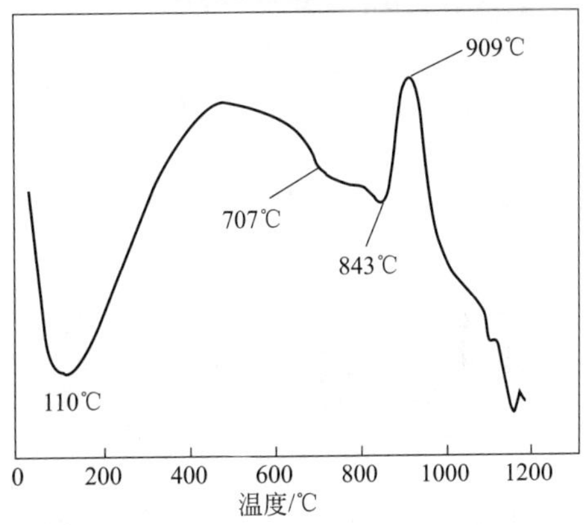

图 6-42 基础玻璃样品的 DTA 曲线

### 6.9.1.2 烧结法石棉尾矿微晶玻璃的结构与性能

对以温石棉为主要原料制备的基础玻璃经不同热处理过程所得到的微晶玻璃进行 XRD 分析。经对比分析，不同制度所制备的微晶玻璃析出的主晶相有一定的差异。随着晶化温度从 1100℃到 1120℃再到 1150℃，微晶玻璃的晶相会从铁橄榄石＋次晶相镁橄榄石和透辉石到主晶相为铁橄榄石＋次晶相透辉石再到黄长石＋次晶相透辉石。不同热处理制度下微晶玻璃样品的晶相组成见表 6-32。以上微晶相的析出，MgO 在其中发挥了重要的作用。例如，橄榄石相就是一种含铁或镁的微晶相，晶体呈现粒状，属于岛状硅酸盐。

表 6-32 不同热处理制度下微晶玻璃样品的晶相组成

| 编号 | 核化温度/时间 | 晶化温度/时间 | 主晶相 | 次晶相 |
|---|---|---|---|---|
| A-$c_1$ | 800℃/120min | 1100℃/120min | 铁橄榄石 | 透辉石＋镁橄榄石 |
| A-$c_2$ | 800℃/120min | 1120℃/120min | 铁橄榄石 | 透辉石＋镁橄榄石 |
| A-$c_3$ | 800℃/120min | 1150℃/120min | 黄长石 | 透辉石 |
| A-$c_4$ | 800℃/120min | 1100℃/120min | 铁橄榄石 | 透辉石＋镁橄榄石 |
| A-$c_5$ | 800℃/120min | 1120℃/120min | 铁橄榄石 | 透辉石 |
| A-$c_6$ | 800℃/120min | 1150℃/120min | 黄长石 | 透辉石 |

图 6-43 为不同热处理制度下温石棉微晶玻璃的 SEM 图像。可以看出，在所设定的热处理制度下样品都发生了明显的析晶。比较各微晶玻璃的 SEM 发现，在相同的晶化温度

下，随着核化温度的升高，微晶玻璃样品中析出的晶体变大。当核化温度为850℃、晶化温度达到1150℃时，微晶玻璃样品析出柱状黄长石且晶体生长较好。在相同的核化温度下，随着晶化温度的升高，样品析出晶体增多，析晶能力逐渐增强；当晶化温度达到1150℃时，微晶玻璃样品中晶相和玻璃相相互咬合存在，这将有利于提高材料本身的整体强度、耐磨性。

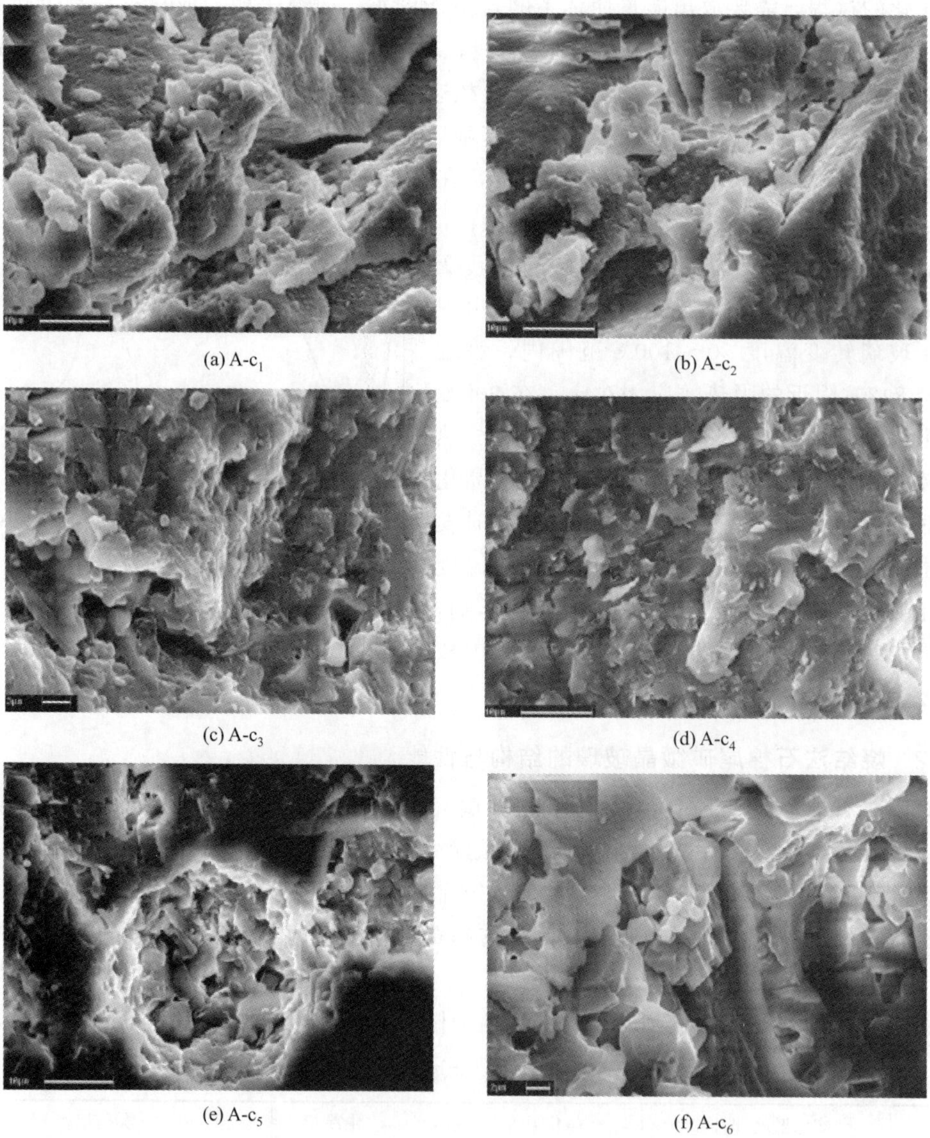

(a) A-$c_1$　　(b) A-$c_2$

(c) A-$c_3$　　(d) A-$c_4$

(e) A-$c_5$　　(f) A-$c_6$

图6-43　不同热处理制度下温石棉微晶玻璃的SEM图像

橄榄石为单岛状硅酸盐，属于斜方晶系，因此，$O^{2-}$能实现近似的最紧密堆积。从堆积的角度看，其结构可视为$O^{2-}$平行于（100）作近似的六方最紧密堆积，$Si^{4+}$填充其中1/8的四面体空隙，形成［$SiO_4$］四面体，骨干外阳离子M填充其中1/2的八面体空隙，形成［$MO_6$］八面体。从配位多面体联结方式上看，在平行（100）的每一层配位八面体中，一半为实心的八面体（被M填充），另一半为空心的八面体（未被M填充），二者均

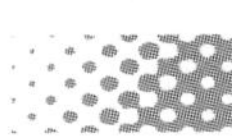

呈锯齿状的链，而在位置上相差 $b/2$；层与层之间实心八面体与空心八面体相对，其邻近层以共享八面体角顶相连，而交替层则以共享［$SiO_4$］四面体的角顶和棱（每一［$SiO_4$］四面体中的 6 条棱有 3 条与八面体共享）相连。铁橄榄石 $Fe_2$［$SiO_4$］中，$a_0$＝0.482nm，$b_0$＝1.048nm，$c_0$＝0.609nm。$Z$＝4。颜色为棕色。密度范围为 3.91～4.34g/$cm^3$。镁橄榄石 $Mg_2$［$SiO_4$］中，$a_0$＝0.475nm，$b_0$＝1.020nm，$c_0$＝0.598nm。

透辉石是一种钙镁硅酸盐结晶 $CaMg(SiO_3)_2$，透辉石外观呈灰白色，属于单斜晶系，晶体发育完好时呈柱状、粗短柱状。莫氏硬度为 5.5～6，密度为 3.22～3.56g/$cm^3$。

黄长石是由含铝、镁的硅酸钙组成的硅酸盐类结晶，如铝黄长石、镁黄长石都是这一类矿物。黄长石属于四方晶系，晶体呈短柱状或板状，有时为不规则粒状，结晶良好的黄长石为长柱状，断面正方形。蜜黄色至褐色。莫氏硬度为 5～6，密度为 2.9～3.1g/$cm^3$。

以温石棉尾矿、石灰石和石英砂为主要原料，采用熔融烧结法制备了温石棉尾矿微晶玻璃，该微晶玻璃的基础系统为 $CaO$-$MgO$-$SiO_2$ 系统。温石棉尾矿微晶玻璃中存在多晶共存现象，其主晶相为铁橄榄石和黄长石。

### 6.9.2　熔融浇铸法制备石棉矿尾矿微晶玻璃

廖其龙、卢忠远、蒋文玖等分别利用熔融烧结法制备了微晶玻璃板材。蒋文玖以四川彭州市石棉尾矿为主要原料，采用工业原料如硅砂、长石、炭粉等为组分调节原料，研制的尾矿微晶玻璃属于 $MgO$-$Al_2O_3$-$SiO_2$ 系统。为获得比较理想的晶相组成为镁橄榄石或堇青石的耐碱腐蚀性强、机械强度高、电绝缘性优良、热稳定性好的微晶玻璃，在基础玻璃的组成设计时，结合 $MgO$-$Al_2O_3$-$SiO_2$ 系统相图和预期形成的目标晶相，需要考虑以下几个方面的内容。

（1）$SiO_2$ 是镁橄榄石和堇青石晶相的成分，也是玻璃相的成分。当 $SiO_2$ 小于 45％时，形成的玻璃结构网络含量偏低，以至于在玻璃成形过程中容易出现结晶，难以制成微晶玻璃制品；当 $SiO_2$ 大于 60％时，熔化温度提高，黏度增加，可采用压延法成形，但成形后所得到的玻璃板属于整体析晶机制，晶体长大速率缓慢。

（2）$Al_2O_3$ 有提高耐候性，同时可使晶体无规则生长，以及使镁橄榄石晶体矿化的作用。当 $Al_2O_3$ 小于 14％时，玻璃网络中填充体少，强度不高；当 $Al_2O_3$ 大于 25％时，部分 $Al^{3+}$ 进入网络，黏度增加，成形困难，并降低结晶速率。

（3）$MgO$ 是镁橄榄石晶体的成分。当 $MgO$ 小于 8％时，难以析出镁橄榄石晶体，而生成钠长石晶体，强度降低；当 $MgO$ 大于 30％时，系统难以形成玻璃相，熔融玻璃形成板状时极易分相与析晶形成镁橄榄石，增加了成形的困难。为了改善玻璃的成形性能，可加入 $Na_2O$，含量为 10％～16％。

综合上述各种因素，并考虑尽可能多地利用尾矿，设计基础玻璃成分（质量分数）为：$SiO_2$ 45％～60％，$Al_2O_3$ 14％～25％，$MgO$ 8％～30％；配合料成分（质量分数）为：石棉尾矿 40％～60％，硅砂 10％～20％，长石 20％～39％，晶核剂及着色剂 5％～10％，还原剂 3％。

将混合均匀的配合料在 1450℃下进行熔制，保温 4h 后于 1350℃时将玻璃液倒在预先加热的铸铁板上成形，成形后的玻璃板移入 600℃退火炉中退火，消除应力，供后续晶化处理。将上述制得的基础玻璃作 DTA 曲线和做析晶性能实验，以确定合适的晶化热处理制度。通过反复实验，确定核化温度为 698℃，保温 1h，升温速率为 300℃/h，晶化温度为 852℃，保温 2h，升温速率为 130℃/h。

利用石棉尾矿制造的微晶玻璃通常被用作建筑装饰，其各项理化性能指标备受人们关注。蒋文玖等研究制备的石棉尾矿微晶玻璃各项理化性能指标均达到甚至超过同类产品的性能，其力学性能、耐磨性及耐腐蚀性优异，并且具有良好的电绝缘性及较高的耐热性和较低的热膨胀系数，能经受 30℃至 500℃循环 8 次而不碎裂。经退火后的板材外观呈亮黑色，且表面光亮，局部有金黄色的暗条纹。所得板材经切割加工抛光后，表面光泽度达 100%以上，且气泡极少，符合装饰板材的要求。颜色除纯白外，还可配制诸如墨绿、咖啡、纯黑、暗红等。表 6-33 是石棉尾矿微晶玻璃与天然石材性能的比较，可以发现石棉尾矿微晶玻璃各项性能远远优于天然石材的性能。以石棉尾矿为主要原料制备高性能、高附加值的建筑装饰微晶玻璃，尾矿掺量大，为合理地利用石棉尾矿资源、变废为宝、保护环境提供了一条新的有效途径。

**表 6-33　石棉尾矿微晶玻璃与天然石材性能的比较**

| 项　　目 | 石棉尾矿微晶玻璃 | 天然大理石 | 花岗石 |
|---|---|---|---|
| 密度/($g/cm^3$) | 2.78 | 2.64 | 2.75 |
| 抗压强度/MPa | 328 | 178 | 240 |
| 抗弯强度/MPa | 25 | 12 | 22 |
| 莫氏硬度 | 7.1 | 4 | 5.6 |
| 耐磨性/($g/cm^2$) | 0.18 | 1.0 | 0.4 |
| 光泽度/% | >105 | >95 | >95 |
| 热膨胀系数/$℃^{-1}$ | $65.8\times10^{-7}$ | $198\times10^{-7}$ | $130\times10^{-7}$ |
| 吸水率/% | 0.01 | 0.2 | 0.3 |
| 耐酸性(1% $H_2SO_4$)/% | 99.6 | 90.4 | 98.1 |
| 耐碱性(1% NaOH)/% | 98.7 | 89.0 | 96.2 |
| 抗冻性 | 0.06 | 0.30 | 0.31 |

当利用熔融浇铸法制备微晶玻璃时，其机理属于玻璃材料整体析晶。玻璃的析晶性能与效果与晶核剂的含量有着密切的关系。廖其龙、卢忠远等从晶核剂的种类、含量的角度研究了它们对玻璃析晶性能的影响。为了探索不同晶核剂对本系统玻璃促进核化的效果，将分别引入不同晶核剂的同一基础玻璃，经过晶化处理后，对其结晶状况进行观察和比较。发现加入 4%ZnO、7%$Cr_2O_3$、10%$SnO_2$ 及 5%$ZrO_2$ 的四种玻璃经过晶化处理后均无析晶痕迹，而加入 6%NaF 和 4%ZnO+4%S 的玻璃晶化处理后形成均匀的表面析晶层。只有加入 7%$TiO_2$ 的玻璃形成整体结晶，且晶粒较均匀。

通过更加系统的研究发现，在上述基础玻璃中分别引入 4%、6%、7%、9%的 $TiO_2$ 作晶核剂，发现加入 6%以下 $TiO_2$ 的玻璃晶化后仅形成表面层结晶，而加入量在 7%以上的试样断面层才显示出整体均匀的微细晶相结构。通过对微晶玻璃的晶相分析，石棉尾矿微晶玻璃的结晶相含量可达 85%以上，且结构致密，所析出的主晶相为堇青石。微晶玻璃晶相中有时会含有分布不均匀的铁镁橄榄石晶体，它将影响微晶玻璃的性能。若进一步降低原料中石棉尾矿的细度，提高配合料的混合均匀度，则可使晶体分布均匀，从而提高微晶玻璃的性能。用石棉尾矿为主要原料制备的微晶玻璃材料，成本低廉，工艺简单，各种物化性能优良，可望得到广泛的应用。

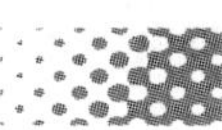

## 参考文献


[1] Ye Chuqiao, He Feng, Shu Hao, Qi Hao, Zhang Qiupin, Song Peiyu, Xie Junlin. Preparation and properties of sintered glass-ceramics containing Au-Cu tailing waste [J]. Materials and Design, 2015, 86: 782-787.

[2] He Feng, Zheng Yuanyuan, Xie Junlin. Preparation and properties of $CaO-Al_2O_3-SiO_2$ glass- ceramics by sintered frits particle from mining wastes [J]. Science of Sintering, 2014, 46: 353-363.

[3] 陈维铅，高淑雅，董亚琼，刘杰. 烧结法制备金矿尾砂 $CaO-Al_2O_3-SiO_2$ 微晶玻璃及其性能研究 [J]. 硅酸盐学报，2014，42 (1)：95-100.

[4] 韩野，宋强，曹高辉. Mg-Al-Si 系微晶玻璃的研究 [J]. 山东科技大学学报，2006，25 (3)：78-80.

[5] 马新沛，李光新，沈莲，等. 可切削微晶玻璃的热处理与微观结构 [J]. 金属热处理，2001，26 (12)：5-7.

[6] Henry J, Hill R G. The influence of Lithia content on the properties of fluorphlonopite glass-eramics Ⅰ nucleation and crystallization behavior [J]. J Non-Cryst Solids, 2003, 319 (1-2): 1-12.

[7] Heny J, Hill R G. The innuence of lithiae on tent on the properties of fluorphlonopite glass-ceramics Ⅱ mierostructure hardness and maehinability [J]. J Non-Cryst Solids, 2003, 319 (1-2): 13-30.

[8] 李红，荀立，冉均国. 以钙云母为主相的可切削微晶玻璃的显微结构和性能 [J]. 功能材料，2001，32 (5)：541-542.

[9] 王长龙，魏浩，仇夏杰，王爽，崔孝炜，狄燕清. 利用煤矸石铁尾矿制备 $CaO-MgO-Al_2O_3-SiO_2$ 系微晶玻璃 [J]. 煤炭学报，2015，40 (5)：1181-1187.

[10] 李春，韩茜，董菁，周春生，杨超普，赵威. 商洛井边沟铁尾矿渣制备微晶玻璃的试验研究 [J]. 矿产综合利用，2016，(1)：83-85.

[11] 赵彦钊，殷海荣. 玻璃工艺学 [M]. 北京：化学工业出版社，2006.

[12] 何峰，程金树，李钱陶，蔡博文. 钽铌尾矿在烧结微晶玻璃中的应用研究 [J]. 玻璃，2003，(1)：3-5.

[13] 匡敬忠，熊淑华. 钨尾矿微晶玻璃的组成及制备 [J]. 矿产综合利用，2003，(3)：37-39.

[14] 何峰，郑敏栋，张文涛. 金铜尾矿制备微晶铸石的研究 [J]. 武汉理工大学学报，2014，36 (1)：44-47.

[15] 汤李缨，赵前，程金树. 高岭土尾矿微晶玻璃的烧结与晶化 [J]. 佛山陶瓷，1999，(5)：8-10.

[16] 陈国华，刘心宇，成钧. 利用高岭土尾矿制备低温烧结微晶玻璃 [J]. 矿产综合利用，1999，(3)：38-41.

[17] 汤李缨，季守林，向光. 组成对花岗岩尾矿微晶玻璃结构及性能的影响 [J]. 武汉理工大学学报，2013，35 (5)：18-22.

[18] 欧甜，黄永前，余正茂，罗友明，范磊. 花岗岩废渣微晶玻璃的析晶过程 [J]. 硅酸盐学报，2016，44 (4)：601-606.

[19] 程金树，康俊峰，楼贤春，唐方宇，刘楷. $Fe_2O_3$ 和 $ZrO_2$ 对花岗岩尾矿微晶玻璃析晶行为的影响 [J]. 武汉理工大学学报，2014，36 (6)：22-25.

[20] 廖其龙，卢忠远，谭克锋. 利用石棉尾矿制造微晶玻璃装饰板的研究 [J]. 矿产综合利用，1997，(6)：32-34.

[21] 蒋文玖. 石棉尾矿微晶玻璃装饰板材的研制 [J]. 玻璃与搪瓷，1996，26 (1)：31-43.

[22] 廖其龙，卢忠远. 用石棉尾矿为主要原料制备微晶玻璃 [J]. 西南工业学院学报，1998，26 (1)：31-43.

[23] 彭同江，丁文金，孙红娟，陈吉明. 热处理制度对温石棉尾矿微晶玻璃析晶行为的影响 [J]. 矿物学报，2013，33 (2)：129-134.

[24] He Feng, Fang Yu, Xie Junlin, Xie Jun. Fabrication and characterization of glass-ceramics materials developed from steel slag waste [J]. Materials and Design, 2012, 42: 198-203.

[25] Cheng T W, Chen Y S. On formation of $CaO-Al_2O_3-SiO_2$ glass-ceramics by vitrification of incinerator fly ash [J]. Chemosphere, 2003, 51: 817-824.

[26] 程金树，李宏，汤李缨，何峰. 微晶玻璃 [M]. 北京：化学工业出版社，2006.

# 第 7 章

# 矿渣微晶玻璃

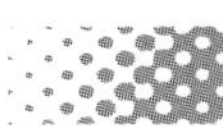

# 7.1 矿渣微晶玻璃的发展

微晶玻璃是 20 世纪 50 年代发展起来的新型特种玻璃，它是具有微晶体和玻璃相均匀分布的材料。矿渣微晶玻璃作为微晶玻璃领域中的一个重要组成部分，是以各种冶金废渣、工矿尾砂和热电厂的粉煤灰等为主要原料制备的微晶玻璃。矿渣微晶玻璃于 1960 年由前苏联 Kitaigorodiski 研制成功，并在 1966 年开发出第一条辊压法制备矿渣微晶玻璃的工业化生产线。随后，世界各国都积极开展了矿渣微晶玻璃的研究开发。

随着人们对环境保护的日益重视，以及各国冶金工业的迅猛发展，产生了大量的工业废渣。如何处理这些活性不高且对环境影响重大的工业废渣是各国冶金工业发展过程中必须面临的问题。利用工业废渣制造出高附加值的产品是解决这一难题的主要途径。利用工业废渣制造矿渣微晶玻璃，近 20 年来得到了迅速的发展。矿渣微晶玻璃具有很高的机械强度与耐磨性，也具有良好的电学性能和化学稳定性，已成为一种良好的结构材料和耐腐蚀材料。当前的矿渣微晶玻璃主要采用高炉炉渣来制造，这是因为高炉炉渣的化学组成比较稳定，并适应 $CaO-Al_2O_3-SiO_2$ 系统微晶玻璃的要求。

利用钢渣制造微晶玻璃不仅有利于治理环境，而且还可以大量节约能源。采用熔融态钢渣制造微晶玻璃，利用熔体的热容量［1400℃时为 1758kJ/(kg・℃)］，不仅省去了固态钢渣所需要的粉碎作业，而且可以节约近 60%的能源。随着工业的发展，国内各种矿渣大量排放，综合利用矿渣资源，研究开发高附加值的微晶玻璃装饰材料，对节约能源、变废为宝、改善环境、提高经济效益和社会效益具有重要意义。同时，利用尾矿废渣制备微晶玻璃，可以开发出高性能、低成本的高档建筑装饰或工业用耐磨损耐腐蚀材料，既使废弃资源获得了再生，有利于环境保护，又提高了材料的技术含量和附加值。因此，尾矿废渣微晶玻璃将成为 21 世纪的绿色环境材料，并将获得广泛应用。

矿渣微晶玻璃的类型按结晶过程中析出的主晶相种类，可分为以下几类。

(1) 硅灰石矿渣微晶玻璃（主晶相为硅灰石） 硅灰石类微晶玻璃最有效的晶核剂是硫化物和氟化物，通过改变硫化物的种类和数量可以制备黑色、浅色和白色的矿渣微晶玻璃。

(2) 透辉石类矿渣微晶玻璃［主晶相为透辉石 $CaMg(SiO_3)_2$］ 透辉石是一维链状结构，化学稳定性和耐磨性好，机械强度高。基本玻璃系统有 $CaO-MgO-SiO_2$、$CaO-Al_2O_3-SiO_2$、$CaO-MgO-Al_2O_3-SiO_2$ 等。辉石类矿渣微晶玻璃最有效的晶核剂是氧化铬，也常采用复合晶核剂如 $Cr_2O_3$ 和 $Fe_2O_3$、$Cr_2O_3$ 和 $TiO_2$、$Cr_2O_3$ 和氟化物。$ZrO_2$、$P_2O_5$ 分别与 $TiO_2$ 组成的复合晶核剂可有效促进钛渣微晶玻璃整体晶化，成核机理皆为液相分离，主晶相为透辉石和榍石。

(3) 含铁辉石类矿渣微晶玻璃 主晶相为 $Ca(MgFe)Si_2O_6-Ca(MgNaAl)Si_2O_6$ 固溶体或 $Ca(MgFe)Si_2O_6-CaFe-Si_2O_6$ 固溶体。

(4) 镁橄榄石类矿渣微晶玻璃 主晶相为镁橄榄石 $Mg_2SiO_6$，镁橄榄石具有较强的耐酸碱腐蚀性、良好的电绝缘性、较高的机械强度和由中等到较低的热膨胀系数等优越性能，基本系统是 $MgO-Al_2O_3-SiO_2$。

(5) 长石类矿渣微晶玻璃 钙长石和钙黄长石也是矿渣微晶玻璃中常有的晶相。主要晶相是以黄长石为基础的固溶体。

矿渣微晶玻璃于1959年由前苏联在实验室条件下首先研制成功，并在20世纪60年代生产出可供工业和建筑需要的微晶玻璃制品。此时采用的矿渣主要为高炉渣，成形方法以压延法和压制法为主。前苏联早在1962年就首先在世界上建成了年产50万平方米压延微晶玻璃生产线，随后又建设了若干条生产线，几十年来生产了大量的微晶玻璃产品，被广泛应用于包括莫斯科经济成就展览馆等大型公用建筑的装修和工业设备上。

1971年世界上第一条矿渣微晶玻璃生产线在前苏联建成投产。20世纪70年代，美国、日本、英国等国家也对矿渣进行了开发研究，并实现了炉渣微晶玻璃的工业化生产。1974年日本以不同于传统玻璃生产的新方法烧结法生产出新型的微晶玻璃大理石，此方法扩大了微晶玻璃基础组成的选择范围，使微晶玻璃产品更加多样化。

矿渣微晶玻璃自问世以来，由于其有很高的机械强度和耐磨等性能而受到人们的关注。近几十年来在用高炉渣、铬渣、灰渣和尾矿等矿渣制造微晶玻璃方面，国内外已做了大量研究，但是用钢渣为主要原料制造微晶玻璃的报道不是很多。此次研究采用上海宝钢的钢渣为主要原料，并添加其他辅助原料利用熔融法制备出了性能优越的钢渣微晶玻璃。对晶核剂的选择进行了研究，制定了合理的核化和晶化制度，对钢渣微晶玻璃的主要性能进行了测定。此研究对于开发新材料品种、合理利用工业废渣及综合治理环境具有积极的作用。

## 7.2 钢渣微晶玻璃

钢渣主要由钙、铁、硅、镁和少量铝、锰、磷等的氧化物组成。主要的矿物相为硅酸三钙、硅酸二钙、钙镁橄榄石、钙镁蔷薇辉石、铁铝酸钙以及硅、镁、铁、锰、磷的氧化物形成的固溶体，还含有少量游离氧化钙以及金属铁、氟磷灰石等。有的地区因矿石含钛和钒，钢渣中也稍含有这些成分。钢渣中各种成分的含量因炼钢炉型、钢种以及每炉钢冶炼阶段的不同，有较大的差异。由于钢渣的成分波动较大且极不稳定，因此迟迟未能实际应用。

钢渣在温度1500～1700℃下形成，高温下呈液态，缓慢冷却后呈块状，一般为深灰色、深褐色。有时因所含游离钙、镁氧化物与水或湿气反应转化为氢氧化物，致使渣块体积膨胀而碎裂；有时因所含大量硅酸二钙在冷却过程中（约为675℃时）由β型转变为γ型而碎裂。如以适量水处理液体钢渣，能淬冷成粒。

钢渣的用途因成分而异。美国每年以排渣量的2/3作为炼铁熔剂，直接加入高炉或加入烧结矿，在钢铁厂内部循环使用。钢渣的成分中，除硅无用和磷有害外，钙、铁、镁和锰（共占钢渣总量的80%）都得到利用。以硫、磷含量较高的钢渣作为熔剂，会使高炉炼铁的利用系数降低，焦比增加。法国、德国、加拿大等国家都把这类钢渣用作铁路道岔和道路材料。做法是先将加工后的钢渣存放3～6个月，待体积稳定以后使用。这类钢渣广泛用于道路路基的垫层、结构层，尤宜用作沥青拌和料的骨料铺筑路面层。钢渣筑路具有强度高、耐磨性和防滑性好、耐久性好、维护费用低等优点。

目前，关于利用钢渣制备微晶玻璃方法方面，仅有采用熔融浇铸法制备的报道，本节就此方法进行叙述。

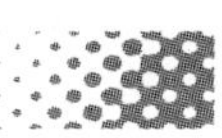

### 7.2.1 基础玻璃的组分设计、玻璃与微晶玻璃的制备

钢渣中最具有代表性的氧化物是 $SiO_2$、$Al_2O_3$、CaO、$Fe_2O_3$，它们的合计含量占到了钢渣总含量的 90%以上。根据现有微晶玻璃的基础系统，以及钢渣的组分特点，可以将其用于 $CaO\text{-}Al_2O_3\text{-}SiO_2$ 系统或者 $CaO\text{-}MgO\text{-}Al_2O_3\text{-}SiO_2$ 系统微晶玻璃的制备。钢渣属于碱性较高的原料，而玻璃或微晶玻璃属于酸性料，两者性质相差较大。在基础玻璃的组分设计时，需要考虑对钢渣进行有效的改性，以便使其适应玻璃的熔化与微晶化。何峰、谢峻林、代文彬、李宇、苍大强等分别利用熔融浇铸法研制了钢渣微晶玻璃。从不同的角度与用不同的方法制备出了性能优良的微晶玻璃材料。

何峰、谢峻林等根据玻璃形成学原理，以及钙镁铝硅系统微晶玻璃的基本组成，通过引入石英砂、纯碱、氧化锌、碳酸钡等原料对钢渣进行改性。所设计的基础玻璃的化学成分见表 7-1。可以看出，基础玻璃中主要是 CaO 的含量在发生变化。钢渣的使用量控制在总配合料量的 32%～42%。

表 7-1 基础玻璃的化学成分

| 项目 | $S_1$ | $S_2$ | $S_3$ | $S_4$ |
|---|---|---|---|---|
| $SiO_2$/% | 58.00 | 58.00 | 58.00 | 58.00 |
| $Al_2O_3$/% | 6.20 | 6.20 | 6.20 | 6.20 |
| CaO/% | 18.00 | 20.00 | 22.00 | 24.00 |
| MgO/% | 4.20 | 4.20 | 4.20 | 4.20 |
| ZnO/% | 1.50 | 1.50 | 1.50 | 1.50 |
| BaO/% | 3.90 | 3.90 | 3.90 | 3.90 |
| $Fe_2O_3$/% | 4.50 | 4.50 | 4.50 | 4.50 |
| $TiO_2$/% | 0.25 | 0.25 | 0.25 | 0.25 |
| $P_2O_5$/% | 0.64 | 0.64 | 0.64 | 0.64 |
| $Na_2O$/% | 2.81 | 2.81 | 2.81 | 2.81 |

掺有不同含量钢渣的玻璃配合料在 1500℃条件下保温 3h，将熔制好的玻璃液浇铸在被预热的石墨模具中，成形成板状的玻璃，趁热将此玻璃在 600℃下进行相应的退火与冷却，得到基础玻璃。利用 DTA 对基础玻璃进行热分析，得到其各自的微晶化热处理制度。图 7-1 为基础玻璃 DTA 曲线。

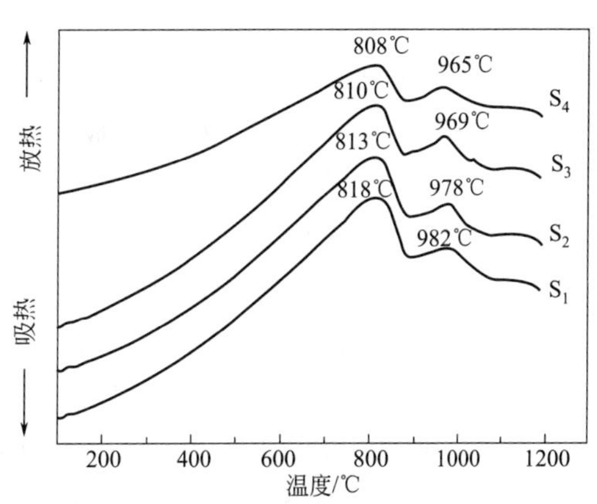


图 7-1 基础玻璃 DTA 曲线

由图 7-1 可以看出，DTA 曲线在 808～818℃出现了玻璃的转变温度（$T_g$），在这一温度点玻璃会出现由固相向液相转变的趋势。此温度点的出现与玻璃的组分和结构有着密切的关系。在 878～888℃范围内，DTA 曲线出现了一个明显的吸热谷，这反映的是玻璃中的低黏度相出现了软化，也对应了玻璃的核化温度。DTA 曲线中明显的放热峰出现在 965～982℃，表示玻璃在此温度点发生了微晶化。随着基础玻璃中 CaO 含量的增加，基础玻璃的析晶峰温度向低温方向移动，原因为随着 CaO 含量的增加，有利于微晶玻璃中

主晶相的形成，基础玻璃的析晶活化能降低。由此确定基础玻璃 $S_1$、$S_2$、$S_3$、$S_4$ 的核化温度分别是：$T_{n1}=868℃$，$T_{n2}=863℃$，$T_{n3}=860℃$，$T_{n4}=858℃$。晶化温度分别是：$T_{c1}=982℃$，$T_{c2}=978℃$，$T_{c3}=969℃$，$T_{c4}=965℃$。

### 7.2.2 熔融浇铸法钢渣微晶玻璃的结构与性能

具体的热处理制度为：以 5℃/min 的速率将基础玻璃加热到核化温度，保温 1h，结束后以 5℃/min 的速率升温至玻璃的微晶化温度并分别保温 2h、3h，然后进行退火与冷却，得到微晶玻璃。图 7-2 为经过 2h 和 3h 微晶化处理的钢渣微晶玻璃的 XRD 谱图。

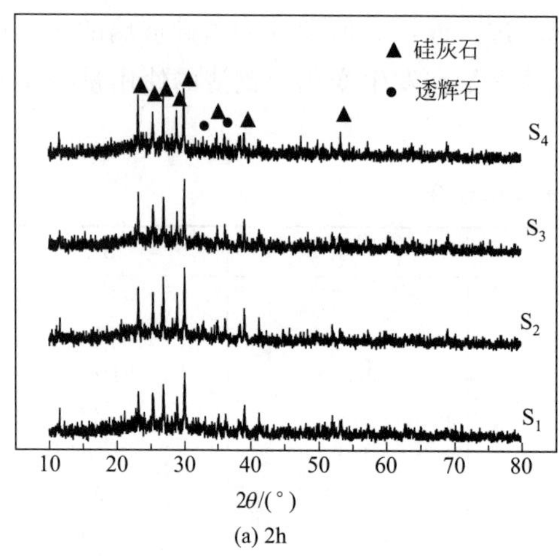

(a) 2h

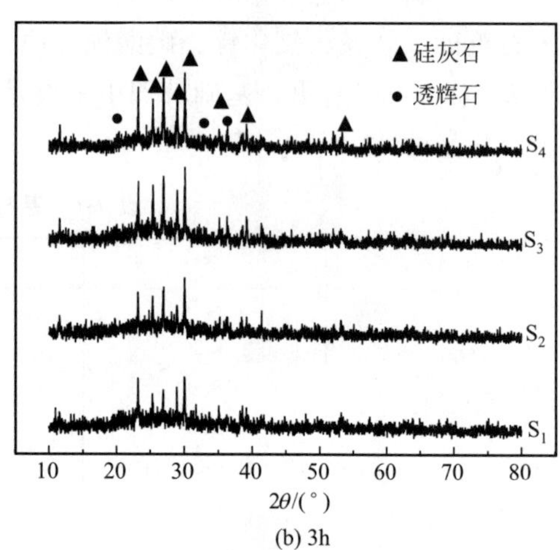

(b) 3h

图 7-2 经过 2h 和 3h 微晶化处理的钢渣微晶玻璃的 XRD 谱图

由图可以看出，微晶玻璃所建议的目标析晶相已经出现，主晶相为硅灰石，次晶相为透辉石，这是 $CaO-Al_2O_3-SiO_2$ 系统微晶玻璃中常出现的微晶相。基础玻璃中 CaO 含量不同，XRD 的衍射峰强度有所不同，随着 CaO 含量的增加，硅灰石相的衍射峰强度随之增大。这是由于 CaO 含量增加，可有效增加 CaO 与 $SiO_2$ 形成硅灰石相的概率。根据玻璃形成的能量与结构理论，在 $CaO-Al_2O_3-SiO_2$ 系统玻璃或微晶玻璃中，可以形成多种形式的结构，如 $[SiO_4]Ca[SiO_4]$、$[AlO_4]Ca[SiO_4]$ 和 $[AlO_4]Ca[AlO_4]$。当热处理温度处于玻璃的核化温度时，玻璃中的 $Ca^{2+}$ 自由离子可以与其结合形成硅灰石相。随着析晶过程的进行，玻璃中的部分结构单元 $[AlO_4]Ca[AlO_4]$ 被解离开并与 $[SiO_4]$ 形成透辉石。对比经过 2h 和 3h 微晶化处理的钢渣微晶玻璃的 XRD 谱图，可以看出，随着微晶化时间的增加，微晶玻璃的衍射峰强度会明显地增加，说明时间的增加对玻璃中微晶相的形成起到了很好的促进作用。$S_4$ 基础玻璃在核化温度为 858℃ 保温 2h 和晶化温度为 965℃ 保温 3h 的条件下，微晶玻璃的衍射峰强度最大。

图 7-3 为经过 2h 微晶化处理的钢渣微晶玻璃的 SEM 照片。可以看出微晶玻璃的微观结构中，存在大量细小的颗粒状的微晶相结构。随着 CaO 含量的增加，微晶相的质量和尺寸都有所增加。$S_1$ 微晶玻璃中的微晶相尺寸基本上小于 3μm，而 $S_4$ 微晶玻璃中的微晶相尺寸基本上大于 15μm。随着微晶化时间的增加，钢渣微晶玻璃的微晶相的数量和尺寸

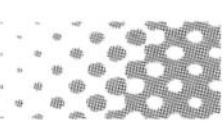

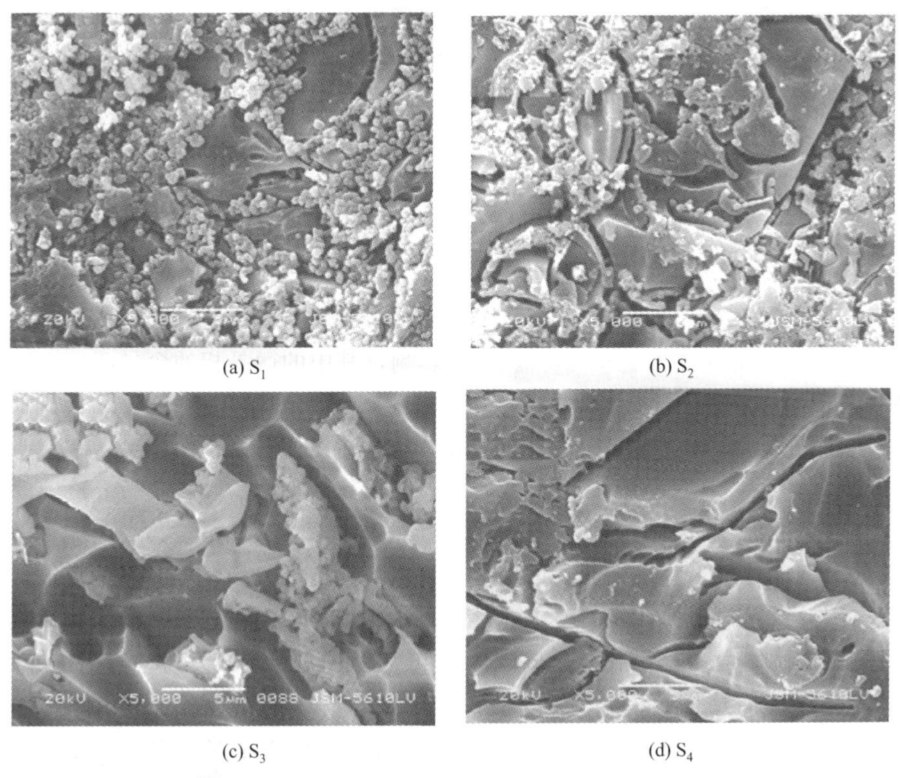

(a) $S_1$　(b) $S_2$

(c) $S_3$　(d) $S_4$

图 7-3　经过 2h 微晶化处理的钢渣微晶玻璃的 SEM 照片

(a) $S_1$　(b) $S_2$

(c) $S_3$　(d) $S_4$

图 7-4　经过 3h 微晶化处理的钢渣微晶玻璃的 SEM 照片

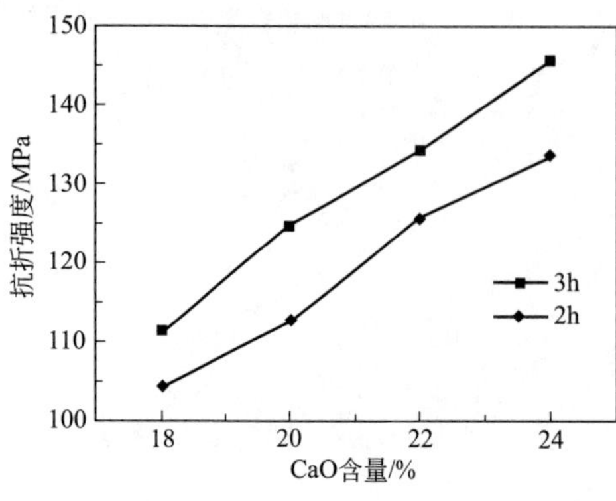

图 7-5　CaO 含量变化与微晶玻璃的抗折强度的关系曲线

都有所增加，见图 7-4。由此可以判断 CaO 含量的增加和热处理时间的增加都会很好地促进玻璃的析晶。

图 7-5 是 CaO 含量变化与微晶玻璃的抗折强度的关系曲线。由图可以看出，随着 CaO 含量的增加和微晶化时间的延长，钢渣微晶玻璃的抗折强度也随之提高。这是由于 CaO 含量的增加对微晶玻璃的微观结构会有较为明显的影响，其中的微晶相的含量明显高于玻璃相的含量。CaO 含量增加和微晶化时间延长，微晶玻璃中的微晶相含量会提高，尺寸会增大。综合其微观结构，导致微晶玻璃的抗折强度随着晶相含量的提高而加强。

微晶玻璃往往被用于建筑表面、地面装饰，广场路面铺设，化工领域的反应池的耐腐蚀保护等，因此对其耐磨损性能的要求非常高。耐磨损性能是材料抵抗外来物质或其他材料对其进行研磨的能力。对钢渣微晶玻璃的耐磨损性能进行测试发现，随着 CaO 含量的增加，其耐磨损性能是提高的，见图 7-6。这与微晶玻璃的微观结构有着密切的关系，CaO 含量的提高可以促进硅灰石微晶相的生成，显著提高微晶玻璃中微晶相含量，微晶相可有效提高微晶玻璃的耐磨性。耐磨性与材料本身的硬度有密切的关系，材料的硬度越大，其耐磨性越强。微晶玻璃结构中硅灰石相的硬度远高于玻璃相的硬度，因此 CaO 含量的增加可有效提高其耐磨性。与此同时，CaO 含量的提高，也可使得钢渣的用量提高。由于微晶玻璃材料的结构非常复杂，因此关于其耐磨性的研究也非常少。微晶玻璃一般为板材，在对其进行研磨的初期，材料的表面出现微裂纹，随着研磨继续，微小的裂纹在表面和向内部扩展。在表面的微裂纹相互交叉，导致部分材料从表面脱落。随着研磨的继续进行，表面出现碎片剥落，其表面变得粗糙而摩擦加大，导致其受力的方向或方式发生了明显的改变。微小裂纹不仅存在于表面，同时还有向内部扩展的趋势，加大、加快了微晶玻璃材料的磨损。利用钢渣可以用于建筑微晶玻璃的制备，钢渣的使用量的较佳范围为 31%～41%，主晶相为硅灰石，微晶玻璃的最大抗折强度为 145.6MPa。

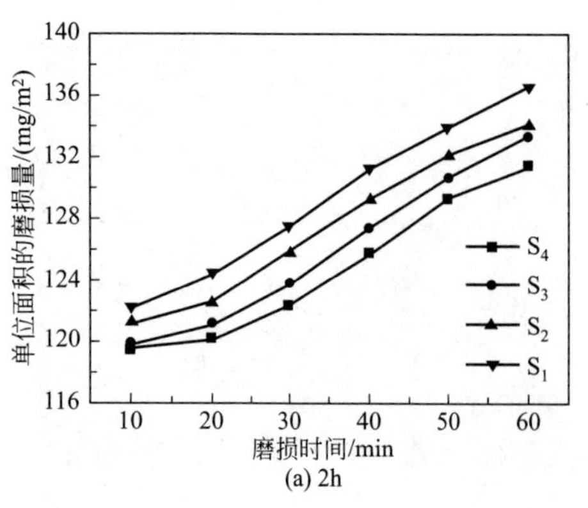

(a) 2h

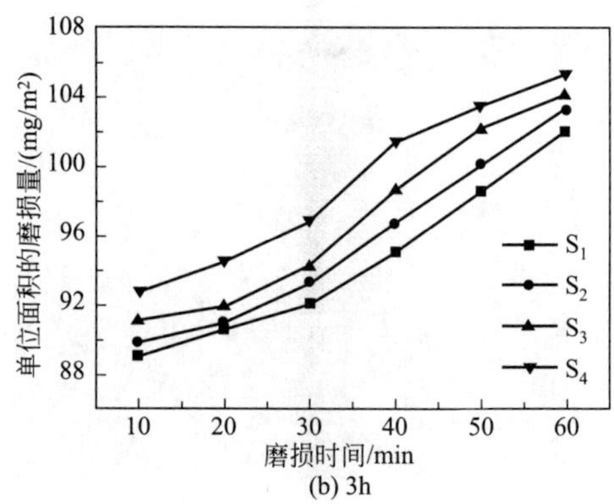

(b) 3h

图 7-6　钢渣微晶玻璃的耐磨损性能

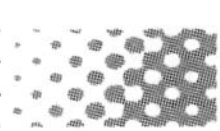

## 7.3 高炉渣微晶玻璃

钢铁行业是我国经济的重要基础产业，同时中国钢铁工业在世界上拥有不可忽视的地位，它同样面临机遇和挑战。高炉炼铁的过程能耗约占钢铁工业总能耗的 60%，是钢铁工业的能耗大户，其在节能减排方面的潜力很大。高炉渣是高炉冶炼生铁过程中排放出的一种固体废弃物，是数量最多的一种副产品，在其处理过程中，不仅会消耗大量的能源，同时也会排放出大量的有害物质。因此，开展高炉渣回收利用的研究十分必要。据检测，高炉渣的主要成分为 CaO、$SiO_2$、$Al_2O_3$、MgO。因此，高炉渣是具有很高潜在活性的玻璃体结构材料。高炉渣是冶炼生铁时从高炉中排出的废物，当炉温达到 1400～1600℃时，炉料熔融，矿石中的脉石、焦炭中的灰分、助熔剂和其他不能进入生铁中的杂质，形成以硅酸盐和铝硅酸盐为主，浮在铁水上面的熔渣。

高炉矿渣可分为炼钢生铁渣、铸造生铁渣、锰铁矿渣等。中国和前苏联等国家使用钛磁铁矿炼铁，排出钒钛高炉渣。依矿石品位不同，每炼 1t 铁排出 0.3～1t 渣，矿石品位越低，排渣量越大。

矿渣微晶玻璃作为微晶玻璃领域中的一个重要组成部分，是以各种冶金废渣、工矿尾砂和热电厂的粉煤灰等为主要原料制备的微晶玻璃。矿渣微晶玻璃具有很多优良性能。作为建筑材料，它结构致密、晶体均匀、纹理清晰、色泽柔和典雅、无色差、不褪色，具有玉质般的感觉；硬度大，具有良好的耐磨性能、优良的耐腐蚀性能；并且吸水率低，具有优良的抗冻性能、较低的热膨胀系数以及良好的耐污染性能；放射性一般低于天然石材。作为机械工业用材料，矿渣微晶玻璃具有较高的机械强度、良好的耐磨性能以及力学性能等优良性能。作为化学工业用材料，矿渣微晶玻璃具有良好的耐磨、耐腐蚀性能。由于矿渣微晶玻璃具有这些优异的性能，因此被广泛应用。例如，可以根据实际需求调节组分或者热处理制度，制造出各种各样的建筑装饰板材；取代钢材等用来制造料库的面板管道、球磨机内衬以及研磨体等的材料，从而可以提高机械设备的使用寿命；可以制造用于化学反应的反应器、管道、泵、电解池、搅拌器内衬、阀门以及其他要求耐磨、耐腐蚀的材料。

蒋伟锋以高炉渣为主要原料，按需添加廉价的硅砂、长石、萤石、纯碱等原料，以 $CaO\text{-}Al_2O_3\text{-}MgO\text{-}SiO_2$ 系统玻璃为基础，利用熔融法制备了以硅灰石为主晶相，以钙铝黄长石、镁黄长石、辉石为次晶相的琥珀色和玉白色两种颜色的矿渣微晶玻璃。高炉渣的比例占 45%～50%。

刘洋、肖汉宁采用熔融法制备了 $CaO(MgO)\text{-}Al_2O_3\text{-}SiO_2$ 系统高炉矿渣微晶玻璃，实验结果表明，当高炉矿渣加入量为 45%时，析出的主晶相为普通辉石（$CaSiO_3$）和透辉石［$CaMg(SiO_3)_2$］，且制得的微晶玻璃结构均匀致密，性能良好。

何峰、裴可鹏等采用高炉水渣制备 $R_2O\text{-}CaO\text{-}SiO_2\text{-}Al_2O_3\text{-}F$ 系统微晶玻璃，制备方法采用的是整体析晶法。表 7-2 为高炉水渣化学组成。整体析晶法是比较常用的制备微晶玻璃的方法。其基本工艺为：将高炉水渣和含有 $Na_2SiF_6$、$SiO_2$、CaO 等成分的各种原料混合均匀制成混合料，在 1350～1420℃下熔制，均化后将玻璃熔体倒入预热的模具中成形，经退火后，在一定温度下进行核化和晶化，以获得分布均匀的微晶玻璃试样。

要获得微晶玻璃，制得的玻璃制品需经过晶核形成、晶体生长，最后转变为异于原始玻璃的微晶玻璃。因此，控制热处理过程是生产微晶玻璃的关键。热处理过程一般分为两个阶段进行，即晶核形成阶段和晶体生长阶段。

对于以 $Na_2SiF_6$ 作为晶核剂的 $R_2O$-CaO-$SiO_2$-$Al_2O_3$-F 系统微晶玻璃，由于氟在退火过程中起着晶核剂的作用，因此，可以跳过核化保温而直接进入晶体生长阶段，使玻璃在晶化上限温度保温适当时间，制出的微晶玻璃可达到几乎全部晶化，剩下的玻璃相很少。

**表 7-2　高炉水渣化学组成**

| 氧化物 | 含量(质量分数)/% | 氧化物 | 含量(质量分数)/% |
|---|---|---|---|
| $SiO_2$ | 33.25 | MgO | 9.38 |
| $Al_2O_3$ | 15.19 | $TiO_2$ | 1.79 |
| $Fe_2O_3$ | 1.17 | MnO | 0.76 |
| CaO | 37.62 | | |

目前，关于利用高炉渣制备微晶玻璃方法方面，仅有采用熔融浇铸法制备的报道，本节就此方法进行叙述。

### 7.3.1　基础玻璃的组分设计、玻璃与微晶玻璃的制备

对于微晶玻璃而言，其微观结构和性能取决于基础玻璃的组成以及热处理制度。组成是影响玻璃析晶行为和主晶相的主要因素，可以通过影响显微结构继而影响材料的性能。在查阅相关微晶玻璃文献的基础上，设计了最佳基础玻璃组分，通过研究组分中氟含量的变化对微晶玻璃的显微结构以及性能的影响，来寻求较优的氟含量。微晶玻璃的组分设计见表 7-3。

**表 7-3　$R_2O$-CaO-$SiO_2$-$Al_2O_3$-F 系统微晶玻璃的组分设计**

| 组分 | $SiO_2$ | CaO | $Al_2O_3$ | $Na_2O$ | $K_2O$ | MgO | $TiO_2$ | $Fe_2O_3$ | MnO |
|---|---|---|---|---|---|---|---|---|---|
| 含量(质量分数)/% | 45.85 | 19.00 | 7.60 | 7.00 | 8.00 | 4.69 | 0.9 | 0.58 | 0.38 |

以 100%玻璃氧化物为基准，设定高炉水渣的用量占玻璃氧化物的 50%，通过在高炉水渣中引入 $SiO_2$、CaO、$Na_2O$、$K_2O$、F 等成分调节高炉水渣的碱度，以改善其熔制与成形时的料性。通过添加 $Na_2SiF_6$ 引入 F，以及高炉水渣中的 $TiO_2$、$Fe_2O_3$ 和 MnO 作为晶核剂，用于诱导基础玻璃成核与分相，实现微晶玻璃的制备。其中 F 的用量占玻璃氧化物的 4%、6%、8%、10%、12%。计算得到实验所用原料质量，见表 7-4。

**表 7-4　高炉水渣基础玻璃所用原料质量**

| 编号 | 原料(质量分数)/% | | | | | |
|---|---|---|---|---|---|---|
| | 高炉水渣 | $SiO_2$ | $CaCO_3$ | $Na_2CO_3$ | $Na_2SiF_6$ | $K_2CO_3$ |
| $F_1$ | 50.00 | 30.54 | 0.34 | 8.37 | 6.6 | 11.86 |
| $F_2$ | 50.00 | 29.46 | 0.34 | 6.51 | 10.10 | 11.86 |
| $F_3$ | 50.00 | 28.44 | 0.34 | 4.57 | 13.33 | 11.86 |
| $F_4$ | 50.00 | 27.36 | 0.34 | 2.71 | 16.67 | 11.86 |
| $F_5$ | 50.00 | 26.32 | 0.34 | 0.83 | 19.99 | 11.86 |

根据表 7-4，进行原料的称量与配合料的混合。将制备好的玻璃配合料装入刚玉坩埚，放入高温熔炼炉中以 2℃/min 升到 1350℃，保温 30min。在保温时间段通过高温加

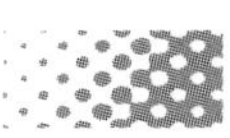

料的方式将剩余配合料加入坩埚，再以 1℃/min 升到 1400℃，保温 2～3h 使玻璃液澄清、均化。将熔化好的玻璃液倒入预热的成形模具中，得到块状玻璃，将成形的玻璃试块置于退火炉中，在 500℃退火 1h 得到基础玻璃。

### 7.3.2 高炉水渣微晶玻璃热处理制度的确定

在研究 $R_2O$-CaO-$SiO_2$-$Al_2O_3$-F 系统微晶玻璃时，需要确定玻璃颗粒的成核与析晶温度点，以便确定更合理的温度制度。由于在利用整体析晶法制备微晶玻璃时，为使 DSC 测试结果更加接近于实际，结合测试仪器的要求，将原始玻璃试样敲碎，选取玻璃碎块的粒度范围为 1～1.5mm。

图 7-7 是高炉渣含 50%、氟含量为 4%的差热分析曲线，由图 7-7 可以得到几个较为明显的特征温度点。在 702℃处基础玻璃颗粒出现了放热峰，此时玻璃结构开始有较大幅度的调整，晶相开始逐渐出现。在 819℃、899℃、961℃处出现析晶放热峰，说明基础玻璃中可能有微晶相析出。

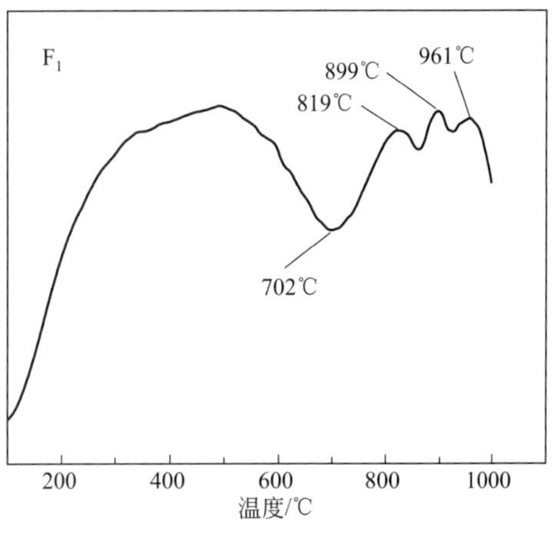


图 7-7 高炉渣含 50%、氟含量为 4%的差热分析曲线

另外，当高炉渣用量均为 50%时，随着基础玻璃中氟含量的增加，试样的吸热峰与放热峰都呈现出下降的趋势。综合分析可知，在对块状基础玻璃进行微晶化处理时，所采用的晶化温度应适当高于放热峰的温度。确定采用的热处理制度为：由室温以 6℃/min 的升温速率先升温至玻璃核化温度 710℃保温 1h，再升温至析晶温度 820℃、970℃保温 1h，保温结束以后，经过退火与冷却得到微晶玻璃。设定 820℃、970℃为晶化温度，以考察温度对玻璃析晶的影响。由于高炉水渣中带有一些着色的杂质，使得样品带有颜色，而且随氟含量的增加，颜色逐渐变浅。

### 7.3.3 浇铸法高炉水渣微晶玻璃的结构与性能

对于 $R_2O$-CaO-$SiO_2$-$Al_2O_3$-F 系统微晶玻璃，需要研究氟含量的变化是否会对其析出的晶相产生影响。图 7-8 为不同氟含量基础玻璃在核化温度为 710℃保温 1h、析晶温度为 820℃保温 1h 后所制备的微晶玻璃试样的 X 射线衍射谱图。经检索 PDF 卡片，对照标准图谱可以确定在此热处理条件下所制备的微晶玻璃试样的主晶相均为萤石晶体，同时伴随着少量的霞石晶体。当氟含量为 4%时，在以上的热处理条件下，基础玻璃仍然为非晶态，未出现析晶的现象。当氟含量为 6%时，微晶玻璃的 XRD 中开始有衍射峰出现。随着氟含量由 6%增加到 12%，萤石所对应的衍射峰强度提高，说明氟含量的升高使萤石晶体的相对含量显著增加。表明了在此条件下，微晶玻璃的主晶相为萤石晶体。

图 7-9 为不同氟含量基础玻璃在核化温度为 710℃保温 1h、析晶温度为 970℃保温 1h 后所制备的微晶玻璃试样的 X 射线衍射谱图。在此热处理条件下，基础玻璃都产生了析

晶。随着基础玻璃中氟含量的提高，微晶玻璃的衍射峰强度有着明显的提高与变化。氟含量为4%～8%时，微晶玻璃的主晶相为萤石。当氟含量为10%～12%时，微晶玻璃的主晶相除了萤石外，还出现了霞石晶相，且随着氟含量的增加，霞石的衍射峰强度有所提高。说明氟含量的升高可以很好地促进玻璃的分相与析晶。微晶玻璃中出现了萤石和霞石共存的微晶相。

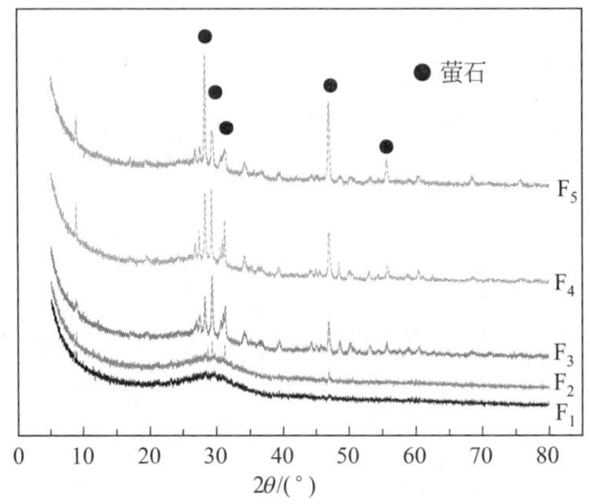


图7-8 析晶温度820℃时微晶玻璃的X射线衍射谱图

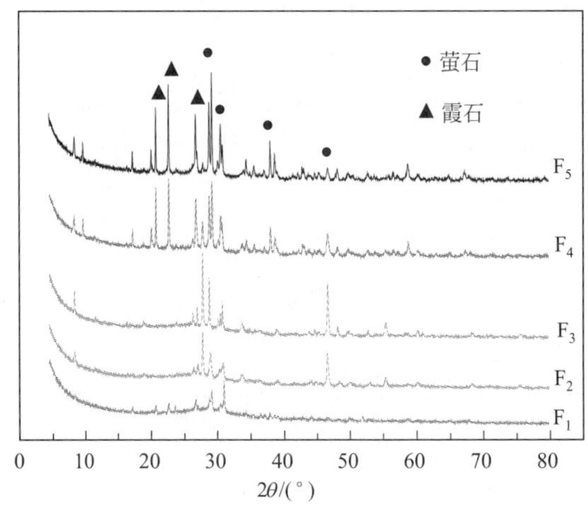


图7-9 析晶温度970℃时微晶玻璃的X射线衍射谱图

图7-10为不同氟含量在析晶温度为820℃时微晶玻璃试样的SEM图像。从图中可以定性地看出，首先经过较低温度热处理的微晶玻璃，当氟含量由6%增加至8%时，微晶玻璃试样的晶体主要是呈颗粒状，伴随有片状，晶粒有所增大，变化明显，说明氟在此加入范围内，微晶玻璃中的颗粒状晶体萤石生长较充分、完整。当氟含量达到10%和12%时，微晶玻璃试样的颗粒状晶体大小有了明显的增加。这说明随着氟含量的增加，引入了部分有利于析晶的组分，对玻璃颗粒的析晶产生了有利的影响。

图7-11为析晶温度970℃时微晶玻璃试样的SEM图像。在较高温度的热处理制度下制得的微晶玻璃，其微晶相微观形貌的形状和尺寸都发生了明显的变化，晶相含量和尺寸都有明显的增加。当氟含量由4%增加至8%时，微晶玻璃试样的晶体主要是呈片状，伴随有少量的颗粒状，片状晶体的量有显著增加，并且排列紧密，变化比较明显，说明氟在

 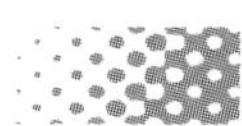

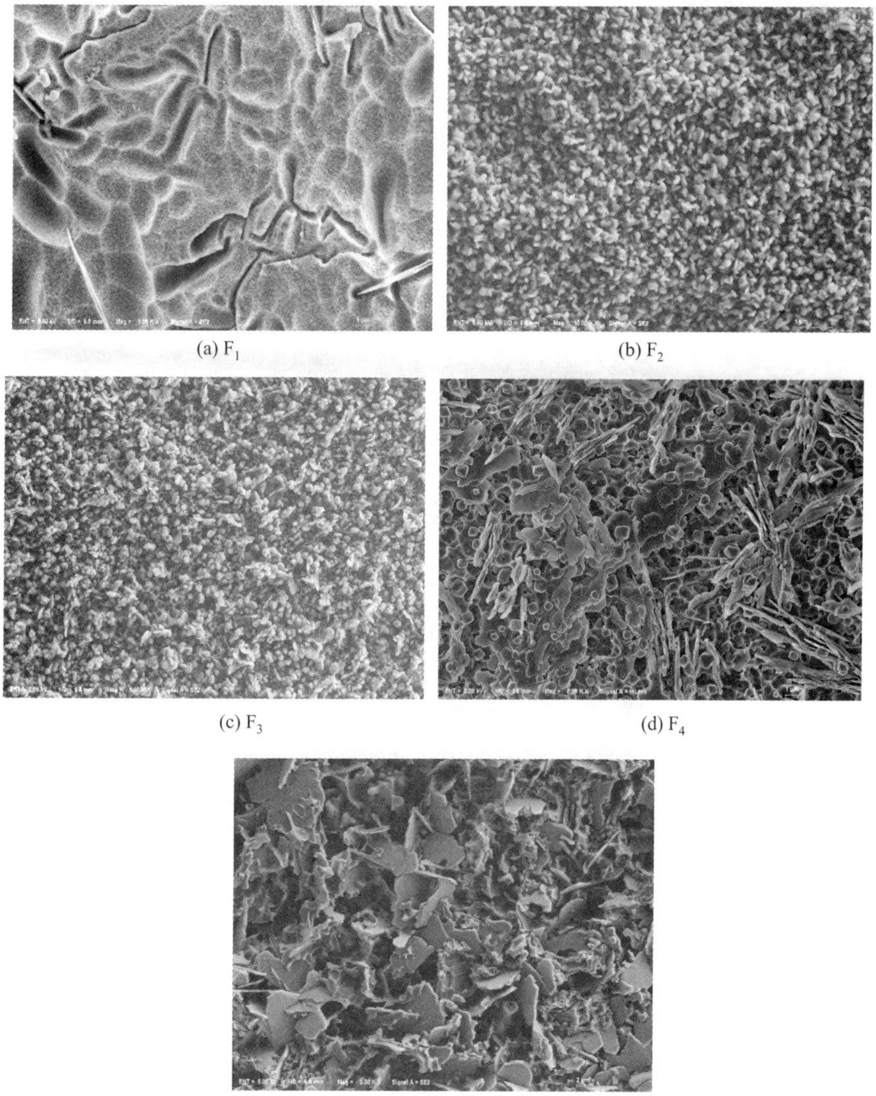

(a) $F_1$

(b) $F_2$

(c) $F_3$

(d) $F_4$

(e) $F_5$

图 7-10 析晶温度 820℃时微晶玻璃的 SEM 图像

此加入范围内，微晶玻璃中的片状晶体霞石生长较充分、完整。氟含量从 8%增加至 12%时，微晶玻璃试样的晶体主要是呈大的颗粒状，并且颗粒粗大，排列紧密。

微晶玻璃试样为多晶材料，所以破坏一般沿晶界断裂。当材料内部析晶量较高时，晶界也会相对增加，当沿晶界破坏时，裂纹扩展要走过的路程就延长。当微晶玻璃受到外力作用时，裂纹在微晶玻璃内部生长、扩展时能反复被晶界阻止，从而改变其生长和扩展的方向，形成较高的断裂表面能。总的说来，晶体的数量和性质会对微晶玻璃的性能产生很大的影响。微晶玻璃抗折强度反映了其抵抗外力的性能。

图 7-12 为不同热处理条件下微晶玻璃抗折强度与氟含量的关系。由图可以看出，随着氟含量的提高，微晶玻璃试样的抗折强度先升高然后降低，而且相同氟含量下，低温热处理得到的微晶玻璃的抗折强度普遍高于高温热处理得到的微晶玻璃。其中，氟含量为

4%的微晶玻璃强度最低，氟含量为6%和8%的微晶玻璃强度最高，而氟含量为10%和12%的微晶玻璃强度突然降低。由XRD测试结果和SEM形貌观察可知，低温热处理得到的微晶玻璃，其主晶相为萤石；高温热处理得到的微晶玻璃，其氟含量较低的主晶相为霞石，但氟含量为10%和12%的主晶相为萤石。由于萤石的强度高于霞石，因此低温热处理得到的微晶玻璃的抗折强度普遍高于高温热处理得到的微晶玻璃；而氟含量为10%和12%并在低温热处理下得到的微晶玻璃，由于氟含量较高而使得单位时间内析晶过快，导致晶体颗粒粗大，与玻璃相结合不紧密，造成其抗折强度降低；在高温热处理下得到的微晶玻璃，导致其抗折强度降低的原因与低温的一致。

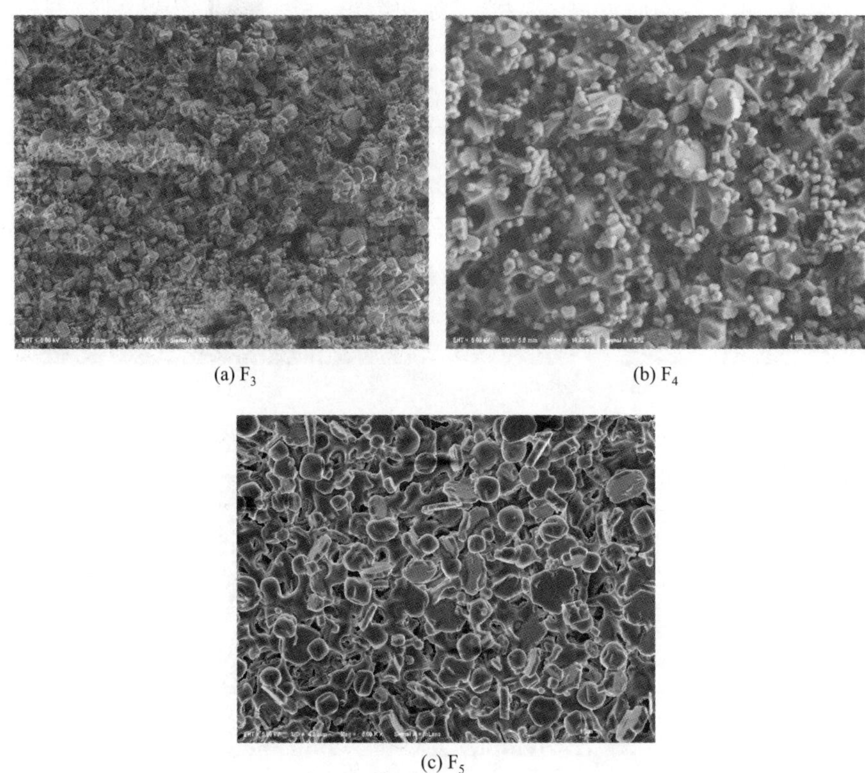


图 7-11　析晶温度 970℃时微晶玻璃试样的SEM图像

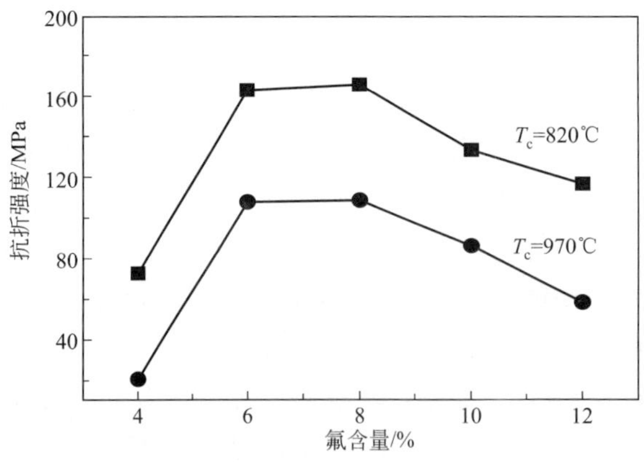


图 7-12　微晶玻璃抗折强度与氟含量的关系

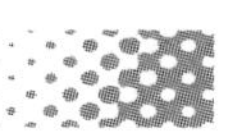

# 7.4　钛渣微晶玻璃

我国钛资源比较丰富，除少量钛铁砂矿外，主要以钛铁岩矿为主，国内钛铁岩矿的缺点是品位低，杂质含量高，不能直接满足氯化法钛白对原料的要求，仅适宜作硫酸法钛白的原料。攀西地区蕴藏着极其丰富的钒钛矿资源，经过冶金科技工作者多年的努力，创造出高炉冶炼磁铁矿新技术，使得高钛型钒钛矿冶炼成为可能。目前，钛渣还没有找到更好的利用途径，致使其直接堆放在露天中，占用了大量的土地，并给自然界造成严重的污染。如何综合治理攀钢高炉渣一直是环境和材料工作者关心的问题。根据钛渣的成分特点，它可以直接作为生产矿渣微晶玻璃的原料。高含量的 $TiO_2$ 是性能优良的晶核剂和助熔剂。经水淬处理后的高炉钛渣中含有大量的氧化物，是形成微晶玻璃的必要成分。肖兴成、江伟辉等以高炉钛渣为主要原料，采用浇铸法制备出了高炉钛渣微晶玻璃。

目前，关于利用高炉钛渣制备微晶玻璃方法方面，仅有采用熔融浇铸法制备的报道，本节就此方法进行叙述。

## 7.4.1　基础玻璃的组分设计、玻璃与微晶玻璃的制备

高炉钛渣是一个复杂的多组元体系，其颜色呈灰棕色，渣中的 $TiO_2$ 含量较高，其化学组成见表 7-5。

表 7-5　高炉钛渣的化学组成

| 组成 | CaO | $SiO_2$ | $Al_2O_3$ | $TiO_2$ | MgO | FeO | MnO | $V_2O_5$ | $K_2O$ | $Na_2O$ | S |
|---|---|---|---|---|---|---|---|---|---|---|---|
| 含量(质量分数)/% | 26.01 | 23.95 | 13.05 | 23.36 | 8.34 | 3.53 | 0.49 | 0.29 | 0.39 | 0.39 | 0.20 |

图 7-13 为 $Al_2O_3$-CaO-$SiO_2$-$TiO_2$ 相图，根据基础玻璃的形成学要求和系统相图，为

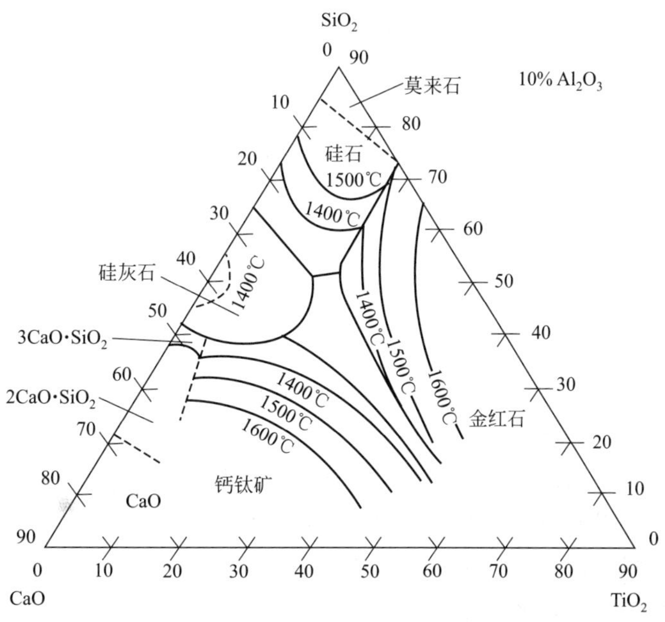


图 7-13　$Al_2O_3$-CaO-$SiO_2$-$TiO_2$ 相图

使体系成分处于玻璃形成区之内，高炉钛渣中的酸性氧化物的含量偏低，还需加入少量的$SiO_2$，以调整基础玻璃的成玻性能与料性。基础玻璃的组成区域可以选择在系统相图中的硅灰石区域，如此选择既有利于玻璃的形成，也有利于微晶相的产生。在玻璃的熔制过程中，原料之间发生化学反应，产生大量的气体，在玻璃中形成气泡，为避免此现象发生，还需加入少量的添加剂，如萤石、炭粉、$Sb_2O_3$ 等。在随后的晶化处理过程中，$Al_2O_3$-CaO-$SiO_2$-$TiO_2$ 体系容易出现表面晶化，加入少量晶化剂，如 $ZrO_2$、$P_2O_5$ 等，与钛渣中的 $TiO_2$ 组成复合晶核剂，促进其整体晶化。

对由上述原料制得的高炉钛渣玻璃进行差热分析，以确定适当的晶化温度。图 7-14 为高炉钛渣玻璃的差热分析曲线。由曲线可以看出，高炉钛渣玻璃的微差热效应非常复杂。玻璃的 $T_g$ 为 600℃，在 770℃、880℃、1190℃ 处出现了明显的吸热峰，770℃、880℃处与晶核的形成有关，1190℃处与玻璃的液相形成时的吸热有关。为研究核化温度对玻璃析晶的影响，可以将高炉钛渣玻璃的核化温度确定为 600℃、650℃、700℃、750℃、800℃、850℃。在 900℃、935℃、955℃、1000℃处出现了明显的放热峰，说明采用不同的晶化温度可能析出不同的微晶相，另外可能会导致在一个晶化制度下系统中产生多种晶形的微晶相。肖兴成、江伟辉等采用的晶化工艺是根据差热分析曲线上的放热峰位置，在不同的成核温度保温，固定生长温度，研究成核速率随温度的变化规律，并确定最佳成核温度；然后，固定成核温度，改变生长温度，找出生长速率随温度的变化规律及确定最佳生长温度。

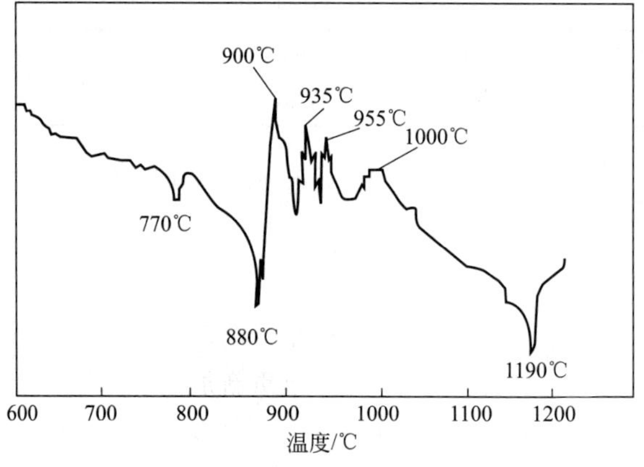


图 7-14　高炉钛渣玻璃的差热分析曲线

对于不加晶核剂的高炉钛渣玻璃，都不同程度地出现了表面晶化，在 CaO-$Al_2O_3$-$SiO_2$ 系统中，尤其是含 $TiO_2$ 的系统，表面析晶严重。从高炉钛渣微晶玻璃断面观察晶体形貌及分布，可见外层晶粒均匀致密，而由外到里，晶粒数量变得稀少，玻璃相逐渐增加，到了一定距离后，光学显微镜观察不到晶粒，在靠近结晶层的玻璃相中，含有大小为 50～200nm 的粒子群，通过能谱分析得知，这是由于晶化过程中分相形成的富 MgO、富 $Al_2O_3$ 相产生的。可以明确地判断，微晶相是由表面开始出现并向基体内部生长。表面晶化后样品的抗弯强度相对于未晶化玻璃样品的抗弯强度提高了 80%，微晶相的出现改善了高炉钛渣微晶玻璃的微观结构与力学性能。尽管表面晶化提高了样品的力学性能，但表面的压应力层一旦破坏，处于张应力下的芯部断裂将会是“爆炸式”的，因此，人们在

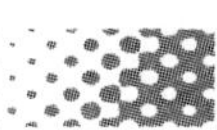

生产微晶玻璃时，都设法阻止玻璃的表面晶化。

$TiO_2$ 在玻璃熔体中有较大的溶解度，当玻璃冷却或重新加热时，它就会以亚微颗粒析出，从而为以后的成核提供衬底。$ZrO_2$ 和 $TiO_2$ 具有相似的行为，但其在玻璃中溶解度较小，不能像 $TiO_2$ 那样降低玻璃的黏度。如果把 $ZrO_2$ 和 $TiO_2$ 组成复合晶核剂，它将强烈影响玻璃的相变动力学效果，而超过单独使用时的效果。图 7-15 给出了成核温度和晶化温度对力学性能的影响。可见热处理制度的变化对高炉钛渣微晶玻璃的力学性能有较大的影响。根据力学性能来确定最佳晶化工艺，对高炉钛渣微晶玻璃的晶化工艺为660℃成核保温，1000℃生长保温。

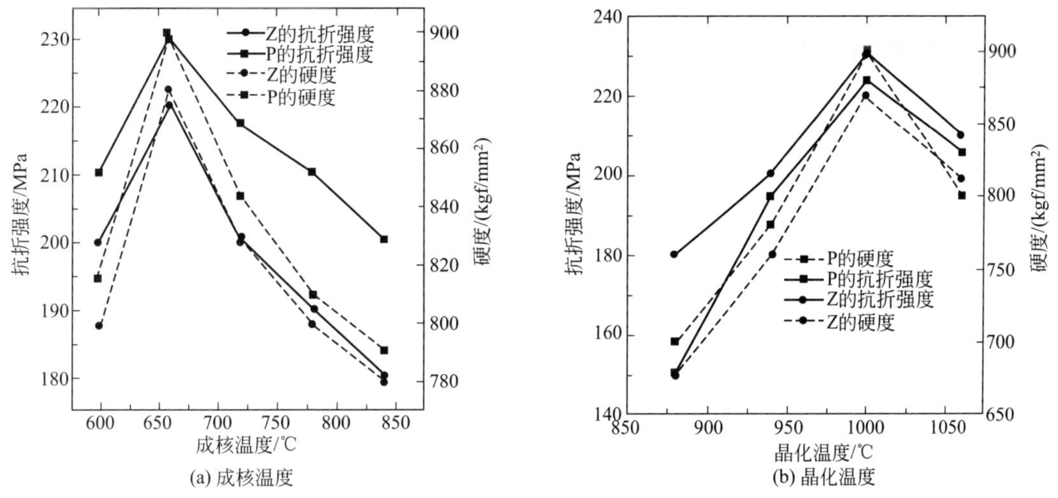


图 7-15　晶化制度对高炉钛渣微晶玻璃力学性能的影响

($1kgf/mm^2=9.80665MPa$)

## 7.4.2　高炉钛渣微晶玻璃的结构与性能

通过对高炉钛渣微晶玻璃的 XRD 物相分析的结果表明，对以 $ZrO_2$ 为晶核剂的样品，其主晶相为 $CaMg(SiO_3)_2$ 和 $CaTiSiO_5$。对液相分离形成的小液滴进行能谱分析的结果表明，这种玻璃晶化包含两个阶段：玻璃在冷却或重新加热过程中分解成富硅的基体相和富钛的液滴相，分相的机理为成核和生长；在富钛液滴相中析出钛酸盐细晶，其为 $CaTiSiO_5$ 析晶起到非均匀成核的诱导作用，而富硅相则诱导 $CaMg(SiO_3)_2$ 析晶。$P_2O_5$ 是氧化物晶核剂中的玻璃形成体，由于 $P^{5+}$ 在硅酸盐玻璃中构成四面体网络的电中性的要求，必须有一个双键 P═O，因此，它很容易与硅氧四面体分离，从而引起高炉钛渣玻璃发生液相分离。即使引入少量的 $P_2O_5$，分相效应也很显著，在有些玻璃中促进分相的作用比 $TiO_2$ 更加显著。对样品进行分析表明，在冷却或重新加热过程中形成 $P^{5+}$、$Ca^{2+}$、$Mg^{2+}$ 的液滴相和富 $Si^{4+}$、$Al^{3+}$ 的基质相，以［$SiO_4$］为主构成的液滴相和以［$PO_4$］为主构成的液滴相在随后的晶化过程中分别诱导 $CaMg(SiO_3)_2$ 和 $CaP_2O_5$ 析晶。

表 7-6 为钛渣微晶玻璃与国内外矿渣微晶玻璃的主要性能指标。与其他类矿渣微晶玻璃相比，钛渣微晶玻璃具有较高的硬度、抗弯强度，这主要是由于钛渣中含有大量的性能优良的晶核剂，使得玻璃晶化为高含量且尺寸细小的晶粒。同时，由于 $TiO_2$ 本身对酸碱具有较高的化学稳定性，而且，$Ti^{4+}$ 是以［$TiO_4$］进入网络中与［$SiO_4$］形成稳定的结

构，从而使钛渣微晶玻璃具有较好的化学稳定性。因此，结合两方面的性能指标，其可以用于制造输送液体的管道、输送腐蚀性介质用泵的轴承、活塞泵、反应容器、搅拌器、闭锁阀以及电解池的内衬等。

表 7-6 钛渣微晶玻璃与国内外矿渣微晶玻璃的主要性能指标

| 性能指标 | 国内先进数据 | 国外先进数据 | 本实验结果 |
|---|---|---|---|
| 耐酸性(96% $H_2SO_4$)/% | 99.5～99.7 | 95 | 99.6 |
| 耐碱性(40% NaOH)/% | 98.1 | 94 | 98 |
| 析晶温度范围/℃ | 700～1250 | | 600～1100 |

## 7.5 铬渣微晶玻璃

铬盐有着特殊的制备工艺，其工业在我国国民经济中占有重要地位，而铬盐生产过程中要排放大量的铬渣，并且在铬渣中可溶性的 $Cr^{6+}$ 具有较强的毒性，随意排放会对环境造成严重的影响。我国铬渣堆存总量在 500 万吨以上，并且每年在以 40 万吨的数量增加。这不仅破坏生态、污染环境，甚至会对人民生命健康造成巨大危害。目前国内外有关铬渣再利用的报道不多，其综合利用并未得到重视。关于铬渣的综合利用主要集中在以下几个方面：利用铬渣生产耐火材料；用作玻璃制品的着色剂；利用铬渣烧制彩釉玻化砖和生产水泥等，但各种综合利用铬渣的方法都在不同程度上存在着一些限制和不足。利用铬渣制备高质量、高附加值的产品，寻求能更有效地处理铬渣的方法就显得迫在眉睫。

铬渣的主要成分有其自己的特点，其中 $SiO_2$、CaO、MgO 等的含量在 65%以上，是制备微晶玻璃所需要的主要成分。贝丽娜和肖汉宁分别利用浇铸法制备出了铬渣微晶玻璃，由此可以实现以铬渣为原料制备微晶玻璃，研究铬渣含量变化对微晶玻璃析晶行为的影响，为铬渣的综合利用提供指导意义。Karamanov 等指出含量为 0.7%的 $Cr_2O_3$ 即可作为富铁（含量为 24.8%）玻璃的有效晶核剂，在核化阶段生成大量的尖晶石晶核，促使玻璃整体晶化。Alizadeh 等研究了以 4% $Cr_2O_3$ + 4% $Fe_2O_3$ 作 $SiO_2$-CaO-MgO 系统玻璃的晶核剂，可得到以尖晶石为主晶相整体析晶的微晶玻璃。在 CaO-MgO-$Al_2O_3$-$SiO_2$ 系统玻璃中，当晶核剂 $Cr_2O_3$ 的含量（摩尔分数）为 0.7%～5%时，核化阶段即可出现尖晶石相，在 1100℃晶化 1h，晶相为透辉石、尖晶石和钙长石。

目前，关于利用铬渣制备微晶玻璃方法方面，仅有采用熔融浇铸法制备的报道，本节就此方法进行叙述。

### 7.5.1 基础玻璃的组分设计、玻璃与微晶玻璃的制备

由于铬渣属于碱度较高的碱性渣，而 CaO-MgO-$Al_2O_3$-$SiO_2$ 系统玻璃在其基础组分设计时，$Al_2O_3$ 与 $SiO_2$ 的含量合计高达 70%，因此，若要在属于酸性体系的基础玻璃中使用碱性铬渣，需要对铬渣的成分进行调制与改性。考虑到这一因素，贝丽娜巧妙地利用了硅石对铬渣的成分进行调制，制备出了铬渣基础玻璃与微晶玻璃。采用原料为铬渣和硅石，具体化学成分见表 7-7。根据铬渣和硅石的各自成分特点，设计一定配比的铬渣和硅石，具体成分配比见表 7-8。

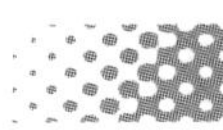

表 7-7　铬渣和硅石的化学成分

| 名称 | 化学成分(质量分数)/% | | | | | | | |
|---|---|---|---|---|---|---|---|---|
| | $SiO_2$ | CaO | MgO | $K_2O+Na_2O$ | $Al_2O_3$ | $Fe_2O_3$ | $Cr_2O_3$ | 烧失量 |
| 铬渣 | 11.02 | 33.74 | 23.16 | 2.69 | 7.68 | 7.17 | 4.65 | 5.24 |
| 硅石 | 91.79 | 3.15 | 0.02 | 0.07 | 0.04 | 0.59 | — | 4.34 |

表 7-8　铬渣和硅石的成分配比

| 名称 | 成分配比(质量分数)/% | | | |
|---|---|---|---|---|
| | 1# | 2# | 3# | 4# |
| 铬渣 | 30 | 40 | 50 | 60 |
| 硅石 | 70 | 60 | 50 | 40 |

将混合好的物料放入氧化铝坩埚中，置于二硅化钼炉中熔融，温度为 1480℃，时间为 60min，将熔融的玻璃倒在预热的不锈钢板上，待成形固化后，放入马弗炉中退火，消除玻璃的内应力，温度为 600℃，恒温时间为 60min，再随炉冷却到室温，即得到了铬渣基础玻璃。将 3# 基础玻璃粉末在日本岛津 DT-30B 差热分析仪上进行分析，升温速率为 10℃/min，得到铬渣含量为 60% 的玻璃的 DTA 曲线，见图 7-16。

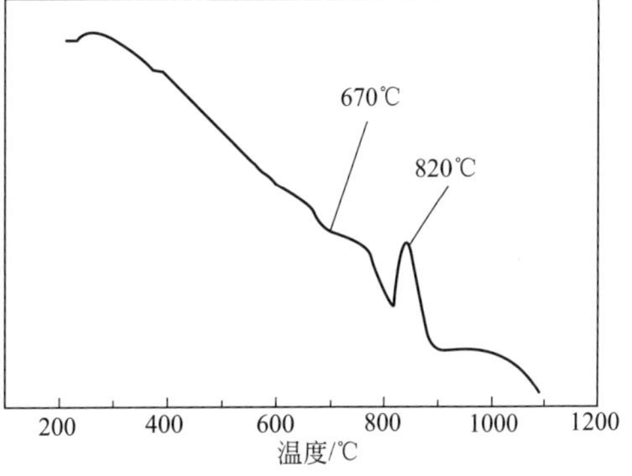


图 7-16　铬渣含量为 60%的玻璃的 DTA 曲线

由 DTA 曲线中的特征温度点，确定核化温度为 670℃，核化时间为 60min；晶化温度为 820℃，晶化时间为 60min。

## 7.5.2　铬渣微晶玻璃的结构与性能

图 7-17 为不同铬渣掺量的微晶玻璃的 XRD 谱图。从图中可以看出，主晶相成分为普通辉石。随着原料中铬渣掺量的增加，铬渣微晶玻璃的 X 射线衍射峰的强度随之增大，说明铬渣的掺入有利于基础玻璃的微晶化。其中的原因为铬渣中都含有大量的铁和铬的氧化物，而铬又可以在玻璃中促进分相的产生，引起铁离子的富集。铁离子富集后会产生核化效应，加速玻璃的析晶。

图 7-18 为不同成分的铬渣微晶玻璃的 SEM 照片。从图中可以看出，随着铬渣含量的增加，微晶玻璃球状晶体向条状晶体转变，并且晶体的析出量显著增加，晶体形貌发生显著变化。当铬渣含量为 30%时，铬渣微晶玻璃中的微晶相形貌为球状颗粒晶体，同时存在大量的玻璃相；当铬渣含量为 40%时，铬渣微晶玻璃中的微晶相形貌为条块状晶体，微晶相含量大幅度提高，玻璃相含量降低；当铬渣含量为 50%时，微晶玻璃内部晶体析出呈尖晶石结构。刘军、宋守志在对 $TiO_2$ 和 $Cr_2O_3$ 作晶核剂对尾矿微晶玻璃晶化影响的研究中发现，$Cr_2O_3$ 在熔体冷却过程中以尖晶石的形式析出，形成很细的粒子，当玻璃加热至成核温度时，这些粒子为非均匀成核提供界面，使成核的势垒降低，加快成核。另外，$Cr_2O_3$ 促进玻璃的分相，从而使组分富集于两相中的一相，从而促进成核。当铬渣

含量为60%时，铬渣微晶玻璃中的微晶相形貌为长径比很大的棒状晶体与细小颗粒状晶体的复合体。

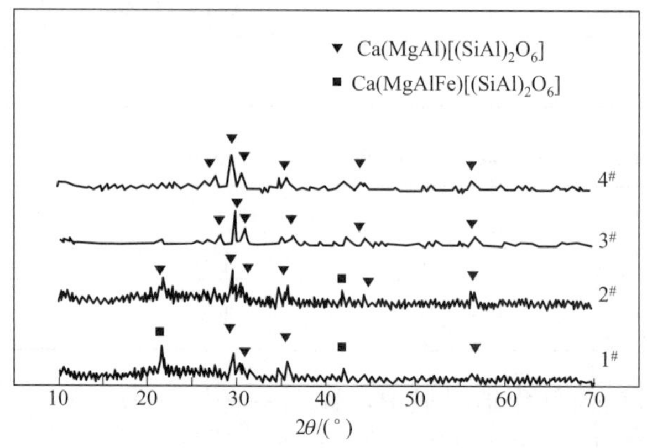


图 7-17　不同铬渣掺量的微晶玻璃的XRD谱图

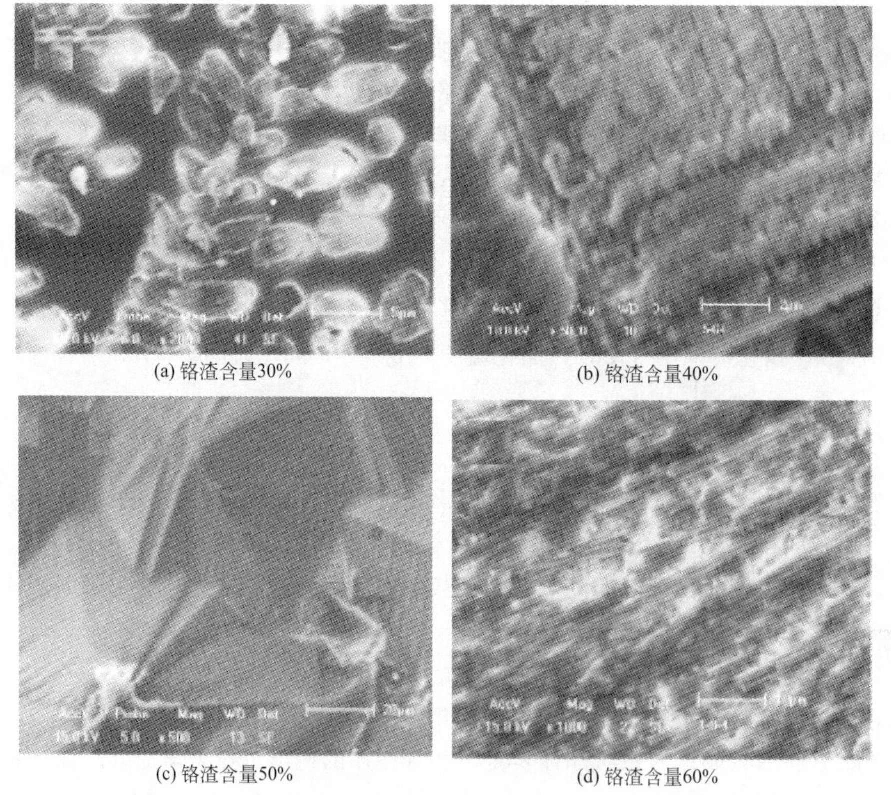

(a) 铬渣含量30%　(b) 铬渣含量40%　(c) 铬渣含量50%　(d) 铬渣含量60%

图 7-18　不同成分的铬渣微晶玻璃的SEM照片

图7-19为微晶玻璃密度与铬渣掺量的关系。由图可见，随着铬渣含量的增加，铬渣微晶玻璃的密度呈先增大后降低的趋势，当铬渣含量达到50%时达到最大值2.94g/cm$^3$，然后有所降低。说明铬渣的加入使普通辉石的析晶量相对增加，玻璃相相对减少，使远程有序度增加，从而增加了试样的致密性；当铬渣含量过高时，由于熔体中的铬含量的增加造成玻璃黏度增大，出现气孔等缺陷的概率增大，造成试样体积相对增大，密度降低。

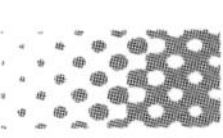

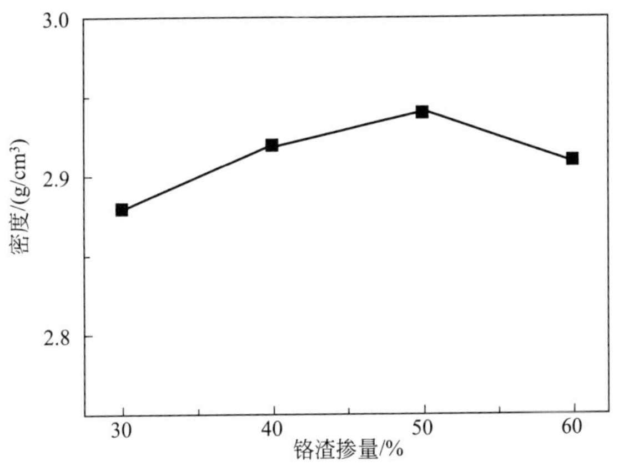


图 7-19 微晶玻璃密度与铬渣掺量的关系

以铬渣为主要原料可以制备出结构与性能优异的微晶玻璃。随着铬渣含量的增加，玻璃的晶体由球状向条状转变，晶体析出量增加，晶体尺寸增大，铬渣微晶玻璃的主晶相均为普通辉石。

## 7.6 磷渣微晶玻璃

我国磷矿资源比较丰富，已探明资源总量仅次于摩洛哥，位居世界第二位。我国现有黄磷生产企业 100 多家，生产能力达到年产 100 多万吨，产品产量和市场占有率居世界第一。黄磷渣是工业生产黄磷的主要废弃物，每生产 1t 黄磷要排放 8～10t 废渣。每年黄磷渣的排放量近千万吨，有效利用率约为 10%。废弃磷渣对环境污染的问题日趋严重，如何将废弃工业原料进行再利用，具有巨大的现实意义。

目前，有少量的黄磷渣用作水泥混合材、建筑砌砖、农肥等，取得了一定成效。但由于磷渣组分的不稳定，严重影响了产品的质量，目前还不能从根本上解决磷渣综合利用的问题。磷渣的特点就是化学组成以 $CaO$、$Al_2O_3$、$BaO$、$SiO_2$ 四种氧化物为主，在一定的外界条件下利用它们之间的化学反应，可形成具有特定结构和性能的材料。对这些化学反应加以选择和控制，使之按照一定的方向进行，就可能实现产品的性能设计。而磷渣微晶玻璃的开发与研究，为这个问题的解决提供了一个新的途径。

磷渣的成分很复杂，氧化物包括 $CaO$、$Al_2O_3$、$SiO_2$、F、$P_2O_5$、$TiO_2$、$ZrO_2$、$Fe_2O_3$ 和 $CuO$ 等。国内对于黄磷渣固体废物利用进行了大量的研究，其中利用黄磷渣废弃物开发的微晶玻璃是一个重要的发展方向。但由于这类固体废物原材料的复杂性，微晶玻璃材料的相关理论基础问题没有解决，以至于严重影响了微晶玻璃产品的开发和应用。

当前利用黄磷渣固体废物生产的建筑材料存在的主要问题是黄磷渣利用率低、产品性能不优以及生命周期短成为推动黄磷渣再生利用的巨大障碍。基于上述原因，对黄磷渣建筑材料体系的物理、化学相互作用原理和工艺条件进行深入研究，实现对微晶玻璃板材组成和性能的设计，从而促进制备技术的升级和微晶玻璃产品的高性能化是十分必要的。如果利用磷渣制备微晶玻璃技术取得进展，可为建材工业大规模利用废弃物制备高性能建筑材料提供相关技术依据和支撑，对环境的保护以及实现建材工业可持续发展战略的目标有重要的意义和作用，而且将会带来很高的社会效益和经济效益。采用工业废渣为原料制造的矿渣微晶玻璃不仅具有性能优异、成本低廉、用途广泛等优点，而且对于“三废”利用、综合治理环境污染等都有重要的意义。

何峰、程金树、裘慧广等分别利用烧结法制备了黄磷尾矿微晶玻璃。表 7-9 是利用 XRD 测试的来源于湖北宜昌黄磷渣的化学组成。由表中可以看出，其中 CaO、$SiO_2$ 之和达到了 84%，另外 $Al_2O_3$、MgO、F、$P_2O_5$、$SO_3$ 之和达到了 13%。由此可以判断黄磷渣为明显的碱性渣。

**表 7-9　黄磷渣的化学组成**

| 组分 | 含量(质量分数)/% | 组分 | 含量(质量分数)/% |
|---|---|---|---|
| $SiO_2$ | 36.95 | $P_2O_5$ | 2.970 |
| CaO | 47.050 | F | 2.640 |
| $Al_2O_3$ | 3.720 | $TiO_2$ | 0.210 |
| BaO | 0.180 | $ZrO_2$ | 0.077 |
| $Na_2O$ | 0.700 | $SO_3$ | 1.350 |
| $K_2O$ | 0.880 | $Fe_2O_3$ | 0.058 |
| MgO | 2.340 | 其他 | 0.875 |

磷渣是黄磷生产过程中，由磷灰石、石英、焦炭在电弧炉中，以 1600℃左右高温熔炼，发生下列反应而排出的废渣。所排放的磷渣，如在空气中徐徐冷却，则成结晶型的块状物，其主要组成为 $CaSiO_3$。由对黄磷渣使用时的状态不同，可将其分为冷态渣和热态渣。依据黄磷渣的成分特点以及基础玻璃系统，可以将冷态渣或热态渣用于 $CaO-Al_2O_3-SiO_2$ 系统微晶玻璃的制备。制备方法可以选取烧结法和浇铸法。

## 7.6.1　烧结法制备磷渣微晶玻璃

### 7.6.1.1　基础玻璃的组分设计与基础玻璃的制备

依据现有的研究确定 $CaO-Al_2O_3-SiO_2$ 系统微晶玻璃的基础化学组成，见表 7-10。成分中的 CaO、F 和 $P_2O_5$ 可以考虑全部由黄磷渣来引入，将 CaO 的比例分别定为 17%、18%、19%、20%，对应的黄磷渣的引入量分别为 36.1%、38.3%、40.4%、42.5%。

**表 7-10　$CaO-Al_2O_3-SiO_2$ 系统微晶玻璃的基础化学组成**

| 编号 | 化学组成(质量分数)/% | | | | | | | | | |
|---|---|---|---|---|---|---|---|---|---|---|
| | $SiO_2$ | CaO | $Al_2O_3$ | BaO | ZnO | $Na_2O$ | $B_2O_3$ | $Sb_2O_3$ | F | $P_2O_5$ |
| $P_1$ | 60.06 | 17.00 | 7.00 | 2.00 | 2.00 | 8.00 | 0.85 | 0.95 | 1.07 | 1.07 |
| $P_2$ | 58.81 | 18.00 | 7.00 | 2.00 | 2.00 | 8.00 | 0.90 | 1.01 | 1.14 | 1.14 |
| $P_3$ | 57.58 | 19.00 | 7.00 | 2.00 | 2.00 | 8.00 | 0.95 | 1.07 | 1.20 | 1.20 |
| $P_4$ | 56.42 | 20.00 | 7.00 | 2.00 | 2.00 | 8.00 | 1.00 | 1.12 | 1.26 | 1.26 |

对表 7-10 中的玻璃试样进行 DTA 测试，曲线如图 7-20 所示。从图中可以看出，磷渣引入量为 36.1%时，玻璃的转变温度（$T_g$）出现在 652℃，其晶化温度（$T_p$）为 929℃。当磷渣引入量增加到 38.3%时，玻璃的转变温度和晶化温度都分别为 649℃和 927℃。磷渣引入量增加到 40.4%时，玻璃的转变温度和晶化温度分别为 647℃和 926℃。而磷渣引入量增加到 42.5%时，玻璃的转变温度为最小值 646℃，而晶化温度降为 924℃。这是由于随着磷渣引入量的增加，玻璃样品中的 F、$P_2O_5$ 和 CaO 含量逐渐增加，

它们都有促进玻璃析晶和降低晶化温度的作用。

#### 7.6.1.2　烧结法磷渣微晶玻璃的烧结、结构与性能

在利用烧结法制备微晶玻璃的过程中，烧结有两方面的作用：一是与其他陶瓷的烧结一样，通过玻璃的部分熔融起着烧结致密化的作用；二是微晶玻璃所特有的析晶作用，即从玻璃中析出所需要的晶相，以提高材料的力学性能、耐磨耐腐蚀性能等。由于烧结法使用的玻璃粉末颗粒细小，比表面积高，能够通过玻璃粉末的表面能的作用而形成大量晶核，在此基础上进行微晶相的生长，制备出微晶玻璃。

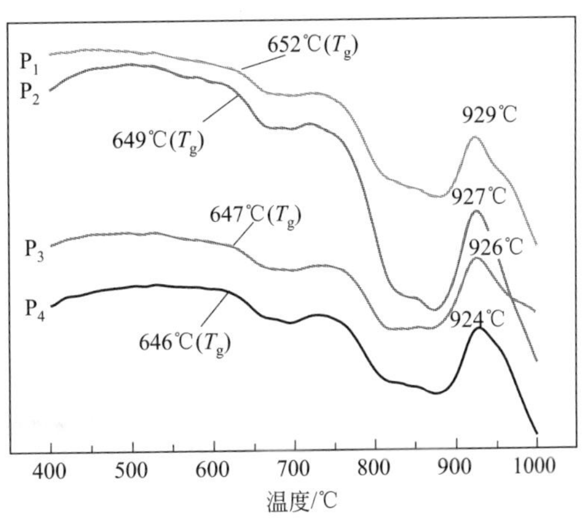


图 7-20　玻璃试样的 DTA 曲线

图 7-21 是磷渣玻璃试样在不同温度下的烧结收缩曲线，图 7-21(a)、(b) 分别表示玻璃颗粒在 860℃、920℃条件下烧结时的收缩曲线。

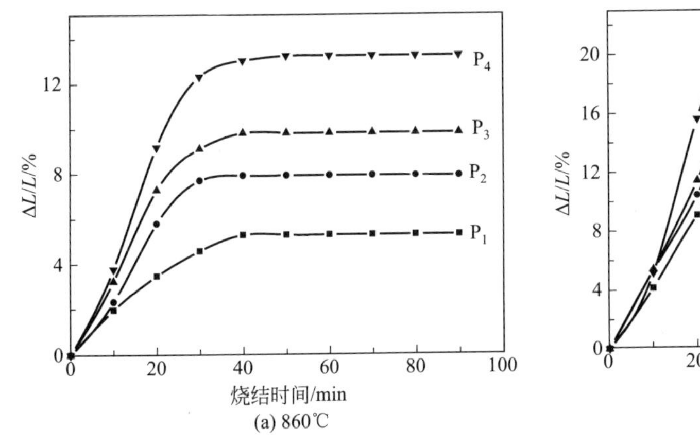


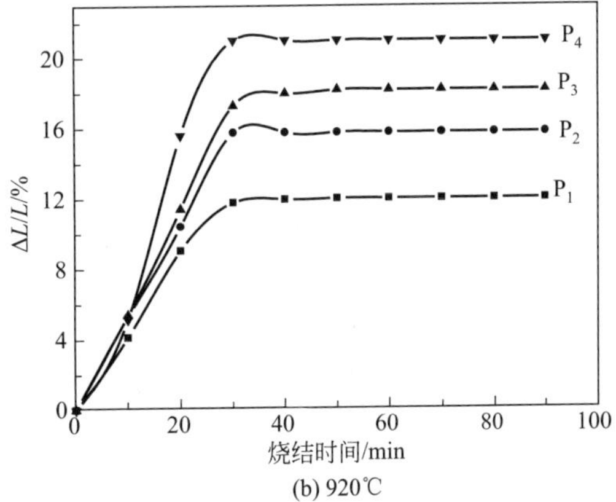


图 7-21　磷渣玻璃试样的烧结收缩曲线

从图中曲线可以看出，试样的烧结收缩绝大部分都是在设定温度下的前 30min 就完成了，其后的时间基本处于烧结停滞部分，且对于同一个玻璃样品，烧结温度越高，烧结收缩量越大。当温度一定时，磷渣含量越高，烧结收缩量越大。

选择摊平情况良好、热处理制度为 1140℃、2h 的微晶玻璃样品，利用 XRD 进行微晶玻璃的物相分析。图 7-22 为磷渣微晶玻璃样品的 X 射线衍射谱图。从图中可以看出，随着磷渣含量的增加，样品 $P_1$、$P_2$、$P_3$、$P_4$ 的主晶相均为 β-硅灰石，但是晶体含量是逐渐增加的，析出量由 $P_1$ 的 31.25%增加到 $P_4$ 的 38.78%，使得有序程度和析晶完整程度增加。

磷渣微晶玻璃所析出的 β-硅灰石晶体是具有三斜链状结构的 TC 型硅灰石。其中钙以六配位与氧形成八面体，这些钙氧八面体共边成链，三个钙氧八面体链又形成带。同样，硅以四配位与氧形成硅氧四面体，硅氧四面体共顶角形成链。这些链结构以每单位晶胞三个硅氧四面体为基础重复而成。这种重复的单元可以看成是两个对顶连接的硅氧四面体基

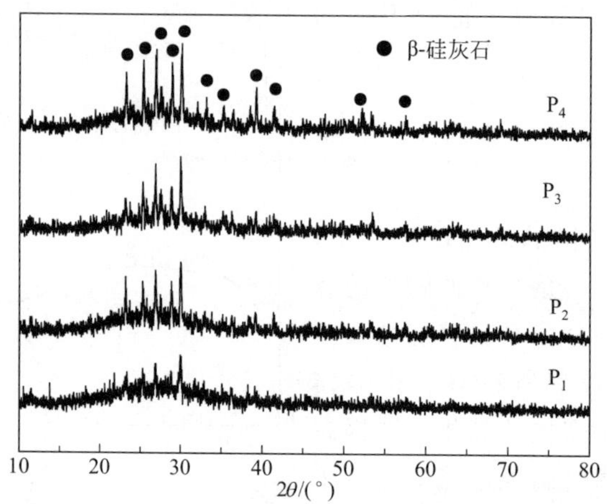


图 7-22　磷渣微晶玻璃样品的 X 射线衍射谱图

团（$Si_2O_7$）与一个硅氧四面体（其中一边与链方向平行）组成。两个这样的硅氧链也形成一个带。硅氧带中的硅氧四面体与钙氧带中的钙氧八面体的棱相连，或与钙氧八面体的氧相连。

从β-硅灰石晶体的化学反应式可以得出 CaO 和 $SiO_2$ 生成硅灰石的关系 $CaO+SiO_2 \longrightarrow CaSiO_3$，由此式可得硅灰石的理论组成为 48.3%的 CaO 和 51.7%的 $SiO_2$。由此式可以计算出当 CaO 全部反应生成硅灰石时，各组分微晶玻璃中β-硅灰石晶体占玻璃总质量的百分比，可以用来考察玻璃中析出硅灰石的情况。样品 $P_1$、$P_2$、$P_3$、$P_4$ 化学组成中的 CaO 含量均小于 48.3%，因而随着磷渣含量的增加，由磷渣所引入的 CaO、F 和 $P_2O_5$ 含量增加，β-硅灰石晶体含量增加。

图 7-23 是 $P_1$、$P_2$、$P_3$、$P_4$ 磷渣微晶玻璃样品的 SEM 照片。随着磷渣含量的增加，F、$P_2O_5$ 和 CaO 含量增加，微晶玻璃中晶体的形貌发生了明显的改变。$P_1$ 试样，硅灰石数量比较少，呈细长条形；随着磷渣含量的增加，从 $P_2$ 到 $P_4$ 试样，硅灰石数量逐渐增加，由开始的长条状逐渐变成了柱状。CaO 取代 $SiO_2$ 含量增加后，增加了网络外体量，使玻璃网络连接强度下降，有利于质点的移动，从而导致玻璃的活化能下降。活化能下降促使微晶玻璃在一定的温度下析出更多的晶核，这些晶核在更高的温度下慢慢地长大，最终成为晶体。

材料的外在性能取决于它的微观结构，微晶玻璃也不例外。微晶玻璃的结构取决于晶相和玻璃相的组成、晶体的种类、晶粒尺寸的大小、晶相的多少以及残余玻璃相的种类和数量。值得注意的是，这种残余玻璃相的组成通常和它的母体玻璃组成不一样，因为它缺少了那些参与晶相形成所需的氧化物。

微晶玻璃结构的一个显著特征是拥有细小的微晶和致密的结构，并且晶相是均匀分布和杂乱取向的。可以说微晶玻璃具有几乎是理想的多晶固体结构。其中晶相和残余玻璃相的比例可以有很大不同，当晶相的体积分数较小时，微晶玻璃为含孤立晶体的连续玻璃基体结构，此时玻璃相的性质将强烈地影响微晶玻璃的性质。当晶相的体积分数与玻璃相大致相等时，就会形成网络状结构。当晶相的体积分数较大时，玻璃即在相邻晶体间形成薄膜层，这时微晶玻璃的性质主要取决于主晶相的物理化学性质。

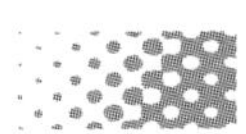

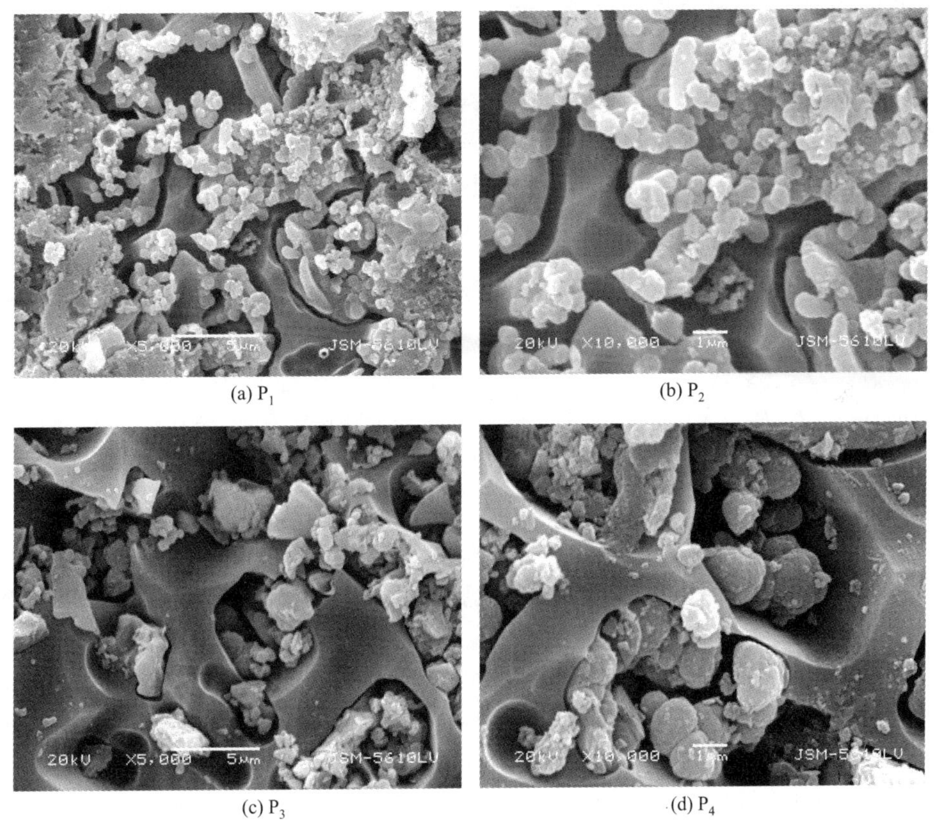

(a) $P_1$ (b) $P_2$

(c) $P_3$ (d) $P_4$

图 7-23 磷渣微晶玻璃样品的 SEM 照片

因此微晶玻璃性能既取决于晶相和玻璃相的化学组成、形貌以及其相界面的性质，又取决于它们的晶化工艺。因为晶体的种类由原始玻璃组成决定，而晶化工艺亦即热处理制度却在很大程度上影响着析出晶体的数量和晶粒尺寸的大小。

对 $P_1$、$P_2$、$P_3$、$P_4$ 磷渣微晶玻璃试样分别进行物理和化学性能的测试，其结果见表 7-11。随着晶相含量的增加，微晶玻璃的物理和化学性能向好的方向发展。

**表 7-11 微晶玻璃试样的物理性能**

| 样品 | 热膨胀系数 /℃$^{-1}$ | 显微硬度 /MPa | 抗折强度 /MPa | 磨损量 /(g/cm$^2$) | 体积密度 /(g/cm$^3$) | 耐水性 /(mg/100cm$^2$) | 耐酸性 /(mg/100cm$^2$) |
|---|---|---|---|---|---|---|---|
| $P_1$ | $7.663\times10^{-6}$ | 433.300 | 50.000 | 0.076 | 2.685 | 0.635 | 8.268 |
| $P_2$ | $7.588\times10^{-6}$ | 470.600 | 62.700 | 0.072 | 2.687 | 0.538 | 7.598 |
| $P_3$ | $7.579\times10^{-6}$ | 500.200 | 63.000 | 0.069 | 2.694 | 0.415 | 6.482 |
| $P_4$ | $7.571\times10^{-6}$ | 603.800 | 70.000 | 0.062 | 2.699 | 0.365 | 5.295 |

## 7.6.2 浇铸法制备磷渣微晶玻璃

在现有的黄磷生产中，其是高温电炉加热熔化制备而成，与此同时也产生了高温熔融磷渣。磷渣的排放温度为 1200～1300℃，呈液态，通常采用水淬方法将其冷却成常温颗粒，再作为废弃物露天堆放，不仅占用大量土地，而且磷渣中的 P、F 等元素会在降水的淋滤作用下污染土壤和水体。然而，现行的磷渣资源化技术主要针对水淬后的冷态磷渣进行，无法有效回收高温磷渣液的热能。近年来，关于在如何利用磷渣本身的同时，将高温磷渣所含有的显热一起利用方面受到了人们的关注。周俊、王焰新和何峰等提出直接以高温磷渣液为主要原料，制备微晶玻璃，可有效实现磷渣物质、热能两者的回收利用，同时避免磷渣液水淬时造成的大气污染和水体污染问题。然而，微晶玻璃的制备对原料的化学成分要求严格，且需要掺加一定量的晶核剂和助熔剂，致使磷渣在微晶玻璃的制造中掺量低于60%，热配料难度较大。

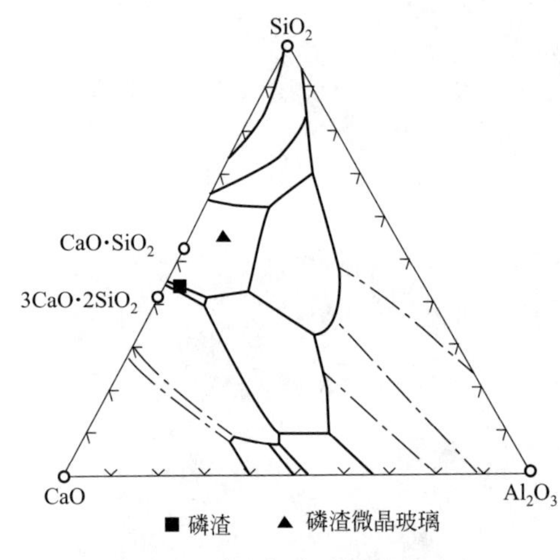


图 7-24 磷渣与磷渣微晶玻璃在 $CaO-Al_2O_3-SiO_2$ 相图中的分布

#### 7.6.2.1 基础玻璃的组分设计

高温磷渣液的组分与冷态磷渣的组分是相同的，其主要化学成分为 $SiO_2$、CaO 和 $Al_2O_3$，同时含有少量的 $K_2O$、MgO、F、$P_2O_5$ 等，其中 F、$P_2O_5$ 可以作为晶核剂。图7-24为 $CaO-Al_2O_3-SiO_2$ 三元相图，图中分别标明了磷渣、硅灰石相区和磷渣微晶玻璃及微晶铸石的形成区域。从图7-24可以看出，磷渣原料的化学组成位于硅灰石相区的边沿，属于含 CaO 较高的碱性渣，因此，需要对其进行料性调制。由玻璃化学可对其进行组分设计，通过补充一定含量的 $SiO_2$、$Al_2O_3$、$B_2O_3$ 和 $Na_2O$，即可将磷渣改性成成玻性能、流动成形性能、析晶性能都能够兼备的玻璃熔体。王焰新等研究设计磷渣微晶玻璃的氧化物组分，见表7-12。

表 7-12 微晶玻璃的基础化学组成

| 氧化物 | $SiO_2$ | $Al_2O_3$ | CaO | MgO | $K_2O$ | $Na_2O$ | $B_2O_3$ | $Sb_2O_3$ | $Fe_2O_3$ | $TiO_2$ | $P_2O_5$ |
|---|---|---|---|---|---|---|---|---|---|---|---|
| 含量(质量分数)/% | 52.96 | 5.99 | 35.19 | 0.84 | 0.61 | 0.89 | 0.57 | 0.40 | 0.17 | 0.22 | 2.16 |

#### 7.6.2.2 磷渣玻璃的制备、成形与微晶化

在熔融的磷渣中加入设计的调制料，调制料的原料为石英砂、高岭土、纯碱、硼酸和三氧化二锑。将辅助原料称量并进行预先混合均匀后，直接加入1450℃的高温磷渣液中，并进行搅拌混合，与此同时需要对液态磷渣与调制料混合体进行继续加热，使两者形成均匀的玻璃液相，制得料性均匀的改性磷渣液。将改性磷渣液（玻璃熔体）浇铸到已经预热至1000℃的模具中，成形为板块状的基础玻璃板。将基础玻璃板连同模具一道，趁热输送到微晶化的设备中，在1100℃下对基础玻璃板进行晶化处理90min，保温结束后，按预先设定的冷却制度曲线进行降温与退火。冷却至室温后，将磷渣微晶玻璃从模具中脱出，即得到磷渣微晶玻璃板。

舒杼、周俊等在此微晶玻璃材料的制备过程中，采用的是熔化后的玻璃熔体浇铸法成形，虽然在组分中存在 $TiO_2$、$Fe_2O_3$、$P_2O_5$ 等组分可以促进玻璃析晶，玻璃整体浇铸法成形后，晶体的析出还是要借助表面、界面，或者是从基础玻璃表面开始析出，然后再向玻璃内部生长，最终在基础玻璃中部相遇并紧密交织，由此可以判定改性后磷渣液的浇铸体的晶化类型为表面析晶。其原因在于，基础玻璃的化学组成位于 $CaO-Al_2O_3-SiO_2$ 三元

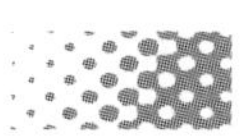

系统的硅灰石析晶区，易于表面析晶，因此，基础玻璃板的表面将优先非均匀成核、析晶，析出的晶体再向基础玻璃内部生长，最终使整块玻璃达到一定的晶化程度，完成晶化过程。在以往的许多关于利用 $CaO-Al_2O_3-SiO_2$ 系统制备微晶玻璃的研究中，通常会利用玻璃粉末或颗粒烧结制备微晶玻璃。需要指出的是，基础玻璃板表面最先析晶，晶化时间长，晶体发育充分，宏观上形成了完整、立体的多边形晶花，产生层次感分明的立体形貌，具有较好的建筑装饰效果。

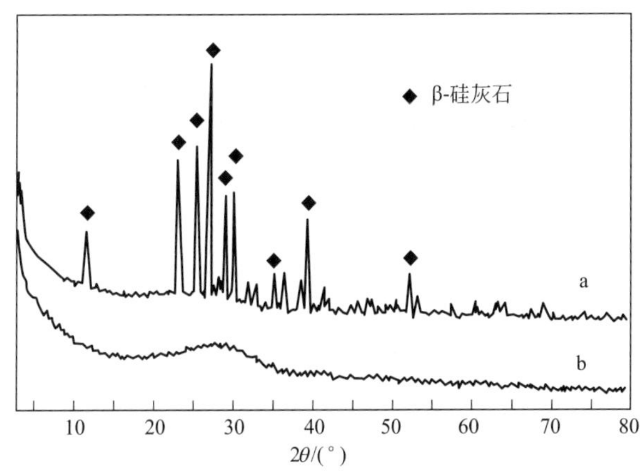


图 7-25　磷渣微晶玻璃与改性后的磷渣基础玻璃的 X 射线衍射谱图

a—磷渣微晶玻璃；b—改性后的磷渣基础玻璃

图 7-25 为磷渣微晶玻璃与改性后的磷渣基础玻璃的 X 射线衍射谱图。由图可以看出，改性后的磷渣基础玻璃无晶峰出现，呈现出明显的非晶态材料的特征，而磷渣微晶玻璃的 X 射线衍射谱图晶相衍射峰较强，从衍射峰的强度判断微晶玻璃中的微晶相析出量比较大，主晶相为β-硅灰石。采用辅助原料对磷渣液改性后，可获得呈玻璃态的基础玻璃板，再经 1100℃ 晶化处理后，可转化为晶体材料。

利用扫描电子显微镜（SEM）对磷渣微晶玻璃的显微结构进行观测，见图 7-26。可见微晶玻璃由粒径在 0.2～0.5μm 之间的颗粒状晶体构成，玻璃相与微晶相相互咬合、交叉形成复合结构。这种结构可以保证材料具有较好的力学性能和化学稳定性。

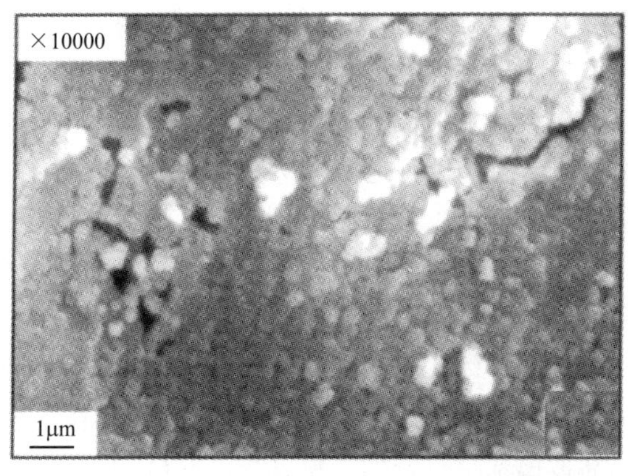


图 7-26　磷渣微晶玻璃的 SEM 照片

### 7.6.2.3 浇铸法磷渣微晶玻璃的性能

通常情况下磷渣微晶玻璃被用于建筑装饰与装修，人们更加关注其装饰效果、力学性能与化学稳定性。表 7-13 列出了磷渣微晶玻璃样品的抗折强度和耐化学腐蚀性测试结果，并与典型天然石材进行了对比。结果表明，相对于天然大理石、天然花岗岩，磷渣微晶玻璃的抗折强度更高，耐化学腐蚀性更好，适合建筑装饰之用。就耐酸碱性而言，磷渣微晶玻璃的耐碱性较强，耐酸性相对较弱，但均优于天然石材。其中的原因在于，天然石材经过了长期的地质变化，在其内部存在大量的微裂纹，致使其力学性能不高。与其他系统的装饰微晶玻璃的耐酸性相比较，磷渣微晶玻璃耐酸性较差的原因在于，微晶玻璃中的硅灰石晶体在酸中易发生分解、溶蚀，形成絮状物，导致磷渣微晶玻璃整体上表现出较弱的耐酸性。相反，磷渣微晶玻璃中的硅灰石晶体具有较强的耐碱性，碱对微晶玻璃样品的侵蚀主要表现为碱对残余玻璃相的侵蚀，然而碱对玻璃的侵蚀反应过程缓慢，加之磷渣微晶玻璃中残余玻璃相比例较低，故磷渣微晶玻璃在整体上表现出较佳的耐碱性。

表 7-13 磷渣微晶玻璃的物化性能及其与典型天然石材的对比

| 项　　目 | 磷渣微晶玻璃 | 天然大理石 | 天然花岗岩 |
|---|---|---|---|
| 抗折强度/MPa | 37.17 | 10.00 | 15.00 |
| 耐酸性/% | 0.42 | 10.30 | 0.91 |
| 耐碱性/% | 0.02 | 0.28 | 0.08 |

## 7.7 粉煤灰微晶玻璃

粉煤灰是煤炭中的灰分经高温分解、烧结及熔融，最后经冷却过程形成的具有火山灰活性的固体混合物，粉煤灰包括炉渣和飞灰。粉煤灰主要由 $SiO_2$、$Al_2O_3$、CaO、FeO、$Fe_2O_3$、$TiO_2$、$K_2O$、$Na_2O$ 和 MgO 等氧化物组成。从物相上讲，粉煤灰是由晶体矿物和非晶质玻璃体组成的混合物。其矿物组成因粉煤灰产地的不同，其波动范围较大。晶体矿物主要为石英、莫来石、赤铁矿，此外还有氧化镁、生石灰及无水石膏等，非晶体矿物一般为玻璃体、无定形炭等，其中玻璃体含量占粉煤灰质量的 50%以上。

2015 年我国的粉煤灰排放量将达到 5.7 亿吨，而综合利用率却只有 35%～40%，造成粉煤灰大量堆存。粉煤灰堆存不仅占用大量田地，还引起土壤污染、空气污染、水体污染和地质灾害等，对环境和公众健康造成巨大威胁。我国粉煤灰主要应用在初级建筑材料、筑路工程、矿井回填、土壤改良、废水处理等领域，综合利用取得了长足进步，但仍然存在利用率有限、技术含量和附加值低等问题。

粉煤灰中 $SiO_2$ 和 $Al_2O_3$ 的含量可达 80%左右，$SiO_2$ 和 $Al_2O_3$ 又是微晶玻璃的重要组分。因此，以粉煤灰为基础，辅以其他原材料，通过配方的设计和工艺的适当调整，是可以制得性能优良的微晶玻璃的。粉煤灰以硅、铝为主的化学组成决定了其所制备的主要是铝硅酸盐系统的微晶玻璃。另外，与钢渣等块状工业废弃物相比，粉煤灰量大且呈细粉状，其矿物组成主要是铝硅玻璃体，具有较好的活性，都有利于微晶玻璃的制备，是所有工业废弃物中最具优势的微晶玻璃原材料。因此，不论从原料组成还是从制备工艺上考虑，利用粉煤灰制备微晶玻璃都是可行的。粉煤灰以 $SiO_2$ 和 $Al_2O_3$ 为主的化学组成决定了其所制备的微晶玻璃属于铝硅酸盐体系，其中最为重要的是 $CaO-Al_2O_3-SiO_2$ 体系和

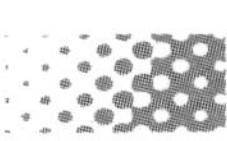

$MgO-Al_2O_3-SiO_2$ 体系。

$CaO-Al_2O_3-SiO_2$ 体系微晶玻璃是最主要的粉煤灰微晶玻璃品种，具有较高的机械强度、良好的耐化学腐蚀性及独特的表面光泽，在建筑装饰材料和耐磨、耐腐蚀材料等领域有广泛的应用。通过各组分比例的调节与不同的热处理制度，可以合成具有不同主晶相的微晶玻璃，从而获得不同的性能。

DeGuire 等采用熔融法率先合成了 $CaO-Al_2O_3-SiO_2$ 系统粉煤灰微晶玻璃，其主晶相为铁辉石和钾黄长石，但其晶化程度较低，仅约为 23%。其后，随着控制晶化水平的提高，主晶相更为丰富，包括硅灰石、钙长石、钙铝黄长石、莫来石等。姚树玉等在 $CaO-Al_2O_3-SiO_2$ 系统粉煤灰微晶玻璃的基础上，使用镁含量较高的粉煤灰或引入含镁原料，制备了以透辉石等为主晶相的 $CaO-MgO-Al_2O_3-SiO_2$ 系统粉煤灰微晶玻璃。微晶玻璃的组成和热处理制度是决定其晶相、结构及性能的核心要素。杨志杰等考察了 $Al_2O_3$ 含量对钢渣-粉煤灰微晶玻璃晶相结构的影响，随着 $Al_2O_3$ 含量的增加，微晶玻璃主晶相由假硅灰石向铝黄长石转变，最终变为钙长石。CaO 是粉煤灰微晶玻璃的主要成分，对其结构与性能有十分重要的影响。彭长浩等发现增加粉煤灰微晶玻璃中 CaO 的含量，有利于玻璃颗粒出现液相的温度降低和β-硅灰石主晶相的析出，提升微晶玻璃的力学性能，但是过高的 CaO 含量也会对微晶玻璃的性能产生负面影响。当 CaO 含量为 18%时，微晶玻璃抗弯强度达到最大值 81.5MPa。热处理制度是微晶玻璃核化和晶化的关键。Yoon 等以烧结法合成了 $CaO-Al_2O_3-SiO_2$ 系统粉煤灰微晶玻璃，在 850～1050℃下进行热处理，发现较高的热处理温度对主晶相的析出和优化微晶玻璃的性能更有利。曹超、彭同江等通过熔融法制备了 CAS 系统粉煤灰微晶玻璃，发现随着晶化温度的升高，主晶相含量先升高后降低，体积密度、线收缩率、耐化学腐蚀性也呈相同趋势变化。

微晶玻璃的形核是非均匀形核，熔融法和烧结法的形核机理是不同的，熔融法主要以 $TiO_2$、$Cr_2O_3$ 等晶核剂来促成形核，而烧结法则主要通过界面形核来实现。由于粉煤灰中通常含有一定数量的 $TiO_2$、$Cr_2O_3$、$Fe_2O_3$ 等组分，不管是采用熔融法还是烧结法制备微晶玻璃，它们都具有晶核剂的作用。$TiO_2$ 是微晶玻璃制备中应用最为广泛的晶核剂，但其形核机理十分复杂，至今尚不完全清楚，一般认为 $TiO_2$ 在高温下易溶于硅酸盐熔体，$Ti^{4+}$ 电荷多、配位数高、场强大，随着熔体温度的降低或在热处理过程中易从玻璃网络中分离出来导致结晶，但是过高的 $TiO_2$ 含量反而会导致微晶玻璃形核、析晶困难。粉煤灰中 $Fe_2O_3$ 含量较多，它对微晶玻璃的晶核生成和晶化是有益的，但其不直接形成晶核而是促进尖晶石型晶核剂 $MgFe_2O_4$ 的形成，从而有利于晶体生长。$Cr_2O_3$ 一方面有促进尖晶石晶核形成的作用，另一方面也可促使粉煤灰微晶玻璃分相，从而促进玻璃晶化。

## 7.7.1 烧结法粉煤灰微晶玻璃

### 7.7.1.1 基础玻璃的组分设计与制备

何峰、李钱陶、程金树等以湖南株洲电厂粉煤灰为主要原料，利用烧结法制备出了建筑装饰微晶玻璃。所使用粉煤灰的化学成分见表 7-14，选用的基础玻璃成分见表 7-15。

表 7-14　湖南株洲电厂粉煤灰的化学成分

| 成分 | $SiO_2$ | $Al_2O_3$ | CaO | MgO | $K_2O$ | $Fe_2O_3$ | $SO_3$ |
|---|---|---|---|---|---|---|---|
| 含量(质量分数)/% | 70.94 | 22.58 | 2.34 | 1.28 | 1.23 | 1.37 | 0.25 |

表 7-15　湖南株洲电厂的基础玻璃成分

| 成分 | $SiO_2$ | $Al_2O_3$ | CaO | $Na_2O+K_2O$ | $B_2O_3$ | 其他 |
|---|---|---|---|---|---|---|
| 含量(质量分数)/% | 63.04 | 7.41 | 20.59 | 4.66 | 0.92 | 2.38 |

从粉煤灰的成分看，其中的 $SiO_2$ 和 $Al_2O_3$ 含量相对比较高。根据表 7-14、表 7-15 成分的特点，采用以粉煤灰引入 $Al_2O_3$ 的形式。根据粉煤灰中的 $Al_2O_3$ 和基础玻璃中 $Al_2O_3$ 的关系，实验设计用粉煤灰中的 $Al_2O_3$ 来替代基础玻璃中 $Al_2O_3$，$Al_2O_3$ 替代量分别是 100%、80%、60%、40%、20%，不足部分以化学纯 $Al_2O_3$ 引入。

玻璃所用原料经准确称量，充分混合，在 1500℃熔化，保温 2h 后，水淬成 0.5～8mm 的玻璃颗粒，烘干。

#### 7.7.1.2　烧结法制备粉煤灰微晶玻璃

起始烧结温度（$T_s$）和起始析晶温度（$T_c$）是确定热处理制度的关键。取 5～8g 粒径为 2～3mm 不同粉煤灰掺量的试样玻璃颗粒，放入不同的瓷舟中，将电炉以 10～15℃/min 的升温速率升至所需保温温度，然后将瓷舟直接放入电炉中，保温 0.5h 后取出，冷却至室温，观察烧结情况，当颗粒之间有黏结时，即认为玻璃颗粒开始烧结，此时温度定位 $T_s$。此实验从 760℃开始，每升 10℃为一个保温温度点，重复上述过程，并确定各试样玻璃颗粒的起始烧结温度（$T_s$）。同时将各试样置于正交偏光显微镜下观察，看到晶相出现则认为析晶开始，记录起始析晶温度（$T_c$）。

由玻璃颗粒烧结制备微晶玻璃的烧结过程非常复杂，玻璃颗粒的烧结是在有液相参与的情况下进行的。但在研究中发现，当烧结温度 $T>T_c$ 或 $T<T_c$ 时有所不同。具体的现象为：当烧结温度 $T<T_c$ 时，玻璃颗粒间的烧结非常紧密，而且玻璃颗粒花纹呈明显的球形或近似于球形。说明在此烧结温度下，玻璃颗粒在其表面张力的作用下，有向球形收缩的趋势。当烧结温度 $T<T_c$ 时，体系可以简化为玻璃颗粒的烧结，此时完全是在表面张力的作用下的液相流变，呈牛顿流体行为，即属于黏性流动机理。当烧结温度 $T>T_c$ 时，玻璃颗粒的烧结就比较困难，具体表现为：有大量的带有多棱角的玻璃颗粒花纹出现，而且在试样的表面有明显的突起颗粒出现。表面摊平比较困难，要使试样达到摊平的效果，必须提高热处理温度。究其原因是由于体系中出现了大量晶体，质点迁移受到了限制，此时系统已属多相系统，其烧结接近于陶瓷中有液相参与的烧结。此烧结过程颗粒重排难度加大，流动传质速率慢，烧结致密化速率低。纯粹的固相烧结实际上是不易实现的。

根据上述机理，以及大量的实验发现，对于系统的微晶玻璃的热处理制度可以被确定为：升温速率 300～500℃/h，升温至 850℃，保温 1h，使之烧结，然后升温至 1120℃，保温 2h，使玻璃颗粒晶化摊平，经退火冷却至室温，制得微晶玻璃。

#### 7.7.1.3　烧结法粉煤灰微晶玻璃物相组成与颜色

图 7-27 是烧结法粉煤灰微晶玻璃的 X 射线衍射谱图。从谱线上可以看出，试样的非

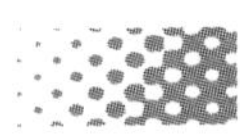

晶体散射特征很弱，主要表现为晶体的衍射特征，说明微晶玻璃的结晶程度很高。通过对照 JCPDS 卡片，发现微晶玻璃试样的主晶相为β-$CaSiO_3$。从图 7-27 可以看出，由于基础玻璃组分是相同的，随着粉煤灰掺量的变化，对β-$CaSiO_3$ 晶体的析出没有明显的影响，只是粉煤灰掺量增加，微晶玻璃的颜色由白色到浅黄色再到黑色。

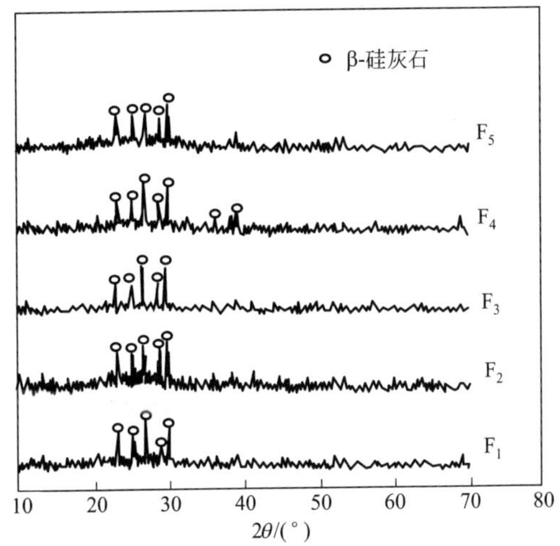

图 7-27　烧结法粉煤灰微晶玻璃的X射线衍射谱图

由于粉煤灰中 $Fe_2O_3$ 含量较高，通常铁对玻璃的颜色会产生不良的影响。但对于微晶玻璃来说，关于铁的作用却有不同的观点。冯小平、何峰等曾经对铁在 $CaO-Al_2O_3-SiO_2$ 系统微晶玻璃中的作用进行研究，结果表明，$Fe_2O_3$ 能作为晶核剂。在研究中，从 X 射线衍射谱图中发现，没有有关含铁的结晶体存在，而是微晶玻璃的颜色发生了明显的变化。在制备颜色微晶玻璃时，可以根据铁含量的多少来调整微晶玻璃的颜色，以丰富微晶玻璃的颜色，并降低着色剂的用量。

## 7.7.2　浇铸法制备粉煤灰微晶玻璃

### 7.7.2.1　基础玻璃的组分设计与制备

刘浩、李金洪等以高铝粉煤灰为主要原料，制备了堇青石微晶玻璃。主要原料粉煤灰来自华北某热电厂，其化学成分见表 7-16，其中 $SiO_2$ 和 $Al_2O_3$ 总量达 87.16%，CaO 仅占 3.30%，属于高铝低钙粉煤灰。若玻璃中的 $SiO_2$ 和 $Al_2O_3$ 含量高，会导致玻璃成玻性能好，抑制玻璃析晶，使其析晶倾向低，即玻璃析晶困难，因此需要对其进行调整，降低其酸度。从主晶相的形成角度以及基础玻璃的熔制由 $MgO-Al_2O_3-SiO_2$ 三元系统相图分析，堇青石微晶玻璃的组成范围为：MgO 10%～25%，$Al_2O_3$ 18%～35%，$SiO_2$ 50%～65%。粉煤灰中的 CaO、MgO 显著偏低，熔化的玻璃料性长，同时不利于堇青石相和辉石相的形成。

表 7-16　华北某热电厂粉煤灰化学成分

| 成分 | $SiO_2$ | $Al_2O_3$ | CaO | MgO | $Na_2O$ | $K_2O$ | $Fe_2O_3$ | $TiO_2$ | $P_2O_5$ | MnO |
|---|---|---|---|---|---|---|---|---|---|---|
| 含量(质量分数)/% | 48.90 | 39.65 | 3.35 | 1.07 | 0.21 | 0.70 | 3.77 | 1.69 | 0.64 | 0.02 |

为调整原料粉煤灰的化学成分至该范围，需添加适量的 MgO 和 $SiO_2$。MgO 和 $SiO_2$ 分别以化学纯的碱式碳酸镁和石英砂引入。由于系统的熔化温度偏高，添加 $Na_2O$、$B_2O_3$ 等助熔剂，已得到熔制质量好的基础玻璃。综合考虑基础玻璃的熔制温度、析晶能力及粉煤灰的利用率，确定原料的配比为：MgO 13%，$SiO_2$ 20%，粉煤灰 67%。制备好的配合料加热至 1500℃，保温 2h，将熔制好的玻璃熔体浇铸在预热后的钢板模具中，待外形固化后移至 550℃马弗炉中退火 2h，冷却至室温。

#### 7.7.2.2 基础玻璃的热处理与微晶玻璃的结构

图 7-28 为粉煤灰基础玻璃的 DTA 曲线。可以看到玻璃在 807℃（1080K）和 960℃（1233K）分别存在明显的吸热谷和放热峰，因而确定核化温度和晶化温度分别为 807℃和 960℃。微晶玻璃适宜的核化时间一般为 0.5～2h，为确保核化充分，核化时间选定 2h。基础玻璃经核化处理（807℃，2h）后仍为非晶态。

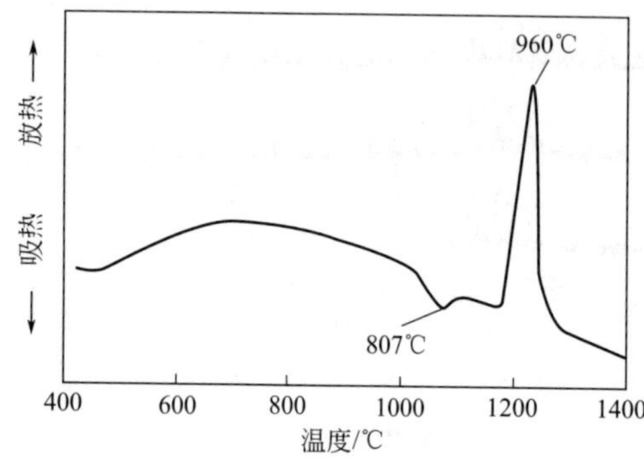


图 7-28 粉煤灰基础玻璃的 DTA 曲线

图 7-29 为不同热处理条件下制备微晶玻璃的 XRD 谱图。将经过核化过程的玻璃，进一步在 960℃下晶化处理，晶化时间分别为 1h、2h 和 3h。当保温时间达到 1h 时，已经出现堇青石衍射特征峰，但基础玻璃晶化并不完全，$2\theta$ 在 20°～30°范围内有一宽阔的非晶态弥散峰；继续延长晶化时间，非晶态弥散峰逐渐消失，堇青石衍射特征峰逐渐增强。说明当晶化时间为 3h 时，微晶玻璃中析出的微晶相很多，晶体生长完整。因此，基础玻璃较合适的热处理制度为：核化温度与时间分别为 807℃和 2h，晶化温度与时间分别为 960℃和 3h。

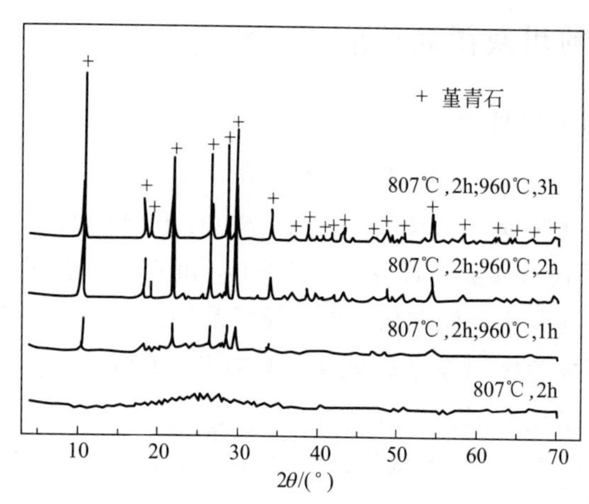


图 7-29 不同热处理条件下制备微晶玻璃的 XRD 谱图

微晶玻璃样品抛光表面用 10%HF 溶液蚀刻 30s，用蒸馏水冲洗干净，干燥后喷金处理。图 7-30 为不同放大倍数下粉煤灰微晶玻璃的 SEM 照片。可以看出，微晶玻璃结晶充分，与 XRD 分析结果一致。不规则的柱状、棒状微晶体均匀分布，无序取向，相互交错咬合构成框架，残余的玻璃相填充留下的空隙。微晶体长度为 5～15$\mu$m，长径比为 5～10。如此大的长径比使得微晶玻璃结构中玻璃相与微晶相相互咬合，晶相嵌入在玻璃相中，这种结构有利于微晶玻璃材料整体性能改善。

基础玻璃经核化处理后外观、颜色均未发生明显变化，继续晶化处理，玻璃表面变得粗糙，不透明，失去玻璃光泽，这与堇青石晶体从玻璃基体中分相、成核和晶体析出有关；颜色也由深褐色变成米黄色，推测其原因与玻璃中致色的 Fe 杂质在晶化热处理过程

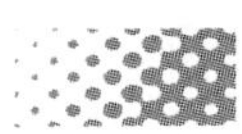

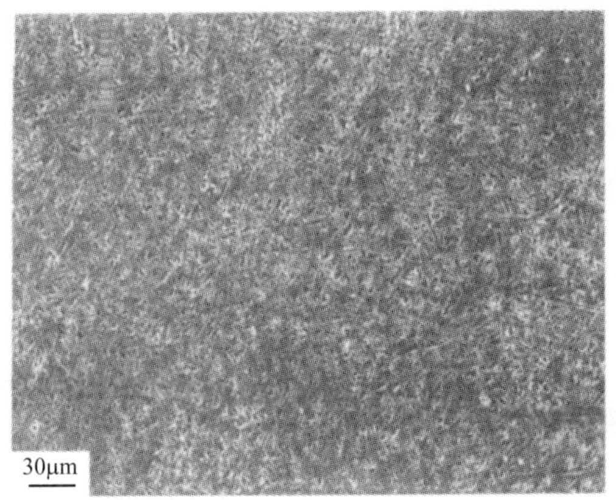


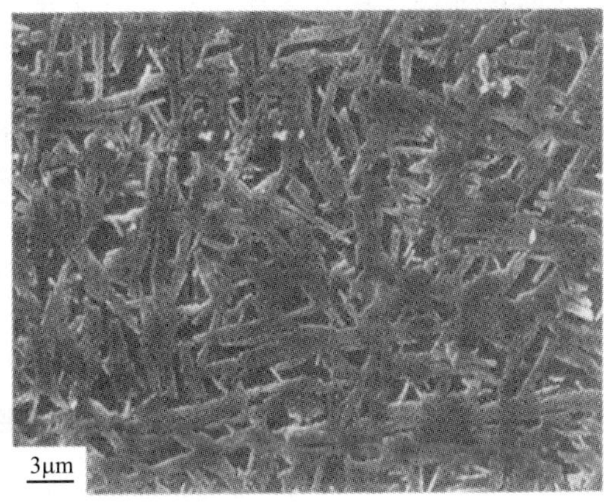


图 7-30　不同放大倍数下粉煤灰微晶玻璃的 SEM 照片

中以类质同象替代 Mg 进入晶格有关。总之，利用热电厂粉煤灰，通过适当的组分设计，料性与结晶性能的调整，经一定的热处理，可以制备堇青石微晶玻璃。

## 参考文献


[1]　蒋伟锋. 高炉水渣综合利用——用高比例高炉水渣制造微晶玻璃 [J]. 中国资源综合利用，2003，3：28-29.

[2]　刘洋，肖汉宁. 高炉渣含量与热处理制度对矿渣微晶玻璃性能的影响 [J]. 陶瓷，2003，6：17-20.

[3]　肖兴成，江伟辉，王永兰，金志浩，胡行方. 钛渣微晶玻璃晶化工艺的研究 [J]. 玻璃与搪瓷，1999，27 (2)：7-11.

[4]　干福熹. 现代玻璃科学技术（下）[M]. 上海：上海科学技术出版社，1988.

[5]　贝丽娜. 铬渣微晶玻璃析晶行为的研究 [J]. 金属材料与冶金工程，2008，36 (2)：19-21.

[6]　肖汉宁，时海霞，陈钢军. 利用铬渣制备微晶玻璃的研究 [J]. 湖南大学学报：自然科学版，2005，32 (4)：82-87.

[7]　刘军，宋守志. $TiO_2$ 和 $Cr_2O_3$ 作晶核剂对尾矿微晶玻璃晶化的影响 [J]. 东北大学学报，2000，21 (3)：294-297.

[8]　He Feng，Tian Shasha，Xie Junlin，Liu Xiaoqing，Zhang Wentao. Research on microstructure and properties of yellow phosphorous slag glass-ceramics [J]. Journal of Materials and Chemical Engineering，2013，1 (1)：27-31.

[9]　Cheng Jinshu，Qiu Huiguang，Tang Liying. Effect of CaO on sintering and crystallization of CaO-$Al_2O_3$-$SiO_2$ system phosphorus slag glass-ceramic [J]. Advanced Materials Research，2009，66：37-40.

[10]　舒杼，周俊，王焰新. 利用高温磷渣液直接制备微晶铸石的模拟研究 [J]. 岩石矿物学杂志，2008，27 (2)：152-156.

[11]　Cheng T W，Huang M Z，Tzeng C C. Production of coloured glass-ceramics from incinerator ash using thermal plasma technology [J]. Chemosphere，2007，68 (10)：1937-1945.

[12]　Mirko Aloisi，Alexander Karamanov，Giuliana Taglieri. Sintered glass ceramic composites from vitrified municipal solid waste bottom ashes [J]. Journal of Hazardous Materials，2006，137 (1)：138-143.

[13]　李玉华，徐风广，吴华. 以高炉渣废玻璃为原料一次烧结法制备微晶玻璃 [J]. 玻璃与搪瓷，2007，35 (4)：11-14.

[14]　Qian Guangren，Song Yu，Zhang Cangang，Xia Yuqin，Zhang Houhu and Chui Pengcheong. Diopside-based glass ceramics from MSW fly ash and bottom ash [J]. Waste Management，2006，26 (12)：

1462-1467.

[15] Joykumar S Thokchom, Binod Kumar. Microstructural effects on the superionic conductivity of a lithiated glass-ceramic [J]. Solid State Ionics, 2006, 177 (7-8): 727-732.

[16] Luisa Barbieri, Anna Bonamartini Corradi, Cristina Leonelli. Effect of $TiO_2$ addition on the properties of complex aluminosilicate glasses and glass-ceramics [J]. Materials Research Bulletin, 1997, 32 (6): 637-648.

[17] Guo Xingzhong, Yang Hui. Effects of fluorine on crystallization, structure and performances of lithium aluminosilcate glass ceramic [J]. Materials Research Bulletin, 2006, 41 (2): 396-405.

[18] Alizadeh P, Marghussian V K. Effect of nucleating agents on the crystallization behaviour and microstructure of $SiO_2$-CaO-MgO ($Na_2O$) glass-ceramics [J]. Journal of the European Ceramic Society, 2000, 20 (6): 775-782.

[19] Zhou Jun, Shu Zhu, Hu Xiaohua, Wang Yanxin. Direct utilization of liquid slag from phosphorus-smelting furnace to prepare cast stone as decorative building material [J]. Construction and Building Materials, 2010, 24: 811-817.

[20] 雷瑞，付东升，李国法，等. 粉煤灰综合利用研究进展 [J]. 洁净煤技术，2013, 19 (3): 106-109.

[21] 游世海，郑化安，付东升，苏艳敏，等. 粉煤灰制备微晶玻璃研究进展 [J]. 硅酸盐通报，2014, 33 (11): 2902 - 2907.

[22] Peng F, Liang K, Hu A, et al. Nano-crystal glass-ceramics obtained by crystallization of vitrified coal fly ash [J]. Fuel, 2004, 83: 1973-1977.

[23] DeGuire E J, Risbud S H. Crystallization and properties of glasses prepared from Illinois coal fly ash [J]. J Mater Sci, 1984, 19: 1760-1766.

[24] 姚树玉，霍文龙，裴中爱，等. BaO 含量对粉煤灰制备硅灰石微晶玻璃的影响 [J]. 材料热处理学报，2014, 35 (1): 22-27.

[25] Yoon S, Lee J, Lee J, et al. Characterization of wollastonite glass-ceramics made from waste glass and coal fly ash [J]. J Mater Sci Technol, 2013, 29 (2): 149-153.

[26] 彭长浩，卢金山. 利用废料直接烧结制备 CaO-$Al_2O_3$-$SiO_2$ 微晶玻璃及其性能 [J]. 机械工程材料，2013, 37 (1): 71-76.

[27] 曹超，彭同江，丁文金. 晶化温度对 CaO-$Al_2O_3$-$SiO_2$-$Fe_2O_3$ 系粉煤灰微晶玻璃析晶及性能的影响 [J]. 硅酸盐学报，2013, 41 (1): 122-128.

[28] 茆志慧，陈朝轶，吕莹璐. 热处理时间对赤泥粉煤灰微晶玻璃抗压强度影响 [J]. 贵州大学学报：自然科学版，2013, 30 (6): 65-68.

[29] Erol M, Kucukbayrak S, Ersoy-Mericboyu A. Comparison of the properties of glass, glass-ceramic and ceramic materials produced from coal fly ash [J]. J Hazard Mater, 2008, 153: 418-425.

[30] 姚树玉，王宗峰，韩野，等. 粉煤灰制备透辉石微晶玻璃及其结构分析 [J]. 材料热处理学报，2013, 34 (7): 22-26.

[31] 杨志杰，李宇，苍大强，等. $Al_2O_3$ 含量对提铁后的钢渣及粉煤灰微晶玻璃结构与性能的影响 [J]. 环境工程学报，2012, 6 (12): 4631-4636.

[32] 冯小平. 粉煤灰微晶玻璃的晶化机理研究 [J]. 玻璃与搪瓷，2005, 33 (2): 7-9.

[33] Shao H, Liang K, Zhou F, et al. Characterization of cordierite-based glass-ceramics produced from fly ash [J]. Journal of Non-Crystalline Solids, 2004, 337: 157-160.

[34] 刘浩，李金洪，马鸿文，王鹏文. 利用高铝粉煤灰制备堇青石微晶玻璃的实验研究 [J]. 岩石矿物学杂志，2006, 25 (4): 338-340.

[35] 何峰，李钱陶，胡王凯，蔡博文，程金树. 粉煤灰在微晶玻璃装饰板材中的应用研究 [J]. 武汉理工大学，2002, 24 (12): 18-20.

[36] Jianwei Cao, Jinshan Lu, Longxiang Jiang, Zhi Wang. Sinterability, microstructure and compressive strength of porous glass-ceramics from metallurgical silicon slag and waste glass [J]. Ceramics Interna-

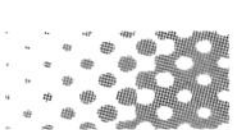

tional, 2016, 42: 10079-10084.

[37] Riccardo Carlini, Ilaria Alfieri, Gilda Zanicchi, Francesco Soggia, Enos Gombia, Andrea Lorenzi. Synthesis and characterization of iron-rich glass ceramic materials: A model for steel industry waste reuse [J]. Journal of Materials Science & Technology, 2016, 32: 1105-1110.

[38] Junfeng Kang, JingWang, Jinshu Cheng, Jian Yuan, Yansheng Hou. Crystallization behavior and properties of CaO-MgO-$Al_2O_3$-$SiO_2$ glass-ceramics synthesized from granite wastes [J]. Journal of Non-Crystalline Solids, 2017, 457: 111-115.

[39] Alexander Karamanov, Perica Paunovic, Bogdan Ranguelov, Ejup Ljatifi, Alexandra Kamusheva, Goran Nacevski, Emilia Karamanova, Anita Grozdanov. Vitrification of hazardous Fe-Ni wastes into glass-ceramic with fine crystalline structure and elevated exploitation characteristics [J]. Journal of Environmental Chemical Engineering, 2017, 5: 432-441.